VISION

WUHAN
PLANNING
FOR
40 YEARS

远见

武汉规划40年

1979 - 2019

武汉市规划研究院
陈韦 彭伟宏 刘平 丘永东
胡飞 武洁 肖志中 编著

中国建筑工业出版社

图书在版编目（CIP）数据

远见　武汉规划40年 / 陈韦等编著．—北京：中国建筑工业出版社，2019.11

ISBN 978-7-112-24356-3

Ⅰ．①远…　Ⅱ．①陈…　Ⅲ．①城市规划－研究－武汉　Ⅳ．①TU984.263.1

中国版本图书馆CIP数据核字（2019）第221597号

责任编辑：刘　丹　刘　静
书籍设计：陆　澜
责任校对：赵听雨

远见　武汉规划40年

武汉市规划研究院
陈韦　彭伟宏　刘平　丘永东
胡飞　武洁　肖志中　编著

*

中国建筑工业出版社出版、发行（北京海淀三里河路9号）
各地新华书店、建筑书店经销
北京锋尚制版有限公司制版
北京雅昌艺术印刷有限公司印刷

*

开本：965×1270毫米　1/16　印张：22¼　字数：496千字
2019年11月第一版　　2019年11月第一次印刷
定价：468.00元

ISBN 978-7-112-24356-3
（34581）

此书献给为武汉规划事业

做出贡献的人们

远见

武汉规划40年

1979 - 2019

编写委员会

主　任：

陈　韦　彭伟宏

编　委：

刘　平　胡　飞　武　洁　肖志中　丘永东

编　写：

汪　云　何灵聪　吕维娟　胡晓玲　王　磊

林建伟　胡冬冬　夏　巍　石　义　刘　菁

何　寰　王　芳　唐知发

参编人员：

罗　燕　韦　玮　潘牧樵　刘　松　喻建华

张古月　周　勃

编写说明

改革开放40年来武汉规划事业发展所取得的成就得益于武汉市委市政府的正确领导，以及全国规划同仁的大力支持。在武汉市自然资源和规划局（原武汉市国土资源和规划局）的主导下，武汉市规划研究院、武汉市交通发展战略研究院、武汉市土地利用和城市空间规划研究中心、武汉市规划编制研究和展示中心等构成了武汉规划设计和研究的主力军，为武汉规划发展作出了重要贡献。

系统总结武汉改革开放以来40年的城市规划建设经验无疑是一项浩大的工程。本书的编写由武汉市规划研究院组织策划，抽调了该院多部门、多专业的20多人参与，由陈韦、彭伟宏牵头，刘平、丘永东具体负责，从策划到完稿历时近1年多时间。全书共分为前言、后记和十二个章节，何灵聪负责撰写前言和第一章，石义、喻建华负责撰写第二章，汪云、唐知发负责撰写第三章和后记，林建伟负责撰写第四章，夏巍、唐知发负责撰写第五章，何寰负责撰写第六章，胡晓玲、潘牧樵负责撰写第七章，刘菁负责撰写第八章，王芳负责撰写第九章，胡冬冬、张古月负责撰写第十章，吕维娟、刘松负责撰写第十一章，王磊、胡冬冬、周勃负责撰写第十二章，罗燕、韦玮负责技术校对。各章节审核由丘永东、汪云、吕维娟、何灵聪、胡晓玲完成，全书审定由丘永东、汪云和何灵聪完成。

本书在撰写过程中参考引用了武汉兄弟单位、我国规划界诸多同仁的研究和国内外相关规划设计机构参与武汉规划设计项目的成果，以及政府部门的有关政策文件等资料，我们通过书后参考文献的方式给予了说明。感谢肖森炜先生为本书提供城市摄影照片。在撰写过程中，我们向武汉的规划老前辈、规划管理专家进行了多次请教，在此一并表示感谢！

由于我们的水平和能力有限，本书难免有各种疏漏和不当之处，恳请读者、专家给予批评指正！

本书编写组

2019年8月

武汉一直是国家战略重点城市之一。武汉具有“得中独厚”的地理区位、悠久的历史文化、湖泊密布的资源条件、三镇鼎立的城市格局等独特性，这使武汉的城市规划有别于世界其他城市，其所形成的“人水和谐、水城共生”的“武汉模式”成为具有代表性的中国城市规划样本。在武汉近百年的规划发展历程中，既有近代经典城市规划理论实践，又有本地特色的规划技术创新，为中国城市规划发展贡献了丰富的实践经验。

晚清时期，张之洞督鄂，在武汉大力推行洋务运动，兴办近代教育、民族工业，建设水利工程和交通设施，对武汉的发展产生了深远影响，开启了武汉近代城市规划的先河。张之洞督鄂留下的名句“昔贤整顿乾坤，缔造皆从江汉起；今日交通文轨，登临不觉欧亚遥”，道尽了武汉在全国发展格局中的重要地位和武汉交通枢纽的区位优势。辛亥革命成功后，孙中山非常看好“首义之地”的武汉，在其所著的《建国方略》中提出要把武汉建设成“略如纽约、伦敦之大”，按照国际性大都市的视野规划武汉的发展空间和区域性交通网络。民国时期，是武汉近代城市规划活动的兴盛期，武汉作为“特别市”受到高度重视，引进西方近代规划思想，围绕武汉大都市的建设框架编制了系列规划成果。新中国成立后，武汉被列为全国城市规划工作的八大重点城市之一，武汉的规划建设进入第一轮高峰期。为配合大规模工业化建设，编制了两轮城市总体规划和大量重大工业建设规划，促成了大批国家重大项目实施，奠定了武汉作为全国重要工业基地的基础。

改革开放后，武汉的社会经济发展取得了举世瞩目的成就，城市规划建设也发生了翻天覆地的变化。改革开放后40年来，武汉市先后编制并组织实施了五轮城市总体规划、两轮土地利用总体规划，以城市总体规划和土地利用总体规划为依据，各时期的城市重大规划项目得以编制实施，有力促成了国家战略和国家重大项目在武汉的实施落地，大力提升了城市功能，促进了经济快速发展，指引了城市建设。随着武汉旧城改造、新区开发、公共设施、交通市政、环境保护等方面的不断建设完善，一座面向国际的现代化大都市正在初步形成。

在改革开放40年的城市发展历程中，武汉在每个发展阶段都离不开战略先行、规划引领。改革开放之初，武汉被列为“经济体制综合改革试点”城市之一，实行国民经济计划单列，武汉相应提出了“两通起飞”战略，城市规划以交通枢纽规划建设、市场建设为主，服务“交通”和“流通”发展。到1990年代初，武汉被批准为“沿江对外开放城市”，两大国家级开发区先后设立，武汉提出“四城雄踞、三区崛起”战略，城市规划的重点转向以开发区规划建设和现代制造业空间布局为主，促进传统产业结构的调整。2000年前后，武汉步入艰难转型阶段，实施了“创建山水园林城市”战略，开展综合环境整治，城市规划开始注重城市绿地、街道和广场等品质提升和山、水的周边环境整治。2005年后随着国家确定的“中部崛起”战略实施和武汉城市圈“两型社会”建设综合配置改革试验区的批准，城市规划的重心转变为旧城改造和新区拓展。2010年以后，国家实施“一带一路”倡议

前言

和“长江经济带”战略，武汉处于两大国家战略的重要节点，特别是作为“长江经济带”的脊梁，武汉的战略地位再次凸显。武汉市确定了建设国家中心城市的战略，城市规划围绕“国家中心城市”目标，转向以重点功能区、创新产业园区、基础设施大提升和生态保护等四个方面的规划工作为主。每一个城市战略的提出都伴有丰富的城乡规划实践，城乡规划有效指导了每个战略周期的城市发展和建设。

武汉百年规划发展历程是一部波澜壮阔的历史画卷，特别是改革开放40年来的规划实践构成了其中最壮丽的“篇章”之一。当前，随着自然资源管理体制的改革和全新的国土空间规划体系的建立，将对原来的规划编制技术方法和规划管理产生深远影响。武汉作为传统的“规土合一”的示范性城市，正处于国土空间规划体系构建的“元年”，如何继续发挥新的规划体系对城乡建设发展的引领作用，是当前武汉规划行业面临的重要使命。

改革开放的40年，也是武汉规划行业辉煌发展的40年。武汉市于1979年成立市规划局，武汉市规划院由当时下设的“城市规划科研所”发展成综合性规划大院，成为武汉规划行业发展的中坚力量，承担了改革开放以来的历轮城市总体规划、土地利用总体规划和众多城市重大规划项目的编制，涵盖了城市总体规划、土地利用规划、分区规划、详细规划、市政规划与设计、风景区规划、环境景观建设规划、城市设计等多种规划类型，并长期跟踪服务城市规划建设实施，通过持久的探索创新，建立了完善的规划体系和技术方法，全面发挥了规划的战略引领和服务保障作用，为武汉改革开放40年来的城乡发展建设贡献了力量。

历史无声，岁月有痕。武汉40年的规划发展催生了一个城市、一个时代的伟岸和壮观，同时也滋养了一大批具有梦想和情怀的武汉规划人。本次开展《远见　武汉规划40年》的编写，不仅仅是对武汉规划理论、方法、技术和成果的记录、存史、留鉴，更是对这40年来武汉规划发展的系统总结和反思。鉴往知来，历史上所讨论过的武汉交通区位优势发挥、城与水的关系、三镇分合等重要问题，时至今天仍然是武汉城市规划发展需要考虑的重点方面，而贯穿其中的“国际化大都市”城市梦想及其核心规划思想、理念和价值将得到延续和坚持，并对未来仍将产生深远影响。我们希望通过这些探讨，对规划价值理念进行回溯和传承，总结形成“武汉模式”，为关心武汉、热爱武汉的学者、公众和规划同行提供参考借鉴。

对于武汉城市这个复杂巨系统，我们所知尚且不足，很多关键问题还需在实践中进一步抽丝剥茧，衷心希望有更多的专家学者和社会各界人士为武汉的规划发展建言献策。武汉市规划研究院在护航城市发展的神圣使命中将不忘初心、砥砺前行，持续支撑武汉城市梦想的铸就。

本书编写组
2019年8月

第一章 40 年城乡发展与规划建设

第一节 40 年城乡建设发展

第二节 城市战略与规划引领

第二章 “多规合一”的实践与创新

第一节 “多规合一”的探索与实践历程

第二节 “多规合一”的技术探索

第三节 “多规合一”的管控机制

目录

第三章 城市空间形态演变与发展

第四章 工业城市转型与升级

第六章　综合交通规划与建设

第七章 历史文化名城的保护与利用

第九章 水治理与合理利用

第一节 防洪与城市安全

第二节 水系保护和利用

第三节 水治理与城市发展

第四节 海绵城市的规划探索与实践

第十章 小城镇发展与乡村振兴

第一节 镇村建设发展历程

第二节 镇村建设发展特征

第一章
40年城乡发展与规划建设

CHAPTER 1
URBAN AND RURAL DEVELOPMENT AND PLANNING IN 40 YEARS

从新中国成立到改革开放之前，武汉被国家确定为重点建设城市，布局了一系列“武”字头的重点工业项目，一批大专院校纷纷在汉组建，奠定了全国的工业基地、科教基地和综合交通枢纽的坚实基础。改革开放40年以来，武汉将这些优势进一步强化发挥，先后承担了全国科教兴市试点市、创新型城市试点、自主创新示范区、全面创新改革试验区等国家创新试点任务，武汉经济从传统计划经济向社会主义市场经济转轨，传统产业结构向现代产业体系升级，在中部地区率先步入“万亿俱乐部”，城市综合实力和竞争力显著增强，城乡规划建设实现了大跨越。

第一节
40 年城乡建设发展

武汉市域面积 8569km^2，现辖 7 个中心城区和 6 个新城区（郊区），设武汉经济技术开发区、东湖高新技术开发区和东湖生态风景旅游区。改革开放以来，武汉市行政区划经历了一次较大的调整，1983 年 8 月 19 日，国务院批准将孝感地区的黄陂县、黄冈地区的新洲县划归武汉市，使市域空间得到了较大拓展，此后陆续对下辖县撤县设区，形成了现在的行政区划格局。

武汉市地处鄂东南丘陵，经江汉平原东缘向大别山南麓低山丘陵过渡地带，地势北高南低，中部低平，四周丘陵、垄岗环抱，市域内低山、丘陵、垄岗平原与平坦平原的面积分别占土地总面积的 5.8%、12.3%、42.6% 和 39.3%。武汉市境内长江、汉水、府河、滠水等 10 余条河流纵横交织，梁子湖、汤逊湖、张渡湖等 166 个大小湖泊星罗棋布，构成了独特的滨水城市景观（图 1-1）。

改革开放之初的 1978 年，武汉地区生产总值仅为 41.38 亿元，三次产业结构比为 13.5：60.8：25.7，全市人口 548.29 万，城市建成区面积 164.55km^2。到 2018 年年末，全市全年实现地区生产总值 14847 亿元，三次产业构成为 2.4：43.0：54.6。全市常住人口 1108.1 万人，其中城镇常住人口 889.69 万人，城镇化率达到 80%（按常住人口计算）。全市人均地区生产总值 135136 元，居民人均可支配收入 42133 元。各项经济社会指标都发生了历史性蝶变。

这 40 年来，国家实施了由沿海率先开放到东中西均衡发展的空间发展战略，武汉的经济地位也经历了在全国领跑到回落、再逐步回升，实现在内陆城市中领头发展的曲折过程。在此过程中，城乡规划为经济社会发展起到了良好的策动作用。反过来，经济社会的快速发展又为城乡规划的顺利实施奠定了坚实基础。

武汉 40 年的改革开放历程大体可以分为四个阶段：改革开放探索阶段、市场经济体制框架初步建立阶段、市场经济体制完善阶段和全面深化改革阶段。

一、改革开放探索阶段

1980～1990 年，从十一届三中全会到邓小平视察南方前，这是武汉改革开放艰难起步、初步探索阶段。至改革开放之初，武汉产业结构以重化工业为主，仍然延续了老工业基地“余温”，经济总量始终处于全国主要城市前八的重要地位。

十一届三中全会召开后，武汉按照“计划经济为主，市场调节为辅”的思想，发展“有计划的商品经济”，在城市主要推行经济责任制，进行扩大企业经营自主权试点，并开放集市贸易，恢复发展个体经济。1979 年 11 月，汉正街小商品市场在全国率先恢复。国家对武汉实行国民经济计划单列、赋予省一级经济管理权限，在汉中央企业原则上下放到

图 1-1 2018 年武汉市现状影像图

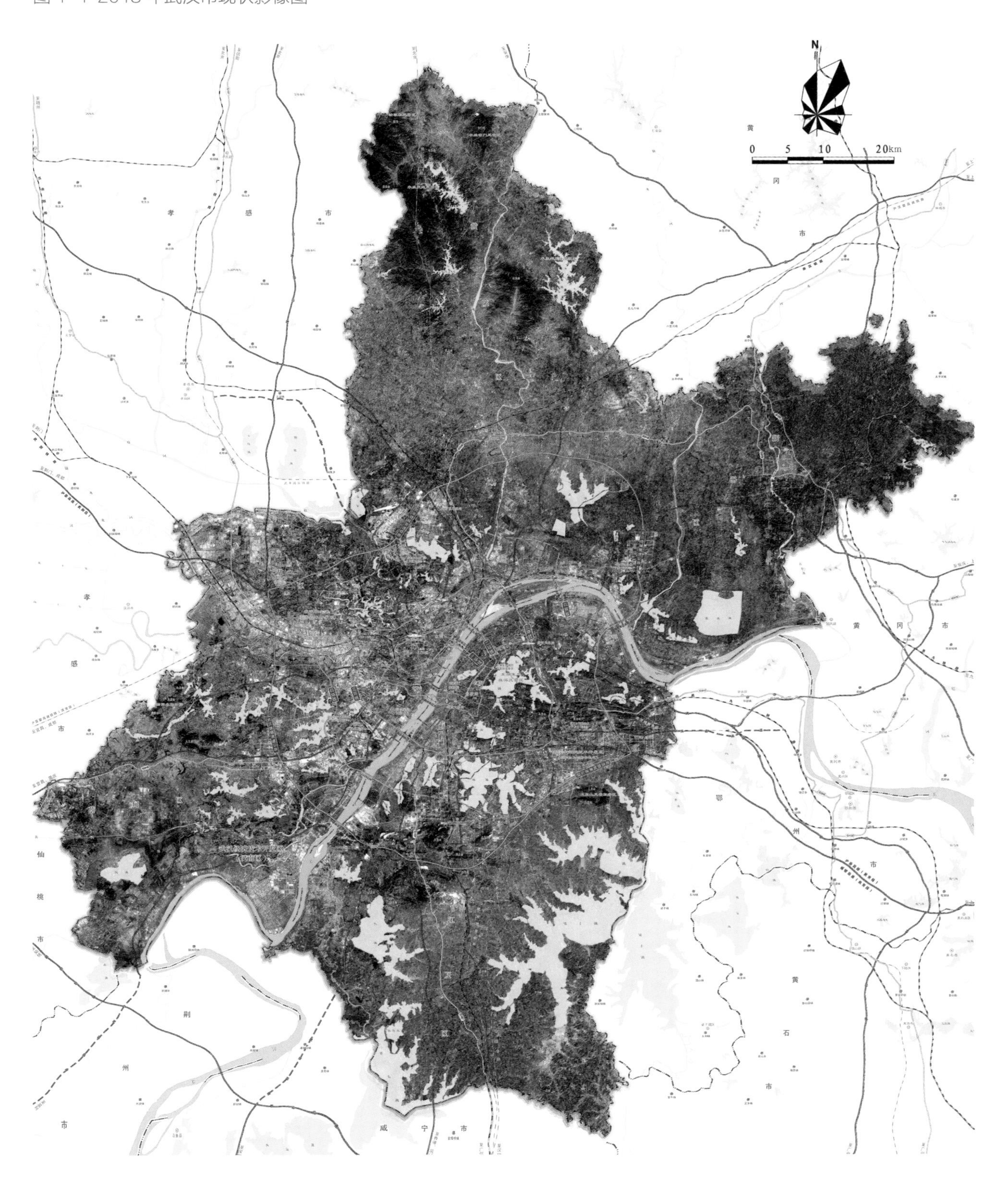

市。武汉市以搞活交通、流通“两通”为突破口，敞开大门吸引四方商贾，城市活力大大增强，汉正街成为“买全国，卖全国”的个体经济典范。全市生产总值由 1978 年的 41 亿元提高到 1989 年的 110 亿元。

二、市场经济体制框架初步建立阶段

1991～2000 年，武汉经历了传统制造业向现代制造业艰难转型。1991 年，国家批准武汉港对外籍船舶开放。1992 年 1 月，邓小平在视察南方的首站——武昌发表了“进一步解放思想、加快改革开放步伐”的重要讲话，当年武汉被批准为“沿江对外开放城市”。以此为契机，武汉确立了“以开放为先导，以开放促改革、促发展”的“开放先导”发展战略，东湖新技术开发区和武汉经济技术开发区先后获批为国家级开发区，实施了以“股份制改造一批，引进外资嫁接一批，组织企业集团壮大一批，开发第三产业转向一批，拍卖、兼并、破产及公有民营一批”的“五个一批”“壮大放小”和资本营运等为特色的国有企业改革。

1997 年后，武汉开始推进经济结构战略性调整，重点发展光电子信息产业、生物工程与新医药、光机电一体化等优势产业，推进武钢、武船、武烟、晨鸣等一批传统企业的高新技术改造。在城市建设方面，武汉掀起了一轮以街道、广场和绿化为主的城市建设高潮，城市面貌逐步得到改观。

这十年间，武汉经济总量由全国的“领跑”梯队滑落到“跟跑”，到 2000 年全市生产总值达到 1206 亿元，在全国主要城市中排名逐步下降到了第 10 位，位于重庆、苏州、杭州、成都之后。

三、市场经济体制完善阶段

跨入 21 世纪后，武汉围绕全面建设小康社会，从坚持“工业强市”、走新型工业化道路、提高城市外向度、积极推进武汉城市圈资源节约型和环境友好型社会建设综合配套改革试验等四个方面继续深化改革，扩大开放。随着两大开发区建设的逐步完善并发力，武汉的经济地位逐步回升，经济总量先后跨过 3000 亿元（人均 GDP3000 美元）、6000 亿元两个节点，重新呈现出赶超发展态势。到 2012 年全市生产总值达到 8003 亿元，在全国主要城市排名中缓慢回升到第九位，位于重庆、成都之后。

这一阶段是武汉产业涅槃重生的关键时期。一方面，推动武重、武锅等一批传统重工业的重组搬迁改造，主城区“退二进二”发展都市工业实现产业升级。另一方面，大力发展现代制造业，2001 年东湖开发区建立首个国家光电子产业基地，“中国光谷”诞生；2007 年推进北湖乙烯项目及化工区规划建设，2008 年成立武汉化学工业区；武汉开发区逐步壮大汽车产业，同时引进了一批家电、食品加工等现代制造业。武汉逐步形成了钢铁、汽车及机械装备、电子信息、石油化工等四大支柱产业，以及环保、烟草及食品、家电、纺织服装、医药、造纸及包装印刷等六个优势产业，老工业基地逐步向现代制造业基地转变。2011 年实施“工业倍增”，让武汉奠定了现代制造业基地的地位。

2000 年后土地市场兴起，主城区内实施“退二进三”，房地产业快速发展。2003 年后，黄陂盘龙城地区、东西湖吴家山地区、蔡甸东部地区、江夏大花岭—庙山地区、新洲阳逻地区等紧邻武汉主城的区域依托引进的制造业、物流业和房地产业，呈现出蓬勃发展态势，形成了武汉新城发展的雏形。

四、全面深化改革阶段

2013 年党的十八大召开后，武汉进入全面深化改革新时代。武汉市以建设国家中心城市和国际化大都市为目标，以推进全面创新改革试验为重点，围绕建设具有全球影响力的产业创新中心，聚焦信息技术、生命健康、智能制造三大产业，加快新旧动能转换，促进经济发展质量和效益不断提升。2010 年后，武汉经济重新焕发出新的活力，2014 年武汉地区生产总值首次突破万亿元，到 2018 年达到 14847 亿元，在全国主要城市排名中稳定在 8～9 位。

这一阶段武汉城市空间发展逐步转向质量提升。东湖高新区在获全国第二个国家自主创新示范区后，开始全面发力，在科技金融创新、创新创业、发展战略新兴产业等方面相继出台了 50 多项配套政策，形成了光电子信息产业为主导，生物医药、新能源环保、高端装备制造、高技术服务业竞相发展的产业体系。2013 年武汉开发区整体托管汉南区，产业空间得到了拓展，形成了以汽车及零部件、电子电器为核心，以智能装备、新材料、新能源、通航卫星、食品饮料为支撑的产业体系。同年，国家批准设立武汉临空港经济技术开发区，引进了京东方、国家网络安全人才与创新基地等重大项目落户，网络信息与大数据产业等新兴产业初露峥嵘。新城地区在经过 2000 年后十多年的快速扩张，开始划定基本生态控制线，转向空间存量挖掘和单位用地产出效益提升。

同时，逐步向好的产业体系和经济基础促进城建大提速。2013 年后，武汉进入城建高峰期，仅 2013 年全市基础设施投资就达到了 1301 亿元，房地产开发投资 1905.6 亿元，上万个工地同时开工，2018 年全市城建投资计划达到 2787 亿元。这一时期，全市快速路体系、轨道交通网络等交通市政设施得到迅速完善。

五、城乡发展建设主要成效

1. 经济发展实现巨大跨越，综合实力大幅提升

40 年来，武汉综合实力不断提高，实现了从工业化初期到后工业化阶段的巨大跨越。全市生产总值由 1978 年的 39.91 亿元跃升至 2018 年的 14847.29 亿元，提高了 372 倍。人均 GDP 从 1978 年仅有的 735 元，提高到 2018 年的 135136 元，是 1978 年的 184 倍，在 2011 年突破 10000 美元，按照世界银行的划分标准，已实现由低收入水平跃升至高收入水平的行列。财政实力明显提高，2018 年全市一般公共预算总收入达 2900.24 亿元，是 1978 年全口径财政收入的 288 倍。

2. 产业结构全面优化，增长动力丰富多元

武汉产业结构、投资消费结构和增长动能都发生了深刻变化，从原来的“一钢独大”

局面转变为工业与服务业双轮驱动、传统产业与新兴经济联动发展、多个支柱产业并举的格局。全市三次产业增加值占 GDP 比重由 1978 年的 11.8：63.2：25.0 调整为 2018 年的 2.4：43.0：54.6，服务业比重大幅攀升。工业由改革开放之初的冶金、机械、纺织、食品四大支柱产业发展成功转变为以高新技术产业为主导，形成汽车及零部件、电子信息、装备制造、能源环保、食品烟草、钢铁及深加工六大千亿元支柱产业，同时信息技术、生命健康、智能制造三大战略性新兴产业已成为推动武汉工业发展新力量。第三产业成为经济增长新引擎，2018 年全市第三产业增加值达到 8107.54 亿元，是 1978 年的 813 倍，服务业层次不断提高，金融、房地产等现代服务业逐步形成新的支柱行业，信息、物流、互联网经济对经济社会发展的支撑和带动作用增强。

3. 城市面貌发生翻天覆地变化，城市功能不断完善

城市建设用地由 1978 年的 171km^2 大幅增长到 2018 年的 868.47km^2，武汉三镇由原来的独立发展到现在三镇融合，678km^2 的三环线范围内基本建成并向新城区拓展。三环线内的旧城和城中村改造已基本完成，城市环境得到大幅改善，城市功能不断完善，形成了多个具有辐射力的商业集聚区。城市文化、体育、医疗、教育等公共服务设施得到全面完善，并形成了月湖文化艺术区、同济—协和医疗中心等一批现代城市功能集聚区。科教基地功能进一步强化，大专院校由 1978 年的 23 所增加到 84 所，在校大学生人数由 3.7 万人增加到 2018 年的 110.7 万人。面向国际功能不断丰富，武汉由对外开放口岸发展到设立贸易试验区，从 1980 年第一家中外合资企业落户武汉起，到 2018 年在汉外商及港澳台投资企业已达 5400 多家，其中世界 500 强企业 266 家。外国驻汉领事馆从无到有，驻汉外国领事数量居中部地区第一。

4. 城乡基础设施大幅升级，城市化水平显著提高

40 年来，武汉城乡基础设施建设取得质的飞跃。跨长江大桥由 1 座变为 8 座，跨汉江大桥由 2 座变为 7 座，先后建成了武汉火车站、天河国际机场三期、阳逻武汉新港等重要交通枢纽。城市快速路从无到有，并形成了“环形放射式”完善的路网系统。轨道交通逐步成网，到 2018 年已建成运营 9 条、里程达 304.6km，运营规模在全国城市中位居第六位。城市防洪、给水、排水、能源、通信等基础设施保障能力大幅提升，有力支撑了城乡发展。全市常住人口由 1978 年的 555.1 万人增加到 2018 年的 1108.1 万人，净增 553 万人，年均增加 13.8 万人。全市城镇化率由 1978 年的 47.4% 上升到 2018 年的 80.29%，上升了 32.89 个百分点，进入城镇化稳定期。

5. 人民生活水平得到巨大改善，需求向更高层次升级

40 年来，武汉人民充分享受了改革红利，生活水平显著提高，获得感和幸福感明显增强，多层次保障体系基本建成，城乡居民生活由基本温饱发展到总体小康再发展到向全面小康跨越。城乡居民收入显著提高，2018 年全市城镇常住居民人均可支配收入达 47359 元，是 1978 年的 131 倍，农村居民人均可支配收入 22652 元，是 1978 年的 161 倍。居民生活质量显著改善，2018 年全市城镇常住居民人均住宅面积 35.18m^2，比 1978 年净增 30.08m^2；农村居民人均住房面积 44.98m^2，净增 31m^2。

6. 区域一体化发展格局显现，辐射引领作用得到加强

随着武汉经济实力的迅速增强和城市规模的快速扩大，以武汉为核心的区域一体化发展态势逐步呈现。紧邻武汉的孝感、鄂州在发展空间上与武汉对接，形成了汉孝、武鄂黄（石）黄（冈）两条城镇密集发展带，跨市域范围大都市区格局雏形已显现。同时，以武汉为中心，已建成运行了四条延伸到周边地级市的城际铁路，武汉到周边城市以及各城市间互联互通的高速路网络已较为完善，武汉“1+8”城市圈一体化发展得到强化。同时，在中部地区范围，以武汉、长沙、南昌为核心的长江中游城市群被纳入到国家重点城市群，武汉在长江经济带的“脊梁”作用得到凸显。

第二节
城市战略与规划引领

武汉十分重视城市战略的指引作用。无论是处于发展的高峰期还是低谷期，或者是在承担国家综合改革试点任务的阶段，武汉都通过制定城市战略确定一定时期的发展重点、发展目标和发展路径，来寻求新的发展突破。武汉城市规划一直参与了城市发展战略的谋划、制定，积极执行城市战略的落地实施，起到了良好的策动和执行作用。五年一次的“五年”规划和党代会的召开是武汉城市战略的来源。40 年来，武汉得到持续实施并对城市产生深刻影响的战略主要有四个。

一、两通起飞

1983 年，武汉市委、市政府为争取国家在武汉进行经济体制综合改革试点，实行计划单列市，同时也是探索寻找经济体制改革的途径与突破口，组织在汉的专家、学者成立“武汉经济社会发展战略研究会”，探讨武汉发展战略和改革方略。同年 5 月，在一次学术讨论会上，武汉大学教授李崇淮在发言中提出武汉经济体制改革要以交通和流通为突破口，把武汉建成“内联华中，外通海洋”的多功能经济中心的建议。经过此后多轮讨论研究，他的建议被武汉市委、市政府所采纳。

“两通起飞”战略的核心内容是：武汉经济社会的发展和综合改革，要从武汉地处全国交通中心的地位出发，凭借加强交通（包括运输和邮电）和流通（包括商流、物流、钱流和信息流），两翼起飞，把武汉建设成具有交通运输中心、内地贸易中心、对外经济贸易中心、农副产品集散中心、金融中心、旅游中心、科技教育中心以及信息、咨询和管理服务等多功能的经济中心，“内联华中，外通海洋”，以促进武汉地区、湖北地区乃至有关各省经济的发展。同时，配合实施 12 条战略措施：加强交通运输条件；改革商品流通体制，大力发展商业，开展对外经济贸易活动；实行经济体制改革，建立起合理的经济网络；整顿工业，加快改革步伐；沿江开辟带形新市区；面向农村，支援农村；开发江湖，发展水产；支援湖北，发展中等城市；以武汉为金融中心建立地区的金融网络；大力发展服务行业；积极发展旅游事业；组织科技和教育的力量，实行智力和生产的结合。

“两通起飞”战略的提出在全市产生了很大反响，得到了大家的共识。在当时全国由公路、铁路构成的陆路系统不齐全的情况下，长江水运、京广线在全国的东西南北运输中起到了不可替代的作用。武汉处于长江中游、京广线的中点和“十”字架的交叉点上，具有天然的战略优势，这也是内地任何别的城市无法取代的优势。武汉只有依靠“交通”和“流通”，带动工业、农业和其他事业，才能成为内地最大的经济中心。

1984 年年初，武汉市委、市政府采纳了“两通起飞”建议，并制定了以“两通”为突破口的武汉市经济体制综合改革方案。同年 6 月 8 日获得中共中央和国务院的批复，武汉被批准为“计划单列市”，列为对外经贸口岸，被赋予相当于省一级的经济管理权力。

到 9 月 23 日，武汉经济体制综合改革试点实施方案获得批复，以“两通”为突破口的综合改革试点全面展开。

“两通起飞”战略的实施，促进了武汉商业、工业和交通的大发展，在全国也产生了很大影响。首先，在商业方面，武汉先后建立了以汉正街为代表的小商品市场和商业街，建立和集聚了一批专业批发贸易公司、批零兼营企业、农副产品批发市场，在不到两年时间内产品交易扩大到广东、江苏、陕西等省的县市，美国、日本等国家也前来洽谈通商问题，汉正街在全国名噪一时，成为武汉“买全国卖全国”的代名词。其次，带动了武汉工业的大发展，荷花洗衣机、红山花电扇、莺歌电视、长江音响这些产自武汉的家电产品，1980 年代在全国红极一时，武汉市的上缴利税、产值利润率、销售利润率等指标在全国 8 个计划单列城市中名列榜首。再次，围绕“两通”的一批交通枢纽设施如武汉客运港、汉口站等重大项目得到加快建设，并建立起跨地区、跨部门的联运联营的运输企业，货物可以收发全国。

这一期间，武汉先后编制了两轮城市总体规划。1979～1981 年编制完成了展望到 2000 年的《武汉市城市总体规划》，1982 年获得国务院正式批准，这是新中国成立后武汉市第一次得到国家批复的总体规划。武汉市被确定为国家综合改革试点城市后，为实现“对外开放，对内搞活”，于 1988 年又编制了《武汉市城市总体规划修订方案》。在具体的建设规划方面，重点开展了三类规划的编制：一是围绕“两通起飞”，开展京汉铁路外迁及汉口站规划，武汉客运港、阳逻港等港口设施规划，中环线建设布点规划等，并提出外迁王家墩机场的计划；二是开展工商个体户、集市整顿、老工业基地改造等工商业相关规划；三是开展统建住宅和危旧房的调查、住宅建设等规划。

二、四城雄踞、三区崛起

1990 年后，中国经济得到快速发展，一些沿海开放城市对标世界城市，纷纷提出了“国际化”发展目标。在邓小平同志南方讲话后，武汉提出了要建设成“开放型、多功能、现代化的国际性城市”目标。这也是武汉首次把“国际性城市”作为城市发展战略目标，这一目标也延续至今。同时，国家进一步扩大开放，1990 年在上海设立了“浦东新区”，并在全国推广“经济技术开发区”经验，武汉经济技术开发区、东湖高新技术开发区同时获得国家批准，为武汉经济发展注入了新动力，城市空间格局也得以进一步拓展。

这一时期的武汉城市发展战略在 1980 年代确定的“两通起飞”基础上进行了优化调整，提出要把武汉建设成“四城雄踞、三区崛起、两通发达”的我国中部地区的经济中心、贸易中心、金融中心、交通中心和科教中心，进而建成为“开放型、多功能、现代化的国际性城市”，并写入了 1992 年召开的武汉市第八次党代会报告中。其中，“四城雄踞”是指将主城区建成为“商业金融城”，东湖开发区建成为“科技城”，青山区建成为“钢铁城”，武汉开发区建成为“轿车城”；“三区崛起”是指促进东湖、沌口、阳逻（当时为省级开发区）三个开发区的崛起。这一战略的确定，符合当时武汉由传统老工业基地向现代制造业基地转型的发展要求，通过东湖、沌口、阳逻设立开发区，为现代制造业发展提供承载空间，在寻求发展现代制造业的同时，又强化了钢铁等传统产业优势。

这十年间，武汉的规划编制重点放在产业园区的培育发展上，围绕武汉开发区、东湖开发区的建设开展了多轮规划编制，特别是武汉经济技术开发区的前后多轮规划编制及建设实施在空间布局和路网格局上都保持了一致，堪称是武汉第一个完全按照规划进行实施的地区。1993～1995 年还完成了《武汉市城市总体规划（1996—2020 年）》，形成了“多中心组团式”的城市布局。

“四城雄踞、三区崛起”战略的实施使武汉开发区、东湖开发区得到快速发展，奠定了武汉由传统产业向现代制造业转型的基础，形成了迭代升级的产业结构。武汉的商业、科教优势地位进一步得到巩固提升，延续至今，同时还促进了一批大学和市级公共设施的建设，如江汉大学的迁建、武汉体育中心的建设等。

三、创建山水园林城市和环境综合整治

1997 年召开的武汉市第九次党代会提出“推进环境创新”“创建山水园林城市”，城市建设开始重点关注城市绿化和生态环境质量，这一战略思想一直延续到 2000 年后的很长一段时间。2006 年年底召开的第十一次党代会报告提出的“建设具有滨江滨湖特色的现代化城市”也可以说是这一战略思想的体现和延续。

1998 年抗洪后，开展了“山水园林城市”规划，并依此建设了汉口江滩以及一批广场、公园，并按较高标准规划了一批城市主干路，开展了东湖风景区整治，启动了第一轮城市综合整治工作。在“山水园林城市”的指引下，武汉市先后编制了《主城湖泊填占情况调查及保护规划》《京广铁路沿线环境整治规划》《龙阳湖—东湖旅游一条线规划》《汉口地区集中绿地近期建设规划》等多项环境整治规划，并在 1999～2000 年完成《武汉市创建山水园林城市规划纲要》。2000 年后，武汉主城区内实施了“显山透绿”工程，推动了蛇山黄鹤楼景区、月湖等山体、湖泊周边的建筑拆迁，并于 2003 年制定了《关于加强中心城区湖边、山边、江边建筑规划管理的若干规定》，先后实施汉阳“六湖连通”、东湖生态水网构建等工程，大大提升了城市环境景观。

这一期间，武汉旧城改造和新城开发同步推进。2001年武汉市提出旧城改造要以“平方公里”为单位，实施连片滚动开发改造，在土地储备交易制度的保障下，通过 10 多年的连续实施，三环线以内的旧城、旧厂和城中村已基本改造完成，城市居住环境得到了大幅提升。2005 年后，城乡规划编制的重点转向以新城规划为主导，特别是东西湖、汉南、江夏、黄陂、新洲等六个新城区靠近主城的区域发展势头强劲，成为城乡规划的编制聚焦区，先后编制了六大新城组群规划、四大产业板块规划，指导了城市新区的有序开发。

这一时期，城市发展战略、区域统筹、城乡统筹得到重视。2000 年后，全国兴起城市发展战略规划的编制，武汉也于 2004 年编制了一轮发展战略规划，并在吸收战略规划结论的基础上完成了《武汉市城市总体规划（2010—2020 年）》和《武汉市土地利用总体规划（2006—2020 年）》编制，两个规划均于 2010 年获得国务院批复。2004 年，武汉“1+8”城市圈正式界定确立，并组织完成了第一轮《武汉城市圈总体规划发展纲要》。2005 年后，城乡统筹受到广泛关注，乡村规划兴起，武汉市开展“家园建设行动计划”，完成了第一轮全市村庄整治规划编制，指导新农村建设。

1998～2011 年的十多年内，武汉的公共设施和交通市政基础设施都得到了极大改善。辛亥革命博物馆、武汉天地、楚河汉街、国际博览中心、琴台文化艺术中心、武汉全民健身中心等一批大型公共建筑落成。轨道交通建设得到提速，继 2004 年轨道交通 1 号线通车运营后，六条地铁线同步推进；外环线、三环线、二环线汉口段贯通，长江隧道、天兴洲大桥、阳逻大桥三条过长江桥隧先后建成通车，同时二七大桥在建、即将通车。新建武汉站，武广高铁开通，改造完成汉口、武昌站，建成武汉铁路集装箱中心站、规模亚洲第一的武汉北编组站。天河机场第二航站楼和国际航站楼建成。武汉至黄石、鄂州、咸宁等主要高速出口路建成通车，武汉至“1+8”城市圈主要城市“1 小时交通圈”形成。

四、国家中心城市和“武汉 2049”

2012 年武汉市第十二次党代会报告提出建设“国家中心城市”的战略目标，即“围绕建设国家创新中心、国家先进制造业中心和国家商贸物流中心，不断增强中心城市的功能和作用，努力提高城市综合竞争力，将武汉建设成为立足中部、面向全国、走向世界的国家中心城市”。这也是武汉在 2010 年后综合经济实力得到跨越式发展、城市产业得到成功转型升级、重大基础设施得到较大完善的基础上，抓住国家实施促进中部地区崛起战略、武汉城市圈“两型社会”建设综合配套改革试验、东湖国家自主创新示范区建设等重大机遇作出的新的战略选择。“国家中心城市”是在 2010 年国务院批复的《武汉市城市总体规划（2010—2020 年）》中，将武汉确定为“我国中部地区中心城市”定位的基础上，对城市发展战略定位上的进一步提升。

2013 年，武汉市在全国率先开展《武汉 2049 远景发展战略》（简称“武汉 2049”），这在全国产生了非常重要的反响。开展“武汉 2049”的规划编制工作是由武汉规划部门策划提出，旨在按照党的十八大报告提出的“两个一百年”奋斗目标，加快武汉建设国家中心城市和国际化大都市，谋划城市长远发展愿景，强化城市顶层设计。这项工作一经提出就得到了武汉市委、市政府的高度重视，并由相关媒体组织发动社会各界共同思考如何建设好城市，共同畅想武汉的发展美景。武汉市委、市政府组织编制“武汉 2049”基于三个目的：一是明确目标是什么，解决发展方向问题；二是明确不能做什么，避免犯错误；三是明确要做什么，避免错过机会。

“武汉 2049”规划成果形成后，市委、市政府委托中国工程院组织召开了“《武汉 2049 远景发展战略》院士专家咨询座谈会”，邀请了 30 多名院士、专家对规划成果进行研讨。2013 年 11 月 28～30 日，武汉市委组织了为期 3 天的“武汉 2049 专题研讨会”，全市各界代表纷纷发言畅谈心中的“武汉 2049”，这次大研讨凝聚了城市发展共识。“武汉 2049”的组织编制工作，使城市规划的战略引领作用得到充分发挥。

在 2012～2016 年间，武汉城乡规划在保发展、促增长的同时，兼顾生态文明建设，开展了全市生态框架的规划构建和基本生态控制线划定及立法工作。武汉市聚焦城市品质的再提升，开展了中山大道改造等规划实施，城市快速路系统、轨道交通系统得到快速发展并逐步完善，迈入“地铁城市”时代。在建设“国家中心城市”战略目标的指引下，武汉市先后开展了《武汉建设国家中心城市行动规划纲要》《武汉 2049 远景发展战略规划》

等宏观战略规划，并在全国产生了广泛影响。同时还开展了《武汉市四大产业板块规划》《物流业空间发展规划》，充分保障了武汉产业发展空间，为深化供给侧结构性改革、推动产业优化升级奠定了良好基础。

2017 年年初武汉市第十三次党代会报告提出“加快建设国家中心城市”“加快建设现代化、国际化、生态化大武汉”。这一战略目标是对“国家中心城市”定位的坚持和延续，同时现代化、国际化、生态化从三个层面对国家中心城市的内涵进行了丰富。现代化、国际化、生态化的“三化”大武汉目标提出后，武汉市开展了长江主轴、长江新城、东湖绿心三大亮点区块的规划建设，即：以长江作为城市的主轴线，规划建设为集中展示长江文化、生态特色、发展成就和城市文明的世界级城市中轴文明景观带；在长江武汉段下游，选址建设长江新城，对标雄安新区，打造代表城市发展最高成就的展示区；将东湖规划建设为城市生态绿心，以东湖绿道为抓手，打造世界级城中湖典范。

在“三化”大武汉战略目标下，武汉重点开展了长江主轴、长江新城、东湖绿心三大亮点区块的系列规划工作。其中，围绕长江主轴编制了《长江主轴概念规划》《长江“文明之心”概念规划》以及汉正街、中华路、月亮湾、江汉关四个“城市阳台”规划设计，一期的四个“城市阳台”已开工建设，沿江房屋立面和码头岸线整治、桥梁“彩化美化亮化”、长江水质保护、沿江道路改造等 40 多项专项工程已全面实施；围绕“长江新城”开展了长江新城选址规划、概念规划国际征集、总体规划编制、起步区城市设计、“长江科学城”概念规划等规划工作；围绕“东湖绿心”开展了东湖绿道二、三期规划建设和东湖“景中村”的规划编制。长江新城选址于长江武汉段下游后，随着长江主轴、长江新城的开发建设，未来将会对武汉城市空间结构产生较大影响（图 1-2）。

在不同的历史时期，武汉的城市战略需要解决的城市问题也各不相同，每一轮城市战略的制定，武汉基本上都是围绕五个方面进行综合考量。

1.“国际化”城市战略目标得到传承与坚持

武汉在其发展之初，主要是根据孙中山、张之洞等人确定的“千万级人口”“世界级都市”的设想，制订的城市发展蓝图，所以在初期就奠定了特大城市的空间框架。历次城市发展战略的调整与修订也都围绕“世界级城市”或“国际化大都市”这一目标的实现而进行。

“国际化”目标使武汉坚持面向国际，增强国际化功能。以内陆开放为国际化发展路径，谋划依托航空、公路、铁路等基础设施建设一类口岸和保税物流园区等开放的功能性设施，推动武汉加强与周边省市的交流与合作，充分发挥武汉在中部地区联结国际国内市场的纽带和桥梁作用。

2. 交通和水资源优势是城市战略决策的首先因素

武汉所处的“天元”区位，加之铁、水、公、空并重的交通优势条件，历来是国家交通基础设施投资的重点城市之一。武汉在不同阶段都坚持发挥区位交通优势，巩固提升交通枢纽功能。

武汉的历次战略制定一直是围绕“发挥交通优势”“解决水问题发挥水资源优势”两大主题展开的，处理得当就会获得一次跨越式大发展。在不同的历史时期，需要解决的城市问题也各不相同，只有与时俱进，根据城市发展的现实态势，不断调整和发展规划思想，才能提出更佳的规划选择。

3. 商贸是城市发展的重要功能

有利于发挥大市场大流通优势，增强城市辐射带动能力。武汉区位市场优势突出，自古就是我国重要商埠，历史上形成了一批区域性大市场，市场优势明显，流通功能较强，为促进中部各地的商品和生产要素在区域内乃至全国范围内优化配置发挥了积极作用。

4. 科教和人才优势是产业转型的源动力

武汉是我国重要的老工业基地和科教中心城市，具有坚实的产业基础和强大的科技创新能力。武汉高校和科研院所众多，有 100 多万大学生，其科教优势和人才优势为产业升级带来内生动力。国家对中部地区产业发展的支持，主要体现在两个方面，一方面支持中部地区立足于现有优势和条件，加快传统制造业改造升级步伐，另一方面，支持中部地区加快技术创新，发展高新技术产业，培育新兴产业，形成新的增长点。

5. 创造独特宜居的城市格局是城市规划理念的一贯坚持

武汉的城市规划思想是经过无数规划师、建设者总结和发展而来的，必须秉承武汉市历次总体规划思想脉络，延续和继承先进思想精髓。不管形势如何变化，必须坚持基本的规划理念，对武汉独有的山体资源加以保护和发扬，创造具有时代特色的山水城市格局。

图 1-2 武汉改革开放 40 年重大事件及规划建设历程图

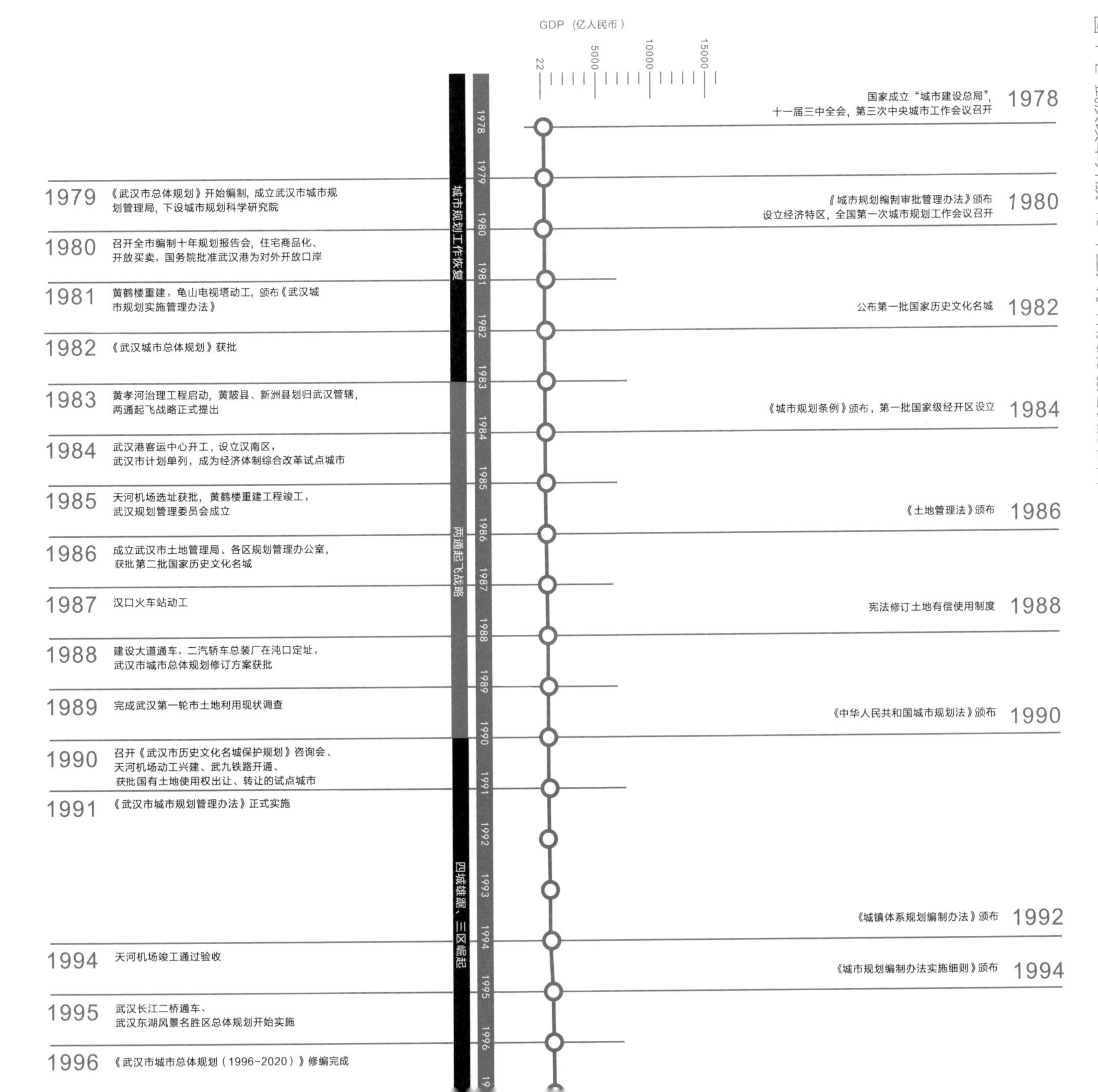

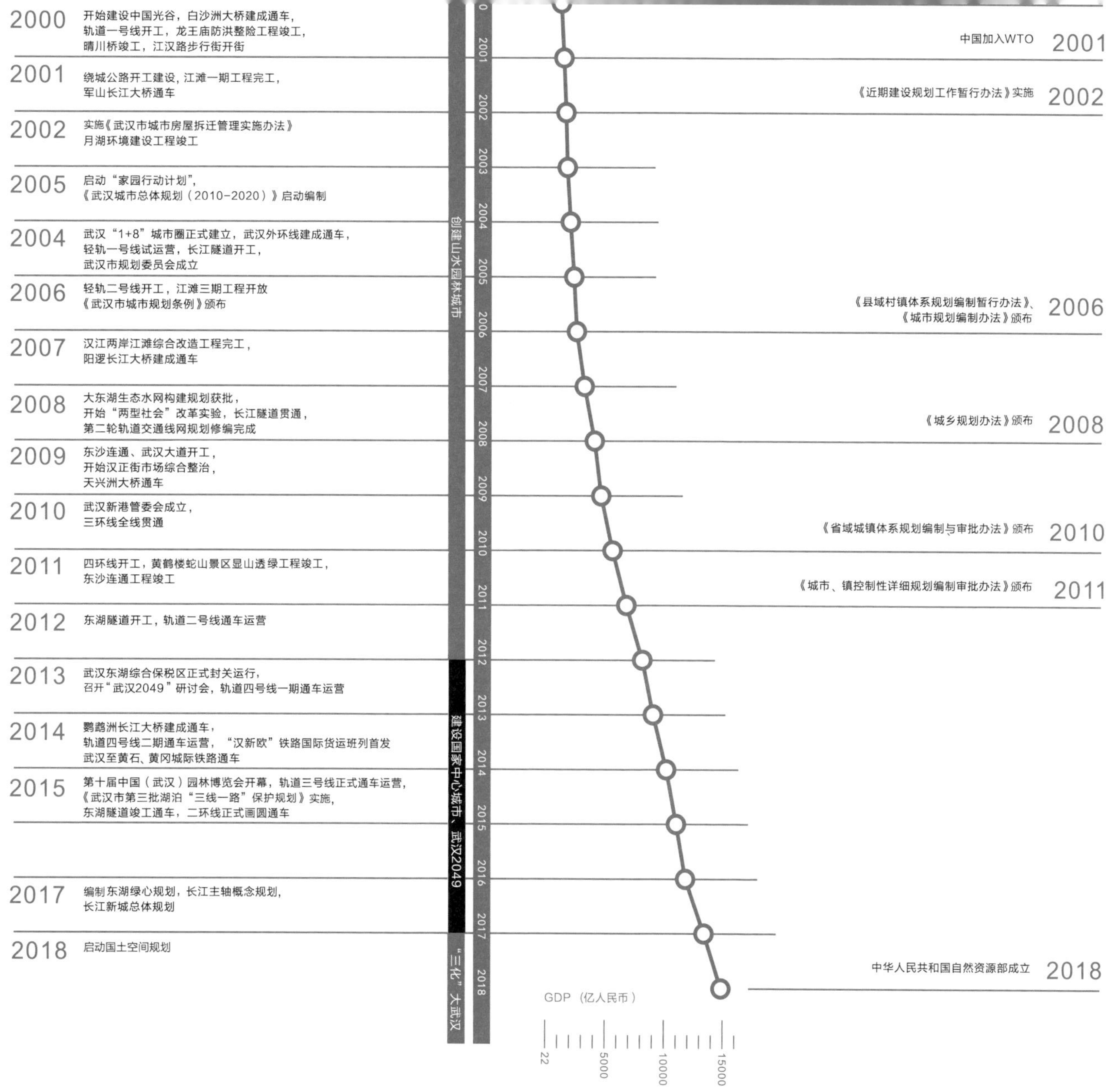

2000 开始建设中国光谷，白沙洲大桥建成通车，轨道一号线开工，龙王庙防洪整险工程竣工，晴川桥竣工，江汉路步行街开街

2001 绕城公路开工建设，江滩一期工程完工，军山长江大桥通车

2002 实施《武汉市城市房屋拆迁管理实施办法》月湖环境建设工程竣工

2005 启动“家园行动计划”，《武汉城市总体规划（2010–2020）》启动编制

2004 武汉“1+8”城市圈正式建立，武汉外环线建成通车，轻轨一号线试运营，长江隧道开工，武汉市规划委员会成立

2006 轻轨二号线开工，江滩三期工程开放《武汉市城市规划条例》颁布

2007 汉江两岸江滩综合改造工程完工，阳逻长江大桥建成通车

2008 大东湖生态水网构建规划获批，开始“两型社会”改革实验，长江隧道贯通，第二轮轨道交通线网规划修编完成

2009 东沙连通、武汉大道开工，开始汉正街市场综合整治，天兴洲大桥通车

2010 武汉新港管委会成立，三环线全线贯通

2011 四环线开工，黄鹤楼蛇山景区显山透绿工程竣工，东沙连通工程竣工

2012 东湖隧道开工，轨道二号线通车运营

2013 武汉东湖综合保税区正式封关运行，召开“武汉2049”研讨会，轨道四号线一期通车运营

2014 鹦鹉洲长江大桥建成通车，轨道四号线二期通车运营，“汉新欧”铁路国际货运班列首发武汉至黄石、黄冈城际铁路通车

2015 第十届中国（武汉）园林博览会开幕，轨道三号线正式通车运营，《武汉市第三批湖泊“三线一路”保护规划》实施，东湖隧道竣工通车，二环线正式画圆通车

2017 编制东湖绿心规划，长江主轴概念规划，长江新城总体规划

2018 启动国土空间规划

创建山水园林城市 | 建设国家中心城市、武汉2049 | “三化”大武汉

2000 2001 2002 2003 2004 2005 2006 2007 2008 2009 2010 2011 2012 2013 2014 2015 2016 2017 2018

GDP（亿人民币）

22 5000 10000 15000

2001 中国加入WTO

2002 《近期建设规划工作暂行办法》实施

2006 《县域村镇体系规划编制暂行办法》、《城市规划编制办法》颁布

2008 《城乡规划办法》颁布

2010 《省域城镇体系规划编制与审批办法》颁布

2011 《城市、镇控制性详细规划编制审批办法》颁布

2018 中华人民共和国自然资源部成立

第二章
“多规合一”的实践
与创新

CHAPTER 2
PRACTICE AND INNOVATION OF
“INTEGRATED PLANNING”

1980 年代末，武汉市即确定了城市规划和土地管理“合二为一”的行政体制，为城市规划和土地利用规划的衔接提供了良好条件。1990 年代初，城市总体规划与国民经济和社会发展“九五”计划的同步编制，促成了城市规划、土地管理部门与发展改革部门的“三规衔接”，武汉自此开始了“多规合一”的探索与实践。此后，武汉市不断探索和完善“多规合一”的技术方法和管理体制，逐步建立起“两规合一，多规支撑”的规划体系，采取“共同规划”的模式开展了一系列重大规划编制工作，并通过建立部门共享的规划“一张图”管理平台，进一步完善了以“两规合一”为基础、“多规协同”管理的体制机制，对提高武汉市城市治理和土地管理水平发挥了重要作用。

第一节
“多规合一”的探索与实践历程

武汉市“多规合一”的探索实践大致历经了三个阶段。1990 年代初，依托工作协调尝试推进了城市规划、土地利用规划和发展计划的“三规衔接”；2000 年代中期开始，在“三规”基础之上，进一步加强了与市直相关部门的规划协调，探索了“多规协同”的规划编制模式，构建起“两规合一，多规支撑”的规划体系；2015 年以后，伴随着新一轮面向 2035 年的城市总体规划编制，武汉市以“共同规划”的模式更深入地推进了“多规合一”的实践工作。特别是 2018 年国家机构改革后，武汉市又率先开展了以全域、全要素、全流程“多规合一”管控思路为核心的国土空间规划编制的创新探索。

一、“三规衔接”的起步阶段

武汉市城市总体规划、土地利用总体规划与国民经济和社会发展规划的协调衔接起步于 1990 年代初。改革开放后，我国规划工作重新走上正轨。武汉于 1993 年启动编制《武汉市城市总体规划（1996—2020 年）》，1994 年启动编制《武汉市国民经济和社会发展“九五”计划和 2010 年远景目标纲要》（以下简称“九五”计划），1996 年启动编制武汉市首轮土地利用总体规划。三个规划总体处于同一编制时期，编制过程中彼此作为依据，主要内容相互参照，实现了三个规划之间技术内容的统筹协调。1999 年 2 月，《武汉市城市总体规划（1996—2020 年）》获国务院批复，同年 6 月，《武汉市土地利用总体规划（1997—2010 年）》获国务院批复。

1.“九五”计划与城市总体规划协调统一

1992 年城市土地使用制度的改革，掀起了第一轮房地产高潮，如何使城市健康有序发展引起了全社会的高度重视。为此，武汉市在编制这一轮城市总体规划的过程中，本着“开门规划、公众参与”的思想，邀请了政府各相关管理部门参与城市总体规划规划纲要的调研与讨论。与此同时，原武汉市计委也启动了“九五”计划的编制工作，如何使经济发展与城市空间相协调也是其考虑的重要内容。了解到城市规划部门已经对城市空间布局有了较全面的思考，武汉市计委主动邀请城市规划部门参与“九五”计划并负责其中城市空间布局的编写工作。其结果是，这轮城市总体规划与发展计划在城市空间结构、重大项目布局等方面实现了统筹协调。

具体而言，武汉“主城 + 重点镇”的市域城镇发展模式，以及主城区“多中心组团式”的结构布局思路，在城市总体规划与“九五”计划中实现了高度统一。一方面，城市总规为“九五”计划中关于城市发展建设的部分提供了明确的方向引导，确保了各项建设投入的高效有序；另一方面，则是随着“九五”计划的执行实施，城市规划的理念、设想得到了较好的落实，城市空间有序拓展、功能显著提升。

图 2-1 武汉市主城区“两规衔接”对比图

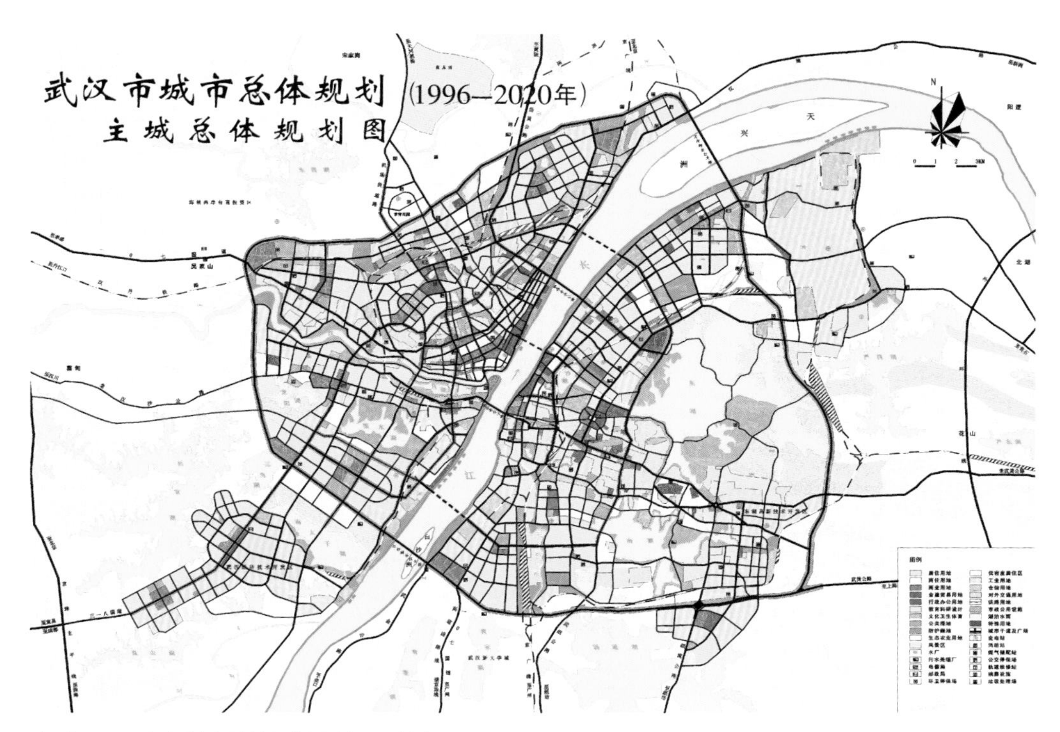

（a）1996 年版城市总体规划主城区用地布局图

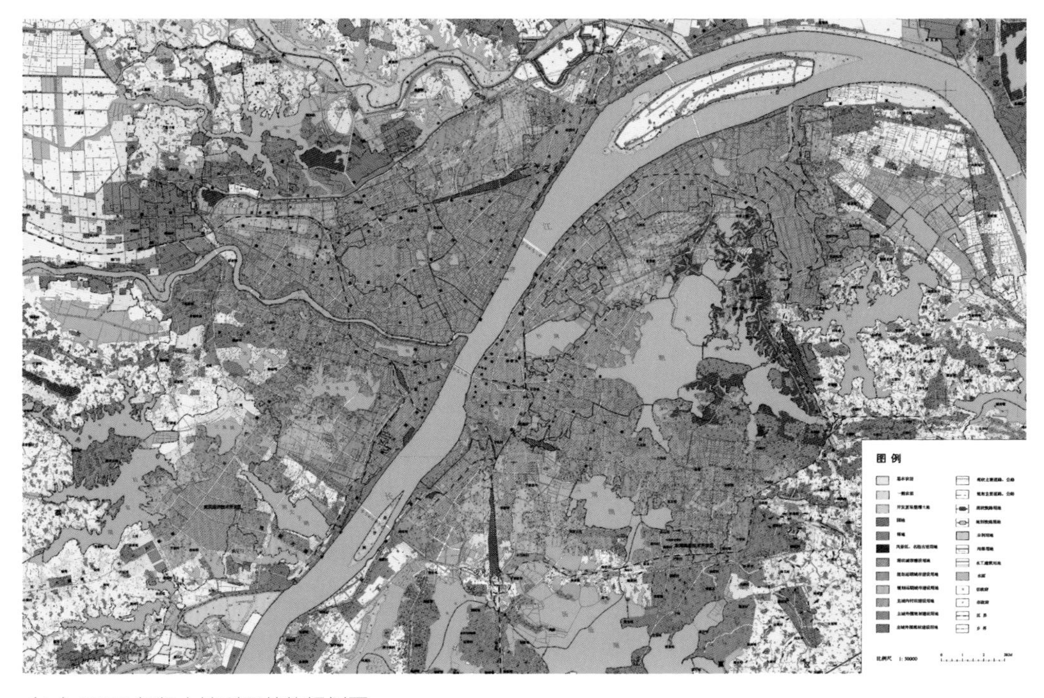

（b）1997 年版土地利用总体规划图

图 2-2 武汉市 2010 年版"两规"对比图

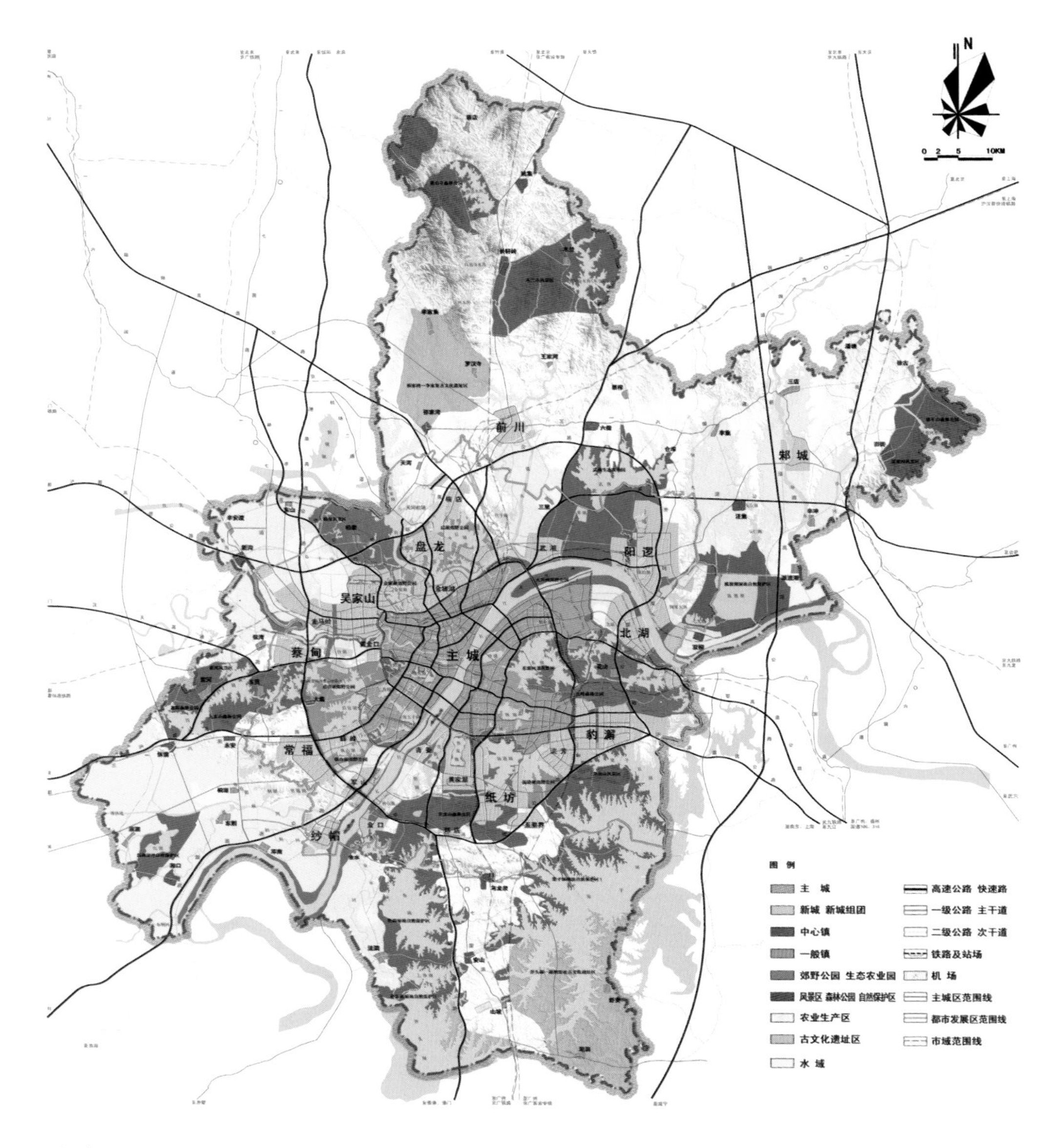

（a）2010 年版城市总体规划

借鉴这一轮武汉城市总体规划和国民经济社会发展计划相互衔接的成功经验，在其后的历轮"五年计划（规划）"编制过程中，武汉市均采取了由城市规划部门负责其中空间布局规划相关内容制定的工作模式，使得城市规划与发展规划相互协调，取得了良好成效。

2. 城市总体规划与土地利用总体规划相互衔接

1996 年，武汉市完成城市总体规划编制成果，并经省政府审议通过后正式上报国务院。与此同时，按照国家以保护耕地为重点，严格控制占用耕地的要求，武汉市以城市总体规划编制人员班底启动了土地利用总体规划的编制工作。然而，规划编制启动之初就面临着许多问题，包括：城市总体规划与土地利用总体规划基期年不同，规划目标年不同，

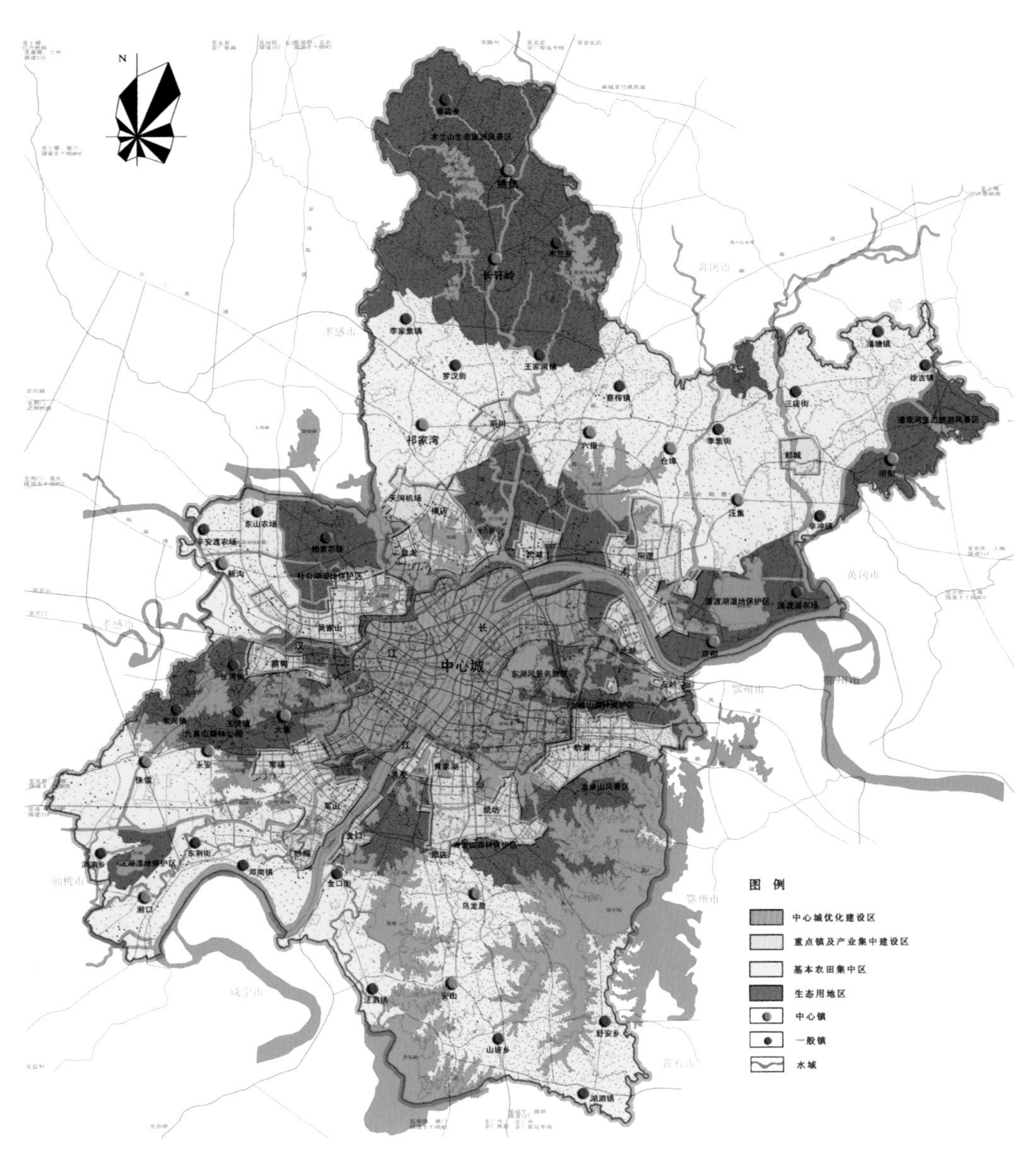

（b）2010 年版土地利用总体规划

在用地分类及建设用地标准上也有较大差别等。同时，随着城市的快速外拓发展，如何真正落实上级下达的耕地和基本农田保护任务，妥善处理其与城市发展建设的关系，也是两规衔接中亟需解决的难点。

为此，武汉市一方面按照国土资源管理部门的要求，研究确定土地利用控制标准及 2010 年的城市人口和建设用地规模，并结合已有城市总体规划布局编制土地利用总体规划方案；另一方面，结合土地利用总体规划编制过程中发现的矛盾，以及相关部委反馈的意见，对已上报待批的城市总体规划进行修改完善，形成了城市总体规划与土地利用总体规划相一致的建设用地规模及布局。为保障“两规”在规模上的衔接，1999 年国务院在

图 2-3 武汉市 2010 年版“两规”都市发展区用地布局对比图

（a）城市规划新城组群布局

武汉市城市总体规划的批复中只批准了 2010 年的城市规模，与土地利用总体规划目标年一致（图 2-1）。

二、“多规融合”的逐步探索

2000 年代中期，武汉市进入“多规融合”的探索阶段。在这期间，发展改革部门主导的发展规划、主体功能区规划，与国土和规划部门主导的城乡规划、土地利用规划，成为影响城市空间资源配置最为重要的规划类型。同时，环境保护、公共服务设施、基础设施等各类专项规划的陆续编制，也对空间配置产生了重要影响。在此情形下，各类规划进行衔接融合的需求日益强烈，也正是在此背景下，武汉市基于部门协同进行了“多规融合”的探索和实践。

1. 同步编制城市总体规划和土地利用总体规划

随着国家土地用途管制制度的确立和深化，自上而下的土地利用总体规划和地方政府

（b）土地规划新城组群布局

主导的城市总体规划成为空间规划矛盾冲突的焦点，城市规划和土地规划的融合是“多规合一”的首要重点。2004 年，武汉市同时启动了 2010 年版城市总体规划和 2010 年版土地利用总体规划编制工作，以城乡规划和土地利用规划为基础，进一步统筹相关专项规划，建立“多规协同”规划编制工作模式，从源头解决空间布局矛盾冲突的问题。在这轮总规编制过程中，武汉市进一步从用地分类、规划目标、空间布局等方面探索了“两规融合”的技术方法，使得两规在城市定位、发展目标、发展方向、城镇规模、总体空间布局等方面均实现基本一致（图 2-2）。

考虑到武汉市正处于近郊城镇用地快速拓展的时期，这轮规划编制除了在经济、社会、人口等主要发展目标上保持“两规”的一致外，武汉市还进一步拓展布局衔接的范围，将“两规”在空间布局的衔接上从主城扩展到都市发展区，采取“城规定布局，土规定规模”的方式，共同确定了武汉市“1 个主城 +6 个新城组群”的城市空间格局（图 2-3）。

2. 推进乡镇层面“多规合一”总规编制

武汉都市发展区以外的乡镇地区长期以来一直是城乡规划的薄弱区域，也是相关规划缺失较为严重的区域。武汉市乡镇地区普遍存在用地功能分散、土地空闲严重、利用效率低等问题，在这个层面探讨“多规合一”，重点是以镇域总体规划和乡镇土地利用总体规划为核心，全面统筹相关专项规划。

2010 年开始，武汉市在全国率先开展了 80 个乡镇的“多规合一”总体规划编制工作。武汉市制定了乡镇“多规合一”规划编制技术标准，加强了镇域总体规划和乡镇土地利用总体规划的空间布局对接，严格落实了基本生态控制线管控要求，优化了城镇扩展边界，并衔接了各类专项规划要求。该项规划的编制，是首次实现市域最下位层次的“多规合一”，对武汉市“多规合一”的总体探索具有重要意义。2012 年规划编制完成后，武汉市“多规融合”的探索拓展到了全市域范围，实现了数据平台、分类标准、规划目标、建设边界、保护底线的“五统一”。

3. 建立多部门协同的规划编制模式

在总体规划编制过程中，武汉市建立了由国土规划局、发展改革委、环境保护局等 10 多个相关部门组成的领导小组，对重大问题和矛盾分歧共同进行研究决策。与城市规划和土地利用规划编制同步，武汉市环境保护局、文化局、交通运输委等部门积极配合，开展了相关专题研究工作，并主动与环保部、文化部、交通运输部等部委对接，较好地协调了行业用地需要，落实了专项管控要求。正是由于政府相关职能部门的充分参与，做到了“多规协同”，才为 2010 年武汉市城市总体规划和土地利用总体规划顺利通过部际联席会议和原国土资源部的审查奠定了坚实基础。

在专项规划编制过程中，武汉市本着开门编制规划的原则，逐渐建立起多部门协同机制，实现了规划编制工作共同组织，编制经费共同承担，编制成果共同审批。其中，最为典型的是武汉市国土规划局与水务局、园林局共同编制了湖泊“三线一路”保护规划，共同界定了全市 166 个湖泊的蓝线、绿线、灰线及环湖道路，实现了不同部门在同一空间单元的共同管理。目前，武汉市自然资源和规划局已与教育、园林、体育、消防等 21 个部门联合开展 40 余项全市系统性专项规划的编制工作，合作部门占市直部门比例约 55%、联合编制的规划占各部门法定规划的比例超过 50%。

三、“多规合一”的创新深化

2015 年至今，在中央推动“多规合一”试点和机构改革的背景下，武汉市的“多规合一”实践进入了深入推进和不断创新发展的阶段。武汉市于 2015 年启动了新一轮城市总体规划的编制工作，在城市总体规划和土地利用总体规划充分衔接、多规充分融合的基础上，进一步推动规划编制技术创新，建立了具有武汉特色的“多规合一”模式，并在 2018 年开始了对国土空间规划的编制探索。

1. 搭建规划编制信息平台

武汉市创新搭建了涵盖基础地理信息、国情普查、地质调查等空间数据的规划编制基础信息平台，构建了“多规合一”的空间信息基础数据库。基础数据库拥有现状数据 165 项，分为 14 大类 84 小类，具体包括卫星影像、用地现状、就业岗位、公共服务设施、地籍区划、房屋建筑、交通路网、市政设施等数据，为开展“多规合一”的规划编制奠定了基础。

以基础信息平台为基础，武汉市探索建立了规划编制“众绘平台”，通过互联网技术、WebGIS 技术等，实现信息共享共用。通过统一规划编制工作底图、上位依据等信息，共享信息资源与规划方案，从技术层面解决了不同专项部门之间信息不对称、空间冲突的问题（图 2-4）。

图 2-4 武汉市规划编制的众绘平台

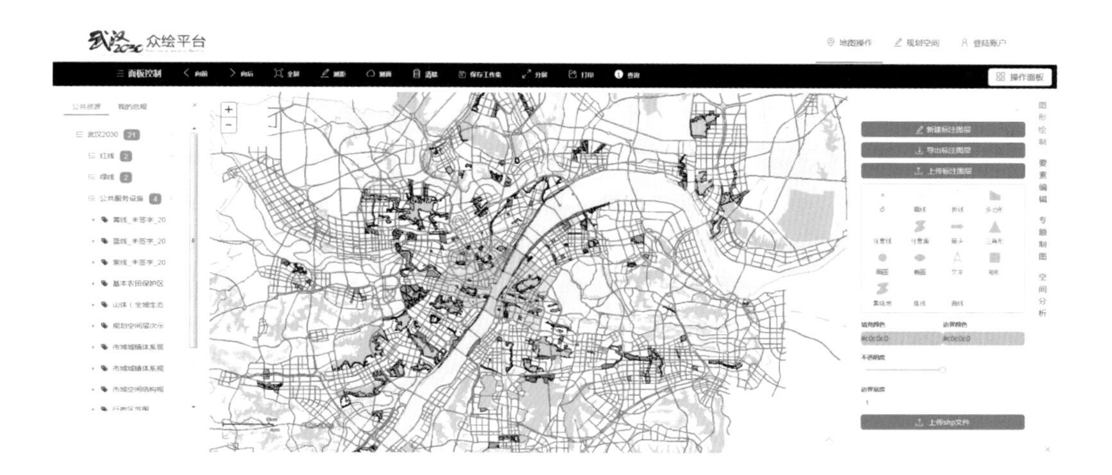

2. 创新“共同规划”模式

2015 年，武汉市以新一轮城市总体规划编制为契机，在市政府统一领导下，建立起“市区协同、部门联动”的总规编制工作机制，专门制定了《各区、各部门“共同规划”实施方案》，通过共同调研形成问题共识，共同研究达成目标共识，共同参与达成规划共识，达到共同规划未来城市、促进全面协调发展的目标。武汉市各有关职能部门在现有“十三五”规划基础上，编制面向 2035 年的专项规划大纲，支撑总体规划的编制。各区政府、管委会同步开展分区规划（大纲）编制，既支撑总体规划的编制，又同步落实总体规划的要求。与此同时，放眼长远，前瞻性谋划大都市区发展，与黄石、黄冈、鄂州、孝感、咸宁等城市规划部门共同开展调研、规划大纲编制和临汉地区用地布局研究等。

3. 构建全域规划协同平台

新一轮总体规划修编提出将全市域划分为集中建设区和非集中建设区。集中建设区以城市总体规划为核心，协调交通、市政、文化、教育、卫生、体育、福利等城市建设类和城市服务类部门专项规划，统筹布局城镇建设用地、发展备用地，以及组团之间的生态廊道，促进人地规模合理分布、产业集聚发展。非集中建设区以土地利用总体规划为核心，协调林业、农业等部门专项规划，统筹布局生态、农业、旅游、乡村和特色小镇建设等功能，重点考虑生态型建设项目、旅游休闲项目、区域性公用设施、公共安全设施等建设用地。

4. 探索国土空间规划编制方法

2018 年，国务院机构改革将空间规划权集中到自然资源部，关于空间规划主导权的争论至此尘埃落定，但空间规划体系的构建和完善仍任重道远。武汉市按照市县级国土空间规划改革的要求，立足既有的“多规合一”编制和管理经验，打破“多规合一”从“多”到“一”的思维定式，从全域一体的角度整体谋划“一张蓝图”，探索国土空间规划的编制技术方法，以期实现真正意义的“多规合一”。

在组织模式上，推动多规“横向部门合一”转向多规“立体多层次合一”，按照“全市一盘棋”的规划思路，一方面合理满足各区的发展诉求，另一方面协调各区资源分配，实现全市协调发展，推动“多规合一”走向横向部门规划合一与纵向各级规划合一并存的“立体多层次合一”。在规划重点上，从“建设区多规合一”转向“全域多规合一”，推动乡村地区基本农田保护规划、林地保护规划、自然保护区规划、村镇规划等各类规划合一，构建覆盖全市域的国土空间规划，实现集中建设区与非集中建设区空间上的无缝衔接。在空间要素上，实现多规“全要素合一”，统筹山、水、林、田、湖、草系统治理，自上而下设计“全要素合一”的空间规划体系，涵盖全域国土空间和全部资源要素。

与此同时，武汉市在空间规划改革的背景下，探索推动规划编制过程、规划成果体系、规划法规体系、规划技术标准、规划实施监督全过程的合一，建立多规衔接协调机制，在空间规划的统领下，基于统一的空间战略，充分吸纳现有各类规划的内容体系及方法，构建传导顺畅、相互协调的技术规则。

第二节
“多规合一”的技术探索

经过20多年的探索和实践，武汉市在“两规合一”的基础上，逐步建立了“多规协同”规划编制实施管理机制，探索出一套具有武汉特色的“多规合一”模式，为国家全面推进空间规划体系改革、完善空间治理制度提供了有益的经验。

一、“两规合一、多规支撑”的规划体系

武汉市以“两规合一”为基础，开门做规划，逐渐建立了共同组织、共同编制、共同审批的部门协同机制。过去十多年，武汉市国土规划部门与相关行业部门共同完成了近40余项专项规划，并与区政府等实施主体共同编制实施性规划，逐渐形成了独具特色的武汉市规划编制体系。武汉市规划编制体系以土地利用总体规划和城市总体规划为核心，近期建设规划为重点，乡镇总体规划和控制性详细规划为基础，各类专业、专项规划为支撑，“两规合一、多规支撑”，其框架可以概括为“两段五层次，主干加专项”。

两段指“导控型规划”和“实施型规划”。“导控型规划”侧重于中长期的规划引导与调控，属于战略型、管理型规划。“实施型规划”主要针对近期或具体项目的城乡规划和土地管理需要而开展编制。

导控型规划可分为三个层次，即土地利用总体规划的“市—区—乡”分别与城乡规划的“总—分—控”三个层次进行对接。市级土地利用总体规划与城市总体规划在发展战略和空间体系上保持一致；区级土地规划与分区规划确保重点发展地区空间布局相一致；乡级土地规划与镇域总体规划合一编制，共同确定建设用地规模、体系和布局，并以土地整治和城乡建设用地增减挂钩为平台，落实新农村建设空间规划的有关要求。

实施型规划分为两个层次，即近期实施型规划（规划期限一般为五年）和年度实施型计划，实施型规划直接指导建设活动，是导控型规划目标得以落实的具体保障。在“实施型规划”方面，做好近期土地利用规划、土地利用年度计划分别与城市近期建设规划、年度实施计划的对接，近期土地利用规划、土地利用年度计划确定用地规模，城市近期建设规划、年度实施计划确定用地结构、布局和时序，实现城市拓展的规模和空间布局的一致性（图2-5）。

“两段五层次，主干加专项”的规划编制体系，明确了各类规划衔接的阶段和层面，为各区、各部门编制专项规划提供了规划接口。各行各业对规划体系有了全面了解，在组织编制主体功能区、环境功能区、生态红线、基本农田保护、历史文化保护等专项规划时，主动与城市规划、土地利用规划充分对接，真正在空间上形成全市统一的规划布局，从而进一步促成了“多规合一”。

与此同时，武汉市以近期建设规划为抓手，充分发挥其在配置空间资源和协调空间关系方面的重要作用，强化相关部门的协同，弥补社会经济五年发展规划在年度空间整合上

图 2-5 武汉市“两规合一”规划编制体系框架图

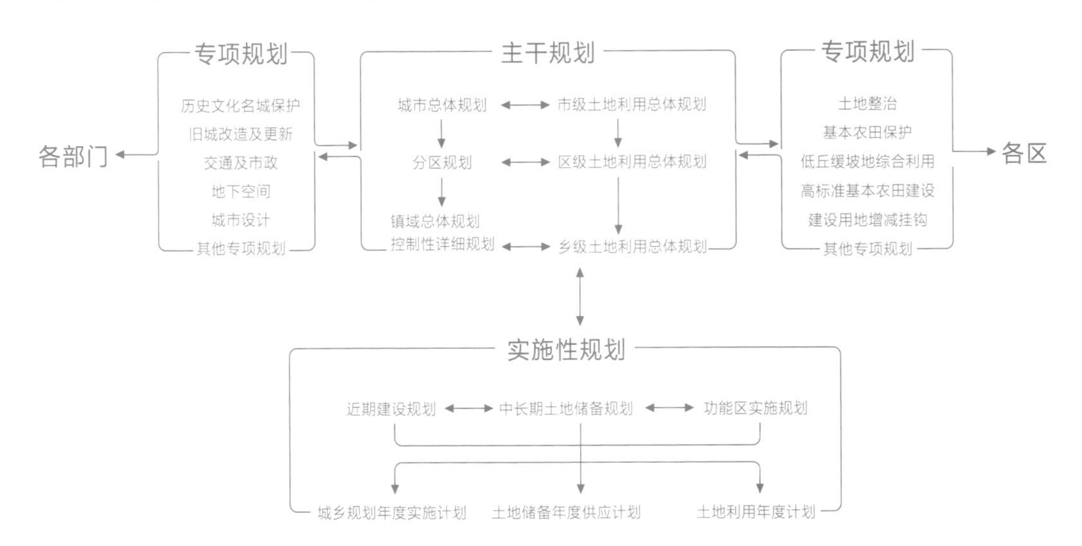

的不足，逐渐形成了“市级层面统筹五年规划，区、部门层面统筹年度计划”的机制。近期建设规划对接协调各区、各部门要求，从空间上统筹各类项目，成为城市发展建设的规划指引，由市委、市政府统一审批执行。各区和各部门按照规划要求，分别编制各自的年度实施计划，并统一纳入市委、市政府年度考核，保障规划有效实施，真正发挥“多规合一”的引导作用。

二、衔接统一的技术标准

武汉市在探索“多规合一”的过程中高度重视统一标准，制定统一的规划底图、数据口径、坐标体系及制图标准，实现城乡规划与土地利用规划的充分衔接，并在技术层面为其他空间规划预留“多规合一”接口。

1. 统一“两规”用地分类标准

城乡规划和土地规划在用地分类标准上各有侧重，部分地类存在内涵交叉，难以完全对接。《城市用地分类与规划建设用地标准》GB 50137—2011 增设了城乡用地分类，并调整了城市建设用地分类，分别应用于市域、城镇建设区两个空间层面的规划编制与管理。该标准与土地利用现状分类进行了衔接，但两个分类在绿地、区域公用设施用地、特殊用地、水域的界定上并不完全一致，对规划衔接造成一定障碍。

为实现“两规合一”规划管理，武汉市对“两规”用地分类标准的内涵进行了深入研究，制定了《武汉市城乡用地分类和土地规划分类对接指南》，明晰了城乡规划和土地利用规划在用地分类上的对接标准，在城乡规划用地分类中增设其他建设用地大类，与土地利用规划相应的分类进行对接。2012 年在国家颁布施行新版城市用地分类标准的背景下，武汉市又出台了《新版〈城市用地分类与规划建设用地标准〉GB 50137-2011 实施指南（试行）》，明确了同时适用于城市规划、土地利用规划的用地分类内涵和适用条件，在规划编制和具体管理过程中均得到了较好的应用。

2. 统一基础数据和底图

由于规划编制采用的现状调查和规划信息来源不同，往往导致基础数据不具可比性，进而影响到规划成果的对接和实施。武汉市连续 10 多年同步开展了年度土地利用变更调查和年度城乡用地现状调查，在技术层面统一了调查数据的时间、范围、格式，并根据住房和城乡建设部、原国土资源部的统计要求，形成了严格的用地面积换算标准。

在现状调查方式上，土地利用现状变更调查与城乡用地现状调查数据相互参照印证：建成区范围内，土地利用现状变更调查以城乡用地现状调查数据为基础；建成区范围外，城乡用地现状调查主要参考土地规划现状详查数据。同时，对于中小学、历史建筑、文化和体育等各类现状设施，广泛征求市属各部门意见，搭建了现状调查对接的平台，从而形成了相互协调的现状基础数据库，统一了现状用地数据口径和工作底图，为规划方案的衔接提供了良好基础。

3. 统一规划编制技术要点

镇域总体规划和乡镇土地利用总体规划分属不同规划体系，各自规划重点不同，但在现状调查、发展战略与规划目标、建设用地安排、镇域空间管制和规划实施措施上存在较大重叠，内容可以共享。武汉市按照整合标准、相互融合、体现特色的原则，研究制定了《武汉市乡镇总体规划编制技术要点》(以下简称《技术要点》)，从现状调查和分析、规划目标制定、规划方案融合、实施措施统一等方面提出了具体要求，指导乡镇总体规划的编制。此外，考虑到当时的行政管理体制，《技术要点》对成果形式进行规定，要求可分可合，既保证合并后体系的完整性，又保证成果拆分后可满足各自报批要求（图 2-6）。

三、全域覆盖的“一张蓝图”

构建全域空间衔接的“一张蓝图”是实现“多规合一”的关键。武汉市通过统一主要控制目标，统一城镇用地布局，并逐步推进规划向非集中建设区覆盖，基本形成了全域覆盖的“一张蓝图”。

图 2-6 武汉“两规合一”的镇总体规划编制要点

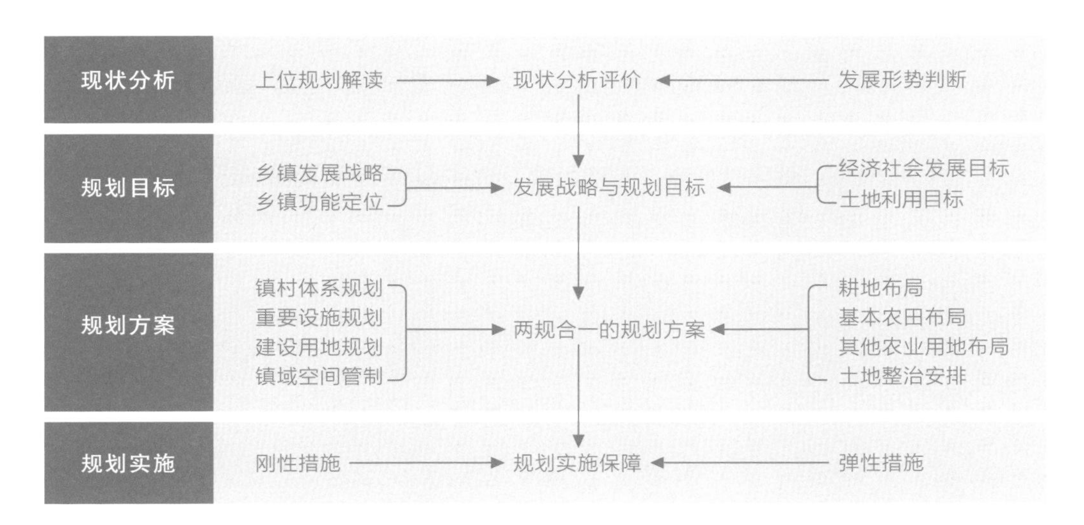

1. 统一规划控制目标

武汉市在规划编制过程中，对于涉及城市发展的重大问题，采取“统一研究，相互衔接”的方式，邀请发展改革系统的相关研究机构直接参与，对国家发展趋势、区域发展格局、城市发展目标，以及相关社会经济指标进行研究，在城市总体判断和认识上达成共识。其中，在人口规模上，依据统一的社会、经济和人口数据，对规划常住人口、城镇人口和城镇化率统一进行预测研究，使得城市总体规划、土地利用规划人口与国民经济社会发展规划人口预测保持衔接；在建设用地规模上，由于城市总体规划和土地利用总体规划关注重点不同，市域建设用地规模由土地利用总体规划自上而下刚性分配确定，城镇建设用地规模则根据研究综合确定，共同作为两个规划规划布局的依据。

2. 统一城镇用地布局

城市规划空间布局强调城市建设发展方向、规模边界和用地结构的总体安排，土地利用规划空间布局强调基本农田保护目标的落地和建设用地指标、边界的调控，常常会产生矛盾。武汉市解决的思路是“先定指标，再定布局”，即先由两个规划按照规划空间层次逐步分解，形成一致性的规模指标要求，并以此为基础共同制定空间布局方案。

为更好地解决城市远景空间发展战略与土地利用规划建设用地规模指标之间的矛盾，武汉市在规划中统一划定城镇建设用地扩展边界和规模边界。扩展边界依据城市空间发展战略规划划定，是较长时期内城镇扩展的理性发展边界。在扩展边界以内，根据土地利用规划确定的城镇建设用地指标划定规模边界。规模边界以内为允许建设区，规模边界之外、扩展边界以内的范围为有条件建设区。扩展边界和规模边界的统一，既保证了建设用地总量控制的刚性，又增加了城镇空间拓展的弹性。

3. 推进非集中建设区规划覆盖

针对非集中建设区的规划编制涉及部门种类繁多，管理部门权责不清、多头管理等问题，武汉市自然资源与环保、林业、园林、水务等部门衔接，编制《武汉都市发展区基本生态控制线规划》《全域生态框架保护规划》等，以 1：2000 地形图作为工作基础，划定基本生态控制线，实行项目准入论证审查制度，对基本农田、山体、湖泊、湿地等重要生态资源进行整体控制和系统保护，形成全域覆盖的规划管控“一张图”。

同时，武汉市在永久基本农田划定过程中，衔接城市“六楔多廊”的生态格局，通过基本农田的刚性约束进一步锚固城市生态框架，强化国土空间全域管控。据统计，武汉市永久基本农田划定后，都市发展区内限制建设区和禁止建设区内，永久基本农田的保护比例超过 90%，拟选址建设的各类项目需要同时满足耕地保护和基本生态控制线管控的双重要求，实现了对非集中建设区非农建设的从严管控。

第三节
“多规合一”的管控机制

武汉市在规划编制技术和成果衔接一致的基础上，构建了开放共享的国土规划“一张图”管理平台，优化行政管理制度，探索规划实施与管理的“多规合一”。

一、开放共享的管理平台

开放、共享的信息平台是各部门信息交流与协同管理的重要手段，更是保障“多规合一”编制和管理的基础。为此，武汉市自 2006 年开始建设国土规划综合“一张图”系统，作为规划信息资源“汇交、整合、发布”的统一权威平台。武汉市国土规划综合“一张图”系统，以控制性详细规划、乡镇总体规划等法定规划为核心，系统整合各层次、各专项的规划成果，形成法定规划、专项规划、规划审批数据、用地现状数据等多维度数据，在同一信息平台上叠加呈现，实现了规划多头管理向唯一依据的转变（图 2-7）。

为进一步规范管理，充分发挥国土规划综合“一张图”的作用，原武汉市国土规划局先后颁布《武汉市规划管理用图管理办法（试行）》《武汉市规划管理用图使用细则》和《武汉市规划管理用图使用规定（试行）》等一系列管理规定，按照“深化、更正、微调和调

图 2-7 武汉市“一张图”管理平台

图 2-8 武汉市小学用地预警示意图

整”四种类型，建立了“一张图”维护更新机制。武汉市国土规划综合“一张图”系统不仅是城乡规划和国土资源管理的重要依据，也在发改、房管、城管、公安、消防、卫生、环保、民政等 70 多个部门中广泛运用，逐步成为武汉市的政务基础信息平台。

目前，武汉市基于一张图管理平台，通过规划“一书三证”、用地“批征供用”等多种“交汇信息”综合评估分析，初步建立了与其他部门的协调预警机制，为行业管理、项目选址、规划修改和审批等提供决策依据。例如，武汉市目前已实现中小学用地预警监测，作为教育部门和规划部门进行联合审查的重要内容（图 2-8）。

二、同审同调的管理方式

经过多年实践，武汉市逐步建立了“同审同调”的规划管理方式，在建设项目选址、建设项目用地预审、新增建设用地报批环节、国土规划联合执法等日常管理过程中，同时将城乡规划和土地利用规划作为技术依据。建设项目选址阶段兼顾用地预审要求，将项目符合土地规划、符合供地政策和产业政策，项目用地规模符合国家定额标准同步纳入考虑。建设项目用地预审环节，在上级国土部门要求的报件清单以外，增加建设项目选址意见书要件。新增建设用地报批环节，增设城市规划符合性审查，报批用地的土地用途应符合城市规划。国土资源和城乡规划实行联合执法，对涉嫌违法用地和违法建设同时进行两个规划的符合性审查。

对同一层级规划的修改调整，武汉市要求同步开展城乡规划和土地规划的方案论证。其中，城镇规模边界和扩展边界的调整应分别上报规划审批机关的同级国土部门和原审批机关批准；在城镇建设用地扩展边界以外进行建设项目的选址，应符合乡镇总体规划中制定的分区管制要求，并由市级国土规划管理部门对选址规划进行审查。特别是，2014年武汉市出台《关于进一步明确和规范武汉市新城区及开发区规划调整与优化的指导意见》（武土资规〔2014〕189号），进一步明确规定了城乡规划和土地规划调整与优化的条件、程序、要求等内容（图2-9）。

与此同时，在控制性详细规划审批和调整环节，武汉市建立了多部门联合审查、审批的联动机制。对于控制性详细规划的审批，必须通过由相关专项规划部门参与的市规划委员会审议；对于控制性详细规划修改，修改方案则应先征求专项规划行政主管部门的意见，再报市规划委员会审议，以确保各专项规划的融合与实施。

图2-9 “两规”同审同调流程示意图

三、计划统筹的实施模式

武汉市通过建立全市统一的土地储备供应计划，明确了各年度土地储备供应的规模、地块分布、筹融资规模重点任务。同时，武汉市将新增建设用地计划、土地供应计划等各项用地计划与土地储备计划有效衔接，形成合力，统一调控城市空间资源，优先保障重点地区及重点建设项目的用地需求，推动各区节约集约利用土地，提高土地资产经营效率（图2-10）。

针对传统的新增建设用地计划管理偏重于数量管理，对空间集聚度、建设用地内部结构约束不够等问题，武汉市积极探索新增建设用地计划管理创新，以节约集约、突出重点、有保有控、集中有序为原则，实行计划数量、空间、结构、时序、效益“五位一体”的精细化管控。通过新增建设用地计划分配和投放，统筹总体规划的年度实施。在计划的数量管理上，分为基础性计划和市级管控计划，实行全市一盘棋管理。根据近期建设规划和年度实施计划，将基础性计划分配至各区。同时，对于市级以上近期重点建设项目、重点功能区用地、优质项目，直接安排市级管控计划。在计划的空间安排上，按照城市规划

图 2-10 土地储备计划与相关计划衔接关系示意图

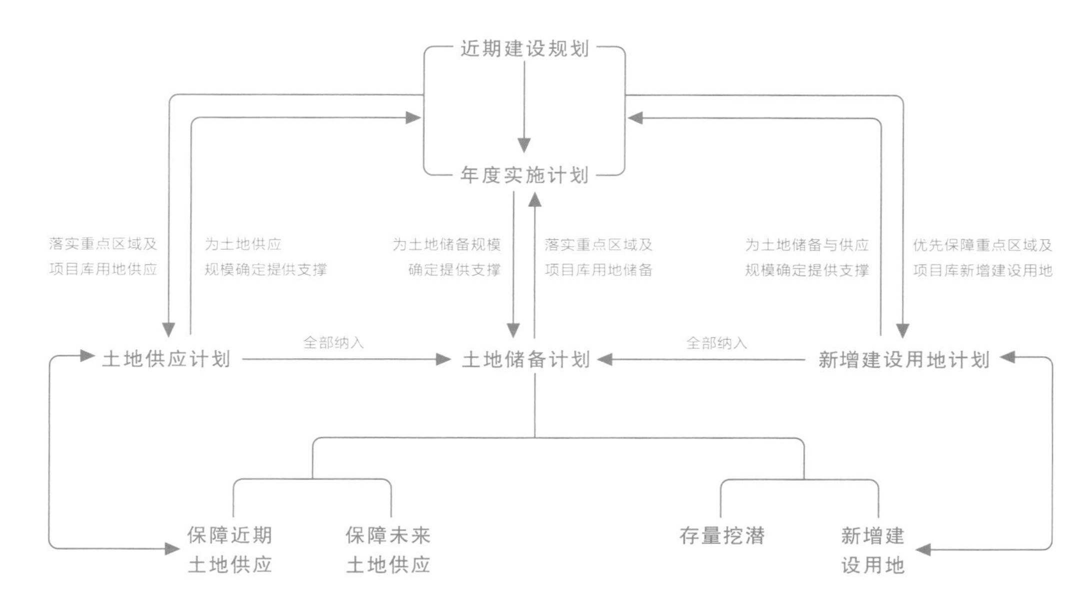

和土地规划布局要求，合理引导新增建设用地计划向新城区和开发区、工业园区集中投放。据统计，2006～2016 年，武汉市获批的建设用地超过 90% 集中在城市总体规划确定的都市发展区内，都市发展区内超过 90% 的建设用地位于城镇开发边界内，有效促进了“1+6”的城市空间结构的形成（图 2-11）。

四、“多规合一”的管理政策

2018 年 5 月，武汉市政府印发《武汉市“多规合一”管理若干规定（试行）》(以下简称《管理规定》)，进一步厘清了“多规合一”的权责体系，建立了全域覆盖、层次清晰、责权明确的“多规合一”全域空间规划管控体系。

《管理规定》充分尊重各部门规划事权，明确各类规划的牵头主体。国土规划局牵头编制自然资源、城乡发展、土地利用等空间统筹类规划，发改委牵头编制国民经济与社会发展类规划，环保局牵头编制生态环境保护类规划。同时，《管理规定》要求，各类规划编制按照“政策层面依据国民经济和社会发展规划、空间层面遵循城乡规划和土地利用规划、专项规划服从综合规划、下级规划服从上级规划”的原则进行衔接。

在规划编制模式方面，《管理规定》进一步明确了“共同规划”常态化的工作组织机制，要求各部门、各区人民政府和功能区管委会充分重视规划编制的事前协调，在相应规划的工作组织、时间安排、空间范围和技术重点等方面进行有效衔接，在情况允许的条件下实现共同编制、同步审批、协同管理，形成共同规划合力，从源头上避免规划冲突。

与此同时，《管理规定》提出，以市、区规委会为主体，构建“多规合一”审批平台，强化对相关规划审批工作的领导、决策和协调职能，建立各类规划编制与调整的统筹与协调机制。分别针对单一审查主体和多个审查主体的情况，实现建立多规“会审制度”和“联审制度”。建立“多规合一”工作考核评价制度，由市规委会对各职能部门、各区人民政

图 2-11 武汉市新增建设用地计划投放示意图（2011~2015 年）

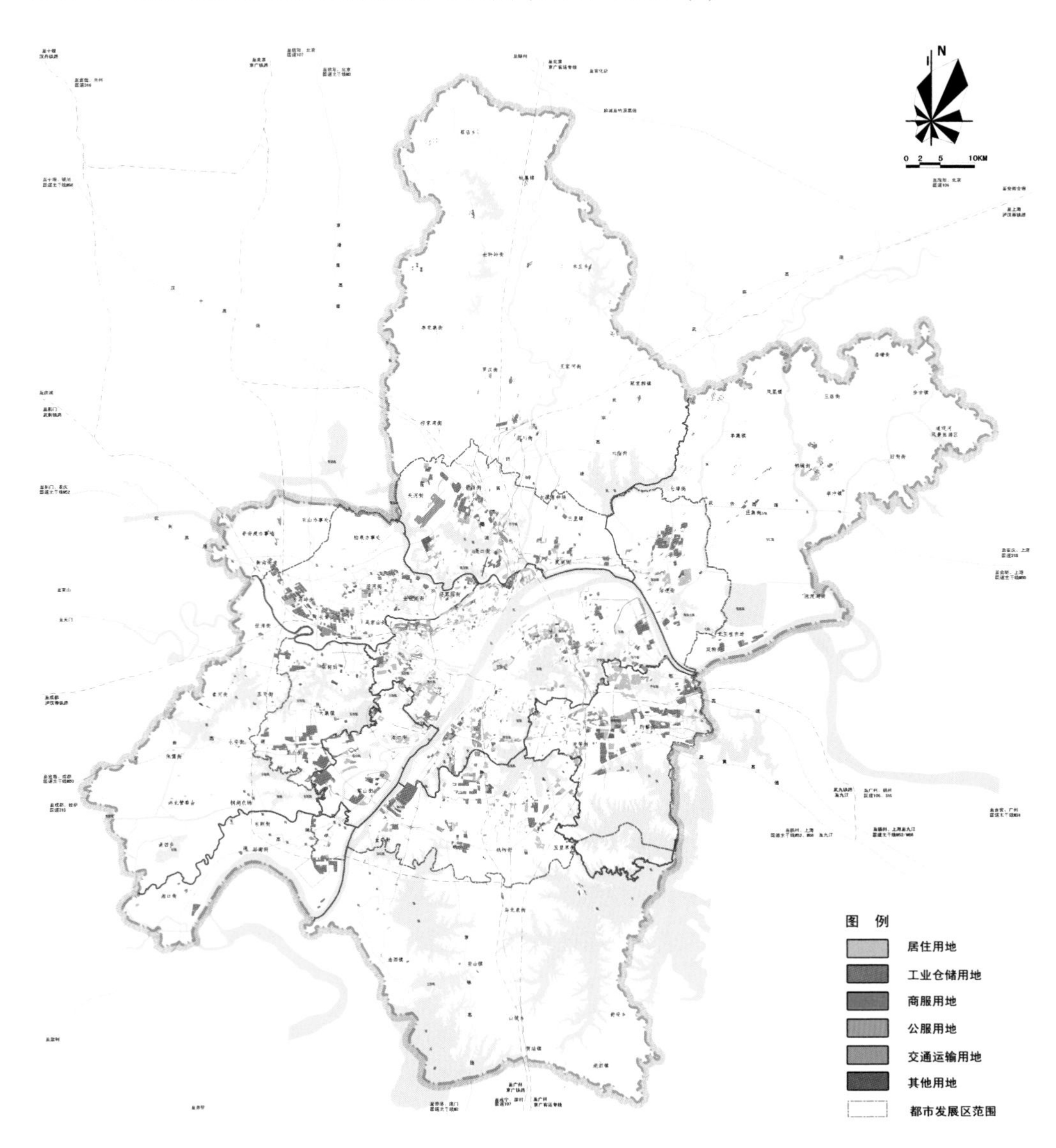

府和功能区管委会“多规合一”工作情况进行考核评价，考核结果纳入全市绩效管理。

武汉“多规合一”实践立足国土资源和城乡规划合一管理的体制优势，在规划编制和行政管理中的矛盾中自发成长出来，是一种渐进式的规划“融合”。在这个过程中，武汉市通过创新规划方法与优化管理体制，逐步形成工作组织、规划体系、空间布局、信息平台、行政管理、实施建设的闭环，呈现以下三个突出特点：一是在尊重各部门规划话语权的前提下，自下而上地实现多规合一；二是利用先进信息技术，把多规矛盾提前消除在规划方案阶段；三是注重“多规合一”的管理和实施，把“多规合一”成果运用到行政管理和项目实施之中。然而，由于存在政策目标、管理体制、法治保障等方面的体制机制障碍，“多规合一”改革实践仍存在较大局限。

（1）价值目标不一致。中国推动市场化改革，赋予地方发展经济的自主性，城市规划成为地方政府调控城市土地的重要手段。而中央出于对耕地保护的特殊要求，提出通过土地利用总体规划严格控制城市扩张。由于价值取向和目标不兼容，代表中央意图的土地利用总体规划与代表城市政府意图的城市规划存在难以调和的矛盾冲突。如，中央倾向于从严控制建设用地增长，抑制土地投机行为，地方倾向于扩大建设用地规模，通过低廉的土地价格吸引社会投资。由此反映到规划上就是土地规划安排的用地规模总是无法满足城市规划的空间需求。另外，在耕地保护上激励不相容的制度现状，也使得地方政府在耕地保护上难以真正上心。

（2）体制机制不统一。由地方政府自发推动的改革措施，未能触动空间规划运行的根本体制机制，本质上属于临时性和补救的性质。武汉市通过机构整合，合并了城乡规划和国土资源部门，但中央和省级的城乡规划和国土资源管理部门仍然独立存在。《土地管理法》和《城乡规划法》等法律明确要求土地利用规划和城市总体规划需要独立编制并分别报批。在国家机构改革前，地方开展的机构整合仅仅将外部交易成本转化为内部成本，各部门间规划职能的紧张关系并未彻底消除。特别是国土资源部门施行省以下垂直管理，副省级城市合并规划和国土部门尚有可能，但地级市以下国土部门合并通常难以得到省级国土部门的支持。

（3）法治保障不健全。过去十多年“多规合一”实践探索中，一些地方希望通过在既有的规划基础上编制上位的空间规划作为统领，但是由于缺乏法律依据，存在审批层级不明、授权主体不明、部门意见不统一等风险，各地开展的“多规合一”并不能完全将各种规划直接合并，也无法在现有规划的基础上创造出一种新的法定规划，而是通过技术衔接或机构合并等方式实现不同类型规划编制标准的统一，在现行法律框架下保障“多规”的有效对接。这种衔接在规划编制阶段和规划实施的初期是有效的，但是随着规划实施，分散管理的规划又将产生新的矛盾和冲突。

2018 年以来，各级自然资源管理部门的相继成立，使得由于规划职能分散管理带来的规划冲突大幅减少，为构建统一的国土空间规划体系提供了新的契机和体制环境。但是经过多年发展，城乡规划、土地利用规划、主体功能区规划等已经形成了自成一体的技术逻辑。目前来看，机构整合仅仅是将外部成本转化为内部成本，要实现各类规划的彻底融合仍有许多难点需要突破。同时，随着国家新型城镇和生态文明战略的深入实施，国土空间规划也面临着许多新的要求，这就需要彻底摒弃门户之见，继续深化管理体制改革，在规划理论和技术层面大胆创新，探索出中国特色的国土空间治理现代化路径。

武汉位于中国的经济地理中心，长江、汉江两江交汇，汉口、武昌、汉阳“三镇鼎立”，境内自然资源丰富，水资源更是得天独厚，市内现存湖泊 166 个，全市水域面积约 2200km^2，占全市面积接近四分之一，形成了“一城江水半城山”的自然空间格局。

3500 多年前在黄陂南部崛起长江流域商代第一座古城——盘龙城，开启了武汉城市建设历史。东汉末年在汉阳龟山出现了却月城、鲁山城，公元 224 年孙权在蛇山建设了夏口城，形成了武汉“双城”雏形；明成化年间汉水改道，汉口析出；1861 年汉口开埠，沿长江先后设立五国租界，推动了汉口沿江拓展；1889 年，张之洞任湖广总督，在武汉大兴洋务运动，三镇分别设置不同功能，在汉口、武昌修建堤防，拓展城市空间。至此，武汉“两江三镇”的功能分工和空间框架开始形成并逐步完善。

纵观武汉 3500 年城市发展进程，受近现代城市规划理论指导的时期主要为近百年，这百年也是武汉城市空间形态发生巨变的百年。从发展阶段看，可分为民族资本主义时期、社会主义计划经济时期、改革开放以来三大阶段。

第三章
城市空间形态演变与发展

CHAPTER 3
EVOLUTION AND DEVELOPMENT OF URBAN SPACE

首先是民族资本主义时期。早在1919年孙中山先生所著《建国方略》之《实业计划》中，即对武汉三镇进行了职能分工，提出了在长江、汉江上修建桥梁或隧道，联络武昌、汉口、汉阳为一市。1927年，三镇合一设武汉市，作为国民政府首都。1944年的《大武汉市建设计划草案》首先提出了构建“大武汉”的区域规划计划，将其范围界定为约3600km^2，可容纳人口1000万人。1947年的《武汉三镇交通系统土地使用计划纲要》将武汉定位为“世界性都市”，认为在工业化过程中，农村人口将大量进入武汉都市区，市区周边村落和乡镇可能发展为小型城市，建议三镇均衡发展。

第二阶段为社会主义计划经济时期。中华人民共和国成立初期，国家提出武汉要转变城市性质，变消费城市为工业城市，武汉成为全国重点投资的工业城市。1954年的《武汉市城市总体规划》以工业发展为基础，着重进行了工业区及铁路枢纽等选址定点，形成了沿长江、汉江和武珞路东西向发展的城市骨架，规划建设长江大桥和江汉桥、长江二桥等基础设施。1956、1957年江汉桥、武汉长江大桥相继建成，迈出了三镇整合发展的实质性一步。

改革开放以来，适应市场经济以及全球化发展趋势，武汉市一方面强化工业基地、制造业基地的发展和转型升级，重视城市综合功能和城市生态环境建设，突出城市空间品质，不断推进城市空间结构优化；另一方面城市空间的市域、区域联动发展加强，空间布局和形态逐渐走向城乡一体、区域一体、保护与发展一体，突出城市重点地区、重大项目的布局。这40年来，武汉市又先后编制了五轮城市总体规划，促进了武汉城市空间布局和形态逐渐从主城、城镇地区，向都市发展区，进而向大都市区的不断演进。

第一节
空间集聚发展与主城初步构建

1978～1990 年，武汉市规划建设活动主要以主城为核心，形成了集聚发展的空间形态。改革开放之初，围绕贯彻落实十一届三中全会提出的“对外开放、对内搞活”战略方针，同时应对大量知青返城带来的城市人口规模迅速增长、城市住宅及市政公用设施供给明显不足的情况，《武汉市城市总体规划（1982—2000 年）》着重于解决人居环境、公共服务设施、三镇均衡布局等问题。1983 年，武汉提出了交通、流通“两通”起飞发展战略，国务院批准武汉为省会城市经济体制综合改革试点，同年原黄陂县、新洲县被划入武汉市，1988 年版《武汉市城市总体规划修订方案》提出，强化中心职能，加强对外交通设施和工业区布局，助力“两通”起飞。

一、相对独立的三镇布局

改革开放初期，武汉市旧城区人口、建筑较为密集，危房较多；新建住宅区商业、市政等设施配套不完善，居住生活不便。城市道路交通建设与城市发展不适应，港区、仓库、服务设施等布局主要集中在汉口，而联系三镇的主干道尚不通畅。这一时期，在控制大城市规模的方针下，城市空间布局和形态突出了“三镇均衡、江南江北相对独立”的基本导向。

1. 城市规模和空间控制

在中央“控制大城市规模，多搞小城镇”的精神指导下，1982 年获得国务院正式批准的《武汉市城市总体规划（1982～2000 年）》提出：1985 年城区人口控制在 260 万人，建成区面积控制在 185km^2 以内；2000 年城区人口要坚决控制在 280 万人以内，建成区面积控制在 200km^2 以内。按照国民经济“调整、改革、整顿、提高”的方针，规划控制在城区新建、扩建大中型工业企业，城市发展生产主要依靠现有企业“挖潜、革新、改造”和按照专业化协作的原则组织生产，提高生产效率。

2. 三镇布局的合理调整

以武汉长江南北地区相对独立、各项设施分别自行配套为发展思路，1982 年版总体规划注重合理调整三镇布局，加强了江南地区运输设施和商业服务网点的建设。规划提出，武昌地区按照留有发展余地的思路，适当发展关山、青山工业区，在武珞路、中南路和洪山中心广场一带安排大型公共建筑和商业服务设施；洪山区珞瑜路大专院校、科研机构应挖掘潜力，紧凑建设；余家头和任家路之间不能联成大片城区，规划为蔬菜基地。汉口地区按照严加控制的思路，外迁旧京汉铁路和小型工业用地，逐步改造人口密集、住房交通拥挤地区。汉阳地区布局一些由汉口地区调整外迁的小型工业和仓库用地。同时，提出“在旧区改建中应注意控制建筑密度，扩大绿化面积”“重视对长江航运优势的开发利用”“加强水体保护，以利生态环境的平衡”等系列发展策略。

3. 加速发展的小城镇格局

为控制城市规模和治理城市环境，这一时期规划提出城区和近郊区不再开辟新工业区，新建设的大、中型企业单位要放在离城区 $30km^2$ 以外的远郊小城镇，因此应加速发展小城镇，加强建设水陆交通方便的葛店化工城（人口规模 5~8 万人）和有一定工业基础和生活服务设施较齐全的武昌、汉阳两县的城关镇纸坊（人口规模 5~8 万人）、蔡甸镇（人口规模 3~4 万人），作为武汉的工业卫星城镇。此外，在武汉武汉周边还布局有以机械和轻工业为主的武昌县的金口镇（人口规模 5~8 万人）、以轻工纺织和农副产品加工为主的东西湖区新沟镇（人口规模 3~4 万人），并将黄陂以及市外的孝感、咸宁等作为远期工业城镇（图 3-1）。

二、主城的初步构建

1983 年“两通起飞”战略提出后，武汉提出建设“内联华中，外通海洋的经济中心、商业中心、交通运输中心”，组织编制了铁路枢纽、汉口新客站、长江二桥等系列重大交通设施规划。1988 年，根据中共中央办公厅、国务院办公厅《关于批准武汉市经济体制综合改革试点实施方案报告的通知》要求，武汉市完成了《武汉市城市总体规划修订方案》（1988 年版），并于 1988 年 12 月由市政府批复，初步构建了以中心城为核心，以沿江、沿河和沿铁路工业带为支撑，多层次的城镇网络系统和空间形态。

1. 以中心城为核心的城镇网络系统

1985 年，武汉市全市人口达到了 608 万人，其中城区人口达到 293 万人，已经突

图 3-1 城市总体规划布局图（1982 年编）

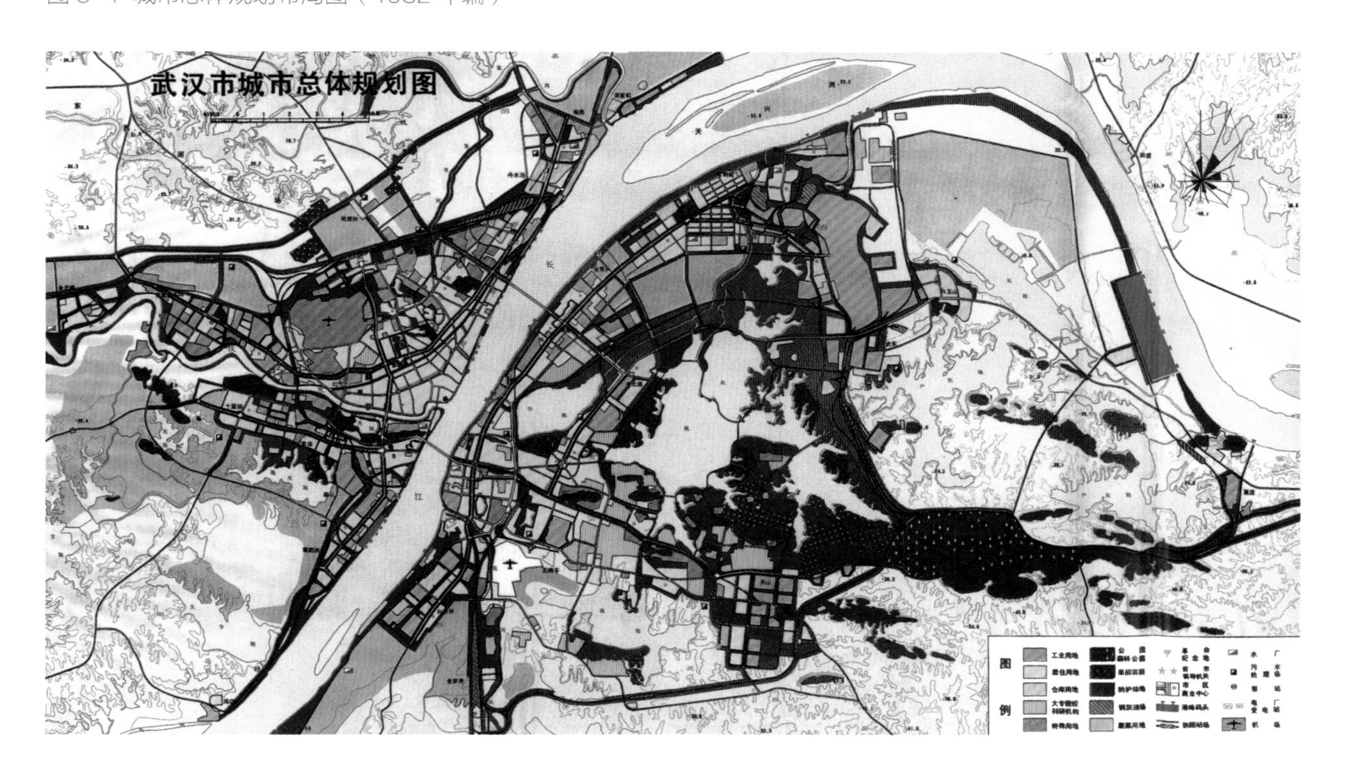

破了 1982 年版城市总体规划控制的城区人口规模，按照严格控制城区人口增长的思路，1988 年获批的《武汉市城市总体规划修订方案》加强对人口机械增长的控制，预测到 2000 年全市人口规模控制在 740 万以内，中心城人口规模控制在 350 万左右，基础设施负荷人口 420 万，建成区面积控制在 245km^2 以内。规划将城区范围确定为北起汉口张公堤至谌家矶，南至新武黄公路接公路南环线，东接豹澥、花山和北湖汽车轮渡口，西止余氏墩港区和汉阳三角洲，用地面积约 650km^2。同时，规划构建了卫星城镇和郊县城镇体系，在市域范围构建中心城、卫星城、县城关镇、县辖镇、集镇五个层次的城镇网络体系，整个城镇空间沿长江和京广铁路呈十字轴线展开，以中心城为轴心，汉丹、武黄铁路、国道、汉江为放射线，在轴线和放射线上分布不同功能、不同层次和规模的城镇群，从空间布局上截流农业人口向城区转移（图 3-2）。

图 3-2 武汉市域规划布局图（1988 年编）

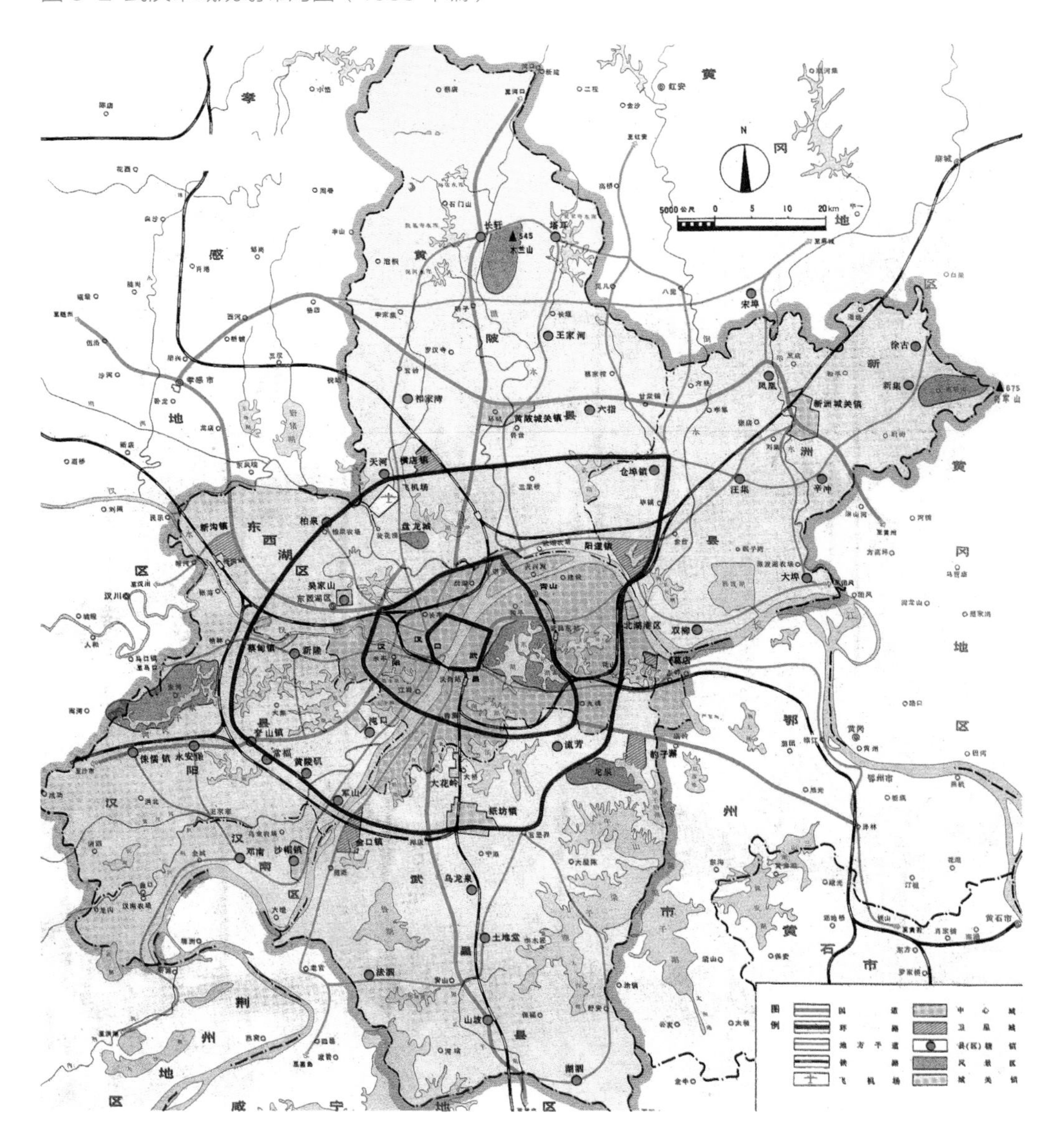

2. 分区成片配套的城区格局

《武汉市城市总体规划修订方案》以加强三镇交通联系为导向，首次提出在建成区边缘组成三镇外环线（现在的三环线），奠定了武汉主城区的雏形。城区内按照三镇鼎立、江河湖山分割城市的特点，逐步使城市形成分区成片配套建设的格局，并按照实际，进一步调整和明确三镇各片的主要功能和用地布局。其中，汉口地区主要突出商业贸易、金融信息和对外交通，将长丰北垸、王家墩机场、姑嫂树以及谌家矶作为发展用地；汉阳地区突出旅游和涉外设施，建设用地向墨水湖以北、琴断口、升官渡发展；武昌地区突出科研、教育和发展新兴产业，建设用地向白沙洲、关山、南湖地区发展；青山地区以钢铁工业为主，生活居住用地向白玉山、武东一带并适当向武青三干道（现友谊大道）以南发展，武钢工业生产发展用地则向武钢厂区以东和鼓架山发展。同时，规划布局汉口赵家条和武昌南湖地区科技密集区，加强城区 12 个工业区的配套建设和调整。此外，规划还布局沌口和阳逻工业区，进行大中型新建、扩建工业项目建设（图 3-3、图 3-4）。

围绕“交通”“流通”，规划强化城市公共服务设施和基础设施建设，规划新建汉口火车站、武汉客运港、天河机场等大型交通设施，并利用汉口旧铁路线作为轨道交通建设空间。

三、轴向拓展与轴间填充的发展实际

改革开放以前，武汉市已经基本形成沿江、垂江轴向发展的格局，汉口总体上已经形成了从解放大道到长江、汉水之间狭长的沿江轴状空间形态；汉阳呈现出鹦鹉大道向南、

图 3-3 1988 年版城市总体规划之城区规划结构示意图

图 3-4 1988 年版城市总体规划之用地规划布局图

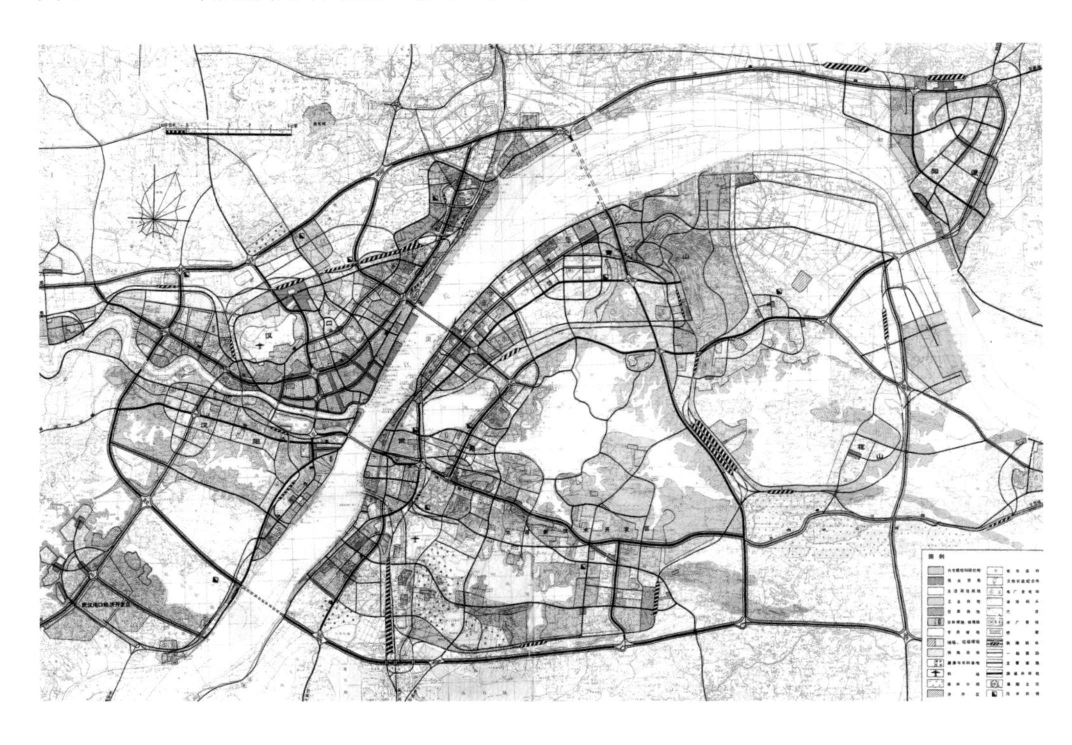

图 3-5 1985 年武汉市城区建设用地示意图

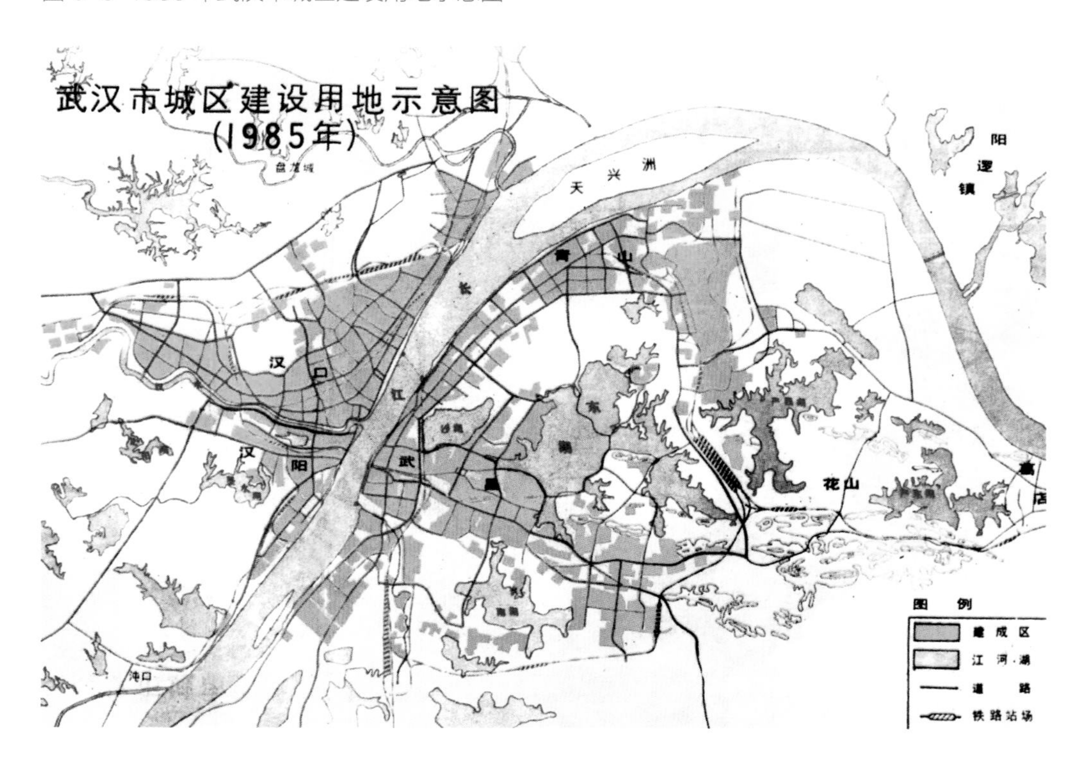

汉阳大道向西的“L”形的沿江轴状形态；武昌形成了沿武珞路－珞瑜路、武咸、武金公路、和平大道等的“T”形轴状发展形态。

1978～1990年这十余年，武汉市以1982年、1988年两版总规为指导，城市建设发展主要集中在主城区内，主城区内部形成多处商业中心和大型居住组团，并有一批大型交通、市政基础设施相继投入使用。这一时期，武汉城市空间形态整体上是在主城范围集聚发展，并呈轴向变粗、轴间填充的趋势。

汉口地区旧京汉铁路外移为城市外拓提供了新空间，建设大道、青年大道等相继建成，使城市沿路向纵深腹地发展，形成了鄂城墩、北湖、花桥等规模较大的居住组团，站北、常青、古田等地区逐渐建设发展起来，汉口沿江两轴之间的空旷地带被逐步填充饱满。

汉阳地区形成了大规模的江汉二桥居住组团，钟家村、墨水湖以北等地区建设密度变大，汉阳沿江两轴变粗。

武昌地区结合青山工业区修建了钢花居住组团，结合中北路工业区修建了东亭居住组团，另外中北路、徐东、杨园、关山、火车站、晒湖等地区建设规模不断扩大，原来的发展轴逐渐联结起来（图3-5）。

第二节
空间跳跃发展与城镇地区格局

1990 年后，国家提出了城市发展的新思路。1990 年 4 月 1 日起施行的《城市规划法》明确规定“国家实行严格控制大城市规模、合理发展中等城市和小城市的方针”。1992 年 7 月，国务院正式批准武汉等为沿江对外开放城市，中共武汉市委、市政府提出“将武汉市建设成为经济实力强，文明程度高，城乡一体化的多功能、现代化、国际性城市”的发展战略；这一时期，武汉开发区、东湖开发区等建设加速，黄陂、新洲实行“县改区”，武汉市进入新的发展阶段，需要对城市的产业结构、功能布局和城市规模进行较大的调整。在此背景下，武汉市于 1993 ~ 1995 年编制完成《武汉市城市总体规划（1996—2020 年）》，1999 年获国务院批复。该轮总体规划从整体上把握产业发展方向和城市的空间布局，满足城市未来发展的需求，在城市空间结构上作出相应的切合实际的规划调整。这一时期，武汉市城市空间布局逐渐跳出主城，空间形态上开始从主城走向城镇地区。

一、“主城 + 重点镇”的城镇地区格局

1990 年代初期，在区域经济发展的机遇下，原来以主城区为核心的相对集中布局已难以适应城市规模迅速扩大需要，城市用地日益紧张，城市环境有恶化趋势。与此同时，一些区街工业、乡镇企业及个体私营企业以其快速的发展势头而成为了城市新的经济增长点，均需新的发展空间。为提高城市的生活质量和运行效率，必须选择合理的城市发展模式，寻求新的发展空间，以缓解城市人口及用地压力，提高城市的自我适应能力。在此背景下，《武汉市城市总体规划（1996—2020 年）》提出了“主城 + 重点镇”的城镇地区空间模式。

1. 城镇地区为核心的市域空间体系

围绕“我国中部地区重要的中心城市”发展目标，为推进城乡一体化建设，合理引导城市空间发展，改善城市生态环境，按照严格控制主城人口，积极促进小城镇发展的思路，《武汉市城市总体规划（1996—2020 年）》提出，至 2020 年，预测全市常住人口 950 万 ~ 970 万，城市常住人口 770 万，主城人口规模 450 万，主城建成区用地规模控制在 427.5km^2。规划提出了市域、城镇地区、主城三个层次的空间体系，其中城镇地区规划范围 2256km^2，主要实施武汉产业结构的调整和产业布局的战略转移，提高城市生态环境质量，缓解主城人口过度密集所带来的一系列问题，构建主城紧凑发展，重点镇各具特色，交通联系方便，山水绿地穿插其间，生态平衡，城乡一体化的城镇地区发展格局（图 3-6）。

2.“1 个主城 +7 个重点镇”的城镇地区空间格局

在空间结构上，适应城镇地区自然条件特征和城镇建设基础，构建“1 个主城 +7 个重点镇”的城镇地区空间结构。其中，主城以内涵发展为主，大力发展第三产业，促进城市功能的优化和提高，并通过产业和用地布局的调整，进一步增添主城的生机与活力。主

图 3-6 1996 年版城市总体规划之城镇体系规划图

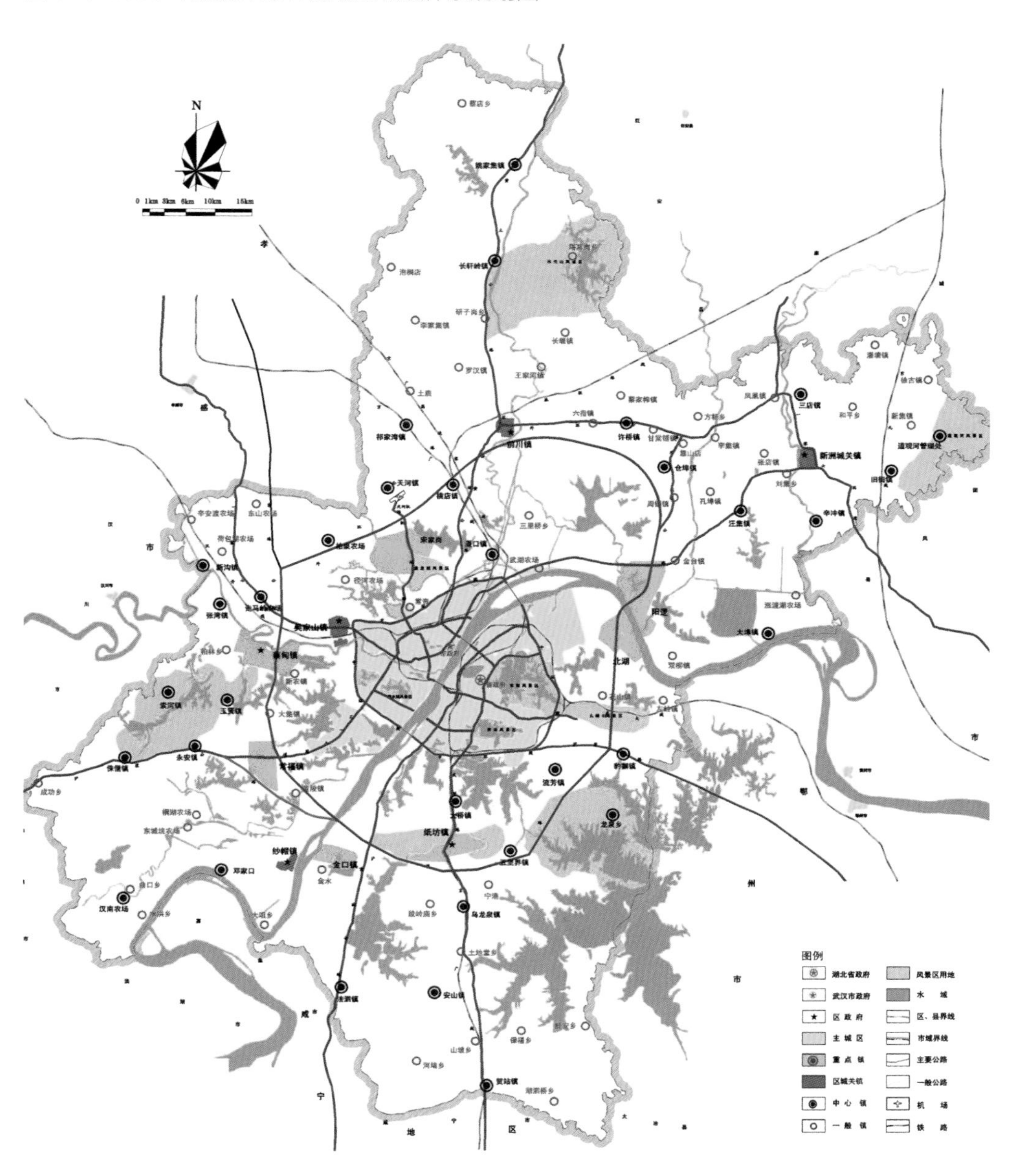

城外围，规划布局既与主城保持联系又相对独立的阳逻、北湖、宋家岗、蔡甸、常福、纸坊、金口等 7 个重点镇，通过国家公路主干线、铁路、港口等大型项目的布局，带动人口、工业和一批重大工程向其聚集，分散并承担城市的相应职能，创造城市新的发展空间，促进周边地区发展，形成合理的城镇结构体系。7 个重点镇之间由外环公路串联，并通过 17 条快速路与主城的三条环路接通，和主城道路相连（图 3-7）。

3.“环状放射型”的生态框架支撑

在推进城市现代化发展的同时，规划按照基本建设成为富有滨水城市特色的山水园林城市目标，加强主城与重点镇、各重点镇之间的绿色空间隔离，以长江为纵轴，汉水和东

图 3-7 1996 年版城市总体规划之城市地区用地规划图

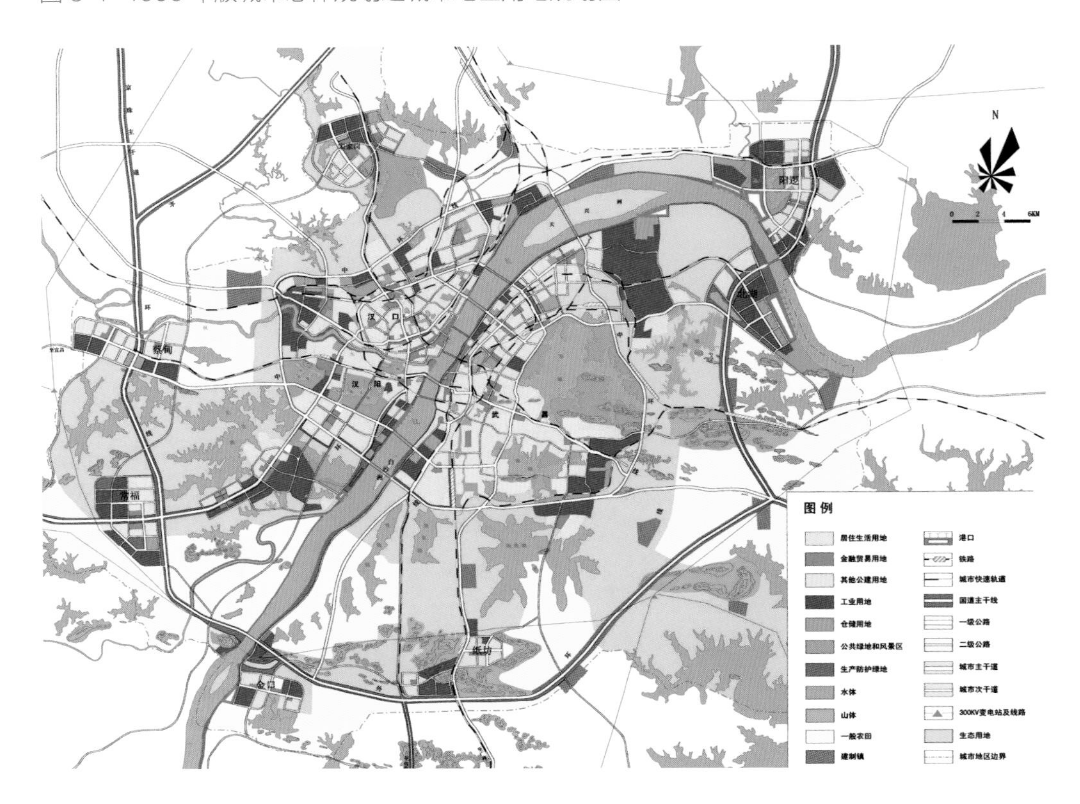

西山系为横轴，环绕主城的绿色开敞空间为生态环；并构建联通分隔主城和市域的东西湖、后官湖、黄家湖、汤逊湖、梁子湖等大型生态用地，以这类延伸至郊区、分隔新城、伸入主城的生态区域为放射走廊，整体构建形成“环状—放射型”的生态框架。

二、“多中心组团式”主城空间结构

这一轮城市总体规划中，主城仍是武汉市的核心，集中体现武汉作为现代化国际性城市和中国中部地区经济、金融、贸易、科教和信息中心的主要功能。

1. “核心区 + 中心片区 + 综合组团”的主城空间结构

基于自然要素分隔的特点，主城规划形成“多中心组团式”空间结构。规划重点突出体现现代化国际性城市和中国中部重要中心城市职能，形成江北、江南两个核心区，主要布局辐射中部地区的商业、金融、贸易、办公、信息咨询等服务功能。核心区周围，布局二七、三阳、新华、宝丰、晴川、首义、晒湖、中南、徐东、杨园共 10 个中心区片，重点承担行政、文化、娱乐、体育、商业等公共设施及居住功能，同时适当保留部分第二产业。主城边缘布局古田、常青、后湖、十升、四新、沌口、青山、关山、白沙、南湖等 10 个综合组团，形成职住相对平衡的工业—居住组团。在此基础上，打造以中山大道为主轴的、辐射中部地区的现代化中心商业区，建设中南路、钟家村市级商业中心，建设后湖、汉口火车站前、古田二路等 12 个市级商业副中心，并在各居住用地集中的主要地区规划布置社区中心（图 3-8）。

图 3-8 1996 年版城市总体规划之主城规划结构图

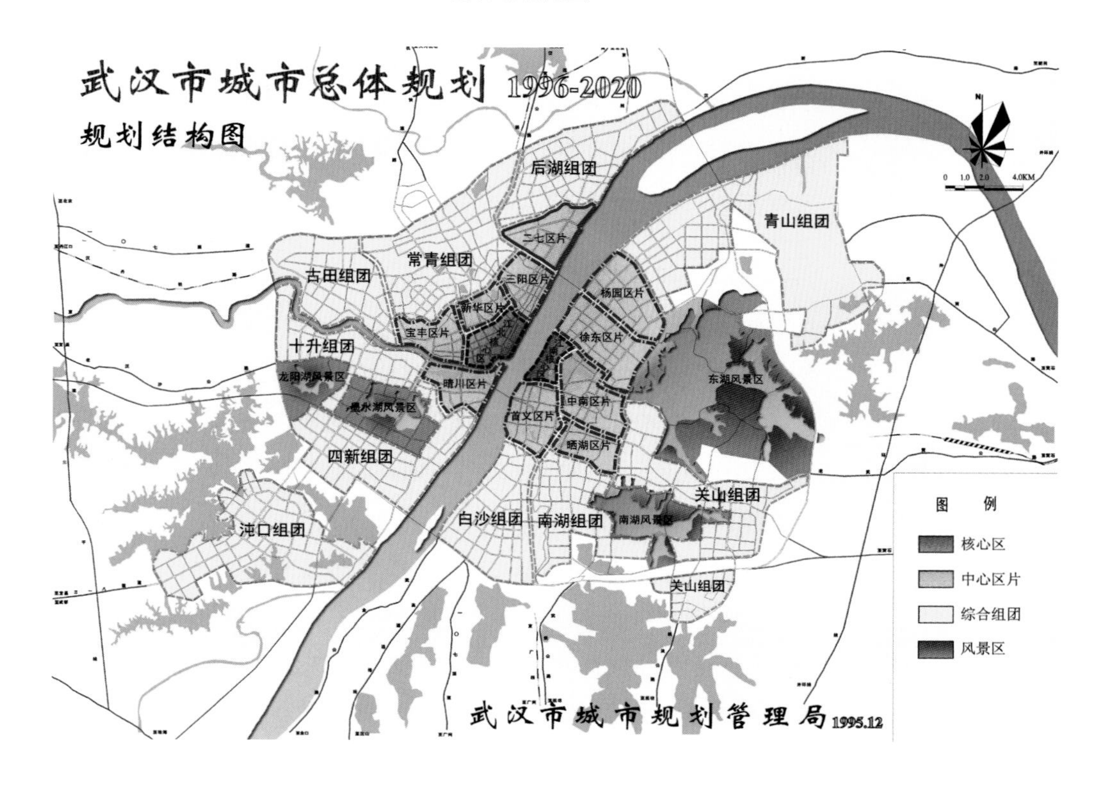

2.“轨道交通 + 常规地面交通”的主城交通支撑

为解决核心区、中心片区及过江交通问题，规划在主城区构建了以轨道交通为骨干，常规地面交通为主体的交通体系，核心区、中心区片、综合组团之间以轨道交通线、快速路及主次干道相联系。规划 7 条由轻轨和地铁组成的轨道交通线路，根据主城自然条件及组团式布局特点，注重汉口、汉阳、武昌道路系统自成体系，并预控了杨泗港等 3 条过江隧道，加强长江两岸联系。

三、“跳跃式”布局的 7 个重点镇

1. 重点镇的空间选择

城镇地区范围内，规划按照“田园城市”布局模式，将重点镇作为新的城镇发展空间，以期促进人口、工业和一批重大工程向其集聚，缓解主城人口过密带来的系列问题。鉴于武汉市三环线外围山水湖泊、湿地等自然要素密布的形态特征，通过从地质、地貌、防洪、土地使用条件、供水条件等综合建设条件进行评价，规划在距主城 15 ~ 20km 范围内选择宋家岗、蔡甸、常福、金口、纸坊、北湖、阳逻等 7 个用地条件较好、适于城市发展用地范围较大、现状城市化基础较好、与主城的交通便捷的城镇作为新的城镇发展空间。这一布局模式，一方面保证城市的整体生态环境；另一方面也分担了主城的部分职能，并通过相对便捷的交通与主城、与市域其他城镇相联系。

2. 重点镇的主要职能

规划确定 7 个重点镇规划总人口 165 万人，城镇建设用地共 180km^2，主要承担疏散主城人口，容纳农业转化人口，以及工业、对外交通、仓储业等功能发展，是重要的第二产业基地和对外货运枢纽。各重点镇主要沿交通轴线分布，并以外环线串联，通过汉施公路、青化路、机场路、将军路、318 国道、武纸公路等 17 条快速路与主城的环路接通。同时规划 7 条市郊铁路，联系 7 个重点镇。

四、内延外拓的发展实际

从发展实际看，1990～2000 年这十年间，武汉城市空间形态总体呈现内延外拓的发展趋势，在继续延续和完善主城区建设的同时，顺应区域经济发展和城市空间拓展的需要，也出现了沿着主要交通干道向外围拓展的态势。但组团跳跃式的扩展趋势并不明显，总体规划确定的重点镇大多发展滞后，规划中的“主城＋重点镇”的田园城市空间发展模式并未完全实现。

1. 主城填充发展并逐步形成圈层式格局

这一时期，主城以内，汉口地区主要沿发展大道两侧发展，并跨越张公堤形成常青组团；汉阳地区以汉阳大道和 318 国道为轴继续向西、向南发展，武汉经济技术开发区已初步形成综合组团；武昌地区东湖高新技术开发区及其周边成为新的建设热点，带动城市

图 3-9 1996 年武汉主城现状图

向东拓展，并形成南湖居住区、青山组团，与武昌旧城联为一体。从功能上看，逐渐形成以主城为核心，由内向外的三、二、一圈层式产业布局结构，其中内环线以内以商业、金融、行政办公和居住为主，城市二环线周边以居住、文教、商业以及少量工业的混合用地为主，城市三环线周边则以工业用地为主。

2. 主城外围依托交通干道拓展加快

同期，由主城往外，向东、西以及西南方向的空间拓展趋势凸显。其中，向东和向西两个方向总体以紧贴主城拓展为主，主城向东主要沿武珞路、珞喻路等道路向关山地区发展并进一步外拓，向西主要沿 107 国道等道路逐渐往东西湖地区拓展。而在西南方向则呈现跳跃式发展的空间形态，在武汉开发区的建设推动下，沌口地区跳出主城，基本形成独立组团的空间布局形态（图 3-9）。

第三节 空间协调发展与都市发展区形成

2000～2010 年，国家实施“中部崛起”战略，批准武汉城市圈为全国“两型社会”建设综合配套改革试验区，批复东湖高新区为国家自主创新示范区，一大批国家型和区域型的基础设施落户武汉，现代服务业、先进制造业快速发展，区级经济发展成为主体。这一时期，城乡规划的关注重点已逐步跳出了武汉市域，在更大范围的“1+8”城市圈层面进行统筹谋划，强化了区域空间协调。城市空间的发展也更加注重跳出主城，以武汉都市发展区为核心，拉开城市空间发展的骨架。2004 年，武汉市开始启动《武汉市城市总体规划（2010—2020 年）》编制工作，2006 年完成技术成果，2010 年获国务院批复，引导构建了武汉都市发展区多轴、多心的城市空间结构。期间，2008 年又组织开展了《武汉城市圈空间规划》编制工作，突出了区域、城乡空间协调。

一、“1+8”城市圈区域协调

2007 年 12 月，国家正式批准武汉城市圈为全国资源节约型和环境友好型社会（简称“两型”社会）建设综合配套改革试验区，为探索建立有利于“两型”社会建设的武汉城市圈空间统筹机制，指导武汉城市圈的空间发展和重大项目建设，2008 年组织编制了《武汉城市圈空间规划》，空间范围涵盖武汉和周边的鄂州、黄石、黄冈、孝感、咸宁、仙桃、天门、潜江等“1+8”城市，总面积约 5.78 万 km^2。

1. 凸显区域空间集约发展

规划构建武汉城市圈“一核一带三区四轴”的区域发展框架，以武汉为核心，加强武（汉）鄂（州）黄（石）黄（冈）的区域一体化发展，并向北、西、南三个方向形成城镇产业集聚发展轴，引导人口和产业向空间主骨架集中，形成武汉城市圈空间发展的极核效应和廊道效应，实现整个区域的高效有序发展（图 3-10）。

2. 注重区域发展交通先导

规划突出交通设施建设的带动作用，通过强化武汉国家级交通枢纽建设和构建武汉城市圈公路网、铁路网、水运网，带动二级城市交通物流节点发展，加快形成武汉城市圈“1 小时交流圈”和“2 小时影响圈”，促使武汉城市圈发展的区位优势尽快向经济优势转化。

3. 加强产业空间集群化

按照梯度分工、优势互补的原则，在产业层级上实行武汉和周边地区的产业分工、产业内部实现上下游配套协作联系，重点通过加强武汉的汽车、钢铁、石化和高新技术等主导产业以及生产性服务业发展，带动武汉和周边地区产业分工协作，形成各具特色的产业集群，增强区域发展的整体实力。

图 3-10 武汉城市圈规划结构图

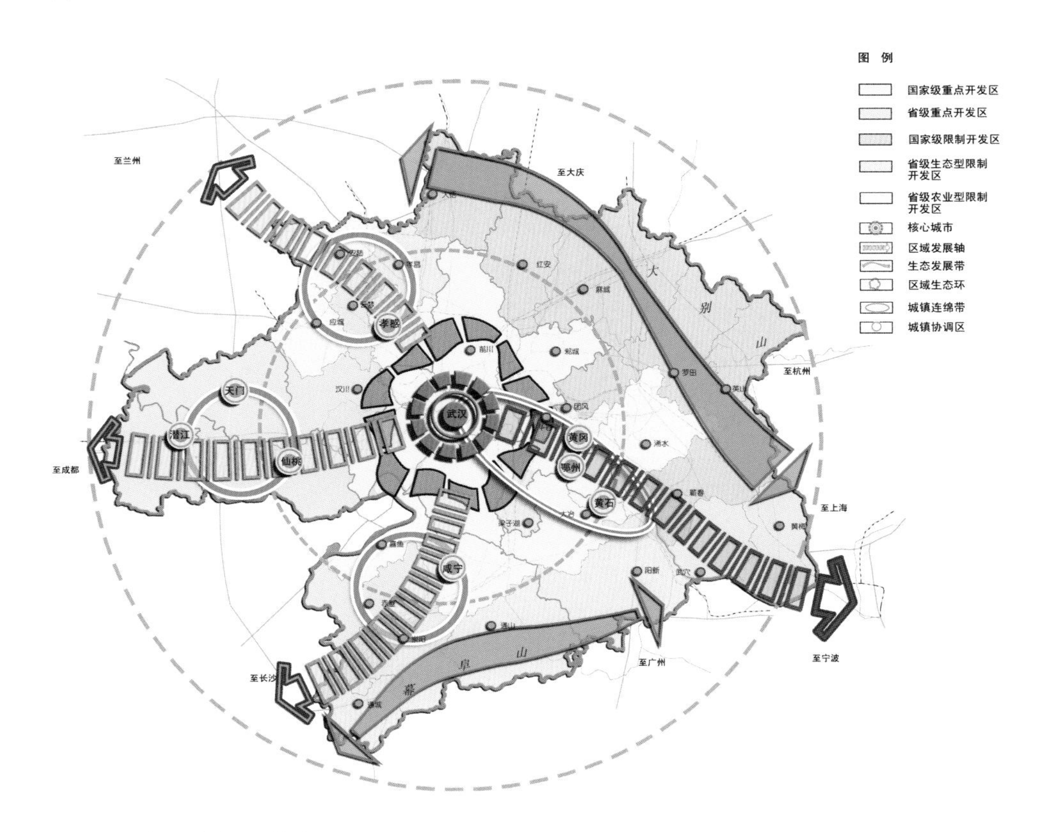

4. 生态空间网络化

规划通过大区域范围的生态保育和生态网络建设，强化武汉城市圈的自然山水特色，形成武汉城市圈保护与开发相结合的总体格局。重点维护“一环两翼”的区域生态格局，即城市圈区域生态环和以大别山脉、幕阜山脉为基础的两翼生态区域，构建武汉城市圈的生态屏障。

二、两大层次的市域空间统筹

《武汉市城市总体规划（2010—2020 年）》明确提出至 2020 年，武汉要建设成为“我国中部地区的中心城市”，规划市域常住人口为 1180 万，其中城镇人口为 991 万人，市域城镇建设用地控制在 908km^2 以内；主城区常住人口控制在 502 万人以内，城市建设用地控制在 450km^2 以内。空间格局上，规划将武汉市域划分为都市发展区和农业生态区两大空间层次，对其发展政策进行分类指导，引导城市空间有序扩展。

都市发展区是城市功能的主要集聚区和城市空间的重点拓展区。按照土地集约、产业集聚、人口集中的原则，推进产业职能升级，调整城市功能结构，优化城市空间布局，统筹安排城市产业、居住、交通、生态、游憩等主要功能，建设形成规模适度、布局合理、结构有序的城镇化发展区。都市发展区总面积 3261km^2，除中心城区外，含乡、镇、街道、农场共 28 个（表 3-1）。

表 3-1 武汉都市发展区内现有乡镇分布情况

行政区	面积（km^2）	包含乡镇情况
中心城区	949	江岸：后湖乡；硚口：长丰乡；汉阳：永丰乡、江堤乡；洪山：左岭镇、花山镇、和平乡、建设乡、青菱乡、九峰乡、天兴乡
东西湖区	376	吴家山街、将军路街、三店农场、径河农场、慈惠农场、长青农场、走马岭农场、柏泉农场（部分）
汉南区	33	纱帽街
蔡甸区	430	蔡甸街、奓山街、大集街、沌口街、军山镇
江夏区	745	纸坊街、流芳街、金口街、郑店街、豹澥镇、五里界镇（部分）
黄陂区	458	横店街、滠口街、天河街、三里镇、武湖农场
新洲区	270	阳逻街、仓埠（部分）、双柳街（部分）
合计	3261	

农业生态区则是都市发展区以外的市域空间，区域总面积为 5233km^2，该区域是武汉市农业生产的核心区域和生态环境保护的重点区域。以农业产业化发展为基础，引导小城镇集中集约发展，鼓励发展条件较好的城镇发展成为中心镇；鼓励一般镇和农村居民点迁并建设，严格控制农用地转为建设用地，确保全市耕地保护目标的实现（图 3-11）。

三、“1+6”都市发展区空间结构

都市发展区内规划城镇人口控制在 880 万人，城镇建设用地 802km^2，人均城镇建设用地 91.1m^2。规划利用两江交汇、河湖密布、生态绿地分隔的自然地理特征，以主城区为核心，依托区域性交通干道和轨道交通组成的复合型交通走廊，向外分别沿阳逻、豹澥、纸坊、常福、汉江、盘龙等方向构筑 6 条城市空间发展轴，结合新城和新城组团，相应布局六大新城组群，在各组群居中位置分别建设组群中心，各组群间以生态绿楔和开敞空间隔离，共同构成以主城为核、6 个新城组群轴向拓展的“1+6”开放式空间结构，形成“多轴、多中心”的总体格局（图 3-12）。

1. 以现代服务业为主导的主城区

主城区大致以三环线为界，局部外延包括沌口、庙山和武钢地区，总面积 678km^2，

图 3-11 2010 年版城市总体规划之武汉市域空间层次划分图

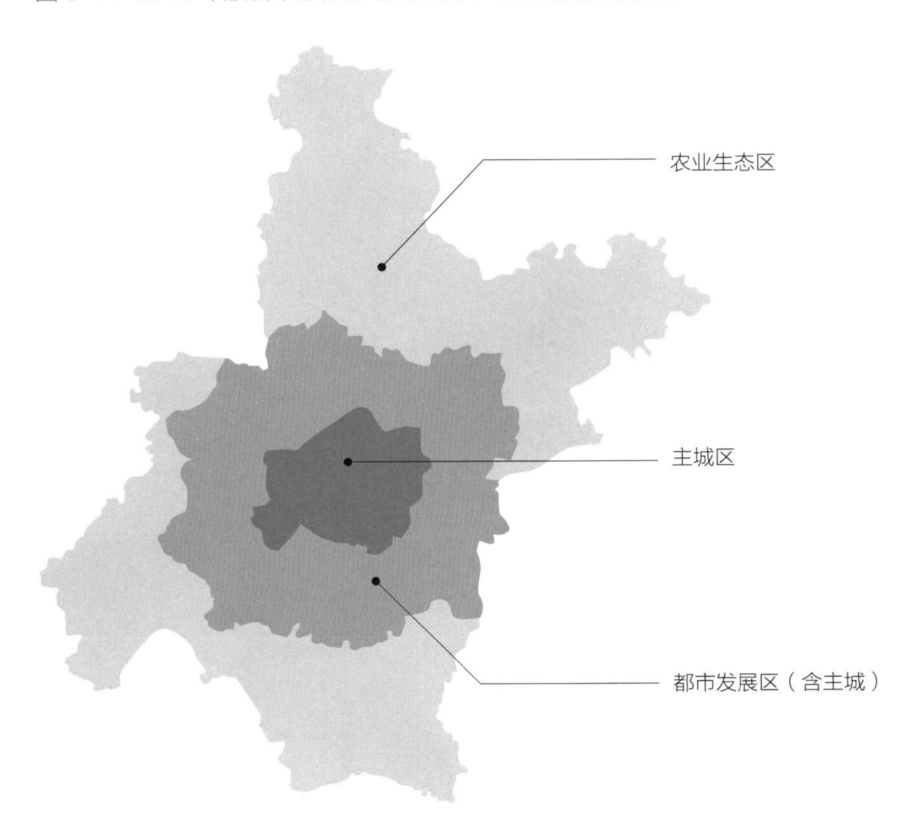

规划建设用地面积约 450km²，规划常住人口 502 万人，重点培育和提升城市服务功能，集中发展金融商贸、行政办公、科教文化、信息咨询、旅游休闲等服务业，强化高新技术产业和先进制造业，承担湖北省及武汉市的政治、经济、文化中心和中部地区生产、生活服务中心的职能。

主城区延续“圈层发展、组团布局”的格局，引导城市功能集聚发展。空间结构上，调整为中央活动区、东湖风景名胜区和若干综合组团。中央活动区集聚城市重要的公共服务职能，布局大型公共服务设施，空间上形成以两江四岸滨江活动区为主体的滨江文化景观轴和沿轨道 2 号线的垂江商务中心轴。综合组团以居住、生活服务和都市工业为主导，是职居相对平衡的城市单元，规划黄浦、二七、后湖、塔子湖、古田、十升、四新、沌口、白沙、南湖、珞喻、关山、杨园、青山、武钢等 15 个综合组团。同时，规划布局四新、鲁巷、杨春湖 3 个城市副中心。

主城区内推动工业外迁，实施“退二进三”策略，适当保留江岸堤角、江汉现代、硚口汉正街、汉阳黄金口、武昌白沙洲、青山工人村等都市工业园，发展无污染、高就业、高附加值的劳动密集型产业。主城区重点实施“两降三增三保”策略，即降低旧城建筑密度，降低旧城人口密度；增加绿地及开放空间，增加各项重大公共服务设施，增加停车场等交通设施；保护历史文化街区及周边环境风貌，保护山体湖泊及周边生态环境，保留改造高就业无污染的都市型工业（图 3-13）。

图 3-12 2010 年版城市总体规划之武汉都市发展区空间结构示意图

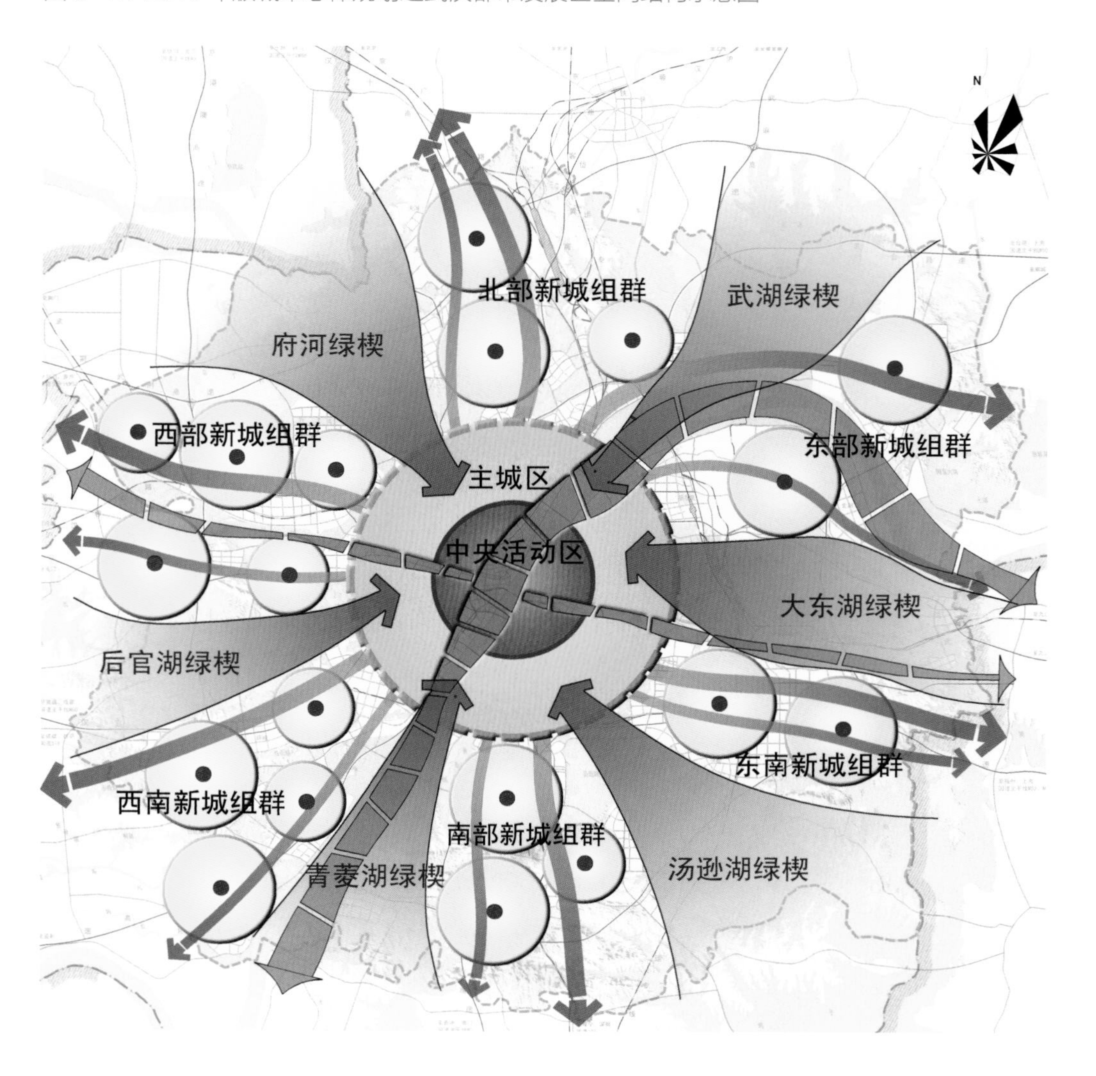

2. 产城融合发展的六大新城组群

主城区外围六大新城组群是武汉城镇化的重点发展区，承接主城区疏解的人口和功能，带动区域一体化发展。按照设施共享、分级配套、服务便捷的原则，建设一体化的公共设施和基础设施体系。

东部新城组群规划城镇建设用地 64km^2，人口 50 万人，包括阳逻新城和北湖新城，通过阳逻长江大桥相互联系，呈跨江的“双城”格局，是以重化工和港口运输等为主导，纺织业和其他制造业配套的武汉重型工业发展区。组群中心布局在阳逻柴泊湖东岸。

东南新城组群规划城镇建设用地 49km^2，人口 58 万人，包括豹澥新城和流芳组团，形成“一主一副”的空间形态，是以光电子、生物医药和机电一体化为主导的高新技术产业区。组群中心布局在豹澥新城武黄高速公路的北部。

南部新城组群规划城镇建设用地 61km^2，人口 73 万人，包括纸坊新城以及黄家湖、青菱、郑店、金口和五里界等组团，利用青菱湖、黄家湖和汤逊湖以及青龙山、八分山森

图 3-13 2010 年版城市总体规划之主城用地规划图

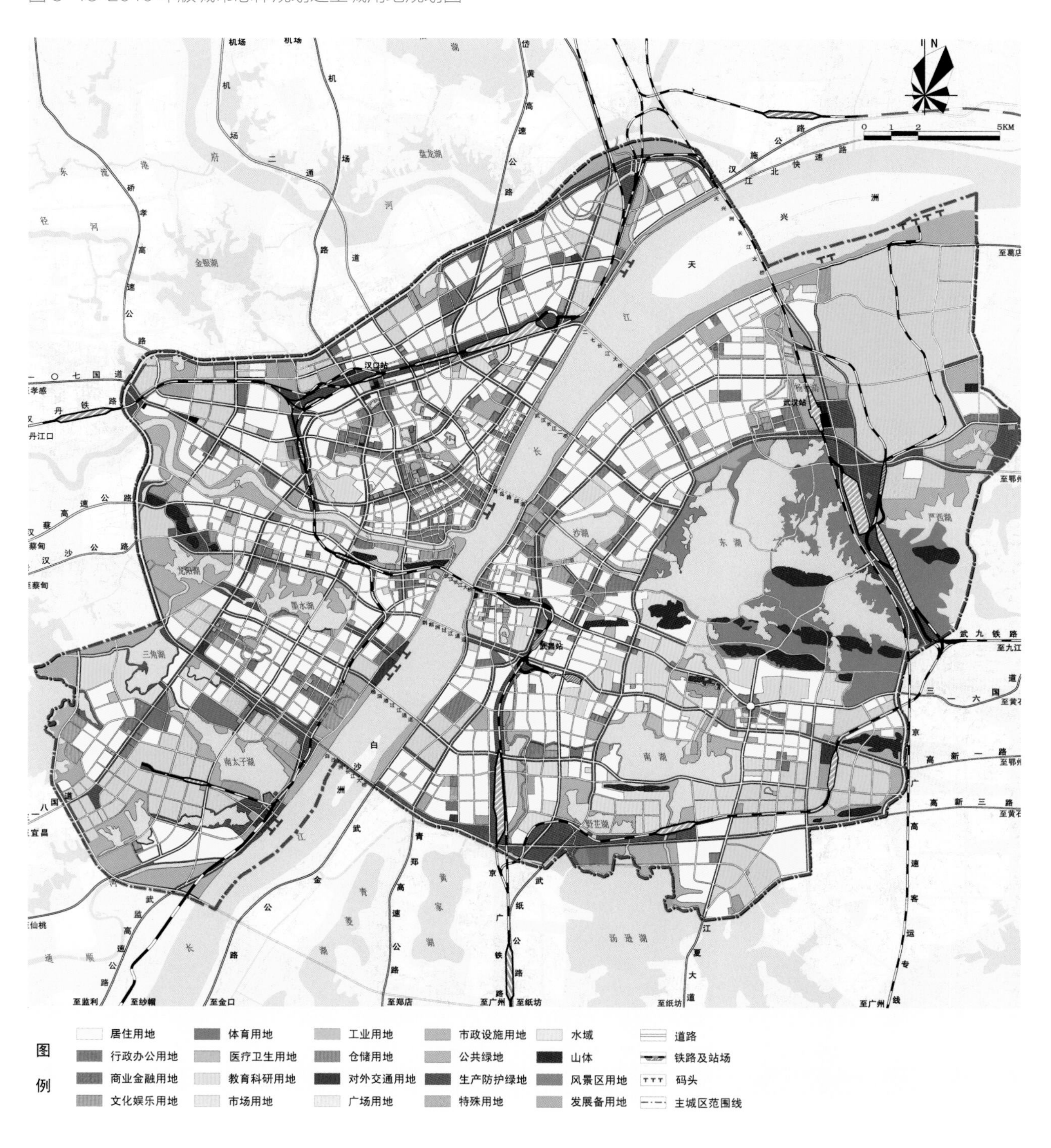

图 3-14 2010 年版城市总体规划之武汉都市发展区用地规划图

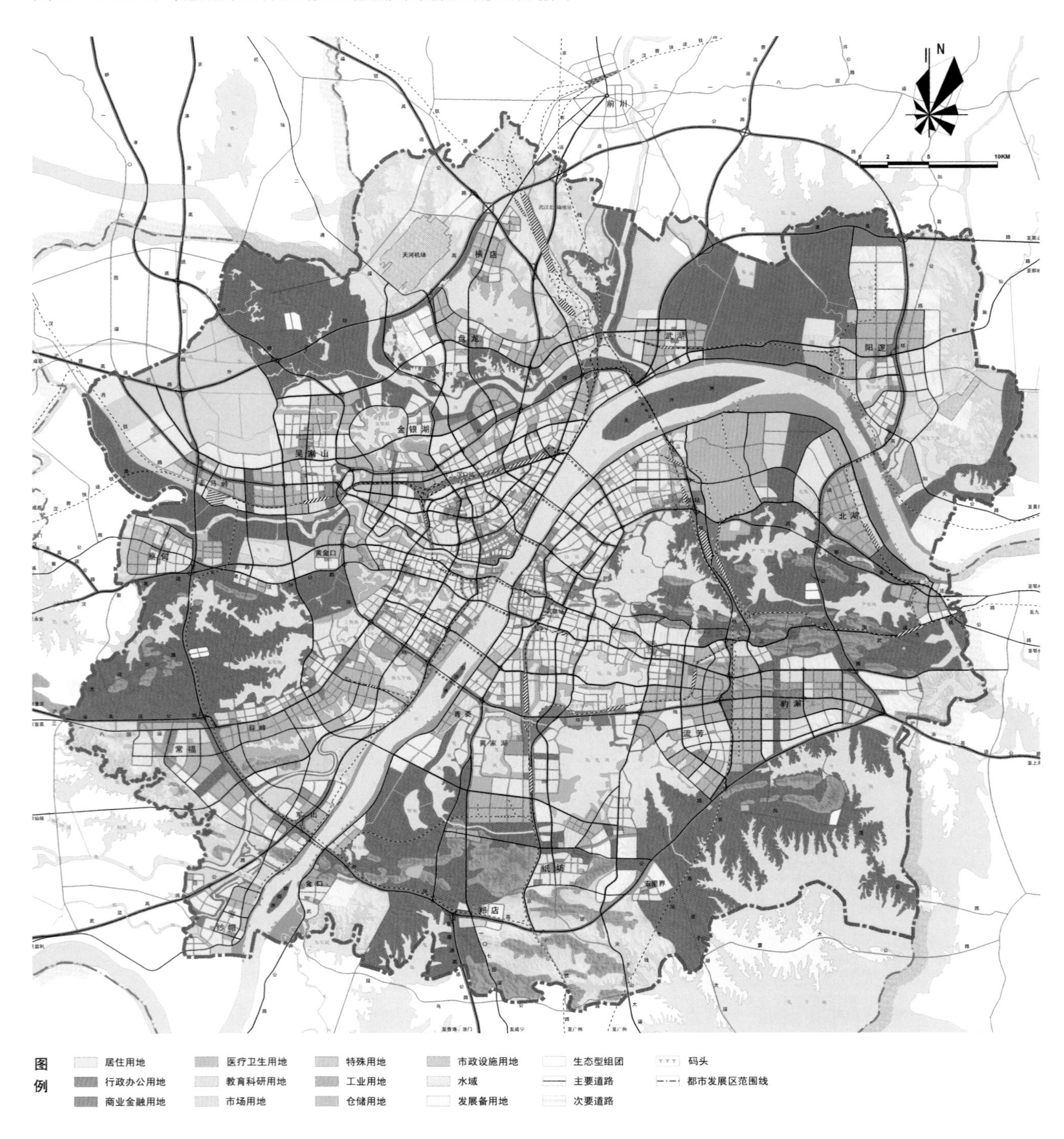

林公园等山水资源分隔，形成“一主五副”的组团式空间形态，功能定位为教育科研产业园区和现代物流基地。组群中心布局在纸坊地区。

西南新城组群规划城镇建设用地 56km^2，人口 54 万人，由常福、纱帽新城，薛峰、军山组团组成，形成“两主两副”的空间形态，功能定位为汽车及零配件、电子信息、家电和包装印刷产业区。组群中心功能由纱帽和常福共同分担。

西部新城组群规划城镇建设用地 79km^2，人口 95 万人，包括吴家山、蔡甸新城，走马岭、黄金口、金银湖等组团，由汉江、金银湖、什湖、后官湖等湖泊河流分隔，形成“两主三副”的空间形态，是面向广大江汉平原的国家级食品加工工业区。组群中心依托吴家山和蔡甸，分别承担两个区级行政中心和部分公共服务职能。

北部新城组群规划城镇建设用地 43km^2，人口 48 万人，由盘龙新城和横店、武湖组团组成，形成“一主两副”的空间形态，定位为临空产业集中发展区。组群中心布局在盘龙新城。

3.“两轴两环，六楔入城”的生态框架体系

2010 年版城市总体规划的突出特点是在构建“多轴、多心”开放式空间格局的同时，明确提出了“全域生态框架”概念，有效保护各类自然生态资源，反向约束了城市空间的无序蔓延。规划整合了市域山体、河流、湖泊、湿地、森林、城市绿地、农田、风景区等生态要素，构建“两轴两环，六楔入城”的市域生态框架。以长江、汉江及蛇山、洪山、九峰等东西山系为十字形山水生态轴；以三环线防护绿带为纽带，严格控制建设活动，建成串珠状绿化隔离地带，形成主城区外围生态保护圈；以外环线防护绿地为纽带，加强生态保育，构成都市发展区的生态保护圈。规划特别强调控制大东湖、武湖、府河、后官湖、青菱湖、汤逊湖等 6 片放射状生态绿楔，以建立联系城市内外的生态廊道和城市风道，深入主城区核心，改善城市热岛效应。

4.“双快一轨”的复合交通走廊支撑

规划坚持以公共交通为导向的土地开发模式（TOD），根据都市发展区“1+6”的用地布局，构建“双快一轨”的复合交通走廊，引导城市空间有序拓展。提出了由 18 条高快速路、13 条骨架性城市主干路组成的“双快”干线道路，建设城市轨道和城际铁路，强化大运量快速公共交通在复合交通走廊中的骨干地位，促进城市交通与土地利用协调发展。

正是由于该轮城市总体规划既明确了城镇空间格局的有序拓展，又强化突出了生态环境的保护，注重了生态框架的反向约束，在 2009 年以“低碳城市”为主题的第 45 届国际规划大会上，该轮武汉城市总体规划被国际城市与区域规划师学会授予“全球杰出贡献奖”。专家给出的评语为：“武汉城市总体规划利用先进的科技手段，对现状问题进行了深入研究，通过建立绿色基础设施和城市交通之间的联系，对微气候学这个既是地方、又是全球关注的可持续发展重点问题，从城市规划设计的角度进行解剖，提出了可持续的空间发展框架和策略，在协调生态保护与城市发展方面进行了宝贵探索，符合人类居住形态发展的先进理念，具有全球示范效应”。

四、轴向组团的发展实际

21 世纪头 10 年间，围绕“1+6”的城市空间结构，武汉市的城市空间骨架进一步拉开。三环线内的主城区继续填充发展，而外围六大新城组群，呈较出较为明显的沿主要交通发展轴组团式发展态势。但由于各方向上在发展政策、发展动力、资源条件等各方面的差异，六大新城组群在实际发展规模、空间结构等方面呈现出较大的差异，六个发展轴向上的发展并不均衡。

1. 主城区继续填充完善

这一时期，汉口地区逐步向后湖、长丰地区填充，王家墩中央商务区经过多轮的规划策划，于 2007 年全面启动建设；汉阳地区重点向四新、十升填充式发展，四新副中心的核心项目武汉国际博览中心于 2009 年 7 月开工建设；武昌地区向东朝关山方向延伸式发展，基本填满了三环线以内区域，并启动建设杨春湖城市副中心，高铁武汉站区已基本建设完成，周边主要进出道路格局已形成，但核心区以及配套的综合居住区和文化旅游服务区建设尚未开始。

2. 新城组群地区轴向拓展

新城组群地区在这一时期快速发展，特别是东南、西南、西部等三个新城组群的发展较快，流芳、沌口、吴家山等地区基本形成了用地较为集中、产业较为集聚的城市组团。在空间形态上，东南、西部新城组群呈贴近主城蔓延态势，西部新城组群的东西湖吴家山、金银湖、金银潭地区，以及东南新城组群的流芳地区紧邻主城发展；而东部、西南、南部、北部方向则呈跳跃式发展的特点，如新洲阳逻地区，武汉开发区沌口、薛峰地区，黄陂汉口北、宋家岗地区等。在拓展方式上，主要沿着交通干道拓展，其中：北部新城组群主要沿盘龙大道发展，西部新城组群主要沿 107 国道、五环大道、老汉沙公路发展，西南新城组群沿 318 国道向西南延伸发展，南部新城组群沿武咸公路、李纸路、江夏大道向南发展，东南新城组群沿武黄高速公路、高新大道东向拓展，东部新城组群主要集中在阳逻、北湖和左岭呈组团式发展（图 3-15）。

图 3-15 武汉都市发展区 2010 年城市建设用地现状图

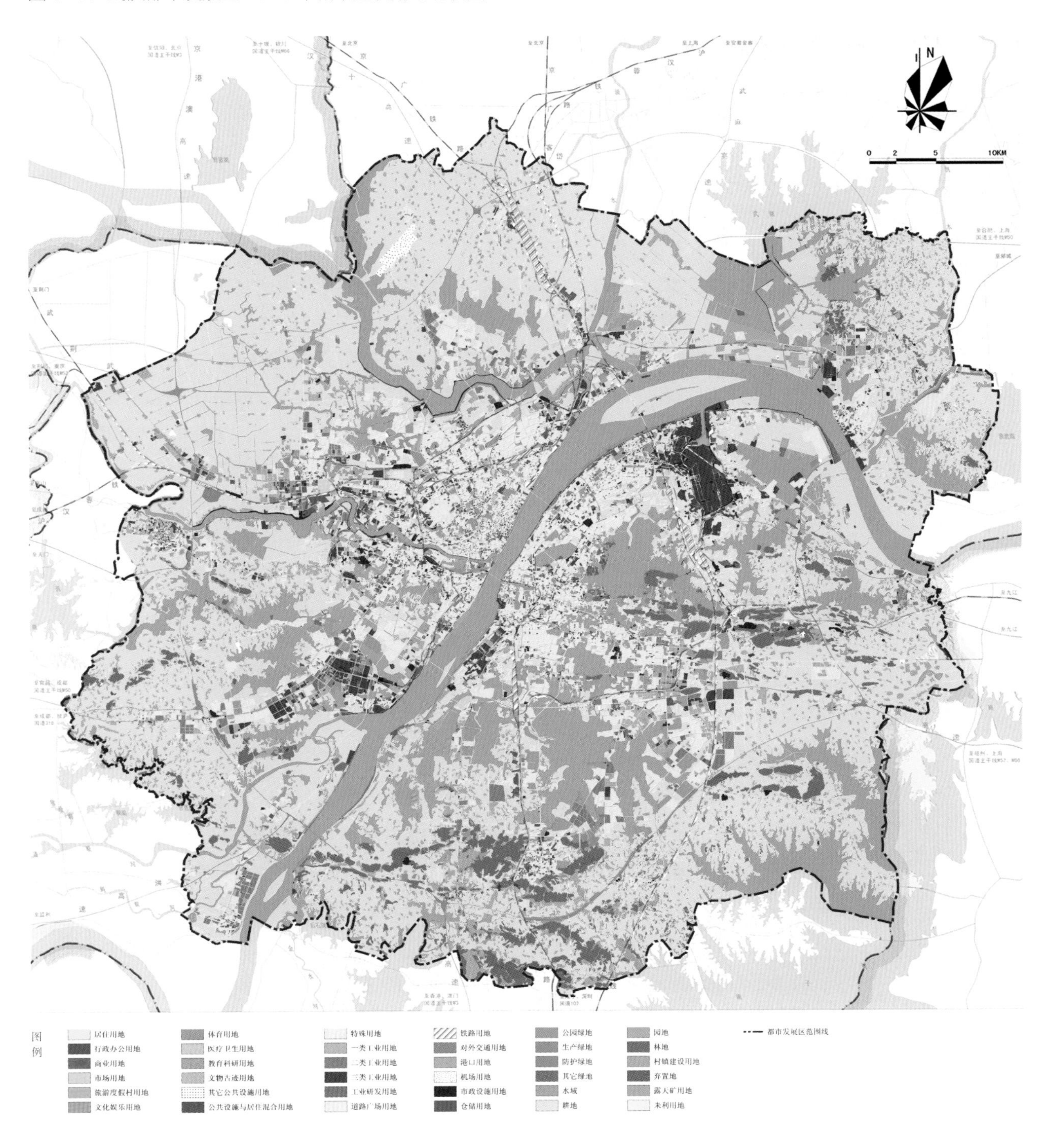

第四节
空间转型发展与大都市区构建

进入 2010 年代，经济全球化、创新转型成为主要趋势，党的“十八大”进一步重申了“两个一百年”的奋斗目标，武汉市委、市政府提出了建设国家中心城市和“现代化、国际化、生态化”大武汉，武汉进入了经济、科技、社会和空间转型的关键时期。在此背景下，为落实国家、省市新的战略要求，适应武汉经济社会快速发展需要，促进城市高质量发展，武汉市编制了《武汉 2049 远景发展战略研究》（简称《武汉 2049》），并按照“两规合一、三规同步、多规融合”的工作思路，开展了《武汉市城市总体规划（2017-2035 年）》相关编制工作，对武汉中长期发展进行了超前谋划，以期发挥规划的“战略引领、刚性约束、多规合一”作用。这一时期，城市空间布局突出了以提升城市治理体系和治理能力现代化为核心，更加强化了区域协同、睿智发展等，突出了长远性、区域性、全域性、品质性空间布局优化；城市建设也逐渐呈现出主城更新提升、新城独立成市、近域扩散等并进的趋势。

一、“三步走”的 2049 远景发展战略

为贯彻落实党的“十八大”提出的“两个一百年”奋斗目标，加快武汉建设国家中心城市和国际化大都市，从更长远的时间、空间视角谋划城市顶层设计，2012 年年底，武汉市组织开展了《武汉 2049》研究。

1. 2049 的目标愿景

《武汉 2049》基于对武汉城市特征、优势和地位分析，并从区域、经济与城市发展等多维研判，提出至 2049 年将武汉建设成为“更具竞争力、更可持续发展的世界城市”的总目标，承担国家及区域中的“创新中心、贸易中心、金融中心、高端制造业中心”四大中心职能，成为一个更可持续发展的“绿色的城市、宜居的城市、包容的城市、高效的城市以及活力的城市”。

基于对武汉更具竞争力的四大功能，更可持续发展的五大城市的目标，研究提出武汉城市发展愿景为“一个拥有更加活力的城市空间，更加绿色低碳的生态环境，更加宜居的市民社区，更加包容的文化环境，更加高效的交通体系的城市，并在创新、贸易、金融、高端制造方面拥有国际影响力与全国竞争力的世界城市”。

而要实现世界城市的总目标，研究提出从区域到国际再到世界的三大阶段：

第一阶段至 2020 年，是国家中心城市成长阶段，重点打造中部地区的中心城市，影响区域范围主要在中心城与“1+8”都市圈，产业表现为工业加速与服务强化。这一阶段武汉世界城市的核心职能是现代物流、贸易、高端制造等高端生产相关职能，其次为创新、国内交通门户等职能。

第二阶段至 2030 年，是国家中心城市成熟阶段，武汉的影响范围将从“1+8”都市圈扩展到中三角，产业表现为生产性服务业快速发展，制造业向区域转移。这一阶段，武汉的职能从物流、贸易、高端制造的重心向技术创新、区域金融中心、亚太总部集聚、亚太交通门户等核心生产服务职能转变，同时兼顾贸易、现代物流与高端制造功能的整体提升。

第三阶段至 2049 年，是世界城市培育阶段，武汉影响范围开始从“中三角”扩展到更为广泛的区域，形成以生产性服务业和区域消费服务为主导的产业表现，其核心职能开始朝向更为可持续发展的软实力、国际性的职能转变，核心职能在于文化集聚度、国际交通门户、国际企业总部以及金融创新，兼顾现代物流、贸易与高端制造（图 3-16）。

2.“五个城市”的战略举措

在明确武汉 2049 城市发展目标与核心功能的基础上，研究提出重点从五大方面举措打造世界城市，分别是“绿色的城市”“宜居的城市”“包容的城市”“高效的城市”和“活力的城市”。其中，建设“绿色的城市”，即要保护武汉区域生态安全格局，控制城市生态底线，建设生态网络，实施河湖连通，推行串绿入城，形成郊野公园体系。建设“宜居的城市”，重点是要落实到“社区”这一城市生活的基本单元中来，以城市家庭需求为核心，构建宜人的生活圈、工作圈。建设“包容的城市”，重点要突出未来城市的文化竞争力，要通过历史街区的功能提升，彰显文化特色、促进国际交往，积极建设文化战略地

图 3-16 武汉建设世界城市的发展阶段安排图

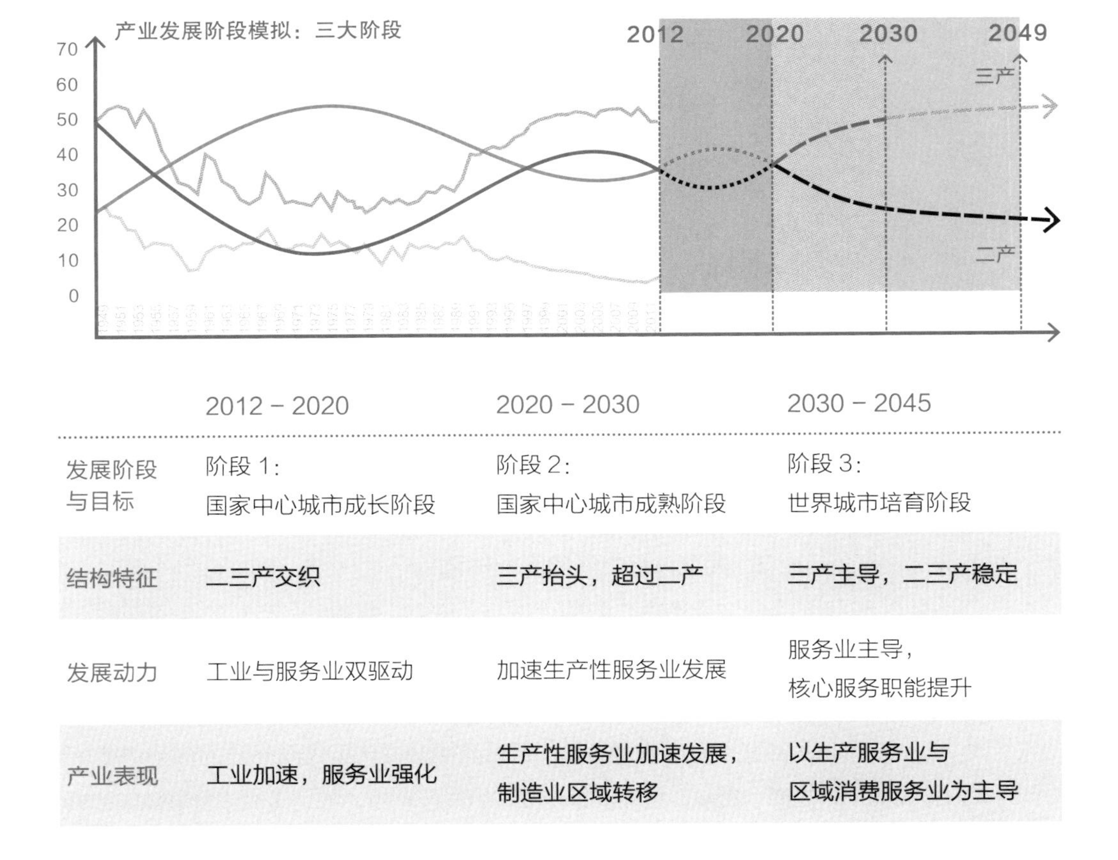

	2012－2020	2020－2030	2030－2045
发展阶段与目标	阶段 1：国家中心城市成长阶段	阶段 2：国家中心城市成熟阶段	阶段 3：世界城市培育阶段
结构特征	**二三产交织**	**三产抬头，超过二产**	**三产主导，二三产稳定**
发展动力	工业与服务业双驱动	加速生产性服务业发展	服务业主导，核心服务职能提升
产业表现	**工业加速，服务业强化**	**生产性服务业加速发展，制造业区域转移**	**以生产服务业与区域消费服务业为主导**

区，引领城市文化发展。建设“高效的城市”，重点是提高国际国内通达能力，建设门户机场，增加国际航线比重，适时启动建设第二机场，打造铁路环形枢纽，建设外围铁路货运通道，整合铁水公空多种运输方式。建设“活力的城市”，重点在于城市空间结构的优化，主城区强化“两江四岸”现代服务业中心；新城地区重点发展四大产业板块，并对接带动武汉城市圈内的八个中心城市发展；引领长江中游城市群发展，与长三角、中三角、京津冀、成渝等国家级核心城镇群形成分工协作。

二、“一核四带六心”的大都市区一体化格局

新时期，国家提出长江经济带“共抓大保护、不搞大开放”的战略要求，长江中游城市群在推进长江经济带协调发展中具有举足轻重的作用。武汉市将长江中游城市群协调发展作为一项重大专题开展研究，同时，为加强武汉与周边地区协调发展，有序推进城市区域化，也开展了《武汉大都市区发展战略及协同规划研究》。

1. 长江中游城市群空间协调发展

在长江中游城市群协调发展专题研究中，围绕落实长江经济带发展要求，以长江中游城市群空间协同发展为核心，提出依托沪汉蓉、京广交通走廊，培育差异化、互补型城镇功能空间组合，打造以武汉为核心的“十字形”城镇交通复合发展主轴。其中，以长江黄金水道建设为中心，构建沿江东西向轴线，形成以武汉大都市区、仙（桃）天（门）潜（江）组合城市、宜（昌）荆（州）都市区为主体的城镇发展轴，推动沿江铁路和高速公路建设，促进多式联运，提升长江综合通道货运能力。依托高速铁路，构建沿京广南北向轴线，形成以武汉大都市区、岳阳都市区、长株潭大都市区、衡阳都市区为主体的城镇发展轴，进一步整合京广铁路、京港澳高速公路及沿线机场、铁路站场和物流园区，提升京广综合通道能级。

2.“1 小时交通圈”为核心的武汉大都市区范围界定

从武汉近域范围看，在 5.7 万 km^2 的“1+8”城市圈范围内，构建一个区域尺度更为合宜、关联更为紧密的近域一体化发展的空间层次，既是武汉主动承担国家责任、实现国家中心城市目标的重要战略，也是武汉实现区域引领、带动周边城市协同发展的重要抓手。通过开展《武汉大都市区发展战略及协同规划研究》提出要以 1 小时交通通勤距离为基础（60~80km 半径），综合考虑通勤、经济、人口、生态、重大基础设施等要素，划定武汉大都市区范围，包括武汉、鄂州全域，黄冈黄州区、团风县，黄石市辖区、大冶市，孝感孝南区、汉川市，咸宁咸安区、嘉鱼县，以及仙桃市、洪湖市的部分地区，总面积约 2.1 万 km^2（图 3-17）。

3. 武汉大都市区空间一体化

武汉大都市区范围内按照“核心、廊道、节点”的空间模式，发挥武汉的辐射带动和功能引领作用，促进廊道拓展，强化节点支撑，规划形成“一核、四带、六心”的开放式空间格局。其中，“一核”指武汉大都市区核心区，包括武汉主城区、长江新城及临空、车都、光谷三大重点功能板块，是国家中心城市现代服务业的核心功能集聚区。“四带”指武鄂、汉孝、武咸、武仙洪等四条城镇发展轴带，加速沿城镇发展轴带的高快速路、城市轨道、城

图 3-17 武汉大都市区范围示意图

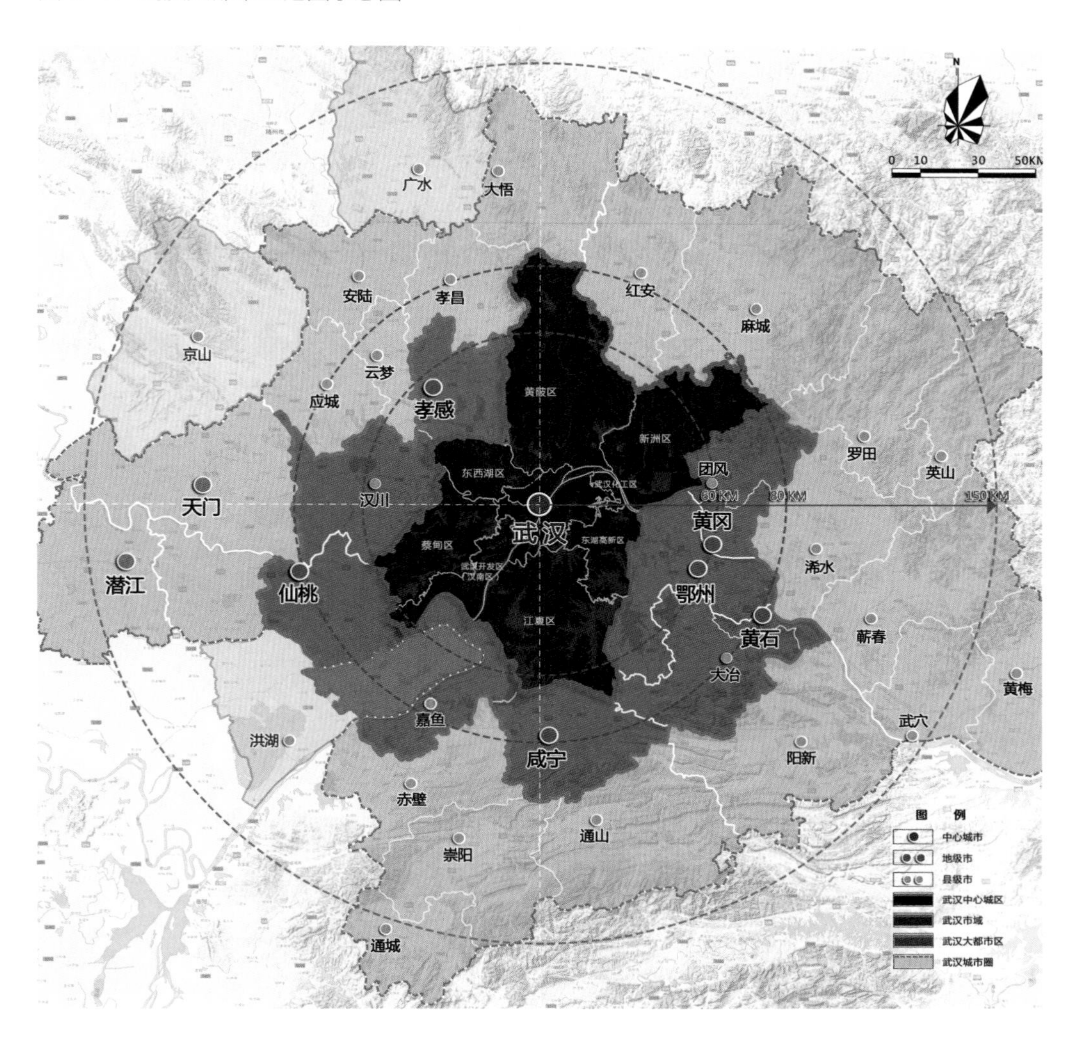

际铁路、市郊铁路等复合交通走廊建设，引导人口、产业、城镇空间沿轴带集聚拓展。“六心”指鄂州、黄石、黄冈、孝感、咸宁、仙桃等六个大都市区次中心，打造成为区域的专业性节点城市，协同周边县市构建次区域组团，辐射带动所在城市及周边地区。

规划提出，重点推进武汉大都市区生态共保，保护具有生态功能的重要山体绿地、河湖湿地，严禁填湖造地、围湖垦田，守住河湖、山体、湿地等重要区域生态要素的保护底线，保证河湖水网、山体湿地的“大山、大江、大湖”生态格局完整性。加强武汉大都市区功能协作，主要聚焦武汉建设国家中心城市的金融贸易、科技创新、枢纽物流、先进制造、文化休闲等五类核心功能，形成武汉大都市区协作互补的功能网络体系。突出武汉大都市区多模式多层级交通体系构建，构建城际铁路、市郊铁路、轨道快线和轨道普线“四网合一”的多层次轨道交通网络，打造 1 小时“市域门到门、大都市区点到点”的交通体系；加密放射性高、快速路，提升扩容既有通道，形成多层级的快速车行联系通道，基本实现各主要城镇发展轴上高、快速路不少于 4 条，提高大都市区各板块与城区之间的交通便捷性。

4. 四大临界地区协同发展

沿武汉大都市区四条重点城镇发展轴带，结合现状特征、空间拓展趋势等，识别并建构武鄂、汉孝、武咸、武仙洪等四处战略协同区。其中，武鄂临界战略协同区重点建设高度一体化的科技创新协同区，着重推进武鄂创新功能和生活居住功能协同，空间布局一体化，交通同城化。汉孝临界战略协同区重点建设复合功能的门户枢纽与航空副城，着重推进临空地区交通协同，推进府河、后湖等生态要素的联通及保护。武咸临界战略协同区，重点建设世界级生态湖区，着重推进生态协同，明确以斧头湖、鲁湖、梁子湖为核心的生态保护格局，依托轨道交通站点形成低冲击、小组团的空间模式。武仙洪临界战略协同区重点建设大都市区先进制造业的承载区，保留未来大事件、新技术、新功能导入的可能

图 3-18 武汉大都市区空间结构图

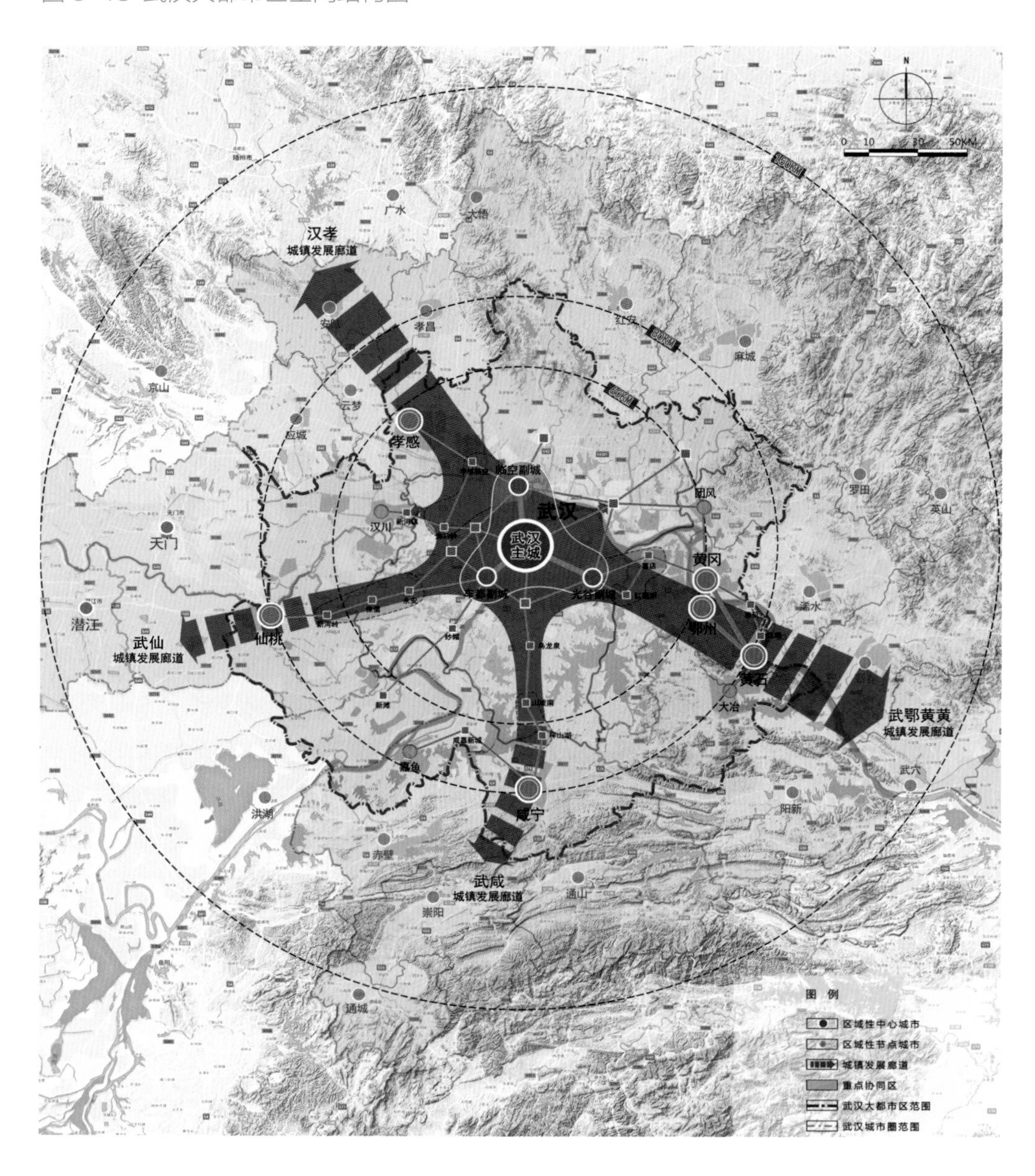

性，预留空间，同时重点保育沉湖、沙湖、刘垸三大湿地保护区，加强东荆河流域、黄丝河一通顺河流域生态共保（图 3-18）。

三、“1331”市域空间结构升级

在武汉市域范围内，2010 年版城市总体规划确定的“1+6”城市空间结构有效引导了武汉城市空间的有序发展。然而，六个轴向均衡布局的模式也带来了空间重点不突出、绩效不高等问题。因此，2017 年在开展新一轮城市总体规划时，提出在原“1+6”空间发展格局的基础上，对城市空间层次、结构体系进行再升级。规划首先基于用地适应性评

图 3-19 2017 年版城市总体规划之市域城镇开发边界规划图

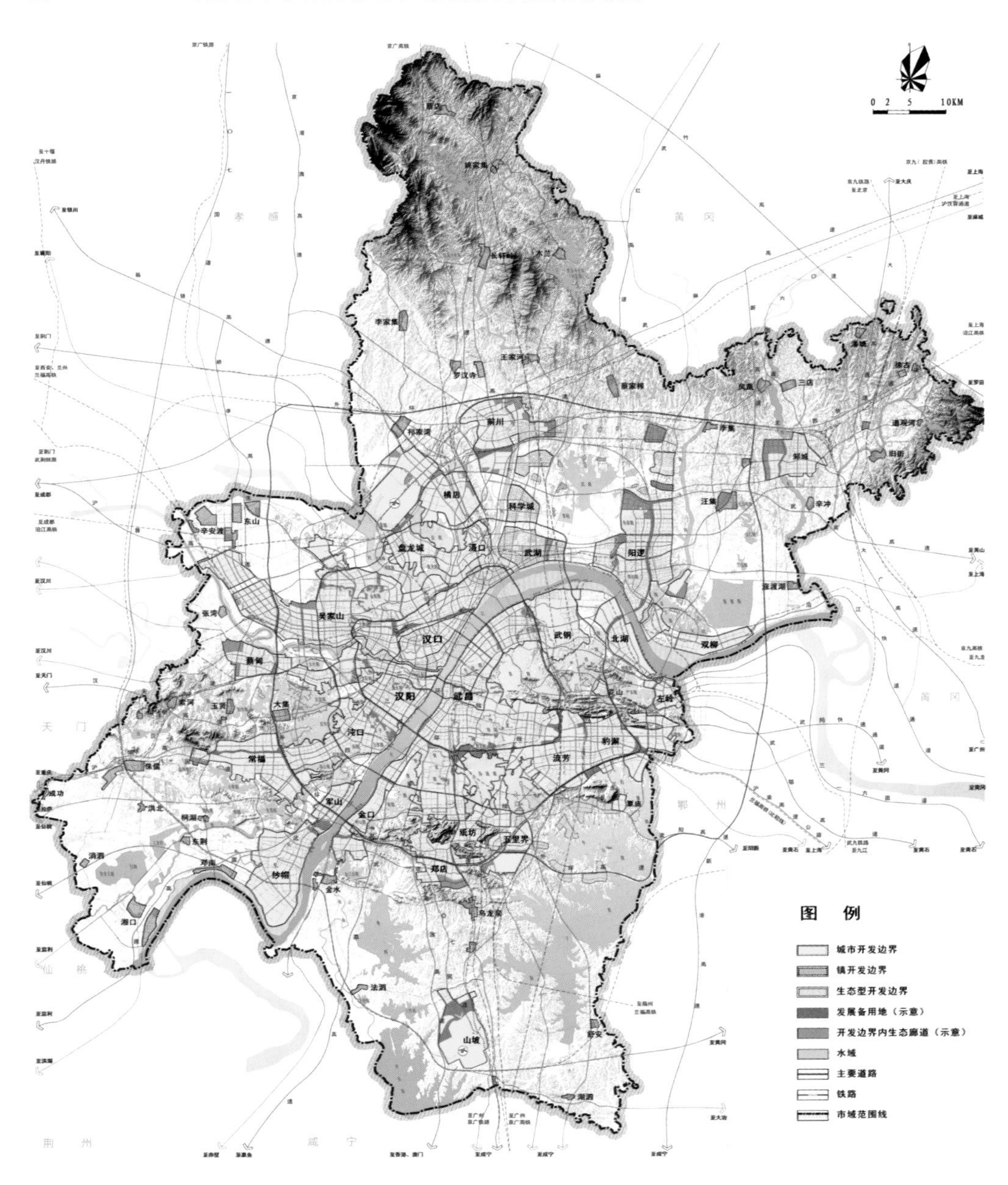

价，结合城市建设现状和发展需求，划定总面积约 2200km^2 的城镇开发边界，以城镇开发边界将全市分为集中建设区和非集中建设区两大空间层次，并对集中建设区和非集中建设区分别提出空间优化和转型发展策略（图 3-19）。

1. 空间发展思路的转型

空间发展理念上，2017 年版城市总体规划突出全域空间网络化发展，将集中建设区和非集中建设区进行统筹布局，在完善城市空间功能的同时，加强城镇功能提升、乡村活力复兴。城市空间结构上，延续了轴向引导、廊道发展的思路，注重构建“轴带—廊道”的城市发展模式和“多中心、组团式、网络化”的城市空间结构，加强主要廊道用地布局、人口分布与交通设施配套的协调统一。空间利用上，注重把握从“紧增长”到“零增长”的变化趋势，引导城市发展逐渐从外延式扩张向内涵式提升转变，应对城市空间“扩张 + 收缩”并存的特征，一方面，城市空间仍然有一定的增量，将会继续向外扩张；另一方面，城市空间扩张的速度、增量将逐渐收缩，城市修补成为城市空间发展的重点。空间发展重点上，则基于交通引导、生态优先、产城融合等发展，在突出对接国家发展战略、对接大都市区空间结构、对接三镇三城、对接武汉重点职能等基础上，强化承载国家中心城市核心功能的战略板块，形成未来城市发展的战略重点空间。

2. 集中建设区的空间结构升级

这一时期，以突出战略重点、强化发展特色、提升城市功能和宜居品质为出发点，以空间结构优化为核心，突出生态底线约束和交通廊道引领的作用，并突出对未来发展不确定性的超前性谋划，构建开放式、多中心、网络化的城市空间结构。2017 年版城市总体规划在既有“1+6”城市空间格局基础上，优化形成“1 个主城 +3 个副城 +3 个新城组群 +1 个未来城市”的“1331”空间结构，并布局郪城为独立新城（图 3-20）。

“1 个主城”指由三环线围合形成的主城区，总面积 527km^2，重点突出现代服务和环境品质提升，是体现国家中心城市综合竞争力和辐射带动区域共赢发展的核心区。依托两江四岸地区及特色功能节点空间，以长江主轴为核心，联动王家墩、中南—中北路两翼，打造中央活动区，建设鲁巷、杨春湖、南湖、汉江湾等 4 个特色副中心，并在外围布局后湖、塔子湖、古田、十升、四新、南湖、关山、杨园等综合组团和东湖绿心。以长江文明之心为重点，推进主城更新，加强存量优化，完善城市核心功能，优化现代服务业结构，培育多元创新空间，塑造高水准功能品质，提升城市文化特色魅力与国际化水平。

“3 个副城”是在三大国家级开发区方向，将原新城组群升级为“副城”，规划布局指光谷、车都、临空 3 个副城，规划按照 100 万～200 万人“大城市”标准，建设功能突出、配套完善的综合性城市，重点突出战略功能集聚，是国家中心城市核心职能的承载区。其中，光谷副城以东湖国家自主创新示范区为核心，辐射带动鄂州葛店、红莲湖等地区，重点承载科技创新功能；车都副城以武汉经济技术开发区为核心，涵盖常福、纱帽等区域，辐射带动仙桃、洪湖等地区，重点承载先进制造功能；临空副城以天河航空枢纽为核心，涵盖东西湖、黄陂南部及前川等区域，辐射带动孝感临空区，重点承载枢纽物流功能。

“3 个新城组群”则是在东部、南部、西部方向延续原新城组群结构，分别按照 50

万～90万人“中等城市”标准，建设组团化空间组织、特色化发展的宜居宜业新城，重点强化产城融合和宜居宜业发展，是国家中心城市重要职能的承载区。其中，东部新城组群以武钢、北湖、阳逻、双柳等地区为重点，着力打造传统产业转型升级的示范区；南部新城组群以黄家湖、纸坊、郑店、金口等地区为重点，打造成为科教、产业融合发展的示范区；西部新城组群以蔡甸城关、中法生态城等地区为重点，打造成为国家生态文明建设的示范区。

“1个未来城市”指长江新城，是践行新发展理念的典范新城、全球未来城市的样板，突出面向未来，以超前的理念、世界的眼光，强化未来产业、特色资源禀赋和发展潜力，

图 3-20 2017 年版城市总体规划之市域空间结构规划图

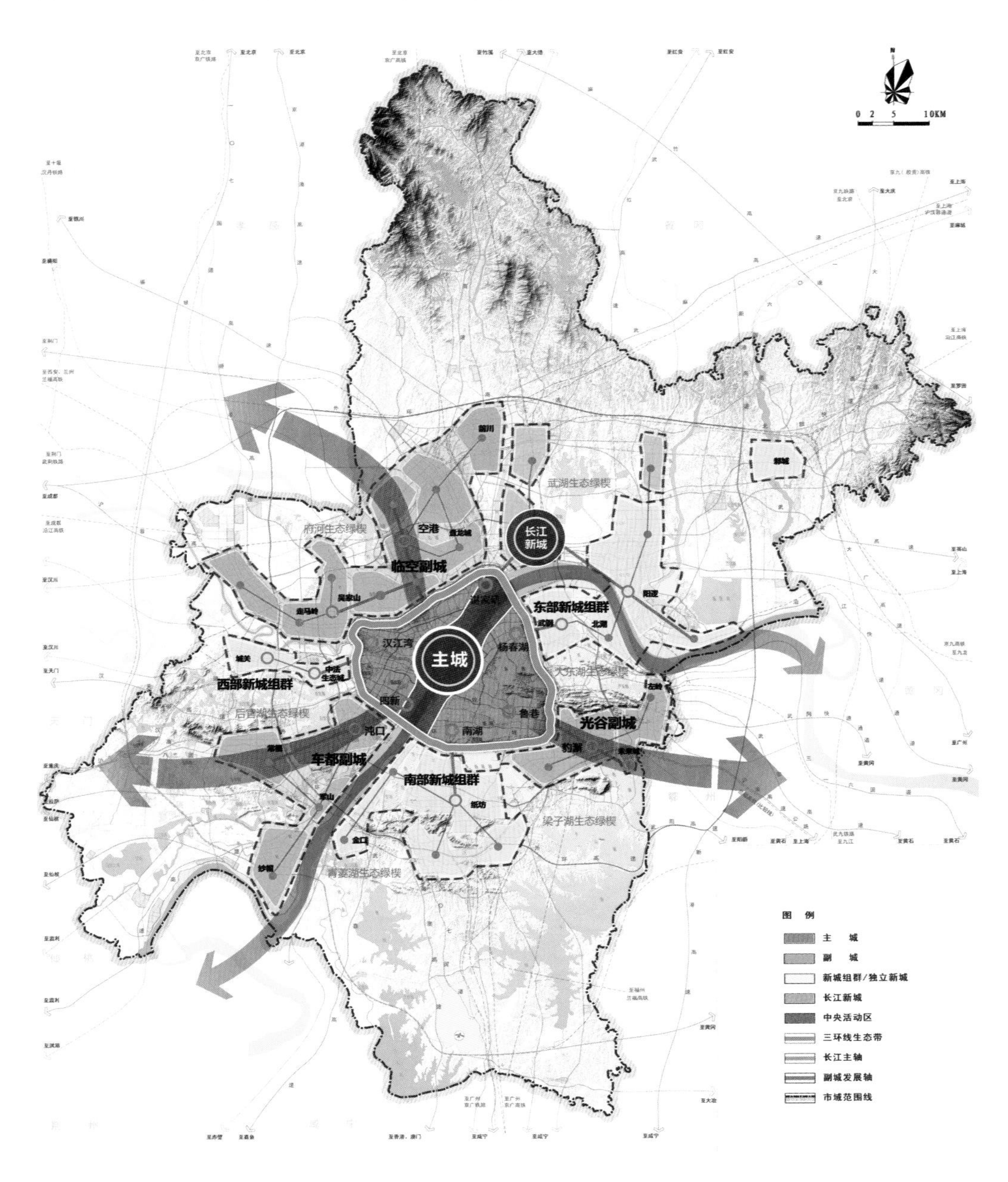

图 3-21 武汉长江新城规划结构图

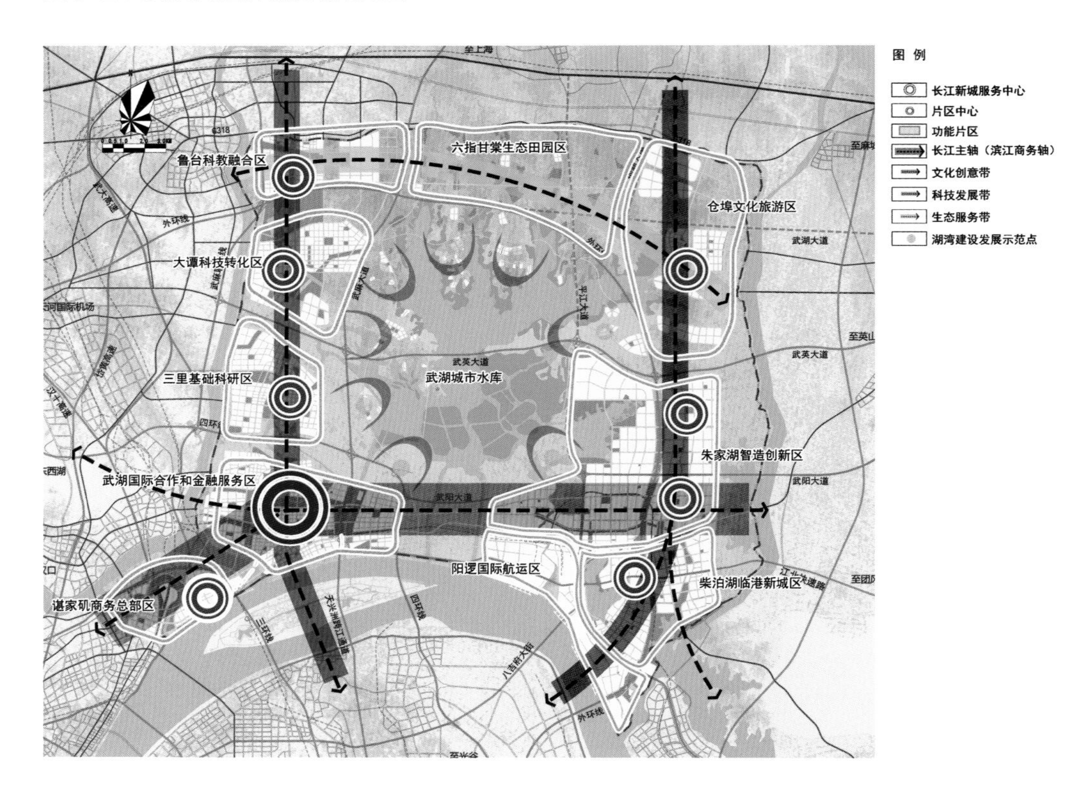

图 3-22 武汉长江新城用地规划布局图

注重功能、规模、空间布局、设施等方面的发展弹性，为武汉未来 30～50 年发展预留空间（图 3-21～图 3-22）。

3. 非集中建设区的功能空间体系

外围 6000 余 km^2 的非集中建设区内，则按照“全域一体、全民共享”的发展思路，着力改变城乡二元结构，以实施乡村振兴战略为抓手，以生态文明理念助推乡村振兴战略，构建“功能小镇 + 生态村庄 + 郊野公园”的功能体系，促进生态保护、城镇功能提升、乡村活力复兴，实现城乡发展方式转变、城乡互动均衡发展（图 3-23）。

图 3-23 2017 年版城市总体规划之市域用地规划布局图

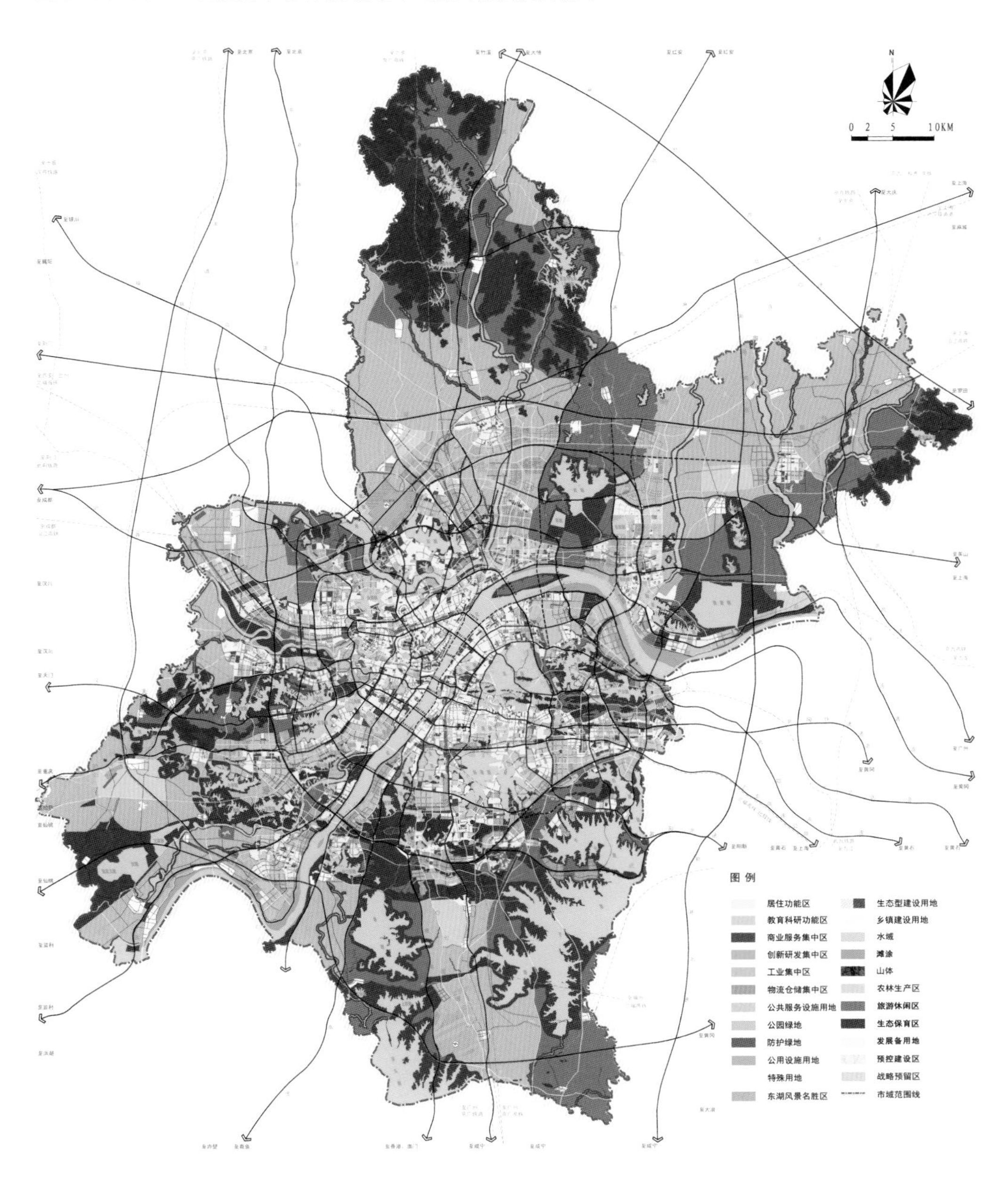

充分利用非集中建设区的生态景观资源和区位优势，遵循融入产业带动板块、联动创新发展极核、提升旅游服务品质、完善城乡公共服务的思路，在城镇开发边界外突出创新创意产业等专业化、特色化功能，规划形成旅游小镇、度假小镇、创新创意小镇、养老小镇等，共同打造生态环境优美、文化内涵丰富、产业发展有特色、城镇功能完善、建设形态小而美的特色功能小镇集群。

围绕乡村振兴战略，按照“产业兴旺、生态宜居、乡风文明、治理有效、生活富裕”的总要求，以提高乡村治理体系和治理能力为导向，将村庄建设与生态保护、农业生产、旅游发展功能等相结合，加强乡村地区资源整合，形成“居、产、服、游”一体化、田园化的生态村庄体系。

同时，规划整合市域山体、农田林网、河流湖泊等生态要素，以风景名胜区、自然保护区、森林公园、湿地公园等生态功能区为基础，营造“水绿一体”的滨水网络与“蓝绿交织”的生态空间，融合发展生态保育、科普观赏、运动休闲、农业体验、郊野游憩、健康养身等多种功能，构建“南北魅力休闲 + 中部滨湖游憩”的复合型郊野公园集群，实现生态资源的以建促保，促进生态资源保护和城市生态及游憩功能品质提升的共赢。

4. 城市总体空间风貌塑造

2017 年版城市总体规划首次关注了市域总体空间风貌格局的塑造，在编制工作中专门开展了《武汉市总体城市设计战略》专题研究，在梳理重要的城市空间要素基础上，延续了武汉“湖光山色、蓝绿交织、水城相间”的风貌特色，构建“北依楚山林，南纳云梦泽，两江聚六瓣，六楔入江城”的总体形态格局，划定了市域和主城两个层次的武汉特色空间载体（表 3-2）。

表 3-2 武汉市主城内特色空间载体名录表

空间载体类型	空间载体名称
综合类	蛇山 - 黄鹤楼 - 首义广场、武汉大学 - 珞珈山、东湖 - 磨山、汉正街片、杨春湖片、月湖 - 龟山片
自然山水类	**汉口江滩、武昌江滩、汉阳江滩、汉江江滩、沙湖、龙阳湖、南湖、南太子湖、北太子湖、三角湖、墨水湖、野芷湖、洪山公园、解放公园片**
历史人文类	武昌古城片、汉阳旧城片、汉口租界片、武昌火车站、汉口火车站、武钢工业片、青山“红房子”片
都市发展类	**武广片、光谷片、王家湾片、王家墩片、武汉天地、建设大道片、国际博览中心片、武汉理工大学片、华中师范大学—华中科技大学片、洪山广场片**

图 3-24 2017 年武汉市用地现状图

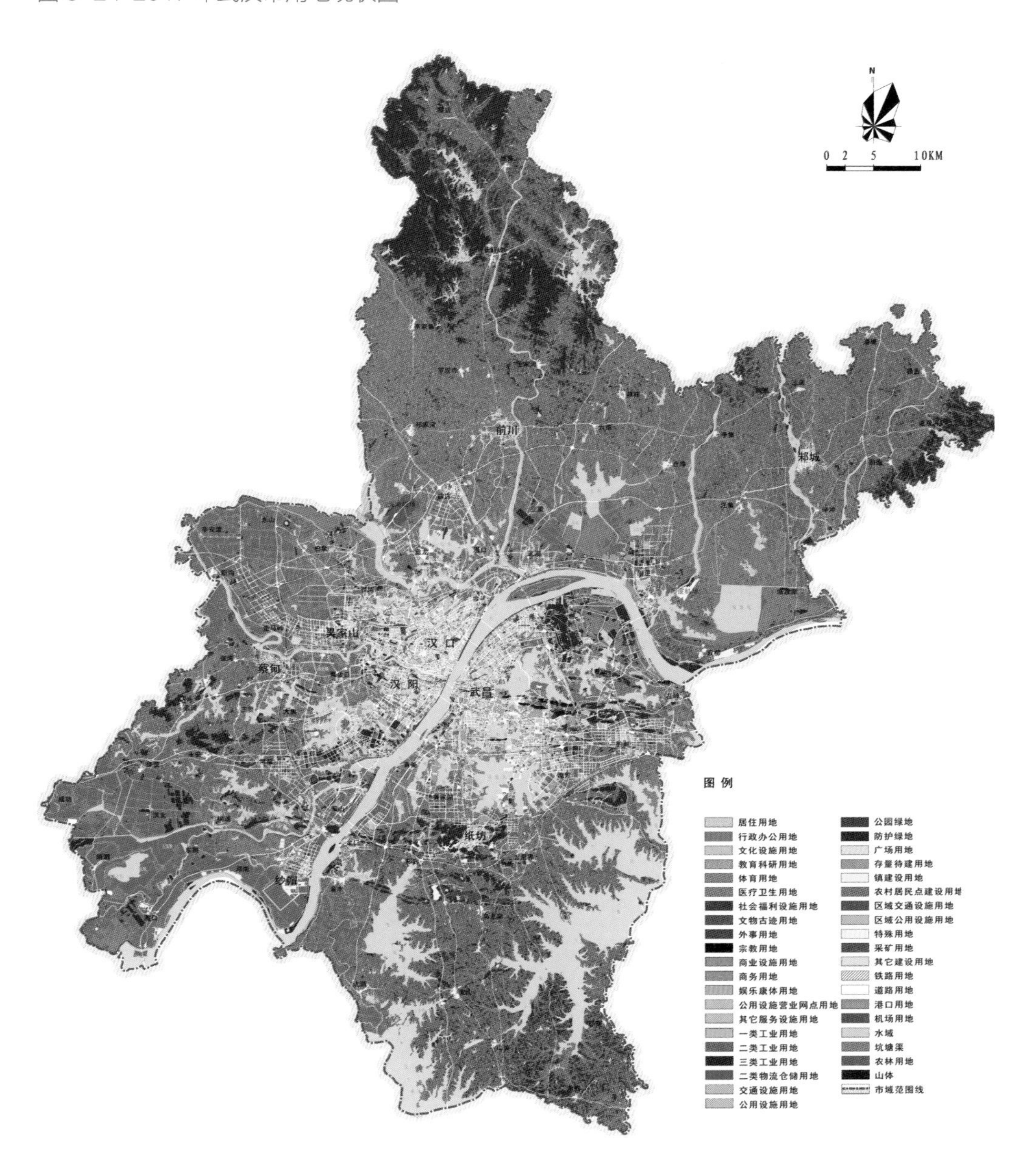

四、多轴多心与区域化发展

自 2010 年版城市总体规划实施以来的近 10 年间，随着工业化、城镇化的加速发展，武汉城市发展规模快速增长，2017 年全市城乡建设用地达 1685km^2，城镇建设用地 930km^2，都市发展区已成为武汉市城镇化、工业化的主要空间载体。至 2017 年底，都市发展区范围内集中了全市 94% 的城镇人口、93% 的城镇建设用地。同时，在城市发展的重点轴向上，武汉与周边城市一体化发展的趋势愈发明显，城市空间发展走向了区域化（图 3-24）。

1. “1+6”的城市空间格局基本形成

按照“1+6”的城市空间结构，以主城区为核心、六大新城组群轴向拓展的空间格局基本形成，初步奠定了超大城市的空间框架。其中，主城区基本形成了多中心、组团式结构，三镇格局不断优化，这一时期着重推进了重点功能区建设，形成特色鲜明、优势互补的网络化多中心服务体系，推进了现代服务提升、环境品质提升和城市有机更新，主要围绕长江主轴，加快建设二七滨江、武昌滨江、青山滨江、汉正街等七个重点功能区，以金融商务为核心的现代服务业集聚发展迅速。但同时，主城区仍存在人口密度过大和建设高密化的问题，人均建设用地不足 60m^2，人口密度为 1.5 万人 /km^2，其中二环内人口密度超过 2 万人 /km^2，人口过密、交通拥堵、热岛效应等大城市病日趋显现。

六大新城组群发展加快，并成为这一时期新增建设的重点空间，基本形成了各具特色的新城组群格局。空间建设重点上，围绕产城融合发展，各新城区全面推进了其中心区、工业倍增示范园区的建设，初步形成具有较强产业带动力的六大新城组群。空间形态上，轴向发展态势进一步凸显，东部新城组群沿汉施公路、东南新城组群沿高新大道等、南部新城组群沿京珠高速和 107 国道、西南新城组群向西南沿 318 国道和汉宜高速、西部新城组群沿 107 国道、北部新城组群沿巨龙大道等重要交通轴线拓展，建设用地呈轴向分散发展趋势。但六个新城组群的发展并非齐头并进，在东湖新技术开发区、武汉经济技术开发区的强力带动下，东南、西南新城组群发展较快，空间结构相对合理、用地效率相对较高。此外，新城组群的发展整体上仍存在空间利用结构不完善的问题，也突出了工业园区的发展和产城融合不足，文化、社会福利等公益性设施配置较为滞后，新城人口集聚度仍然不高等问题。

2. 城市区域化发展加速

与此同时，城市区域化发展，临界地区一体化诉求不断加强，受区位条件、城市地价等影响，目前武汉市部分城市功能特别是制造业功能呈现外溢现象，通过采取共建区的“飞地”模式，实现空间利用的跨城发展，鄂州、孝感、咸宁、洪湖等临近武汉的临界地区成为承载武汉外溢功能的核心地区，是目前武汉城市区域化的重点空间。如，鄂州葛店重点承载了武汉东湖高新区的创新产业，与武汉东湖新技术开发区实现了一体化发展；孝感发挥紧邻武汉天河机场优势，与武汉共同打造临空区，积极承担临空产业功能；武汉与洪湖共建新滩产业园，促进武汉经济技术开发区功能、空间向周边拓展，重点发展汽车零部件制造业，目前新滩工业园已建成 10km^2，基本形成了大园区架构、大产业聚焦、大产城雏形和大服务体系。

城市空间结构与形态是城市社会、经济在城市空间的投影，不同时期城市的生活方式和生产方式决定了城市空间结构的不同形态。改革开放 40 年以来，对应各个时期的经济社会发展诉求和城市发展战略要求，武汉市城市空间形态和结构不断优化和完善，引领了城市建设的有序发展。

40 年来，武汉城市空间形态经历了“沿江沿路建设—主城圈层布局—新城跳跃发展—都市发展区建设—近汉地区（大都市区）统筹”的演进过程。改革开放前期，城市规划布局和建设主要集中在沿长江、汉江以及武珞路沿线；1980 年代，在知青返城等大量人口流入城市及“两通起飞”战略实施的背景下，武汉市空间布局逐渐扩大，采取三镇一体的思路，主城圈层式的布局结构形成；1990 年代，邓小平南巡讲话，武汉被批准为沿江对外开放城市，区级经济起步，受制于主城外围自然格局影响，采取了跳跃布局模式，布局了 7 个重点镇；2000 年代，随着“中部崛起”战略实施和“两型”社会建设推进，都市发展区作为城镇化的主导空间，构建了“1+6”的“大发展 + 大生态”格局；2010 年代，经济全球化和新一轮科技革命加快推进，空间发展呈现网络化，同时国家实施了长江经济带、长江中游城市群等战略，更加注重区域协调发展和城市转型，适应空间的网络化、区域化、品质化趋势，武汉进一步推进了城市空间结构的升级，规划“1331”的空间结构，探索了与周边区域协同发展的空间策略，构建了武汉大都市区，实现了空间发展新的跨越。

40 年来，武汉城市空间形态的演变是“集聚—扩散”不断迭代升级的过程。改革开放初期，住宅和公共设施建设加快，城市空间在主城内环状填充并集聚；1990 年代，随着工业、房地产建设迅速，空间需求大幅增加，城市建设跳出主城，向新城地区扩散发展，并逐渐形成了组群式空间布局；2010 年代以后，在经济全球化、城市区域化发展背景下，进一步寻求新的发展空间，从鄂州、孝感、洪湖等近汉地区进行空间安排，寻求新的扩散。

40 年来，武汉城市空间形态的演变也是三镇关系不断完善的过程。长江、汉江的分割，使武汉市天然地形成了三镇独立的空间格局，且使城市空间呈现“亲水式”的发展，即沿长江、汉江轴向发展。各个时期的规划布局和建设，一直以来在不断探求汉口、武昌、汉阳的平衡发展与相对独立，通过加强公共设施、基础设施的均衡配置，加强三镇交通的独立成网和互联互通，使得武汉在彰显三镇格局的同时，也促进了一体化发展。

展望未来，《武汉市城市总体规划（2017—2035 年）》提出了“创新引领的全球城市、江风湖韵的美丽武汉”的发展目标，把武汉建设成为“创新城市、枢纽城市、滨水文化名城、宜居城市、安全城市”。未来的武汉，城市发展能级将再次跨越，城市环境品质将再次升级，城市空间发展的战略重点也将发生变化：

一方面，城市空间“区域化”发展将加快，在“一带一路”、长江经济带、长江中游城市群等区域战略引领下，城市空间发展也将走向区域化，特别是随着武鄂黄黄、汉孝、武仙洪等近汉地区一体化发展，武汉大都市区将成为未来武汉走向区域一体的核心空间抓手，成为武汉市城市空间再次跳跃发展的核心载体，成为支撑武汉建设国家中心城市和国际化大都市核心功能的主要承载区。

另一方面，城市空间“精致化”发展将加强，在城市转型发展和“精致武汉”建设的背景下，以高品质发展、高质量发展为导向，“以人为本”的发展理念逐渐深入推进，未来将更加注重中微观尺度城市空间的营造和升级，社区空间、众创空间、街道空间、功能小镇、美丽乡村等将成为空间关注的重点，按照空间治理的导向要求，打造品质发展、精细管理的空间体系。通过对城市空间的治理，推进城市治理体系和治理能力现代化（图 3-25）。

图 3-25 武汉市现状建设用地演变图

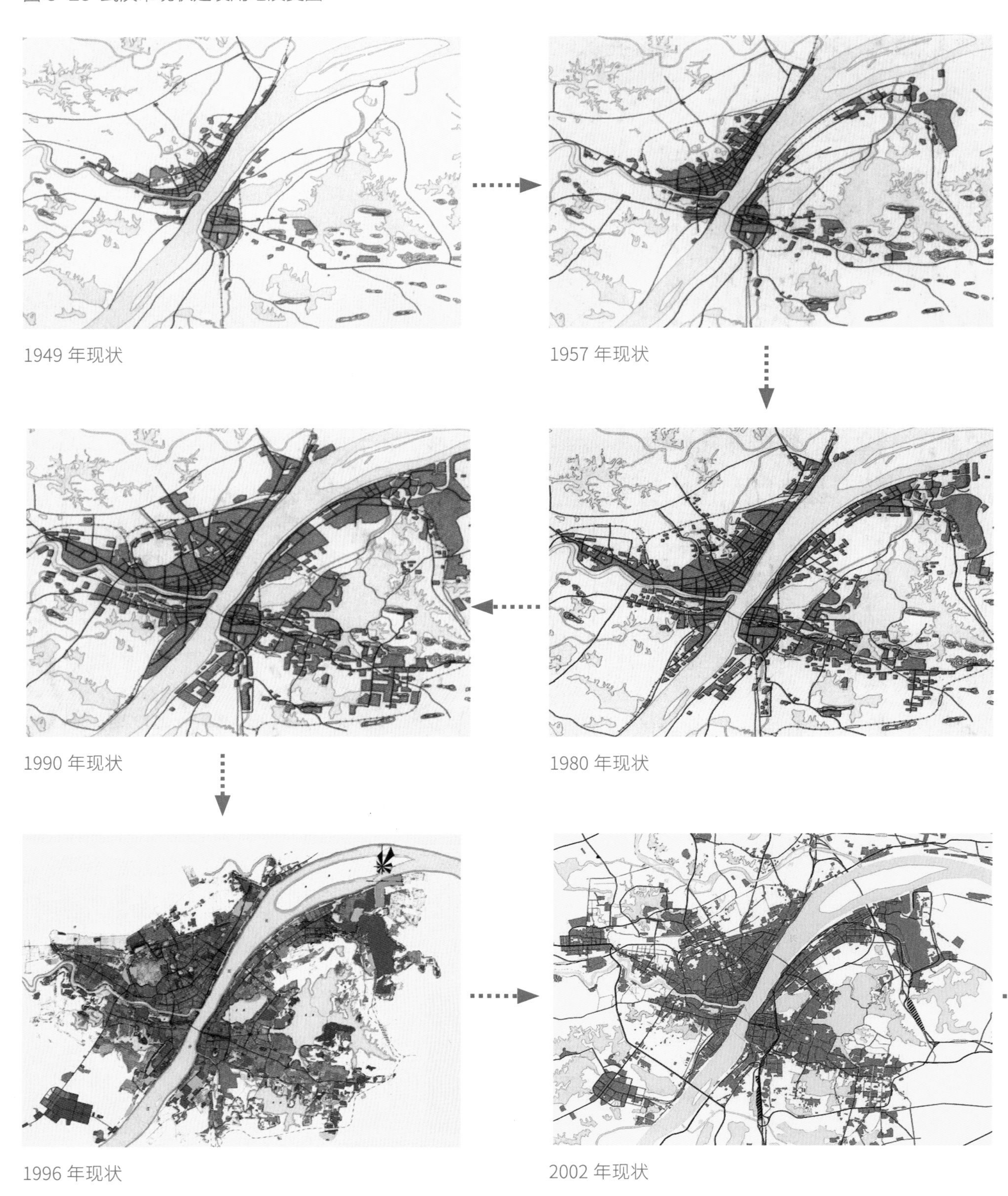

1949 年现状

1957 年现状

1990 年现状

1980 年现状

1996 年现状

2002 年现状

2013 年现状

第四章
工业城市转型与升级

CHAPTER 4
TRANSFORMATION AND UPGRADING OF INDUSTRIAL CITY

武汉是我国近代工业发祥地之一，百年来在国家工业布局中具有举足轻重的地位。以此为基础，百年制造业的发展拓展了武汉城市空间，使之具有政治、经济、文化综合功能的大都市空间格局和形态特征。改革开放前武汉基本形成沿江、沿路的带状格局，逐步形成青山、余家头、中北路、石牌岭等为代表的 12 个大中型工业区以及 13 个工业专业生产体系、3 大支柱产业。改革开放后，产业结构的调整，一方面促进了武汉城市经济的大发展，另一方面也促进了城市的空间重构与功能重塑。

第一节
改革开放前的百年工业发展

从 1861 年汉口开埠至 1978 年的一百多年间，武汉已形成了强大的工业基础，这一时期的工业发展大致可分为三个阶段。

一、近代工业发源地时期

1889 年起，湖广总督张之洞在武汉推行“洋务运动”及“湖北新政”，重点发展钢铁冶炼、兵器制造、机械制造、机车制造等重工业，近代纺织业以及供水、供电等基础工业，并带动了武汉商办工业的大发展，奠定了武汉作为中国近代工业基地的地位，成为仅次于上海的全国第二大工业城市。这一阶段为武汉工业化的开端，武汉也因此被称为“东方芝加哥”。自汉阳兵工厂诞生到辛亥革命前夕，武汉共兴办工业企业约 100 家，仅次于上海，居全国第二位，成为全国实力最强的大都会之一。

这一时期，武汉的工业主要沿江、沿铁路近域布局，如位于汉阳，临汉江的汉阳兵工厂、汉阳铁厂，位于武昌沿江的布、纱、丝、麻四局，以及沿京汉铁路布局的谌家矶和硚口工业集中点。这些企业和工业集中点分布零散，却是以后武汉工业区发展的种子。当时主要对外的铁路至今仍是城市形态的骨架，并成为工业外迁和工业城镇建设的基础（图 4-1）。

二、民族工业重镇时期

民国期间，受战乱影响，武汉工业发展经历了多次反转曲折发展。民国初期，大量买办资本、官僚资本和商业资本的涌入，使武汉民族工业得到较快发展。到 1933 年，武汉有各类工厂企业（30 人以上、使用机械动力的企业）约 500 家，同时还有手工业企业 1.2 万多家，5 万余从业人员，钢铁、冶炼、兵器制造、机械制造、机车制造、近代纺织业以及供水、供电等基础工业的发展，奠定了武汉作为全国工业重镇的地位。总体而言，1930 年代以前，武汉城市形态处于传统封建城镇向现代都市转化的雏形期，工业区布局均依托城址，顺江汉水道和新修的陆路交通就近展开，也奠定了其后数十年武汉的基本空间格局。

抗战爆发后，上海等地企业内迁使武汉成为内地最大的工业基地。但 1938 年武汉沦陷前后，大量工业企业内迁到川、湘、陕、桂、黔等地，占全国内迁工厂总数的 55%，极大地改变了旧中国的工业布局，而武汉工业发展在这一时期却出现大幅下滑。

三、综合型工业基地时期

“一五”时期，国家在汉投资新建企业 32 个，以武钢、武重、武锅、武船、武汉肉联、青山热电厂和武汉长江大桥等七项全国重点工业交通项目为代表，武汉作为全国重要工业基地之一的地位得到强化，“一五”的国家重点建设项目又进一步带动了“二五”期间地方工业的发展，包括冶金、机械等重工业以及纺织、轻化、电子、食品等轻工业。直到20 世纪 70 年代末，武汉的企业数量和水平在全国都居于前列，综合经济实力保持了在全国的领先地位。

“一五”“二五”时期的大型工业项目的建设，按工业区位原则进行选址，并按地域生产综合体形式建设工业区，呈工业组团的功能和形态特征。这些组团基本沿江河和山轴布置，逐步形成十二大工业区——青山、余家头、中北路、石牌岭、白沙洲、关山、鹦鹉洲、七里庙、庙山、堤角、易家墩、唐家墩等大中型工业区，工业规模仅次于京津沪，位列全国第 4，成为全国门类齐全的重要工业基地。

武汉在一五、二五时期的国家重大工业项目建设，奠定了改革开放前武汉综合性工业基地的基础格局。围绕大型企业布置铁路以及专用线、联络线，组织生活区以及城市道路、科研院所、文化娱乐设施，是这一时期城市布局的主要方式。在此期间，配套建设了

图 4-1 张之洞在湖北创办的企业及项目分布图

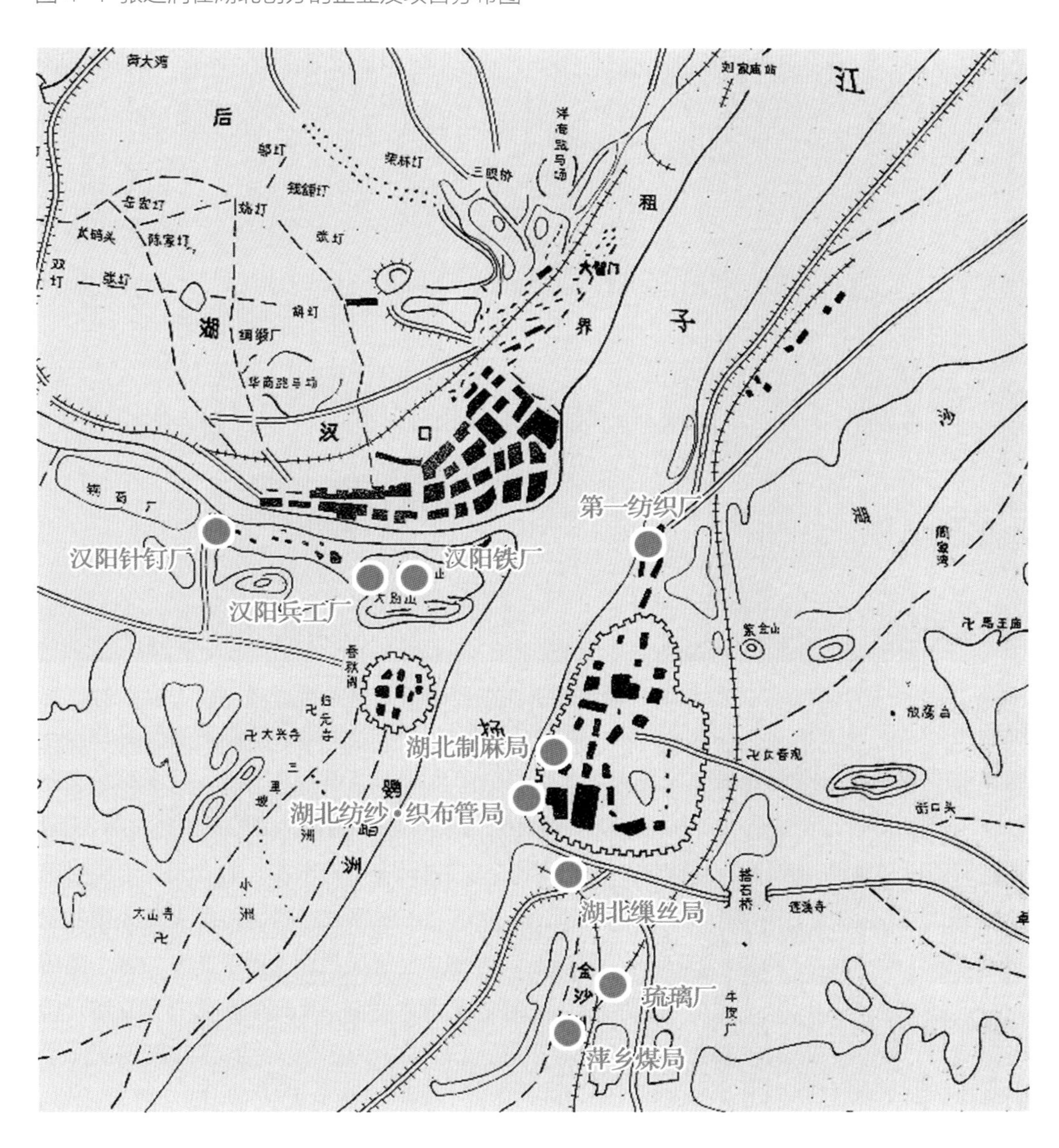

武钢工人新村、蒋家墩 4～10 街坊、和平里、武锅及武重的居住街坊、建桥及建港新村等大型居住区和居住小区。1960～1980 年代，又继续修建了关山 1～4 村、武东 1～4 村、辛家地“万人宿舍”、江汉二桥头居住区、白玉山生活区等，分别为关山、武东、硚口及七里庙等工业区、武钢一米七轧机工程配套服务。在此期间大批的理工科高等院校如华中工学院以及科研院所如中科院武汉分院等开始在武昌地区成立，逐步形成顺武昌东西向山轴、东湖和南湖之间布局的科教区格局。

整体而言，改革开放前武汉工业发展的百年沧桑历程，沿江、沿路的带状组团式工业布局发展，对城市格局起到了奠基式的重要影响。此后直至 1980 年代中后期，武汉基本没有跳出“一五”期间城市总体规划的框架。这一基本骨架是工业区位主导的沿江河和沿交通线，呈现指状放射拓展，呈现“轮辐状”，指间为湖泊低地。在中微观空间层次，以大企业为基础，配套生活居住用地及其他设施成为功能完善的综合性城市单元，这种建设模式也成为改革开放后武汉工业城市进一步转型升级的重要基础。

第二节
综合改革推动的老工业基地

1978～1990 年间，特别是中央进行经济体制综合改革以来，武汉市沿着“ 两通”（流通、交通）突破、放开搞活的路子不断推进改革开放，引起了经济体制的连锁反应。不仅将一大批企业推向社会主义商品经济舞台，增强了活力，而且对原来那种封闭、分割的僵化体制也产生了强烈的冲击，推动了武汉老工业基地空间布局的初步调整。进入 2000 年后，在全球产业转移的大背景下，武汉提出了建设现代制造业基地的目标，工业空间布局上积极推动主城区“退二进三”，同时加快了以国家级开发区、新城区等为主体的工业空间拓展建设。

一、主城区工业布局调整优化

1982 年版城市总体规划提出：结合专业化协作改组工业的原则，按照规划的工业区产业定位调整工业布局，促进各类用地平衡，加强工业“三废”处理，认真保护环境。规划对青山、余家头、唐家墩、易家墩、中北路等 12 个工业区分别作出工业调整要求，在稳定主导工业发展的基础上，绝大部分不再扩大工业用地规模。

至 1988 年版城市总体规划，进一步提出按工业区性质进行配套建设和调整。首先，要求工业区范围内各类用地相对平衡；其次，调整工业区内性质不相符的工业逐步转变生产性质或外迁。同时，提出了旧城区内扰民工业，或生产发展受到用地限制的工业，要限期治理，或逐步创造条件外迁（图 4-2）。

分析 1980 年代两轮城市总体规划对主城区的工业布局规划思路，不难看出仍然是在前期形成的基本骨架上进行优化调整。其调整重点在于控制工业区工业用地规模，并强调提高环境保护水平。这一举措，与同期大规模知青回城所导致的城市生产、生活功能再平衡密切相关。工业布局，尤其是地方工业布局不再重点考虑就近就业，而把工业生产协作、三废污染治理等作为规划重要考虑因素，在很大程度上孕育了下一阶段主城区工业的外迁动力。

二、主城区工业“退二进三”

1996 年版城市总体规划提出“圈层式工业布局调整”的总体思路，将城市一环以内界定为严格限制区，推动工业外迁，实施“退二进三”；一环至二环之间为发展限制区，结合旧城改造，保留部分非扰民企业；二环至三环之间为控制发展区，巩固大中型企业布局并适当调整布局。同时，重点推动以青山工业区、东湖新技术开发区、沌口工业区为主，形成三大重点发展区。

2000～2008 年间，主城区工业布局变化主要体现在两个方面：一是老工业区的改

图 4-2 老工业区圈层分布图

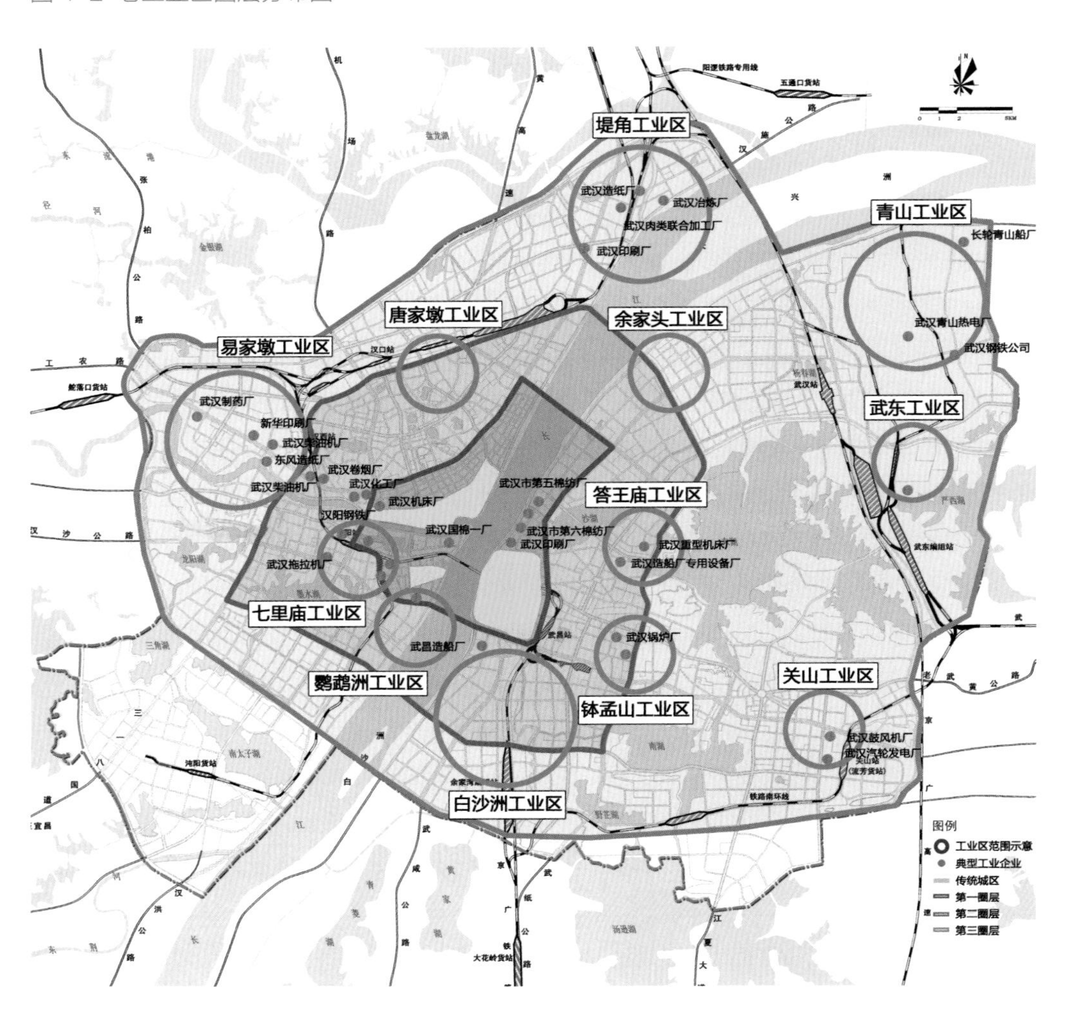

造，即工业外迁和用地置换。由于城市有偿土地使用制度的实行，中心区汉口唐家墩、汉阳七里庙、庙山、武昌临江纺织工业带、中北路、余家头等中小型工业区开始了大规模工业外迁和用地置换。二是经济发展区和都市工业园的建设。在各城区近郊沿主干道开辟 50hm^2 的经济发展区，其中硚口、武昌和青山经济发展区分别位于易家墩工业区、白沙洲工业区和青山工业区，汉阳、江汉、江岸和洪山分别利用近郊空地陶家岭、黄金口、黄家大湾、黄埔路黑泥湖、南湖边新建小型工业区。中心区沿江地段码头和工厂开始外迁，2004 年市区内利用部分传统工业区的厂房、设施改造设立都市工业园，如硚口都市工业园等，全市工业形成“圈层＋外围触角”式的布局形态

三、主城区都市工业园探索

2003 年，武汉市创造性地提出把兴办都市工业园与改造国有老工业基地结合起来，培育特色经济与优势产业，并决定在硚口区汉正街都市工业园开展试点，积极探索新型工业化道路。2004 年，武汉市编制了《武汉市都市工业园发展规划》，按照“成片储备、

组团开发，激活存量、刺激增量，调整结构、优化配置，政府引导、市场运作”的方式和“高起点、高标准、高效益、高就业、低成本”的原则，结合市区企业主管部门制定的国有企业改制方案，由市土地整理储备中心代表政府，运用土地储备资金参与改制，通过对改制企业的土地进行整片收购储备，将储备资金转化为企业改造投入，解决职工分流和处置企业债务；然后按照园区整理规划，由土地储备中心对现有厂房、道路、水电设施及环境进行整理，形成园区特色；最后由区政府面向国内外招商，吸引都市型工业企业入驻，完成老工业区的更新改造（图4-3）。

从实施情况来看，都市工业园的规划建设，初步解决了主城区内老工业园区的“空心化”问题，但由于城市规模的进一步扩大和交通基础设施的逐步改善，原有都市工业园的发展区位优势逐渐丧失，土地价值也伴随房地产市场的发展出现大幅提升。为此，武汉市经济和信息化发展委员会、武汉市国土资源和规划局和相关区政府进行了一定程度的政策调整，允许在不改变工业用途的前提下，大力发展与先进制造业相关的设计、研发及咨询等产业，推动都市工业园向都市产业园的二次提升。

图4-3 主城区都市工业园分布图

第三节 开发区引领先进制造业基地建设

1990 年至 2015 年前后，在国家沿江开放开发、中国加入世贸组织等发展背景下，武汉市积极实施“开放先导”发展战略，全市工业发展发生了全新的结构性变化，在武钢、神龙、长动等龙头企业带动下，工业产业结构实现从“钢、机、纺”到“钢、车、机、新”，再到光电子、钢铁及新材料、汽车与装备制造、生物医药、环保“五大产业基地”的三次大跨越。进入“十二五”时期，武汉市加快工业结构调整，积极推进新型工业化，加快融入全球经济体系，坚持走新型工业化道路，全市初步形成钢铁、汽车及机械装备、电子信息、石油化工等四大支柱产业，以及环保、烟草及食品、家电、纺织服装、医药、造纸及包装印刷等六个优势产业，基本形成具有综合竞争优势的新型工业体系，基本实现了从老工业基地向先进制造业基地的转变。

这一时期，以开发区为代表的工业空间组织模式，促进了武汉市工业空间布局的整体性、重构性调整。

一、重点工业开发区“点轴延伸”

这个时期武汉工业空间，首先突出表现在新的重点工业开发区的建设。1991 年武汉经济技术开发区、东湖高新技术产业开发区分别在汉阳城区西南和武昌城区以东关山工业区布局兴建，并由跳跃式的点状发展带动了沿 318 国道向西南方向、珞瑜路向东方向的带状伸展。此外，为落实国家重大产业项目 80 万 t 乙烯工程，在长江武汉段下游的北湖以东地区，新建了武汉化学工业区。

1. 东湖新技术开发区的“四次东拓”

1988 ~ 2000 年，是东湖科技园区建设起步期。东湖高新区起源于武昌高校密集区的街道口电子一条街，1988 年，武汉东湖新技术开发区成立，并在 1991 年被国务院批准成为首批国家级高新技术产业开发区。得益于宽松的创业环境和优惠的政策，这里成为周围科研院所的科研成果产业化基地。目前，光谷一批比较著名的企业，如烽火科技、华工科技、楚天激光等，许多都是于这个时期创建，并带有科研机构或高校背景。到 2000 年年底，东湖新技术开发区的管理范围约为 50km^2。

2000 ~ 2005 年，是中国光谷全面建设发展期。2000 年 3 月许其贞等多位全国政协委员在京提交了一份《大力发展光电子产业，建议在武汉建立“中国光谷”》的提案。2001 年，科技部和国家计委正式批准以武汉东湖新技术开发区为基地建设集研发、生产、企业孵化、人才培养为一体的国家级光电子产业基地——“武汉 • 中国光谷”。经过两次扩展后，至 2005 年东湖新技术开发区的托管面积扩大为 136km^2。

2006 ~ 2012 年，是东湖自主创新区高速增长期。2006 年，东湖新技术开发区被列为全国建设世界一流科技园区试点之一，同期被确定为国家服务外包基地城市示范区。这一阶段东湖新技术开发区主要依据 2005 年修编的《武汉科技新城总体规划（2005—2020 年）》，按照“融研发、服务、生产、居住、游憩为一体的多元复合城市地区”的目标进行建设。至 2009 年，东湖新技术开发区的管辖范围又增加至 224km^2。

2009 年 12 月，东湖新技术开发区被国务院批准为国家自主创新示范区，托管面积再次增加，达到 518km^2，新增托管范围主要包括洪山区左岭镇、花山镇、江夏区流芳街和五里界街的部分地区（图 4-4）。

2. 武汉经济技术开发区的“三次升级”

1991～2001 年，是武汉经济技术开发区启动工业化园区发展阶段。武汉经济技术开发区的前身是创办于 1991 年的“武汉轿车产业开发区”，1992 年更名为“武汉经济技术开发区”，创立之初即明确提出以轿车产业为主体，大力发展高新技术产业和贸易、信息、金融等第三产业，成为武汉对外开放窗口、出口创汇基地和工商业发展的新城区。1993 年 4 月，武汉经济技术开发区被国务院批准为第二批国家级开发区；1996 年沌口和沌阳两街划入武汉经济技术开发区的控制地段，范围面积达到 90.5km^2。2000 年 4 月，国务院批准在开发区内设立湖北武汉出口加工区。

2001～2005 年，是武汉经济技术开发区推动“产城融合”的发展阶段。2001 年以后，武汉经济技术开发区从“经济社会协调发展，为企业创造新的发展条件”的战略高度，作出“以社区建设为突破口，加快农村城市化建设”的重大决策。随着交通和环境条件的逐步改善，沌口体育中心、江汉大学、经开万达等一批城市型功能设施相继落户开发区，带动开发区向产城融合区转变，逐渐发展成为成熟、有活力的产业新城，是武汉市最为瞩目的房地产开发热点区域之一。

图 4-4 武汉东湖新技术开发区拓区示意图

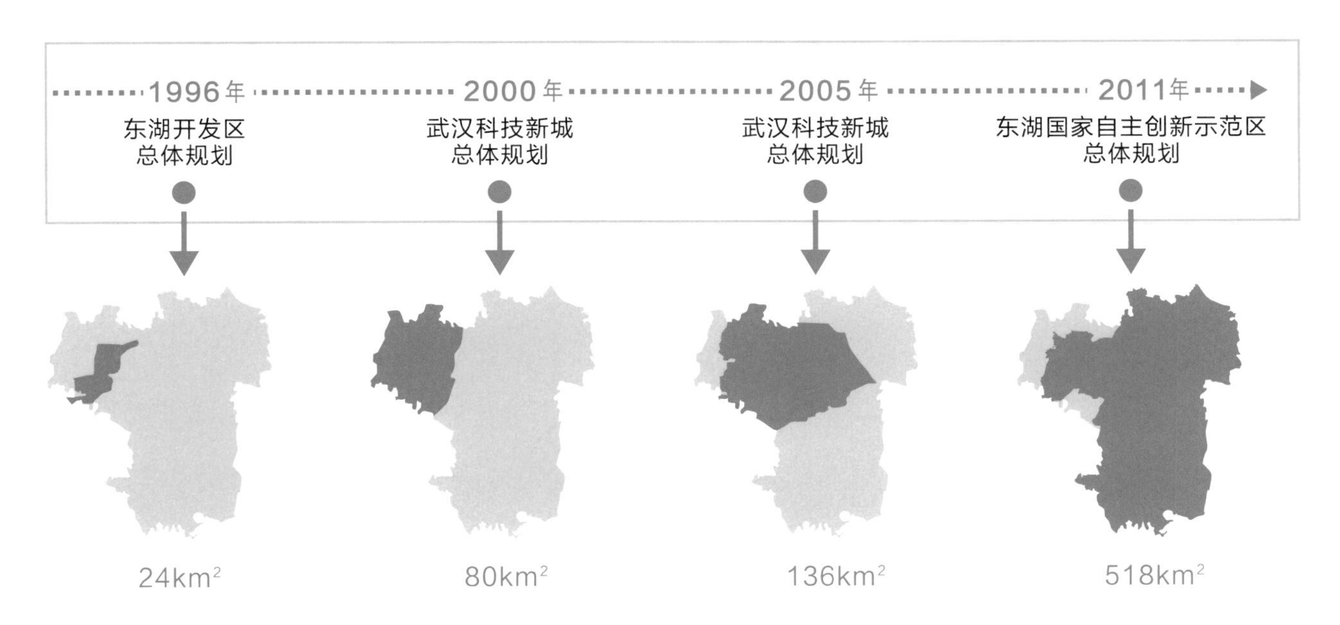

2006 年至今，武汉经济技术开发区进入“产城乡一体化”的发展阶段。2006 年后，为进一步发挥开发区的产业带动作用、促进区域联动发展，经多次拓展，经开区相继又托管蔡甸区军山街道，与汉阳区共建，2013 年整体托管汉南区，包括纱帽街道、邓南街道、东荆街道、湘口街道，托管总面积达到 489.88km^2。这一时期，汉南区作为武汉经济技术开发区的拓展重点，重点推进建设了通用航空机场，并通过武汉本土的文发航空公司并购德国 B&F 飞机制造公司，打造通航及卫星产业园等一批重大产业项目，推动实现以工促农，以城带乡、工农互惠，统筹城乡基础设施建设和社区建设，推进城乡基本公共服务均等化，提高城乡居民收入，加快城乡一体化建设（图 4-5）。

3. 武汉化学工业区的落户建设

2006 年，国务院批准武汉 80 万 t 乙烯工程。2007 年 12 月底项目开工，至 2012 年年底竣工。该工程选址于武汉洪山区北湖以东的临江区域，是 1982 年版城市总体规划中超前预留的化工产业发展区，也是武汉沿江重化工业布局的最后落子。

考虑到化工产业可能带来的环境污染，规划在保障城市生态安全、防护隔离的前提下，统筹武汉化工区的产业、交通和配套设施等功能，形成“一心、一轴、两带、三组团”的功能结构。“一心”为 80 万 t/ 年乙烯炼化一体项目核心；“一轴”为以吴沙公路为主的产业串联发展轴；“两带”为城市生态绿楔防护隔离带与沿江开敞空间带；“三组团”分别为北湖化工产业组团、建设乡生态组团、清潭湖生态组团。在空间布局上，规划采用“组团式”布局形式，布局了建设乡和北湖两个产业组团，有力支撑了化工区的建设发展。但从武汉化学工业区的落户时点来看，已非最适宜的时期。主要原因是同期沿海地区依托海外油气资源输入条件，已形成大规模的化工产业集群，武汉作为内陆城市已难以形成有利的竞争态势（图 4-6）。

图 4-5 武汉经济技术开发区拓区示意图

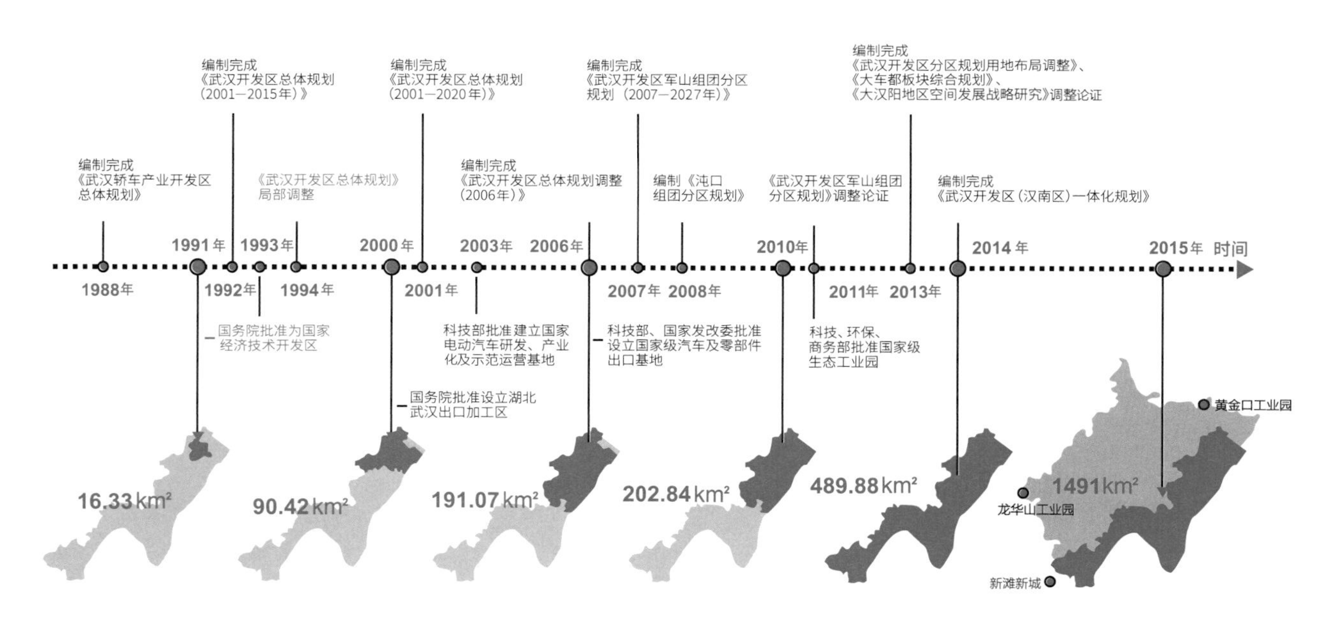

图 4-6 武汉化学工业区空间布局结构图

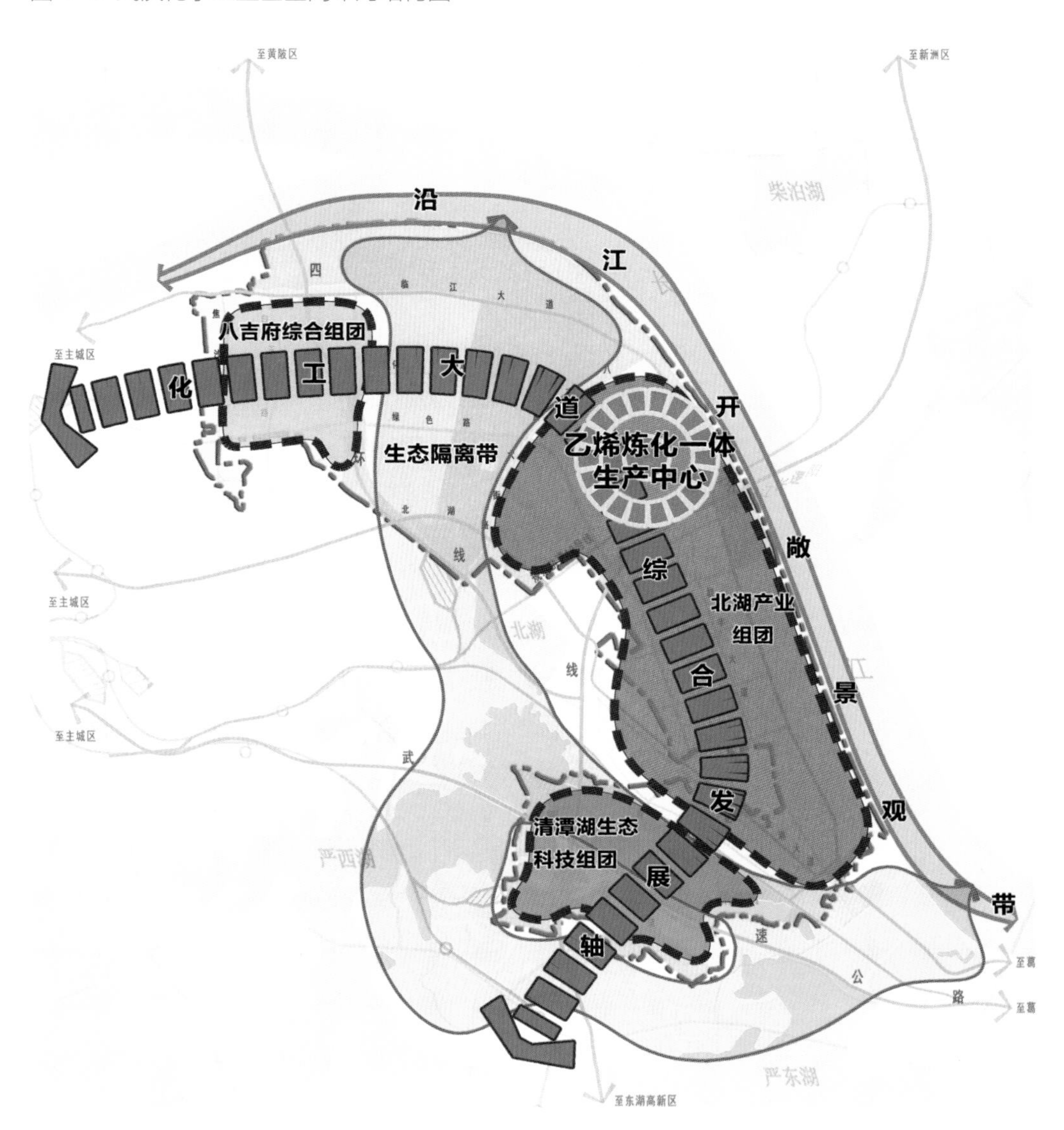

二、“工业倍增计划”下的工业空间布局重构

2006 年，在经济转型升级及武汉市新城区城镇化动力不足的大背景下，武汉市提出了“强力推进新型工业化”的战略部署，提出以跨三环中心城区和 6 个新城区为主，按照“一区多园”的思路，构建形成“9+14”工业空间布局体系，带动新城区城镇化的发展。在此基础上，武汉市于 2015 年组织编制了《武汉都市发展区“1+6”战略实施规划》，进一步要求各新城区、开发区加快“两区一园”（新城中心区、工业示范区、郊野公园）建设，促进各新城区、开发区实现更高质量的产城融合发展（图 4-7）。

2011 年，市委、市政府进一步提出了实施工业发展“倍增计划”的思路，要求以国家级开发区、各区工业倍增示范园区等为主体，充分发挥武汉的政策优势、区位优势、智力优势，从工业发展的制度软环境（治庸问责）、空间硬保障两方面进行重点突破，促进

图 4-7 武汉市工业倍增计划空间发展规划图

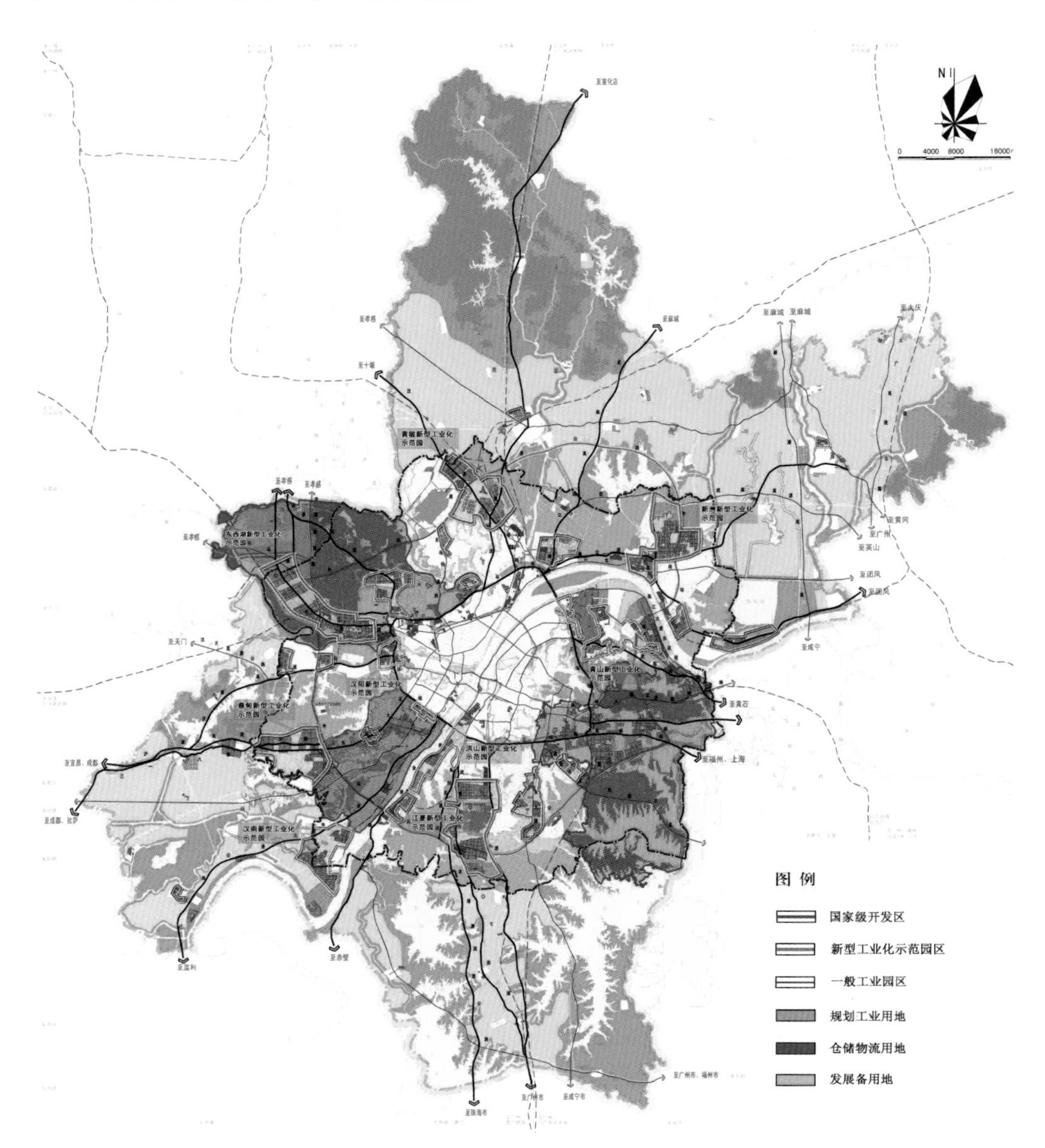

武汉快速成长为中西部地区的生产要素核心集聚区和具有强大带动能力的增长极。在此战略指引下，十二五期间，武汉工业总产值从 6000 亿元规模增长至 1.5 万亿元，成功实现“工业倍增计划”目标。

1. 工业发展战略思路转变

整体来看，武汉市这一时期改变了过去从某个侧面、某个领域，实现工业突破的思维，通过系统研究、科学规划、整体突破，以实现重振武汉工业的目标。其主要特点突出表现在三个方面：

第一，传统产业与新兴产业发展并重。作为老工业基地之一，武汉市在钢铁、机械装备、化工等传统产业方面具有良好的基础。“十二五”时期以来，随着国家对于先进装备制造业等行业发展优惠政策陆续出台，武汉市根据全市经济发展进入工业化中后期，产业趋于重型化的阶段性发展特征，因势利导、鼓励“强强联合”，以“武字头”大型企业为重点，强化制造业龙头企业发展、优化延伸产业链，以武汉重工集团有限公司为代表的一批龙头企业通过资产重组等方式重新焕发活力，全市传统产业发展取得了长足的进步。同时，充分发挥科教基地优势，武汉市以光通信、光电子行业等产业为突破口，依托高校和科研院所，形成了一批具有较强技术优势和市场竞争力的高新技术企业，新兴产业发展成为武汉工业发展新亮点。

第二，区域产业分工和适度产业竞争并存。根据全市工业发展基础，规划提出了“板块化”的制造业总体布局思路，分别是以武汉经济技术开发区为主体的汽车工业板块、以东湖开发区为主体的高新技术产业板块、以东西湖台商投资区为主体的食品工业板块、以“青山—阳逻地区”为主体的重化工业板块和以汉正街都市工业园为主体的都市工业板块，总体上贯彻了区域产业分工的发展思路。但是，在区级经济发展中，对轻工制造等建设制约条件较少的产业，仍然允许适度的竞争。这一过程中，以佳海都市工业园为代表的一批“工业地产”项目的建设，一定程度上发挥出了市场对该类产业的配置作用。

第三，工业空间拓展和挖潜改造并行。以国家级开发区为核心，近郊区的各省级经济技术开发区为支撑点，武汉工业空间沿主要的对外交通轴线向外拓展，逐步向三环线至外环线之间集聚。同时，强调推动各工业园区加快项目落地建设，加快消化已批未用的工业用地，提高工业用地地均产出水平。

工业发展思路的逐步系统化、清晰化，反映出武汉市在协调工业发展和城镇发展关系上的清醒判断和科学调控——通过发展国家级开发区，强化武汉作为中部中心城市的产业中心地位；通过发展主城区的都市工业园，实现主城区的功能更新和职住平衡；通过发展近郊的区级工业园，实现新城区工业经济的规模增长，并带动新城发展，多层次、全方位的工业空间发展布局，使武汉市在新一轮工业发展中取得了较好的成绩。

2. 工业空间模式分类推进

由于在工业项目引进规模、建设进程上的差异，各新城区级工业发展的空间模式具有不同的阶段特征，在工业空间布局上主要分为以下三种类型进行战略整合。

首先是“工业点”模式。尽管从产值、用地比例来看，“园区化”已成为各远城区工业发展的主流，但围绕少量项目建设的“工业点”发展模式仍然大量存在。目前，武汉市新城组群地区以“工业点”形式存在的工业园共 11 个，占园区总数的 50%。此类工业园建成区平均面积不到 2km^2，平均入园企业约为 4.2 家。分析其主要原因，“工业点”模式虽然存在空间规模小、产业类型单一等诸多方面的问题，但实际项目引进过程中，这一模式的市场适应性强、建设协调相对简单，对于初期建设规模较小的企业和投资实力相对不足的街镇部门而言，具有较强的吸引力。

第二是“工业集聚区”模式。与工业点不同，工业集聚区在空间、功能上呈现较强的复杂性和综合性。工业集聚区已成为远城区工业空间发展的主要形态，在工业用地比例、工业增加值占比上均占据主导地位。工业集聚区不同于一般意义上的小型、中型工业园，除空间上的连片发展外，功能上的密切联系也是重要的衡量因素。就其成因来看，可大致分为三类：

资源要素集聚型。该类工业集聚区的形成，主要是源于对某些资源要素的共同需求，这些资源要素主要包括港口机场等基础设施资源、创新资源等产业发展资源等。在空间发展上，与资源要素的区位关系是项目建设优先考虑的重点。例如，新洲阳逻地区，依托优良的港口资源条件，形成了临港型工业集聚区，距离港口越近的工业企业规模越大、分布越密。

市场要素引导型。该类工业集聚区的形成，主要是工业企业在生产协作关系上产生相互依赖，产业链的延伸和发散产生“循环累积”效应，以龙头企业为带动，不断吸引同类或相关工业企业的进驻，形成连片发展、有机协作的工业地域综合体。在空间发展上，生产协作的便利、靠近市场是项目建设优先考虑的重点。例如，江夏藏龙岛地区，多个电子元器件生产企业围绕龙头企业呈现集中的块状分布。

政策条件吸引型。该类工业集聚区的形成，主要是由于政策等方面的外部要素使该地区在发展某特定企业群体或产业时，具有较强的比较优势。例如，东湖高新区受惠于国家高新技术支持政策，得以聚集大量高技术企业、人才；受国家关于台资企业相关优惠政策规定的影响，使得东西湖区台商工业园在吸引台资企业集聚上，具有突出优势。

第三是“产业新城”发展模式。产业新城是在工业集聚区发展的基础上，进一步发展生产性服务业，并相应配套进行居住区建设而形成的地域空间组合模式。这一模式转变了区级工业园单一的产业发展职能，并赋予公共服务、人居环境等多元化功能，是工业化带动城镇化发展的主要建设目标。从空间发展来看，产业新城注重工业园区与居住、公共服务、环境保护等各项其他城市功能的空间联系和组织，对工业产业升级和区域发展带动等方面具有重要作用。

这一时期，东湖自主创新示范区、武汉经济技术开发区等积极推进综合性产业新城发展。其中，东湖自主创新示范区规划划分为光谷生物城、光谷未来科技城、光谷东湖综合保税区、光谷中华科技产业园、光谷左岭产业园、光谷中心城、光谷现代服务业园、光谷佛祖岭产业园等八大园区，每个园区均按照“职住平衡”思路，同步规划了产业发展、生活配套及相关服务设施，实现以产兴城、以城促产。武汉经济技术开发区主要引进了万达广场等一批城市级重大商业项目，以提升开发区服务配套水平和居住生活活力。

三、“四大工业板块”与产城融合发展

2014 年后，在成功实现“工业倍增计划”第一阶段任务目标的基础上，武汉市首次提出了“工业板块”概念，即既强调主导产业集群的产业关联效应，又强调区位空间分布的规模集聚效应。突出了主导产业的关联延伸和产业品牌联盟；地域空间和基础设施的共建共享；以及包括市场、资金、技术、人才等各类要素的自由流动和紧密联系。结合武汉工业发展实际情况，武汉市于 2014 年组织编制了《武汉市四大工业板块综合规划》，提出了在全市范围内打造“大光谷、大车都、大临空、大临港”四大工业板块的战略布局（图 4-8）。

1. 四大工业板块规划的“三个转变”

第一，由以工业经济为主的“单一目标”向以产城融合为主的“多元目标”转变。根据国家推进新型城镇化的新时代内涵和发展思路，改变单一的经济目标模式，逐步转向以

图 4-8 武汉市四大工业板块空间布局规划图

经济为核心目标，统筹城镇发展、人口规模、生态环境等多元目标，促进经济、社会、人口、资源、环境的全面协调与可持续发展。

第二，由政府行政主导的“行政区模式”向市场配置主导的“经济区模式”转变。武汉四大工业板块的空间范围是按照地域产业分工和产业集群发展要求进行划定的，平均范围面积达到 1000km^2 以上，均突破了单一行政区范畴，发挥跨区治理的优势，实现基础设施、公共服务共建共享，破解要素制约，提升产业集聚区集约节约、可持续发展能力；促进人口、产业和生产要素集聚，加快城乡一体、城乡统筹发展步伐，实现跨区域的统筹协调和务实推进。

第三，由以专业部门为主的“条线建设”向以辖区政府为主的“片区开发”转变。围绕工业板块远景发展战略和规划目标，未来工业板块的发展应着眼于工业板块相关城市功能的整体提升，在空间格局与城市功能上由单一配置的工业园区转向多功能的功能区块模式发展。四大工业板块提出：将区级产业发展、新城功能和生态建设项目，与相关市级基础设施建设配套项目一并集合到 5～10km^2 的空间单元进行集中建设，实现板块建设的“成片推进”，实现“园园互补”。

2. 工业板块规划关注的“四大关系”

工业板块是进一步促进规模扩张、效能提升，实现大发展、大跨越的必经途径，在空间布局上必须处理好协作与竞争、生产与生活、集中与分散、存量与增量等四大关系。

第一是处理好协作与竞争的关系。产业集群的快速扩张，促使关联产业间横向竞争加剧，推进优势产业快速发展，激发整体创新活力，提升产业综合实力；同时，产业间纵向协作日益普遍，降低了区域组织或制造成本，实现知识共享、人力资源和技术优势互补的协同效应。四大板块工业布局应充分发挥产业集群间及其内部的合作竞争互动机制，一方面，结合各自主导产业优势，促进区域资源整合与要素流动，增强各板块在技术创新、人才培养、政策制度等领域的全面协作；另一方面，鼓励良性竞争，提高产业效能，共同构建分工协作、错位竞争、优势互补、共同发展的产业发展格局。

第二是处理好生产与生活的关系。随着产业园区的规模扩张与产业升级，生产和生活相割裂的传统产业区已不适用于现代城镇化的增长步伐，应运而生的新产业区则更加强调产业空间精明增长模式，体现地区自然环境、多元文化价值，重视居住和休憩等生活性功能空间的营造，促进生产与生活的互融共生。目前，针对四大板块产业功能区普遍存在的产业用地比重过高、职住关系失衡等问题，一方面，建设新城中心，强化产业空间与城镇空间的功能耦合与区域联动，促进城市、经济、生态的全面协调发展；另一方面，完善工业组团内部生产性服务中心，提升产业园区的活力、吸引力和竞争力。

第三是处理好集中与分散的关系。集中与分散是工业布局空间特征的两种基本表现形式：工业集中有利于利用交通市政、公共服务等基础设施，加强信息共享和专业化，降低运输费用、能源消耗和生产成本，促进优势产业相对集中，发挥产业集聚效应等；工业分散则有利于利用各地区靠近市场与原材料产地等区位优势，以及廉价的人力资本，达到降低生产成本、提高经济效益的目的。工业布局应正确处理集中与分散的关系，既要在较大地区范围内适度分散，又要在具体地点的合理“门槛”限度内相对集中，形成板块之间均衡分布、板块内部组团集中的布局模式。

第四是处理好存量与增量的关系。土地是城市工业发展的基础和命脉，原来单纯依赖土地增量、粗放式发展的工业经济模式已难以为继，优化“土地存量”与引进“发展增量”相结合的方式成为破解当前土地资源利用困局的不二选择。一方面，四大板块工业布局要盘活利用存量建设用地，释放闲置、低效用地潜力，调整优化用地结构，促进产业转型升级，加速新型工业化进程；另一方面，要用好增量土地，强化规划控制引导作用，按照“布局集中、产业集群、人口集聚、用地集约”的原则，增强土地承载能力，提升土地使用效益。

第四节
知识经济浪潮下的工业转型升级

进入 21 世纪以后，伴随着知识经济的蓬勃发展，武汉作为国家全面创新改革试验区，提出了建设国家创新型城市新的发展目标。

2015 年，武汉全市高新技术产业产值 7701 亿元，增长 14.1%，占规模以上工业总产值的 62.2%。在钢铁、石化等传统行业增速下滑的情况下，光电子信息、生物医药、汽车等先进制造业和高新技术产业已成为武汉工业的主力军。截至 2017 年年底，武汉拥有高新技术企业 2800 多家，武汉也从过去以重工业为主，成功转型为以高新技术产业为主导的现代产业体系，走出了一条高质量发展之路。

一、面向产业迭代发展的工业布局体系

新一轮城市总体规划提出：按照工业布局向园区集中的指导思想，形成“先进制造业基地—一般工业园区—都市工业园—创新社区”四级园区体系。

先进制造业基地，主要包括东湖自主创新示范区、武汉经济技术开发区、武汉临空港经济技术开发区和青山—阳逻重化工业区等四大片区，发展规模化、高端化、集群化的产业基地，创新、研发、服务和制造联动发展。在规划布局上依托城市拓展主要轴向，结合副城和特色新城发展，通过集中布局、集中配套形成具有全国乃至世界竞争力的产业集群。

一般工业园区，主要包括黄陂、蔡甸、江夏、新洲等新城区的地方发展型工业园，具备一定的产业集聚或生产协作关系，发展相关配套产业或特色产业，位于城市拓展次要轴向，依托新城组团形成一定的生产配套和生活服务能力。

都市工业园，主要为以位于主城区二环线至三环线之间，高集聚度的工业楼宇为载体；同时还包括主城区保留的经济开发区，主要发展高就业、无污染的都市型工业。

创新社区，主要为以与工业园区、科研院所、大专院校紧密联系的建筑空间为载体，开展研发、中试、孵化活动的新型产业社区。

二、四大国家产业基地的战略布局

2016 年前后，国家存储器基地、国家网络安全人才与创新基地、国家新能源与智能网联汽车基地、国家航天产业基地等“四大国家级产业基地”先后布局武汉，重点发展高成长潜力、高带动作用的战略新兴产业，成为武汉建设现代化经济体系、推动高质量发展的前沿阵地。

1. 国家存储器基地

规划选址于东湖新技术开发区左岭组团，其产业发展定位为国际一流半导体园区，以光电子信息产业集群为主体，以长江存储、华星光电等企业为龙头，打造芯屏端云网智产

业生态，打造从原材料、设备、设计、制造到封装测试的全产业链。空间布局上主要包括长江存储主厂房、配套产业园区和国际社区等功能板块，形成“战略性新兴产业园 + 高端专业人才社区”的产城融合发展模式。

2. 国家网络安全人才与创新基地

规划选择临近天河机场的东西湖柏泉地区，其产业发展定位聚焦网络安全和数字经济两大领域，围绕网络安全、云计算、大数据、物联网等方向，打造以安全为主题的数字经济产业集群。在空间布局上，采取“网络安全学院 + 创新产业谷”的模式，推动形成新的产城融合发展区。

3. 国家新能源和智能网联汽车基地

规划选址于武汉经济技术开发区通顺河北岸，其产业发展定位围绕汽车轻量化、电动化、智能化、网联化发展趋势，以汽车及零部件产业集群为基础，大力探索 5G 技术、智能汽车、智慧交通融合发展模式，抢占下一代汽车发展制高点。在空间发展上，一期重点推进建设封闭式测试场；至 2020 年建成 15km^2 的特色小镇，至 2022 年建成 90km^2 的“基于宽带移动互联网的智能汽车与智慧交通应用示范区”。

4. 国家航天产业基地

规划选址新洲区双柳沿江区域，其产业发展定位围绕新型运载火箭及发射服务、卫星平台及载荷、空间信息应用、地面及终端设备制造等领域，并进一步切入航天新材料领域，超前布局石墨烯、纳米材料等前沿领域，打造世界级商业航天产业基地。在空间布局上，顺江形成东部产业核心区、中部商务中心区、北部生态创新区、西部产业配套区的梯次开发格局。

三、“创谷”空间布局和创新生态系统培育

2015 年，武汉被列为国家八个全面创新改革试验区之一；2018 年 9 月 18 日，国务院下发《关于推动创新创业高质量发展打造“双创”升级版的意见》。在此背景下，武汉市以建设国家创新型城市为目标，对全市“创谷”空间布局进行了研究。“创谷”是融合高端生产生活生态功能、聚集高端创业创新创造要素的创新集聚园区，是产业定位前沿、创新生态良好、创业服务完备、生活便利宜居的创新发展载体，是产业链、创新链、人才链、资金链、政策链“五链统筹”的创新生态系统。2016 年，武汉市提出，拿出城市最好的空间、量身定做最好的政策、提供最优的配套服务，将“创谷”建设成为全面创新改革试验的承载区、自由创新的示范区、“城市合伙人”的集聚区。

建设规模上，每个“创谷”规划区域面积不低于 2km^2，建设区域面积一般控制在 1km^2 左右，建筑面积不低于 50 万 m^2。建设标准上，坚持高强度投入和高效益产出，高标准建设基础设施和服务体系，突出品质高端、产城融合、宜创宜居，鼓励多样化、差异化、特色化发展。空间模式上，形成四大“创谷”空间布局模式，即现有产业园区提档升级的“创新园区”；以高校、科研院所及其周边创新空间为依托，校城融合的“创新校区”；依托中心城区内的“三旧”用地提质升级，众创空间遍布全城的“创新城区”；以环境优

良的特色产业小镇（村）为依托的“创新湖区”。

四、长江新城战略性新兴产业高地构想

2017 年，武汉市十三次党代会提出了“规划建设长江新城”的战略决策，提出打造高效高新产业集聚的创新名城，以人才引领创新、以创新驱动发展，重点是吸引高端高新技术企业，大力发展战略性新兴产业，发展现代服务业，构建高端制造业和生产性服务业融合发展的现代产业体系。打造“青年之城、梦想之城、创新之城、活力之城”，布局“武汉科学城”，打造国际人才自由港。规划选址于黄陂区滠水以东、武湖组团以北地区，规划范围面积 30km^2。2018 年，武汉市组织编制完成了《武汉长江新城总体规划》。规划提出，长江新城要集聚创新力量，以“四区两城”为平台，打造区域创新高地，重点推动长江新城创新园区、工业园区、物流园区等三类园区活力发展。构建创新产业空间体系，集聚高校型、机构型、企业型、服务型等创新力量，提供全生命周期的空间发展平台，聚焦新民营经济创新区、校友经济创新区、军民融合发展创新区、国际经济合作创新区和长江科学城、长江金融城“四区两城”，打造面向未来的战略性新兴产业高地。

改革开放 40 年以来，武汉工业发展经历了起伏颠簸，但最终成功复兴，实现了从老工业基地向创新基地的转变，总体上，经历了“老工业基地调整—开发区建设引领—产城融合发展—科技创新驱动”的产业类型、空间发展的不断迭代升级，形成了“先进制造产业基地—一般工业园区—都市工业园—创新社区”的工业空间体系；从工业发展的关键要素看，国之中枢的区位和交通优势、高校集聚的人才优势等是武汉工业不断转型升级的重要支撑。

展望未来，随着国家和城市发展转型的深入推进，武汉市未来的生产方式、产业体系、空间模式也将持续升级并发生重大变化。

生产方式高端化，信息技术与制造业深度融合。国家发布《中国制造 2025》实施制造强国战略，武汉制定《武汉制造 2025 行动纲要》，未来武汉市制造业以加快新一代信息技术与制造业深度融合为主线，以推进智能制造为主攻方向，逐渐培育壮大战略性新兴产业，推动传统产业向中高端跃升，持续优化产业结构。

空间需求多元化，构建多层级的制造业空间体系。生产方式的高端化必然带来制造业空间需求的多元化。既有落实国家重大战略的大型产业空间，保障重大制造项目落地；又有在传统工业园区基础上改造升级的中、小型产业空间，通过智能工厂、数字化车间的建设实现工业用地集约化利用；同时，也有服务小微企业的小型创新空间，满足创新研发、柔性化制造、服务型制造的需求。

空间组织集聚化，转向基于全产业链的基地模式。为分解落实国家先进制造业中心职能，促进制造产业集群化发展，产业空间组织上将趋于“基地化、规模化、集群化”，传统工业园区将通过资源整合，形成产业链协同高效、核心竞争力强、公共服务体系健全的新型产业基地。

第五章
城市公共设施规划与建设

CHAPTER 5
URBAN PUBLIC FACILITIES PLANNING & CONSTRUCTION

城市公共设施是城市生产、生活的重要保障，也是城市形象和城市品质的重要反映，对城市空间结构、空间布局有着重要的影响。基于公共设施的空间布局特征和功能作用，可以分为城市中心和公益性服务设施两种类型。其中，城市中心是支撑城市空间结构，最能代表城市形象的公共设施和公共活动集聚区，承载商业、金融、商务、行政办公等综合服务功能；公益性服务设施是为满足人的公共服务需求，以均衡化、网络化空间分布的设施，主要包括文化、教育、医疗卫生、体育、社会福利等。从武汉公共设施规划历程来看，顺应不同时代的发展背景和规划思想，城市中心经历了从单中心到多中心、网络化的逐步升级；公益性服务设施逐步实现从重点保障到全面统筹，从追求均衡到追求品质，从缺少依据到参照国家标准、到拟定地方标准、再到建设模式创新等一系列升级过程。

第一节
城市中心的发展演变

武汉两江交汇、河湖密布的自然资源分布特征，铸就了城市多组团、多中心的格局。近现代以来，武汉市相关发展战略及城市总体规划对城市中心布局进行了不断优化完善。在空间等级体系上，经历了“单中心—双中心—多中心”的演变过程；在中心功能上，逐渐从行政、商业的单一职能转向商务、商贸、文化、旅游等综合服务职能；在服务能级上，逐步从服务城市向服务区域提升。目前，已基本形成了与自然地理特征、人口分布规律等相匹配的多中心网络化结构体系。

一、江南江北“双中心”格局的构建

早在明清时期，武汉市以汉正街为重点，形成了商业贸易中心，具有典型的“单中心”特征；民族资本主义时期，孙中山在《建国方略》中提出武昌是政治文化城市、汉口是工商业城市，以汉正街商贸中心、首义行政文化中心为“双中心”的格局逐步形成。

改革开放初期，在市场经济发展背景下，武汉城市规模急剧扩大，城市空间逐步从沿江沿路地区向纵深腹地扩展，特别是在“两通起飞”战略目标下，注重商贸流通业发展，但这一时期城市规划尚未提出严格意义上的中心体系，主要是对商业贸易空间布局进行了一定安排。1980 年代编制的 1982 年版和 1988 年版城市总体规划中，均遵循江南、江北均衡发展的思路，在汉口武汉商场地区、武昌中南地区分别布局全市级的商业服务中心，形成“双中心”格局。此外，规划提出布局汉口头道街、车站路、三民路、硚口路、古田二路、汉阳钟家村、十里铺、鹦鹉洲、武昌大东门、广埠屯、青山蒋家墩等地区商业中心。

二、主城区“多中心”体系的雏形

进入 1990 年代，以“对外开放城市、开放港口”为目标，武汉城市服务业功能不断加强，1996 年版城市总体规划提出了“我国中部地区的重要中心城市”的城市发展定位，更加注重对外开放的先导功能、商贸金融的辐射功能等，城市中心体系的雏形开始出现。

围绕“中部地区重要中心城市”的定位，规划加强了区域综合服务能力，在原有单一商业贸易中心的基础上，突出金融、商务等综合功能，打造江北核心区、江南核心区等 2 个综合性核心区，集中承担现代化国际性城市和中部地区中心城市职能，以发展第三产业为主，布局辐射中国中部地区的金融、贸易、商业、信息中心，提高城市公共服务能级和区域影响力。

同时，为提升城市辐射功能，规划一方面加强了对金融贸易功能的布局，按照相对集中的思路，提出了在长江两岸一、二桥间布局武汉金融贸易区，即汉口沿江金融贸易区和武昌临江金融贸易区，规模分别为 80hm^2、50hm^2，结合沿江滨水景观，开辟绿化用地，重点布置金融、贸易、保险、信息咨询机构和国际商业金融机构。另一方面也继续强化了商业贸易职能，构建了“中心商业区—市级商业中心—市级商业副中心—社区中心”四级商业服务体系，其中，以中山大道为轴，建设辐射中部地区的中心商业区；中南路、钟家村分别建设成为服务武昌和汉阳的市级商业中心；建立后湖、汉口火车站前、古田二路、四新、沌口等 12 个市级商业副中心；并在各居住用地集中的主要地区规划布置 9 个社区中心。这一时期以商业中心为核心的服务体系，为今后城市中心体系的构建奠定了基础。

图 5-1 2010 年版城市总体规划之都市发展区中心体系规划图

三、市域“多中心网络化”中心体系的形成

进入 2000 年以后，在中部崛起、“两型”社会、长江经济带等战略的推动下，武汉城市战略地位不断提升，相继提出了建设中部地区中心城市、国家中心城市、世界城市的目标，区域辐射带动力进一步提高，经济加速发展，城市空间拓展趋势显著。为支撑城市

图 5-2 2017 年版城市总体规划之市域中心体系规划图

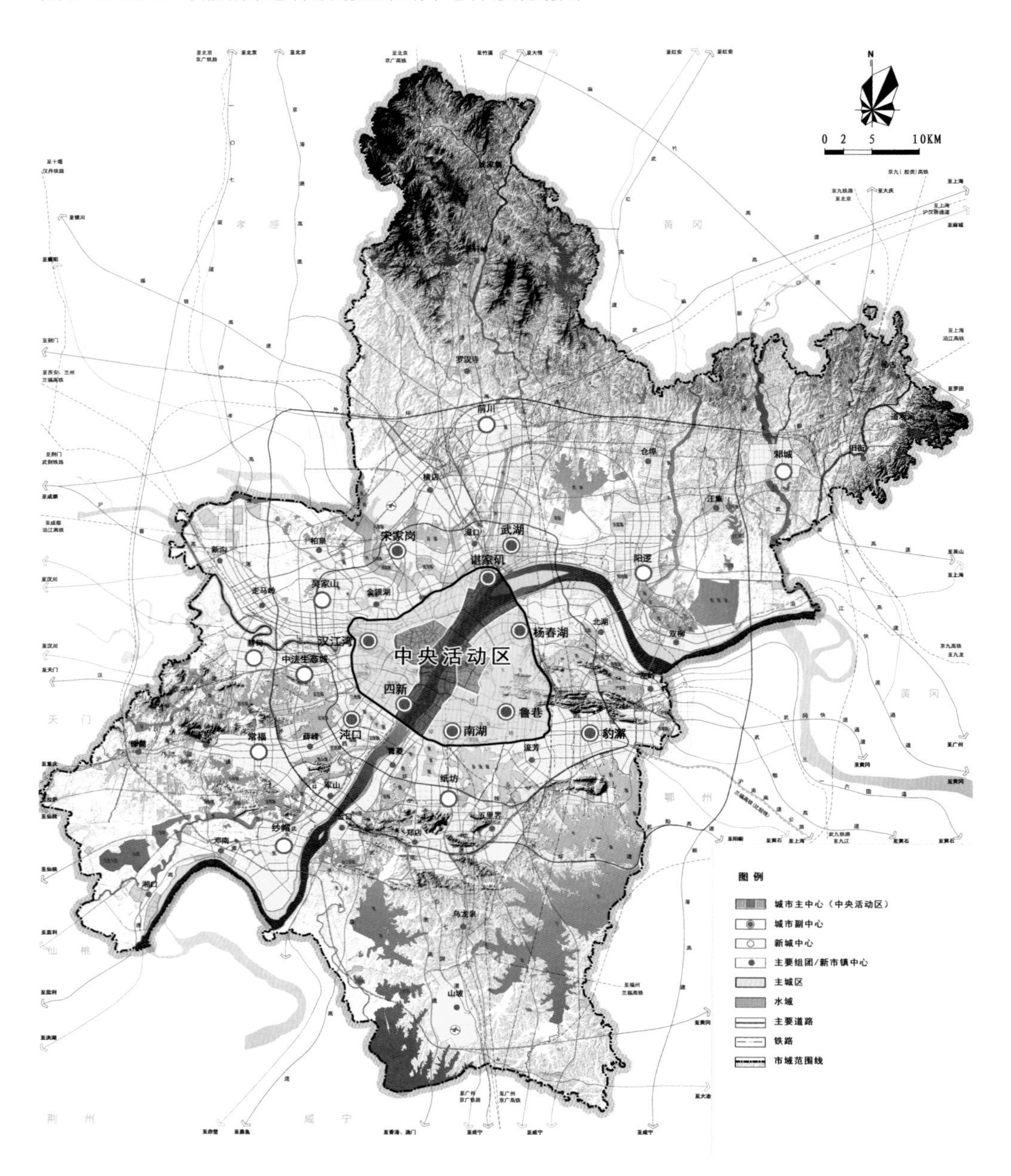

发展战略目标和城市空间结构，2010 年版城市总体规划按照“服务中部地区、服务社会经济、服务基层社区”的要求，结合“1+6”城市空间结构，提出了“1 个中央活动区、3 个城市副中心、6 个新城组群中心及多个组团中心”的“多中心、网络化”中心体系结构；2017 年版城市总体规划进一步结合新时期城市发展的特征和要求，完善构建了“中央活动区—城市副中心—新城中心—组团 / 新市镇中心”的公共中心体系（图 5-1、图 5-2）。

1. 中央活动区的构建及升级

中央活动区作为城市重要公共服务职能的集聚区域，是城市的核心，体现城市区域辐射能力。武汉市对中央活动区的规划布局，始终围绕两江四岸地区，并予以不断优化和提升。2010 年版城市总体规划首次提出了构建中央活动区，围绕滨江文化景观轴和垂江商务中心轴集中布局，承担服务全市、面向中部乃至全国的区域性重大城市功能，其中，滨江文化景观轴以南岸嘴为核心，以两江四岸滨江地区为主体，包括永清、江汉关、汉正街、月湖、首义、月亮湾、积玉桥、归元寺等 8 个区片，形成具有武汉特色的滨江文化活动带；垂江商务中心轴依托青岛路过江隧道及轨道二号线，包括王家墩、站前、新华、洪山、梨园等区片，形成高层聚集、功能强大的区域性服务中心。

2012 年以来，武汉市加快推进了国家中心城市和国际化大都市建设，在长江经济带战略的背景下，2017 年武汉市“十三次”党代会报告提出了构建“长江主轴”战略构想。顺应城市发展战略的调整，2017 年版城市总体规划按照打造集聚化的区域综合服务中心的思路，对中央活动区进行了空间范围优化和功能的进一步升级。中央活动区的范围以长江两岸约 1～1.5km 腹地区域为核心，包括王家墩、武广—建设大道、中南—中北、洪山广场、首义广场、四新、谌家矶等地区，总面积约 110km^2。该区域作为综合性的国际化现代服务中心，集中发展商务办公、金融服务、文化娱乐、创新创意、旅游观光等现代服务功能，通过品质、环境、设施升级，打造成为国家中心城市的核心功能承载区，国际化大都市的文化风貌展示区以及“三生”融合发展的典型示范区（图 5-3～图 5-5）。

2. 城市副中心的形成及完善

城市副中心是随着城市规模扩大而出现的某一特定服务功能集聚的空间形态。从武汉城市副中心的空间演变来看，伴随着城市规模扩大和功能提升，也经历了不断调整和完善过程。1996 年版城市总体规划提出了后湖、汉口火车站前、古田二路等 12 个市级商业

图 5-3 王家墩商务区实景照片

图 5-4 楚河汉街实景照片

副中心，更多体现的是组团商业服务功能，实际上是发挥组团服务中心的职能。真正意义上的主城副中心是在 2010 年版城市总体规划中提出的，即四新、鲁巷、杨春湖等三个城市副中心，定位为兼具区域性专业服务中心职能和地区性综合服务职能的公共中心。其中，四新副中心定位为国际博览、商务办公等辐射中部地区的生产性服务中心；鲁巷副中心布局高新技术产品交易、信息服务等区域性专业服务设施，形成中部地区的高新技术产业生产服务中心；杨春湖副中心突出多元复合的综合交通优势，发展交通枢纽、商业娱乐、旅游服务职能，形成中部地区的综合性客运枢纽和旅游服务中心。

图 5-5 中央活动区两江四岸实景照片

图 5-6 鲁巷副中心实景照片

2017 年版城市总体规划在评估主城副中心功能和空间的基础上，按照“特色化”发展的思路，对主城副中心进行了适度优化，将中心数量由三个增加到四个，并进一步优化明确了各个副中心的主导功能。优化鲁巷副中心创新科技服务职能，完善杨春湖副中心高铁商务旅游等公共服务及配套职能，原四新副中心调整进入中央活动区；同时，新增了汉江湾、南湖两个主城副中心，分别突出商贸休闲、大学城服务等特色化职能。

从实际建设情况来看，鲁巷副中心现已建成为集科技展示、商品交易、文化娱乐、旅游观光等为一体的综合性服务中心。杨春湖副中心、汉江湾副中心、南湖副中心尚处于起步建设阶段（图 5-6）。

3. 新城中心的发展及分化

新城中心是满足新城范围内生产生活服务需求的综合服务中心，其发展与新城功能不断完善密切相关。武汉市在 1990 年代提出规划建设 7 个新城（重点镇）的构想，但未对新城中心布局作出详细规定。2000 年以后，武汉新城中心的规划布局逐渐得到重视，体系不断完善。

着力于提高新城“反磁力”吸引，2010 年版城市总体规划提出布局东部、东南、南部、西南、西部和北部等六个新城组群中心，主要设置服务整个新城组群的商业、文化、体育、医疗等生活性服务设施和金融、办公、咨询、信息等生产性服务设施。2011 年，结合《武汉都市发展区“1+6”战略实施规划》编制工作，开展了《武汉市新城中心体系专项规划》，在对交通条件、土地价值、配套设施等综合评估的基础上，提出了刘店、阳逻、科技新城、纸坊、吴家山、蔡甸、纱帽等 7 个新城中心的布局，明确每个新城中心需配置商业综合体、商务区、三甲医院、文博中心、万人体育场、老年康乐中心等设施。此外，还规划了宋家岗、军山两个新城副中心（图 5-7）。

图 5-7 《武汉都市发展区“1+6”战略实施规划》之新城中心体系规划图

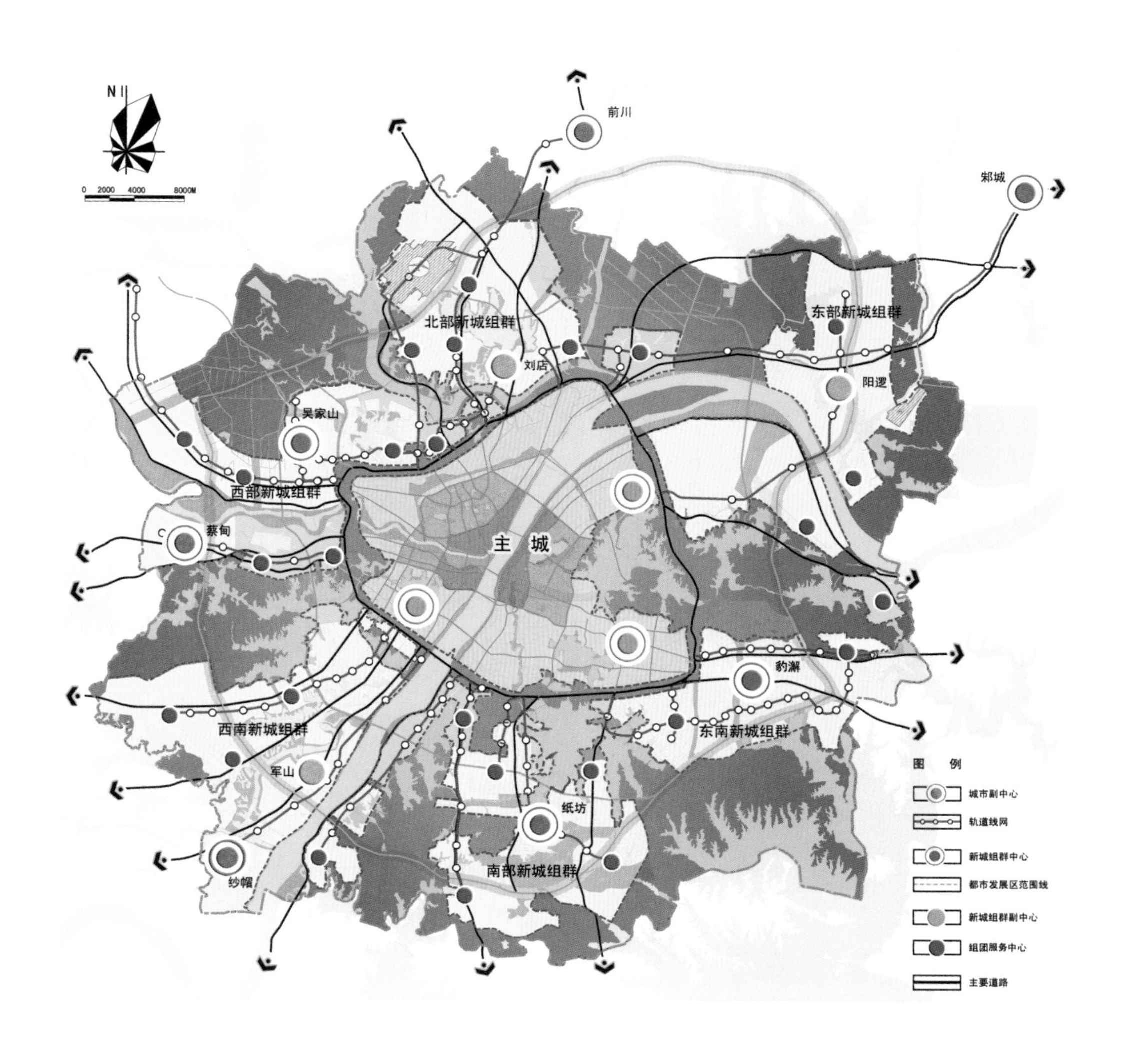

进入 2010 年代，2017 年版城市总体规划将承载武汉建设国家中心城市核心职能的东湖高新区、武汉开发区、临空港地区升级为副城，新城中心也相应进行调整。规划将光谷副城、车都副城、临空副城的新城中心升级为副城中心，分别承载国家科技创新中心、国家先进制造中心、全国综合交通枢纽的区域性专业服务职能。同时，结合新城设置了吴家山、邾城、前川、蔡甸、常福、纱帽、纸坊、阳逻等 8 个新城中心，集中配套行政、商业商务、文化体育、教育、医疗等地区性综合服务功能。

从实际建设来看，光谷副城中心随着东湖高新区政务服务中心等设施建成及使用，进入了加速发展阶段；车都副城中心已初具规模，但在功能构成和辐射能级上尚需进一步提升；临空副城中心尚处于启动阶段；各新城中心发育较为缓慢。新城中心建设缓慢，从而导致了新城对人口吸引力不足（图 5-8）。

4. 重点功能区规划建设模式的探索

武汉市于 2013 年起开启了重点功能区规划编制与实施的序幕，主要是立足于国家中心城市建设目标，对承载城市区域核心战略职能的片区，在规划、实施、土地、配套等方面举全市之力集中建设，以期形成投资最集中、配套最完善、建设最高效的功能区。2013 年编制完成了《武汉建设国家中心城市重点功能区规划》，2014 年武汉市人民政府办公厅印发《武汉市人民政府关于加快推进重点功能区建设的意见》，提出切实加强二七沿江商务区、武汉中央商务区、汉正街中央服务区、四新会展商务区、武昌滨江商务区、青山滨江商务区、杨春湖商务区等 7 个重点功能区的建设工作。各重点功能区实施规划强调“城市经营”理念下的主动谋划与行动实施，通过超越宗地的整体开发规划，积极支撑各级政府的发展意图，合理引导市场投资建设热情。二七商务核心区作为武汉市第一个功能区实施规划试点项目，在 80hm^2 的集中建设范围内，进行“统一规划设计、统一土地整理、统一组织建设、统一使用资金、统一征收安置”，已探索形成了规划、设计、实施一体化的城市重点功能区规划建设模式。

图 5-8 光谷中心区规划效果图

第二节
公益性服务设施的体系构建

改革开放以前，城市公益性服务设施主要关注于重点公共建筑。张之洞督鄂期间，便在武汉“兴学堂、办商场”，以教育和商业为核心奠定了武汉公共设施规划起源和建设基础。民族资本主义时期，西方近现代城市规划理念和公共设施建设方式对武汉影响加大，1929 年编制的《武汉特别市工务计划大纲》对公共建筑物进行了简要罗列；1947 年由鲍鼎主持完成的《武汉三镇交通系统土地使用计划纲要》设定了“公共建筑地带”的概念，提出地带内原有住宅可保留，新增的建筑应以各类行政机关、文化教育设施为主，但建筑物面积不得超过基地面积的 40%等详细规定。社会主义计划经济时期，在“先生产、后生活”思想指引下，1952 和 1954 年版城市总体规划中并未涉及大中型文化、体育、卫生等公共建筑分布，仅在为工业区配套建设的居住区用地指标内列有文、教、卫等公共建筑相关要求；随后在 1956 年的《城市建设十二年规划方案》和 1959 年的《城市建设规划（修正草案）》中提出大型公建分布要江南、江北兼顾的分布原则，并提出在解放大道、洪山广场、长江边安排部分公共建筑。在这一时期，建成了武汉剧院、新华电影院、武汉体育馆、新华路体育场、洪山宾馆等大型城市公共设施，但城市生活服务配套设施无法满足不断增长的公共服务需要。

改革开放以后，人们对公共设施的多样化需求逐步加大、品质化需求逐步加强，对公益性服务设施的规划布局也表现出“补短板—均衡化—品质化”的转变特征。改革开放初期，城市文化、体育等设施存在较大缺口，重点对大型公共建筑、商业服务设施体系进行了较为全面的谋划。进入 21 世纪后，以公共服务均等化、人人享有基本公共服务、人民美好生活向往等为指导，公共设施的规划标准、体系、布局等日益完善，公共服务设施的建设品质也日益提升，普惠型、基础型、兜底型民生设施得到强力保障，并以 2010 年版城市总体规划为指导，全市“部门联动”编制了一批公益性服务设施专项规划，实现了从“规划专项”向“专项规划”的不断完善。

一、从均衡到品质的公益性服务设施规划布局

1. 重点保障大型公共建筑规划布局

改革开放初期，人们的精神文化需求增加，针对文化、体育等设施短板，1982 年版城市总体规划提出江南江北兼顾，以武昌为重点，在有便利交通、适当集中并有利于形成城市面貌的区域布局大型公共设施，因此，政治、经济、文化、科技、体育等公共建筑主要设置在洪山中心地区，洪山中心广场和中山公园前广场都作为开展全市性游行集会场所，同时，明确了省博物馆、美术馆、天文馆以及市博物馆、科技馆、陈列馆、体育场等省市级重大设施的改建或新建选址。1988 年版城市总体规划提出了重点公共设施分级规划的原则，全市

不同规模的图书馆、文化馆、青少年和老年活动场地等大型公共建筑，按照“市、区及居住区”等级进行合理分布，并结合城市新区开发和旧区改造予以实施。至 1990 年代，随着人口规模增加，文教卫体等公共设施的需求进一步加大，1996 年版城市总体规划对主城区范围内的市级、区级、居住区级文化、体育、教育、医疗等公共设施进行了具体布局。

1980～1990 年代，武汉市建设了大批公共设施，如洪山体育馆、武昌区体育馆、武钢体育中心、武昌区图书馆、青山区图书馆等市区级设施；扩建或重建了同济医科大学附属同济医院、湖北省肿瘤医院、黄鹤楼、晴川阁等重大设施，支撑了城市医疗、体育及文化事业发展（图 5-9）。

图 5-9 1996 年版城市总体规划之主城大型公建布局规划图

2. 人人享有基本公共服务的均衡布局

进入 2000 年后，国家提出了城乡统筹发展的战略要求，十六届六中全会将“基本公共服务体系更加完备”明确列为 2020 年中国构建社会主义和谐社会的九大目标和主要任务之一。此后，国家又提出了公共服务均等化、人人享有基本公共服务以及改善民生等深化目标，建立健全基本公共服务体系日益受到重视。在此背景下，2010 年版城市总体规划按照“服务中部地区、服务社会经济、服务基层社区”的要求，规划构建覆盖城乡、功能完善、充满活力的分级分类社会事业及公共设施体系。

对各级别的行政、博览、文化、体育、医疗、教育、福利及特殊公共设施等，进行了全面、系统的规划布局。在突出文教卫体等设施基础上，应对社会老龄化趋势及关注救助体系的需求，首次将养老、儿童救助站等社会福利设施纳入公益性服务设施规划布局；适应武汉对外开放和国际交往的需要，首次提出在墨水湖周边布置武汉领事馆区的规划设想。

根据“人人享有基本公共服务”的原则，均等化布局中小型公益性服务设施。根据城乡统筹发展的要求，形成统一的城乡基础教育、文化、体育等设施标准，加强了对主城外新城组群地区的公益性服务设施的规划布局（图 5-10）。

同时，按照中部地区中心城市的城市性质，突出了建设具有区域辐射力和影响力的金融、博览等设施规划，布局了四新博览中心、豹澥科技会展中心等设施。

从建设情况来看，2000 年代，武汉市陆续建成了琴台艺术中心、武汉体育中心、塔子湖体育中心等系列具有全国影响力的公共设施（图 5-11）。

图 5-10 2010 年版城市总体规划之公益性公共服务设施规划图

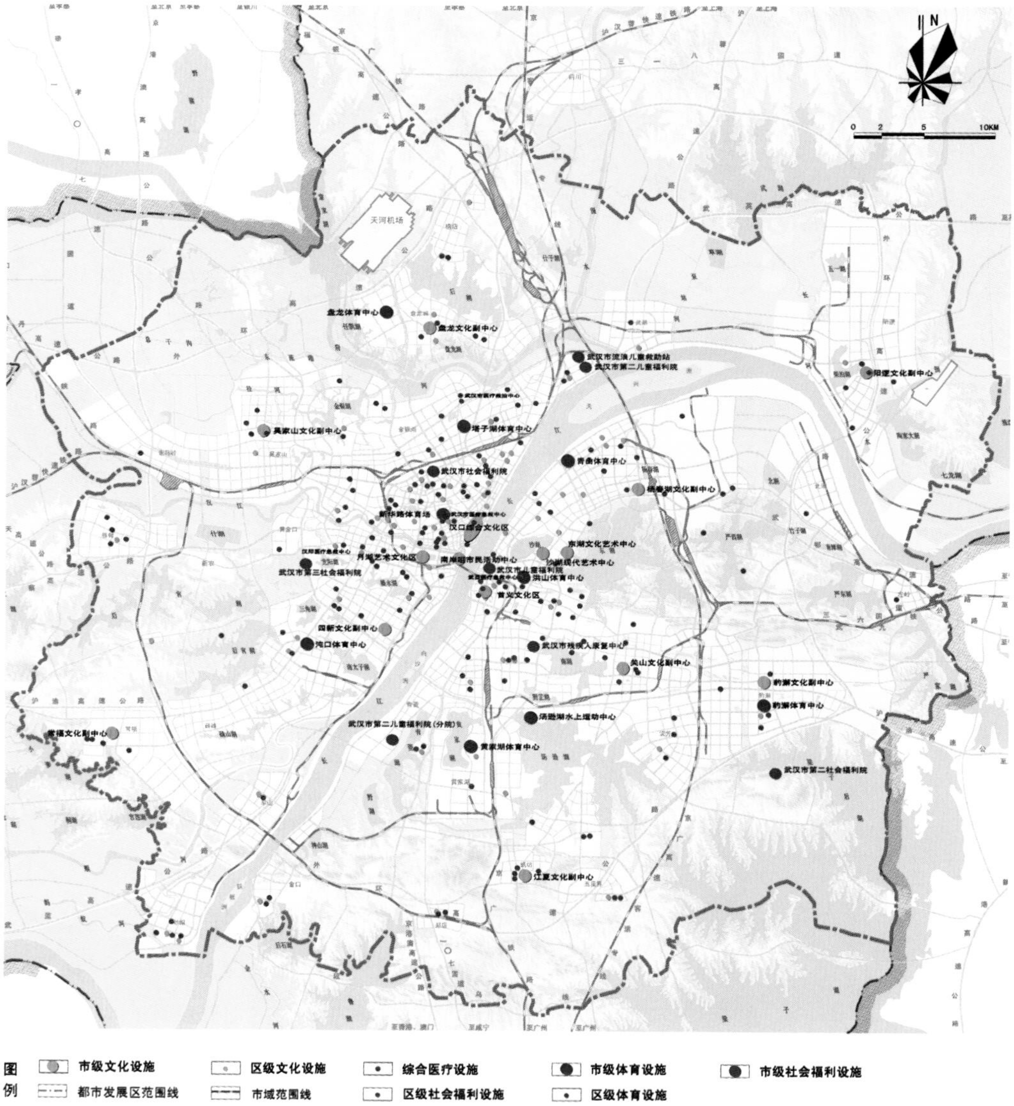

图例
市级文化设施　区级文化设施　综合医疗设施　市级体育设施　市级社会福利设施
都市发展区范围线　市域范围线　区级社会福利设施　区级体育设施

图 5-11 武汉体育中心实景照片

3. 关注公共设施品质的高端化发展和刚性管控

2010 年代以后，随着国家中心城市、“现代化、国际化、生态化”大武汉建设目标的确立，城市经济社会发展的水平不断提高，市民对美好生活的需求更加强烈；“十九大”报告指出：中国特色社会主义进入新时代、我国社会主要矛盾已经转化为人民日益增长的美好生活需要和不平衡不充分的发展之间的矛盾，在继续推进普惠均等的基本公共服务布局下，高品质、国际化的公共服务成为城乡规划的重点内容。2017 年版城市总体规划提出按照高等级服务设施集聚成板块的思路，充分布局并严格保障公共设施的规划建设，突出了“品质更高、供给更足、传导更严”的规划思路。

在设施品质方面，依托武汉市教育、医疗等优势，高水平规划建设一批体现国家战略、耦合城市功能、提升城市竞争力的大型公共设施，形成文体、医疗、养老等公共设施集聚区。主城区沿两江四岸布局文化集聚区，副城和新城组群结合新城中心布局文体、医疗等集聚区，外围新市镇结合梁子湖、后官湖等生态环境良好、交通便利的地区布局健康疗养区。

供给配置方面，以全面覆盖、普惠均好、城乡统筹为目标，在常住人口的公共服务需求基础上，充分考虑短期流动人口尤其是主城区流动人口服务需求，对人口密集的主城区医疗、文化、体育等设施按照 1.2 的系数进行配置，预留设施配置的弹性。

规划传导方面，在精准划定重大公共设施边界的基础上，通过同步编制各区分区规划、控制性详细规划升级版等，按照同精度、同范围的“一根线”落实设施用地边界，形成全市重大公共设施“总—分—控”一体化的传导模式，并强化了点位控制、指标控制的公共设施在下位规划中的层层深化、落实布局，实现刚性内容约束和逐级传导。

图 5-12 2017 年版城市总体规划之市域公共服务设施空间布局规划图

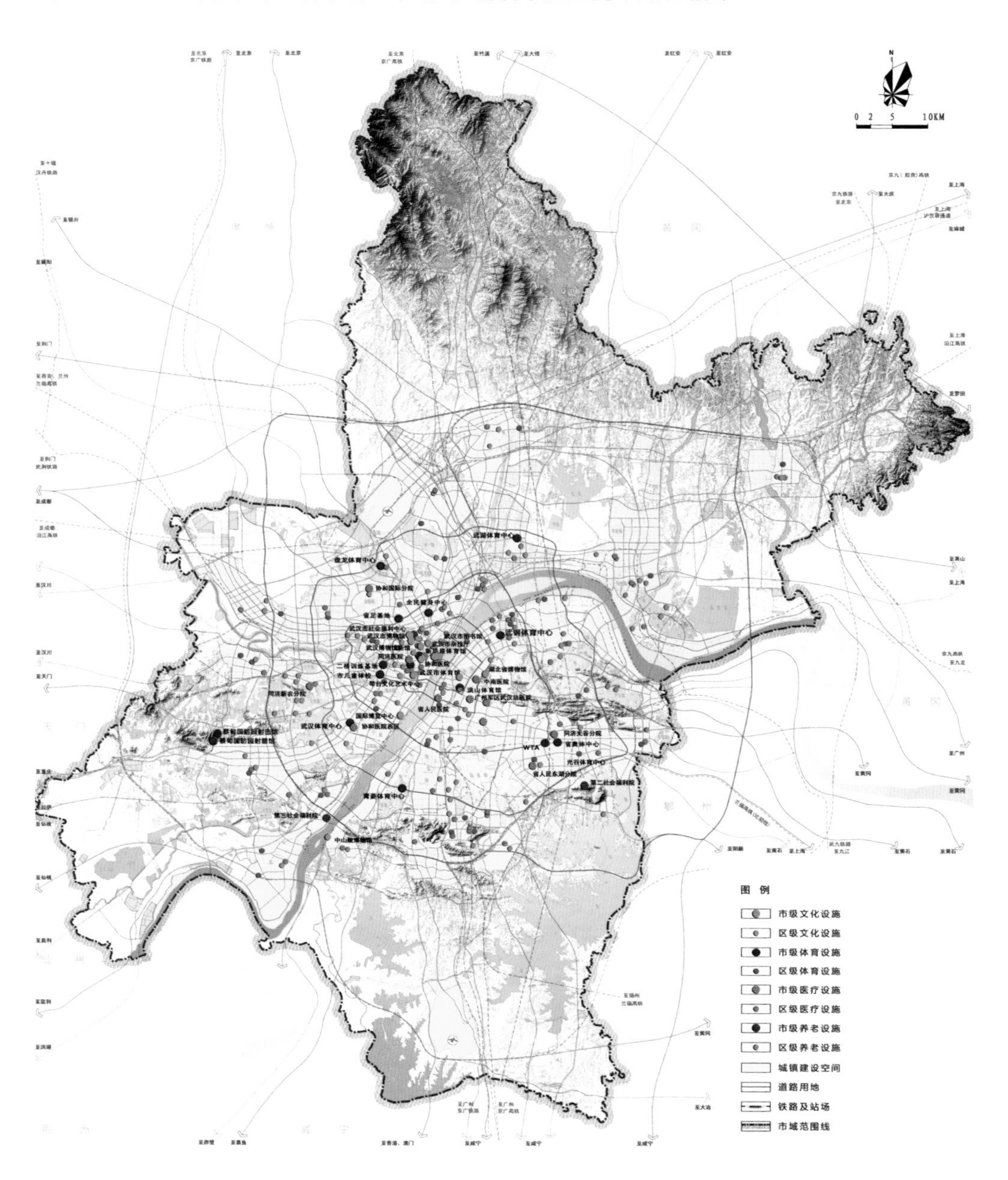

从这一时期的建设看，武汉市一方面继续完善基层服务设施体系，推进社区服务、社区卫生等设施建设；另一方面国际化、高品质设施建设加快推进，建成了光谷国际网球中心、四新国际博览中心等，有力提升了武汉国际化影响力（图 5-12）。

4. 以文体功能区为重点的规划建设实践

2000 年以来，武汉市相继承办第六届中国城市运动会、第八届中国艺术节、WTA 超五巡回赛、第七届世界军人运动会等国家级、世界级文体盛会。以举办重大文体活动为契机，按照“办好一次会，搞活一座城”的思路，以大型公共设施为核心形成一批文化、体育功能区，通过整体规划、统筹建设，发挥设施的集聚效应，改善区域的环境景观品质，增强经济活力，提高城市文化软实力和国际影响力。

月湖文化艺术区作为武汉国际级文化艺术区，被誉为“武汉最美的客厅”。2002 年，武汉市开展了武汉月湖、琴台文化艺术中心概念规划国际征集；2004 年编制完成了月湖文化主题公园规划，在此基础上，琴台文化艺术中心设计方案和月湖文化主题公园景观规划完成并启动建设；2007 年又进一步开展了汉江南岸月湖段的规划研究工作。月湖文化艺术区总体定位为“城市绿心”和“文化艺术中心”，充分利用自然山水资源，深入挖掘文化内涵，整体形成集琴台知音文化、山水景观文化为一体的综合文化区。规划围绕月湖布局五大功能区，包括琴台景园、梅子景园、文化艺术中心、综合文化区和绿化休闲区，核心设施为 1800 座的大剧院和 1600 座的音乐厅等具有国际顶尖水平的文化设施。琴台大剧院于 2007 年建成，作为第八届中国艺术节的主场馆；琴台音乐厅于 2009 年建成，琴台景园、绿化休闲区也已建成，月湖文化艺术区已经成为武汉国际化的一张名片（图 5-13）。

图 5-13 月湖文化艺术区实景照片

首义文化区是为纪念辛亥革命 100 周年，由湖北省、武汉市、武昌区政府共同实施的文化旅游区。自 2005 年起，武汉市先后编制了《首义文化区及蛇山地区空间布局规划》《首义文化区国际方案征集》以及首义板块、蛇山板块详细规划等。首义文化区规划建设突出“纪念性、生态性、多样性”，注重彰显历史主题，围绕辛亥革命武昌首义发生地的重大历史题材，规划布局蛇山、首义、紫阳湖三大板块，形成历史纪念的时空序列。目前，建成了辛亥革命武昌起义纪念馆、首义广场、辛亥革命博物馆、紫阳湖公园、起义门、首义碑林公园等景点，被称为武汉文化新品牌（图 5-14）。

光谷国际网球中心是为举办“WTA 超五巡回赛”所设置的大型体育中心。武汉市 2013 年先后编制了《光谷奥林匹克公园国际网球中心建设规划》《光谷 WTA 网球赛事保

图 5-14 首义文化区实景照片

障实施计划》，从市级、区级、赛场周边等三个层面，优化城市交通、塑造景观形象、完善配套服务，保障赛事的顺利举办。规划以“武汉光谷国际网球中心”为核心，提出“武汉市综合体育中心，全民健身、休憩、游乐都市休闲公园，集体育、文化、娱乐、商业商务、居住等多功能于一体的国际体育城”的战略目标。目前，已建成的光谷国际网球中心，不仅能满足世界顶级网球赛事的专业化、国际化、标准化需求，还可承办众多奥运比赛项目及文艺演出，已经成为武汉文化体育对外交流的窗口、市民娱乐休闲健身的乐园、武汉文化体育地标建筑和城市名片（图 5-15、图 5-16）。

同时，实施了第七届世界军人运动会场馆保障工程。编制完成《第七届世界军人运动会保障规划》，突出了对运动场馆的统筹布局，以及媒体中心、运动员村等配套设施的综合保障。规划遵循“依托现状、军地联合，科学规划、合理布局”的原则，分汉口、沌口、光谷、黄家湖等多个大板块推进 35 个比赛场馆建设。充分利用既有的体育设施资源，对 22 个现状体育场馆设施进行提档升级；同时，针对部分区体育场馆缺少的问题，新建 13 个场馆，解决体育设施空间分布上的不均衡，促进新城区均配置了现代化体育场馆。

二、从重点到全面的公益性服务设施标准体系

1990 年代以前，武汉市并未专门针对公共设施标准体系开展研究，主要是依据国家相关规范引导规划建设。1990 年代以后，随着人口的增长和对公共服务个性化需求的增加，如何配置公共设施成为城乡规划的重要课题，逐步建立健全了城市公共设施配置标准研究。

图 5-15 光谷国际网球中心总平面

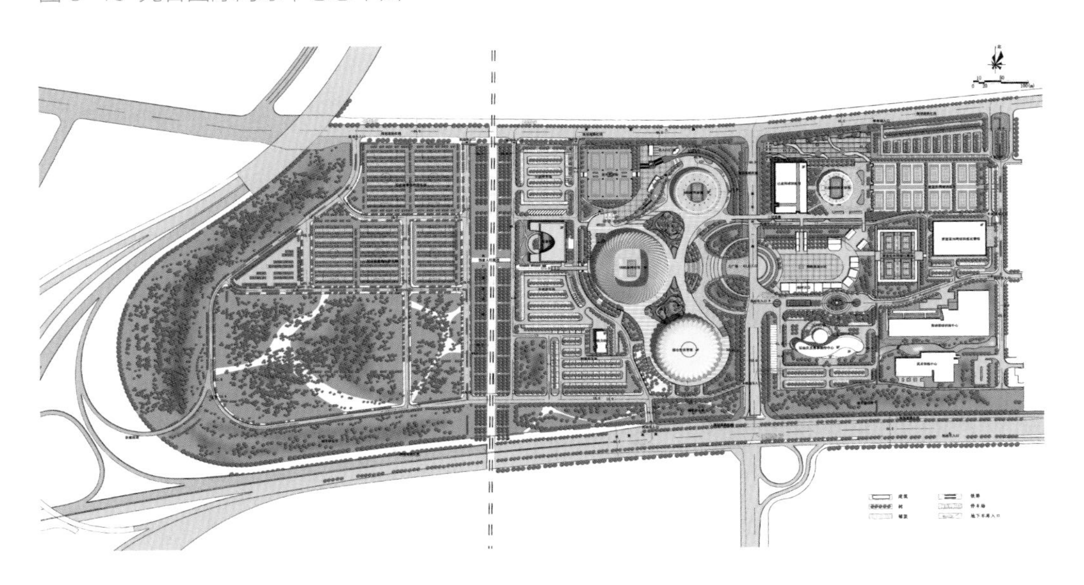

图 5-16 光谷国际网球中心实景照片

1. 强化重点的公共设施规划指标研究

1996 年版城市总体规划的支撑研究《武汉市城市规划指标研究》中，对当时文教卫体等较为欠缺的公共设施，提出了文化、教育、医疗、体育等四项主要公共设施规划指标。文化设施重点明确图书馆、影剧院的配置要求；教育设施重点明确学龄前儿童入园率、初等教育入学率、高中教育入学率、全日制中等教育和高等教育的学生与相应年龄组人口比和成人教育学生数等六项指标要求；医疗设施规定了每千人拥有病床位；体育设施明确了体育场馆、游泳池面积等具体配置要求。

2. 全面统筹的公共设施配置标准研究

党的十七大指出要加快推进以改善民生为重点的社会建设，“扩大公共服务，完善社会管理，促进社会公平正义，努力使全体人民学有所教、劳有所得、病有所医、老有所养、住有所居，推动建设和谐社会”；国务院在 2008 年提出要“抓紧编制公共设施和公益事业建设用地标准”。在此背景下，武汉市完成了《武汉市公共服务设施配置标准研究》以及《武汉市居住区公共服务设施配建规定》，作为规划编制和规划管理的依据。这一时期公共设施配置标准表现出以下特征：

首先，适应老龄化发展趋势。积极应对老年人口数量不断增长，人口老龄化趋势愈来愈显著的特点，将社会福利设施纳入标准研究范围，提出了福利设施的配置标准。

第二，坚持分级分类原则。在原有配置标准基础上，进一步丰富完善了各层级、各类型设施的配置标准，按照“市级—组团级（区级）—居住区级—居住小区级”四级体系，对教育、医疗、文化、体育、福利等各类公共设施配置标准进行了全面研究和规定。

第三，注重灵活配置模式，采取“刚性与弹性相结合”“必配与选配相结合”“集中与分散相结合”的思路，在设施配置上突出灵活、机动性，促进土地集约节约利用，居住区级公共设施集中设置，形成社区的公共服务中心；居住小区级的公共设施可因地制宜、分散灵活设置，便于接近和服务广大居民；同时，关联度较高的设施可以考虑一体化布局，例如绿地与文体设施、医疗与福利设施可以复合设置。

三、部门联动的公益性服务设施专项规划

2010 年，在国务院批复 2010 年版城市总体规划后，为增强规划的指导性、实施性，武汉市采取“规划部门 + 职能部门”的部门联合编制模式，会同教育、体育、卫生与计划生育、商务等行业部门，依据总体规划先后编制了 6 项公共设施专项规划，完善了各类公共设施的体系、目标、规模和布局等，均获得了市政府批复，纳入控制性详细规划，作为全市各公益性设施建设实施的法定依据。同时，还与江岸、武昌等相关区政府共同开展基层民生设施规划，统筹行政区各项民生设施空间布局（表 5-1）。

表 5-1 部门联合编制的专项规划情况一览表

序号	公共设施专项规划	编制时间	审批时间
1	武汉市普通中小学空间布局规划	2010~2014 年	2014 年
2	武汉市医疗卫生设施空间布局规划	2011 年	2013 年
3	武汉市社区布点专项规划	2011 年	2013 年
4	武汉市养老设施空间布局规划	2012 年	2014 年
5	武汉市体育设施空间布局规划	2013 年	2017 年
6	武汉市标准化菜市场空间布局规划	2014 年	2015 年

1. 市域全覆盖的普通中小学布局规划

作为首个部门联合编制的公共设施专项规划，武汉市国土规划局和武汉市教育局于2011年组织编制《武汉市都市发展区普通中小学布局规划》，2013年按照城乡一体的思路，编制《武汉市农业生态区普通中小学布局规划》，将规划范围扩展至全市域。规划以城乡一体、公平普惠为基本框架，按照打造均衡的普通中小学布局的思路，逐步实现了从"城市"到"全域"的普通中小学空间布局，通过制定城乡统一的学校用地标准，探索制定了针对城镇和农村的千人指标、布局模式和服务半径，明确高、低密度乡镇地区，以及湖泊地区、偏远山区中小学的配建模式等措施，充分保障所有适龄儿童"有学上、上好学、安全上学"的基本权利。同时，构建了教育区片管理模式，基于人口密度、主要交通干道、行政区划、学位数等多种因素将市域划分为若干教育区片，在教育区片内实现小学、初中、高中学位数与就学需求的平衡。并制定出新建、扩建、改建和拆除等四种实施途径，指导普通中小学建设实施。

2. 极化与均衡兼顾的医疗卫生设施布局规划

2011年，武汉市国土规划局和武汉市卫计委联合编制了《武汉市医疗卫生设施空间布局规划》。规划以提升全市医疗卫生服务水平、解决医疗卫生设施空间分布不均和老百姓看病难的问题为重点，按照"国家医疗卫生服务中心、国家公共卫生服务示范中心、国家基层医疗卫生服务示范中心，国际健康城市"的发展目标，构建了医疗服务设施、公共卫生设施两大类的医疗卫生设施体系。并针对国家医疗卫生体制改革的要求，借鉴国内外经验，制定了武汉"极化发展、均衡发展、协调发展"的三大空间发展战略，通过发展医疗功能区龙头名院群，扩大医疗卫生行业影响力和竞争力；加大主城区新建地段及新城区医疗设施、基础医疗设施建设，实现人人享有均等化医疗服务；同时，完善公共卫生服务体系，全面提高公共卫生保障能力，促进全民健康。

3. 满足全民健身需求的体育设施布局规划

2013年，武汉市国土规划局和武汉市体育局联合编制了《武汉市体育设施空间布局规划》。规划从城市功能和市民需求角度出发，以公共体育设施的数量与质量、布局与规模、建设与实施等为重点，按照"建设国际体育强市、健康名城、亚洲体育中心城市"的目标，构建了"战略预控"和"普惠均衡"并重的双极发展模式，既强化了（省）市级和区级设施重"品质"，结合城市发展方向进行战略预控，重点保障大中型体育赛事活动举办以及竞技训练的需求；又突出了街道级和社区级设施重"便捷均衡"，实现群众健身设施服务范围的全覆盖。同时，针对城乡居民健身需求的复杂性、多层次、多样性特点，探索文化与体育、游憩与健身功能的混合和共享，将街道、社区级群众体育设施布局与文化设施、公园绿地等结合，提出"文体结合""体绿结合"的复合实施策略。

4. 倡导"9046"模式的养老设施空间布局规划

2012年，武汉市国土规划局和武汉市民政局联合编制了《武汉市养老设施空间布局规划》。规划结合武汉市经济社会发展和人口老龄化的实际情况，按照"整合资源、增加总量，保障基本、全面发展，全市平衡、分区指导"的总体策略，积极倡导"医养结合、养护结合”的新模式，构建了“以居家为基础、以社区为依托、以机构为支撑”的养老服务体系，实现了“9046”养老结构目标（即 90% 的老人为居家养老、4% 的老人享受社区养老、6% 的老人享受社会机构养老）。建立“城市—社区”两级养老设施体系，形成了“分层定级”的全域养老设施统筹格局，将农村地区纳入全市养老设施体系，从空间上划定中心城区、新城区和农村地区圈层范围；在体系上按照市、区、居住区、社区以及农村养老设施等分类分级，分别提出了相对应的布局原则、配置标准和建设指引，并创新性提出将独立占地与复合利用相结合的建设要求，为养老设施发展预留弹性。

5. 奠定生活圈雏形的中心城区社区布点规划

2011 年，武汉市国土规划局和武汉市民政局联合编制了《武汉市中心城区社区布点规划》。规划首次实现社区的边界、社区用房点位以及相关建筑信息在中心城区行政区划范围内的全覆盖，以建设“服务完善、平安和谐、管理高效、文明祥和、生态宜居”的幸福社区为目标，建立“中心社区—一般社区”两类社区工作用房体系。推进社区建设“五务合一”，关注民生建设，将社区作为社会和谐稳定的基本平台，通过标准控制和点位控制的方式，明确了社区用房的规划建设要求。

6. 强化标准引导的菜市场空间布局规划

2014 年，武汉市国土规划局和武汉市商务局联合编制了《武汉市标准化菜市场空间布局规划》。规划围绕武汉市目前菜市场存在的“重叠设置和空白缺位双重矛盾、建设标准不一、建成环境不高、多头管理”等不足，结合“人的行为方式”和“人口密度”特征，采取服务均等化的原则，构建以大卖场生鲜部、标准化菜市场、社区蔬菜便民店为核心的“15 分钟、10 分钟、5 分钟”的“三圈”生活服务体系，破解居民买菜难的问题。制定“留、改、调、增”的标准化菜市场分类规划策略，并提出了标准化布局、标准化建设、标准化管理的“三个标准化”的菜市场建设要求。同时，完善了规划管理系统，建立“互联网 + 菜市场”的菜市场智慧信息系统，搭建了菜市场属性查询、统计分析、编辑管理的云平台，实现依托互联网平台对菜市场的分区、分类的查询、统计分析及制订实施计划等智慧管理模式。

第三节
基层公共服务设施的配置

基层公共服务设施主要包括居住区及以下层级的公共服务设施，重点服务街道、社区等基层公共事务及公共活动，是直接影响人们日常生活的最为基本的公共设施。改革开放直至21世纪初期，武汉市基层公共服务设施主要依托大型居住区、工业区等进行配套建设。“十八大”以后，顺应加强基层社会治理、注重“以人为本”的要求，“15分钟生活圈”模式开始兴起并成为基层公共服务设施配置的创新性模式，更加倡导基层公共服务设施的“一站式”设置。

一、从“项目配建”到“单元配建”

改革开放以来，特别是2000年以后，武汉市在基层公共服务设施配套建设模式上，经历了从结合项目配套向结合社区管理单元进行配套的转变。

1. 依托项目的配套建设模式

在居住区、产业园区等建设过程中，一方面加强对国家标准的执行，按照当时的《城市居住区规划设计规范》GB 50180-93配置基层公共服务设施；另一方面，在遵循国家标准的基础上，结合武汉市的自身特点，制定了武汉市的基层公共服务设施的配置标准，分别对居住区、居住小区等基层公共服务设施的类型、配套标准等予以了规定。

2. 面向管理的单元配置模式

2003年起，武汉市政府实施了“社区建设883行动计划”，以社区为单元，加强社区基础设施、社区文化、社区党组织等建设，奠定了以管理单元配置和改善民生环境的雏形。2006年后，开始启动分区规划及控制性详细规划的编制工作，将全市范围划分为规划组团、编制单元、管理单元等，以编制单元为基础范围组织控制性详细规划编制，对各个管理单元的基层公共服务设施予以规划控制，形成了单元配置的新模式。2011年编制完成的《武汉市中心城区社区布点规划》进一步结合社区边界、管理单元边界等，将社区养老、青少年托管、文化体育等新需求落实到社区的基本服务设施配置中，奠定了15分钟生活圈的雏形。

二、“15分钟生活圈”模式

近十年来，武汉市社区生活圈正在逐渐从满足基本生活需求向环境品质提升转变，居民的吃、住、行、游、购、娱等六大方面设施配置均有较大改善。但在综合水平、空间分布、品质环境、文化魅力、建设模式等方面仍存在问题，主要表现在生活圈指数与国家中心城市存在一定差距、基层公共设施分布依然“失衡”、缺少针对异质化人群差异化需求的应对，生活空间为人服务的细节不足、基层设施建设过于离散等方面。十八大以后，城市发展向更加精细化管理和人性化服务转变，以“小设施、微空间和细问题”为核心，

2017 年版城市总体规划明确提出了“15 分钟生活圈”建设目标，对接社区居民的民生和环境品质需求，实现社区公共服务“通达最后一公里”。

1. 综合界定“15 分钟生活圈”基本单元

按照 15 分钟步行可达、服务人口为 3～6 万人，规模约 1～3km^2 的标准，以方便居民日常生活需求，改善日常生活品质为出发点，基于对各类人群使用设施频率和需求的调查分析，为社区配备生活所需的购物、休闲、通勤、教育、社会交往和医疗等基本服务功能，形成安全、友好的社会基本生活空间。武汉市“15 分钟社区生活圈”以控规管理单元、社区行政边界线为基础，考虑居民日常生活需求、公共设施分布、城市快速路、主干道等因素，综合统筹后划定。通过搭建生活圈这一基本单元，协调各类街道（社区）级民生规划一体化建设。

2. 统筹制定“15 分钟生活圈”配套体系

结合城市居民特征和需求差异，参照国家公共设施配套标准，构建“基本设施、品质设施、环境品质”三大类设施体系，其中，基本设施类主要包括公交站点、日常商业、基础教育、社区服务中心、社区医疗卫生和养老设施等五种类型设施，满足基层必备的保障服务需求；品质设施类主要包括社区文体、品质商业、社区环卫设施等三种类型设施，在基础设施基础上，满足差异化人群对品质的需求。同时，从提升生活圈宜居环境品质的角度，制定居住环境、绿化水平、环境质量、生活品质等四种标准。在此基础上，形成武汉市“3 层次 12 类 35 项”的 15 分钟社区生活圈设施配套体系。

3. 提出“15 分钟生活圈”分类构建策略

基于对武汉市主城区生活圈的居民特征、设施配套和空间分布的现状评估，结合对土

图 5-17 《武汉市 15 分钟生活圈实施行动指引》之生活圈分类规划图

地资源改造潜力的分析，以及主城区“动静分区”，将生活圈划分为修补、提升和新建等三大类建设模式。其中，修补类生活圈重点进行微更新，促进设施复合化设置，可采取分散布局；提升类生活圈重点补齐设施短板，采取“集中 + 分散”布局方式；新建类生活圈按照集中式、高标准新建配套服务设施。

在此基础上，结合生活圈的人口结构、用地功能、空间区位、建设年代等特征，按照历史风貌、现代都市、租界里分型、传统旧城型、高校大院型等特色生活圈，分类提出精细化的建设策略（图 5-17）。

4.“邻里中心”建设模式探索

综合国内外城市经验，生活圈的建设模式逐渐从分散向集中转变，邻里中心已成为“15 分钟生活圈”主导建设模式。

对于新建区域的社区生活圈，可采取功能复合、独立占地的“一站式”邻里中心进行配置，其用地面积不少于 $1hm^2$、建筑面积约 2 万 m^2，在交通设施、日常商业设施、社区服务中心等基本设施之外，同步配置社区医疗卫生、社区养老、社区文体设施等品质设施。

对于用地相对紧张的已建成区域的社区生活圈，建议采取相对集中的专类服务中心模式，以社区文体中心复合文化设施和体育设施，以社区医养融合中心复合社区卫生服务和养老设施，因地制宜设置专类邻里中心（图 5-18）。

改革开放 40 年以来，伴随着城市发展战略和城市空间结构的演进，武汉市多中心、网络化的城市中心体系基本形成，并构建了均衡化、品质化的公益性服务设施体系。面向未来，随着“互联网 +”、人工智能等技术加速推进，人的生产生活方式将发生较大变化，城市公共服务的需求也将转变，公共设施的配置模式也将发生变化。

一方面，城市公共中心布局将更加趋向网络化。在互联网影响下，未来工作空间边界会越来越模糊，新兴服务空间将会从中心空间转向片区空间、社区空间、碎片空间等，城市公共中心的布局应更加注重网络化设置，形成区域一体、多元复合的新型体系结构。

另一方面，城市公共设施“人本化”“国际化”将更受关注。以美好生活需求为导向，既要突出直接面向市民的基本公共服务需求，以生活圈为核心，保障基本公共服务设施的便利化、均衡化；同时，也要加强面向城市综合竞争力和影响力的高端需求，战略型文化功能区、体育功能区、医疗功能区将成为新时期城市竞争力的重要支撑。

图 5-18 生活圈建设模式图

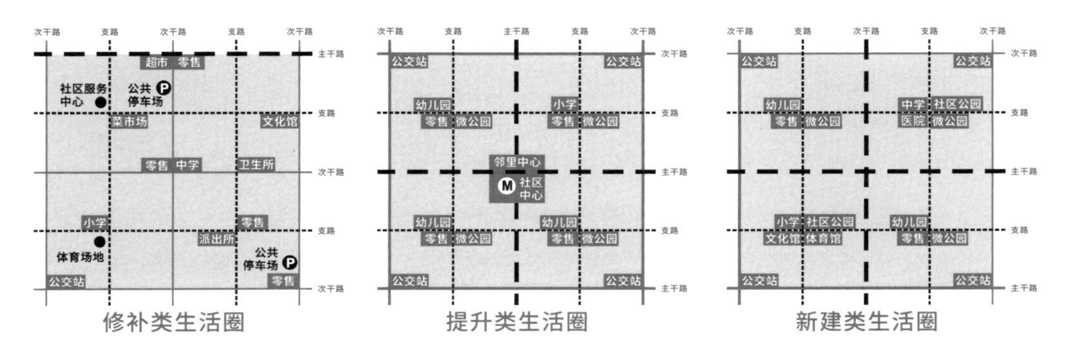

第六章
综合交通规划与建设

CHAPTER 6
PLANNING AND CONSTRUCTION OF COMPREHENSIVE TRANSPORTATION

武汉地处全国经济地理中心，“得中独厚”，承东启西、连接南北，交通区位优势明显，素有“九省通衢”的美誉。以武汉为中心，2h 航空、4h 高铁可通达北京、上海、广州、成都等中心城市，2h 高铁、5h 高速公路可到达中部地区的省会城市。

早在 100 年前，孙中山先生在所著《建国方略》中，基于武汉得天独厚的交通区位条件，认为汉口是“与世界交通唯一之港”，武汉是我国“沟通大洋计划之顶水点”“中国本部铁路系统之中心”，据此建设“中国最重要之商业中心”“世界最大的都市之一”。百年后的今天，他所提出的目标正在逐步实现。

不同于其他城市，交通是武汉城市经济社会发展的根本动力。在武汉百年规划中，综合交通规划都占据极其重要的地位。随着交通方式的变革、交通规划的科学引导，正促使武汉从“九省通衢”转变为“九州通衢”，城市地位不断得到提升。

第一节
综合交通与城市发展

一、综合交通与城市地位

武汉在全国的城市地位与它在全国的交通枢纽地位密切相关。历史上，武汉交通分别经历了水运运输、铁路运输、综合运输等多个领先的时代，引导武汉城市地位不断提升。

1. 水运运输时代的四大名镇之一

武汉因水而生，因水而兴。三国时期，水运交通对军事的作用促成了汉阳却月城、武昌夏口城的建立。水运时代，通过长江、汉江可通达湖北、湖南、四川、贵州四省及河南、陕西、甘肃等地，汉口成为中国中部、西部贸易中心，水运交通对商贸的作用促进了城市繁荣，明末时期汉口为全国“四大名镇”之一。至清朝末年，水运使武汉发展成为长江中游最大的物资集散地和仅次于上海的进出口第二大商埠，获得“东方芝加哥”的美誉。

2. 铁路运输时代的全国交通枢纽

1905 年卢汉铁路建成，1936 年粤汉铁路竣工，通过 1937 年建成的汉口刘家庙车站与武昌徐家棚铁路轮渡码头，实现了中国南北交通大通道的跨江首次贯通，与东西向长江黄金水道一起，构成了武汉当时在全国独一无二的“十”字形对外交通区位优势。这一优势延续至新中国成立初期，促成了武钢、武重、武锅、武船等重大工业项目落户武汉，奠定了武汉中部工业中心的地位。1957 年武汉长江大桥通车，中国南北铁路大通道第一次全线贯通，武汉正式成为沟通南北、连贯东西的全国交通枢纽。

3. 综合运输时代的国家中心城市

改革开放以来，随着经济社会的全面快速发展，武汉交通运输正式迎来铁、水、公、空综合运输的时代，综合交通枢纽地位在城市发展中越来越受重视。在 1988 年版城市总体规划修订中，即提出武汉建设成为“全国重要的水陆空交通枢纽，通信中心和对外通商港口”，在后续 1996 年版、2010 年版以及 2017 年版城市总体规划中，也均提出建设“全国综合交通枢纽”的规划目标。

在规划的持续引领下，武汉“铁水公空”争先发展，“路桥隧轨”多式并行，综合交通枢纽地位不断得到增强。交通优势转化为经济发展动力，促进了城市商贸、金融、科教、工业等产业的发展，以及全国科技创新中心、现代服务中心、先进制造中心和滨水历史文化名城的建设，推动武汉向“国家中心城市”大步迈进。

二、综合交通与空间演变

综合交通规划与城市空间规划密切联系，相辅相成。随着我国城市化的快速发展，武汉城市人口不断增长，功能不断集聚，城市建成区面积不断扩大，城市交通一方面需要不断面临各种挑战，另一方面也需要引导城市空间健康可持续发展。40年来，武汉通过合理组织综合交通系统，实现了城市从沿江拓展到垂江发展，从江河湖山分隔到三镇融合，从城乡二元到内外一体，从适应城市发展到引领城市发展，走出了一条综合交通与城市空间相互促进的可持续发展道路。

1. 支撑城市从沿江拓展到垂江发展

长期以来，武汉城区一直沿两江绵延发展。直至改革开放初期，汉口城区顺长江和汉江布局，止于解放大道两侧；汉阳城区沿汉江、长江布局，止于汉阳大道和鹦鹉大道两侧；武昌城区沿长江而展，止于和平大道两侧。历史上三镇城区的道路命名也反映了城市空间沿江而展的特征：一般顺江的道路取名为“大道”，而且很长，如汉口的沿江大道、京汉大道等，武昌的临江大道、和平大道等，汉阳顺汉江的汉阳大道、知音大道及顺长江的晴川大道、龙阳大道等；而垂江道路通常命名为“路”或“街”，一般较短，如汉口的江汉路、武昌的秦园路等。

交通及道路设施的延伸，引领城市逐步完成从平行长江到垂直长江的发展方向转变，主城区路网加密逐步填充连片。1980年代开始，在“两通”起飞战略下，一批大型交通设施相继投入使用，为城市内部的大规模建设提供了动力，武汉空间形态变化整体上呈现轴向变粗、轴间填充的垂江发展趋势。其中，汉口地区老京广铁路外移为城市外拓提供了新空间，建设大道、发展大道、青年大道相继建成，使城市得以大规模沿路向纵深腹地发展，形成了鄂城墩、北湖、花桥等规模巨大的居住组团，汉口站周边的站北、古田等地区也逐步建设起来，汉口沿江两轴之间的空旷地带被逐步填充饱满；汉阳地区沿江汉二桥和十升路逐步形成了大规模的居住组团，随着墨水湖北路的建设，钟家村、墨水湖以北等地区逐步联系成片，汉阳沿长江、汉江的两个轴向变粗；武昌地区沿珞喻路的垂江主轴不断强化和延伸，工业区沿中北路两侧布置并同步配套居住区，垂江发展趋势进一步强化。1990年代以来，随着南湖机场、王家墩机场的搬迁，武昌南部铁路以东开始快速发展成为大型居住区，汉口王家墩区域发展成为中央商务区；随着天河机场及机场高速路的建设，汉口垂江方向逐步延伸至常青、盘龙城等地。

2. 促进城市从江河湖山分隔到三镇融合

武汉被两江分为三镇，虽然三镇长期处于相对独立发展的态势，但三镇人民与生俱来的社会联系，导致过江交通问题历来是城市交通的主要矛盾。改革开放初期，武汉市仅有武汉长江大桥一座过长江通道和江汉桥、江汉二桥两座过汉江通道，“三镇交通一线连”，城市功能集中于武胜路—江汉桥—长江大桥—武珞路—珞瑜路沿线，导致车流过分集中，交通阻塞严重，且长江下游其他区域的过江联系迂回绕行距离长，出行不便，城市空间拓展速度缓慢。

从1982年版城市总体规划开始，历轮城市总体规划都非常重视过江通道的规划建设。根据交通需求和空间发展需要，最新的2017年版城市总体规划中共规划了26座过长江通道和15座过汉江通道的车行过江通道格局，同时规划了15座过长江和11座过汉江的轨道通道。经过多年的持续建设，至2019年6月长江上已建成“9桥2隧”车行通道和

表 6-1 过江通道建设年表

跨长江通道			跨汉江通道		
序号	通道名称	建成时间	序号	通道名称	建成时间
1	武汉长江大桥	1957 年	1	江汉桥	1956 年
2	武汉长江二桥	1995 年	2	知音桥	1978 年
3	武汉白沙洲大桥	2000 年	3	晴川桥	1997 年
4	武汉军山大桥	2001 年	4	月湖桥	1998 年
5	武汉阳逻大桥	2007 年	5	长丰桥	2000 年
6	武汉长江隧道	2008 年	6	蔡甸桥	2001 年
7	武汉天兴洲大桥	2009 年	7	古田桥	2015 年
8	二七长江大桥	2011 年	8	中法友谊大桥	2015 年
9	轨道 2 号线	2012 年	9	轨道 3 号线	2015 年
10	鹦鹉洲长江大桥	2014 年	10	轨道 6 号线	2016 年
11	轨道 4 号线	2014 年	11	慈惠桥	2017 年
12	沌口长江大桥	2017 年			
13	轨道 8 号线	2017 年			
14	长江公铁隧道	2018 年			
15	轨道 7 号线	2018 年			

4 座轨道隧道，并有 2 座车行桥梁在建；汉江上已建成 9 座车行桥梁和 2 座轨道隧道，极大地改善了过江交通，助力了三镇融合发展（表 6-1）。

武汉城区湖泊众多，加上与长江垂直的东西山系贯穿主城，城市的发展受到一定的制约。多年来，根据城市发展需要，武汉市致力于改善越湖、穿山交通条件。水果湖隧道贯通了二环线东段，改善了南湖、街道口片区与东湖、水果湖片区的交通联系；江城大道墨水湖桥、太子湖桥的建设促进了武汉经济技术开发区与主城的协同发展；沙湖大桥改善了沙湖两岸以及与汉口的联系；东湖隧道改善了东湖新技术开发区与主城的联系，推动了光谷的高质量发展。2019 年正在开展穿越东湖、南湖的两湖隧道工程和穿越蛇山的和平大道南延线建设工程，将突破湖与山对武昌城区的分隔，以进一步改善武昌地区南北向交通条件，促进二环线东段沿线以及武昌古城周边用地融合发展。跨江、跨湖、穿山的交通建设打破了江河湖山的阻隔，实现了三镇内部的深度融合。

3. 推动市域布局从城乡二元到城乡一体

改革开放到 20 世纪 90 年代初，武汉及周边地区依然是“城与乡”的二元结构，三镇通往郊外的主要出口道路仅 5 条，其中汉口 2 条，汉阳 1 条，武昌 2 条，实际上是“一个方向一条线”。

1990 年代中期，与京广、沪蓉两条国家干线高速公路规划相协调，武汉市在 1996 年版城市总体规划中提出由两条国家干线高速公路相交成环构成绕城高速公路，并在沿线布局宋家岗、蔡甸、常福、金口、纸坊、北湖、阳逻等 7 个新城，将武汉市用地结构从“摊大饼”模式转变为“主城 + 新城”模式，通过“环 + 放射”的骨干道路网络，保证主城与新城相对独立又紧密联系，引导主城与新城承担不同的职能，促进了武汉城市的功能优化和健康发展。

2010 年版总体规划中，结合新城发展态势，以及快速路和轨道交通的速度和辐射优势，规划沿每个发展轴向规划布局 2 条快速路和 1 条轨道交通组成“双快一轨”复合型交通走廊，由主城区向外沿阳逻、豹澥、纸坊、常福、吴家山、盘龙等发展轴向，布局六个新城组群，促成了以主城区为核，六个组群轴向拓展的“1+6”开放式的空间结构，支撑了主城区产业外迁和新城区、开发区蓬勃发展，促进了都市发展区一体化发展。在 2017 年版城市总体规划中，为进一步促进城乡一体化，规划在大都市区每个发展轴向上布局“多快多轨”的复合交通走廊，进一步支撑城乡一体化发展图 6-1。

图 6-1 双快一轨及多快多轨示意图

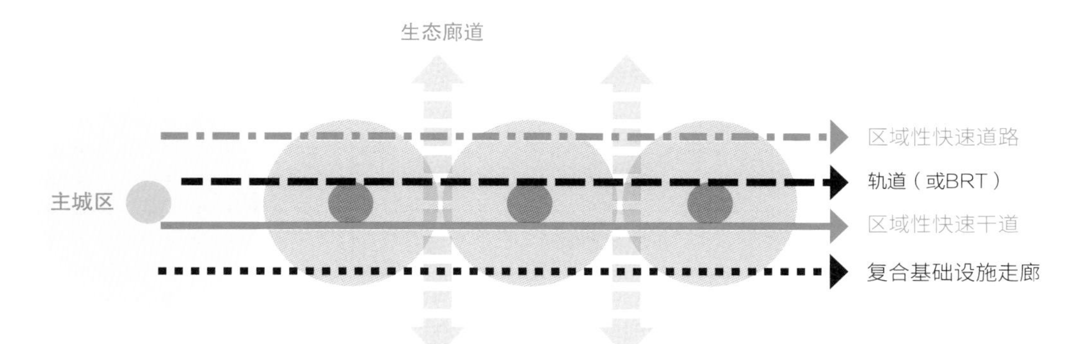

4. 实现交通功能从被动适应发展到主动引领发展

改革开放初期，武汉市交通及城市发展基础薄弱，但随着经济社会的快速发展，交通需求增长迅猛，城市交通设施的规划建设长期处于被动适应发展需求的局面，如新建过江通道满足过江需求，新建道路满足城市拓展要求，新建轨道交通线路满足主城区高强度开发要求等。

为引导城市健康发展，避免“摊大饼”式无序拓展，一方面武汉市依托大型综合交通枢纽规划形成有竞争力的功能区，通过合理疏解枢纽客流，优化城市功能布局，减轻交通压力，构建了汉口火车站综合副中心、杨春湖高铁副中心、盘龙城及东西湖临空产城一体副中心等；另一方面，通过放射性快速路、轨道交通，引领新城轴向发展，在轴向之间通过生态绿楔区分，形成“大发展 + 大保护”的良性格局，实现了城市经济社会发展与生态文明建设共同推进、平衡发展（图 6-2、图 6-3）。

图 6-2 杨春湖副中心空间结构图

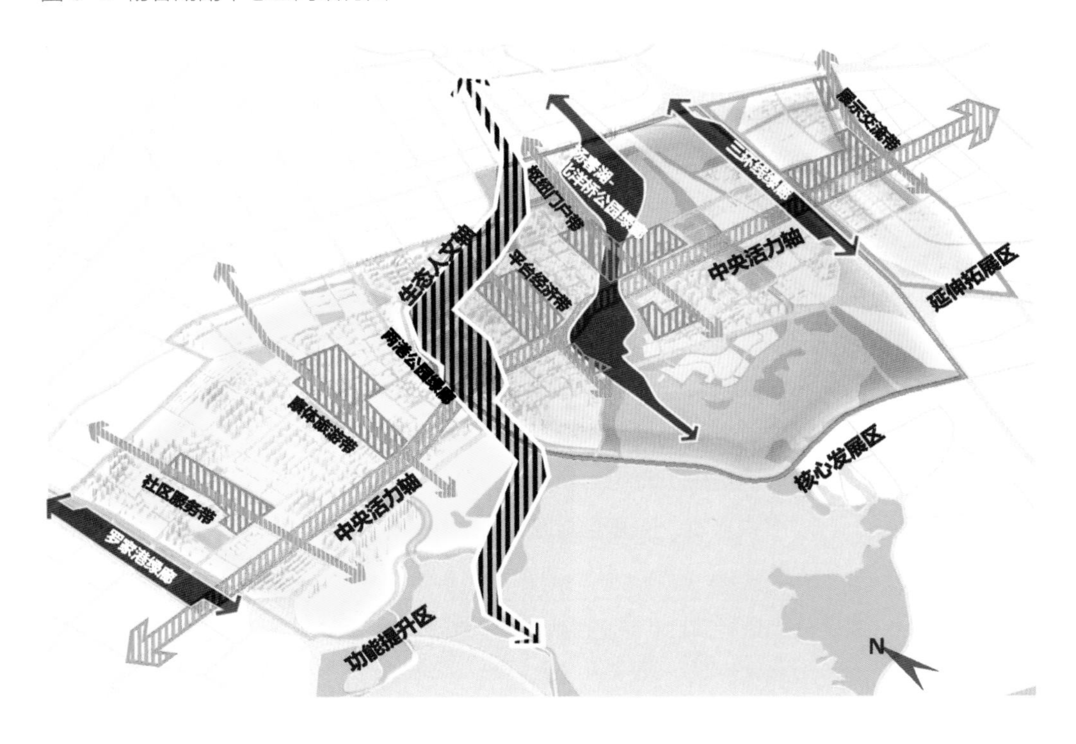

图 6-3 临空板块空间结构图

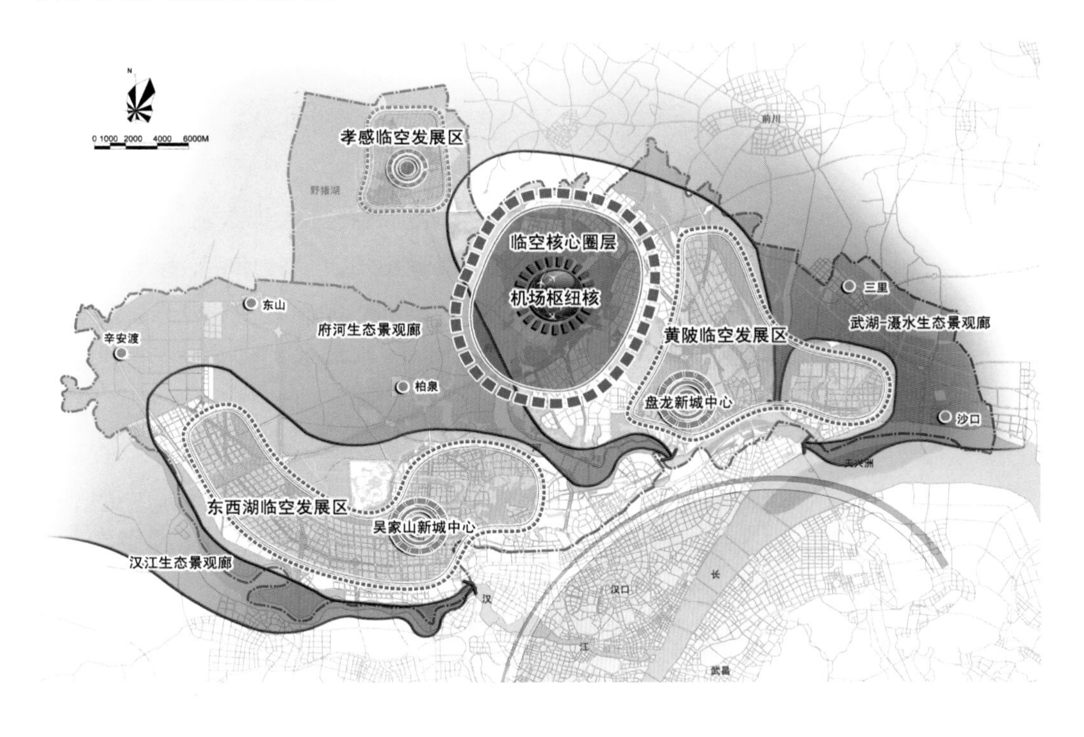

第二节
全国综合交通枢纽的打造

武汉的交通枢纽通常是国家交通枢纽的中枢或重要组成部分。改革开放初期，武汉对外交通枢纽格局可以概括为“东西靠长江，南北靠铁路”。依托长江和汉水，在汉口建有3座客运码头，同时有汉口5处、武昌1处共6处货运作业港区。武汉市辖区铁路为京广铁路祁家湾至贺胜桥段，汉丹铁路汉西至舵落口段，武大铁路武昌至新店段，麻武铁路甘露寺至横店段，总长约246.8km，主要客运站3个，武昌、汉口、汉阳各1个。公路和航空运输量均较小，其中公路长途客运站在汉口、汉阳各1处，每日客运班车146次，1处货运场站位于汉口唐家墩；民用航空主要依靠南湖机场，仅14条航线。

1980年代中期，武汉提出了交通、流通“两通”起飞的发展战略，国务院批准武汉为省会城市经济体制改革综合改革试点。武汉编制了1988年版《武汉市城市总体规划修订方案》，对公路客货枢纽、港口、铁路线网及站场、机场等大型交通设施进行了系统选址、调整和布局。至20世纪末，完成了外迁京广铁路汉口段并新建汉口站，选址并建设了天河机场，规划阳逻、北湖货运港口和新建武汉客运港，规划并开建了外环高速公路等。这一时期大型交通设施的集中规划建设，极大地改善了武汉“铁水公空”对外交通设施的服务能力，基本奠定了今天城市对外交通设施的分布格局，大大提升了武汉市全国综合交通枢纽的地位。

2000年后，随着经济社会的快速发展和“中部崛起”战略的持续推进，武汉市在既有对外格局的基础上不断提升完善，形成了以高铁为核心的全国铁路中心，以武汉新港为依托的长江中游航运中心，具有中部门户地位的天河机场，以及“环＋放射”状的对外高速公路系统，进一步巩固了武汉作为全国综合交通枢纽的地位。

当前，随着经济的快速发展，我国与世界各国的联系越来越频繁，地处我国“天元”位置的武汉必将是我国面向世界的“枢纽门户”。为此，武汉对综合交通枢纽提出了新的战略构想，包括将高铁网络从“十”字形拓展为“十二个方向”，新建天河北、新汉阳火车站等站场设施，建立客货科学分工合作的机场网络，发展多式联运等，推动武汉从国内综合交通枢纽向国际门户发展。

一、全国铁路中心的奠定

1. 武汉铁路系统的演变

改革开放以来，为应对不同时期的铁路运输需求，武汉铁路系统规划共经过三次大的提升优化，对应三次大规模的实施建设，逐步将武汉建设成全国铁路中心。

第一次提升优化，优化了普铁线网及场站布局，1980年代中期开始实施。为改善汉口核心区城市交通和环境压力，缓解大智门车站规模不够、接驳不便的瓶颈，在既有京广、汉丹、武大三条铁路干线基础上，外迁京广铁路汉口段线形并新设汉口铁路客运站。为满足铁路货运运输及解编需求，结合青山铁路专用线新建新武东铁路联合编组站，结合新汉口站新建江岸西编组站。武汉市形成了第一条电气化铁路京广铁路郑（州）武（汉）段，和第一座现代化车站汉口站（图 6-4）。

图 6-4 1985 年版武汉枢纽总布置图

第二次提升优化，打下了高铁时代的基础，开通了城际铁路，2000 年后开始实施。为满足铁路运输需求，适应高速铁路发展，构建了客货分离的双“十”字形的铁路线网布局，其中京广客运专线、沪汉蓉快速客运通道以客运功能为主，既有京广铁路、汉丹铁路、武九铁路等以货运功能为主。结合武汉城市圈一体化要求，构建了联系鄂州、孝感、咸宁、黄石、黄冈、仙桃等周边及湖北省内区域性中心城市的城际列车。在场站方面，新建客运武汉站、光谷站以及货运吴家山集装箱中心站、大花岭站、滠口站，扩建舵落口货运站，并新建了亚洲规模最大的武汉北编组站。本轮提升优化过程中，武汉市于 2009 年 12 月开通了全国第一条跨区域高铁武广高铁，并于 2013～2016 年逐步建成了中部第一张城际铁路网，即武汉城市圈城际铁路网，巩固了武汉的全国铁路中心地位（图 6-5）。

第三次提升优化，根据中国铁路总公司和湖北省联合批复的《武汉铁路枢纽规划(2016—2030 年)》，加密了高铁线网，形成了“一城六站”枢纽布局。本次规划着重整合武汉已有铁路资源，进一步提升武汉铁路枢纽功能，新建兰福、武杭、京九、沿江及胶桂高铁，构建以武汉为中心的“两纵两横两连十二方向”高速铁路网络。这将实现武汉至京、沪、穗、渝等 1000km 范围内主要城市“3h”高铁交通圈，武汉至长沙、南昌及周边区域重要城市“1h”高铁圈。同时，还将与国家规划的亚欧高铁、中亚高铁、南亚高铁以及中俄美加高铁出口衔接，打造与“一带一路”出口节点衔接的快速通道。城区在已有的武汉站、汉口站、武昌站三个主站和光谷辅站的基础上，结合中法生态城和汉阳地区的发展，增设一个主站武汉西站于汉阳快活岭，新增天河空铁联运枢纽作为辅站，实现铁路航空的无缝衔接，整体形成“四主两辅”的布局方案。

截至 2019 年 6 月，武汉已开通京广、沪汉蓉两条高速客运专线，汉丹、武九干线以及城际铁路均开通动车组列车，乘高速列车可直达区域已覆盖大半个中国，其中与国内主要特大城市和经济圈实现 5h 全覆盖，奠定了武汉市“全国四大铁路枢纽之一”“六大客车

图 6-5 2005 年版武汉铁路枢纽规划总图

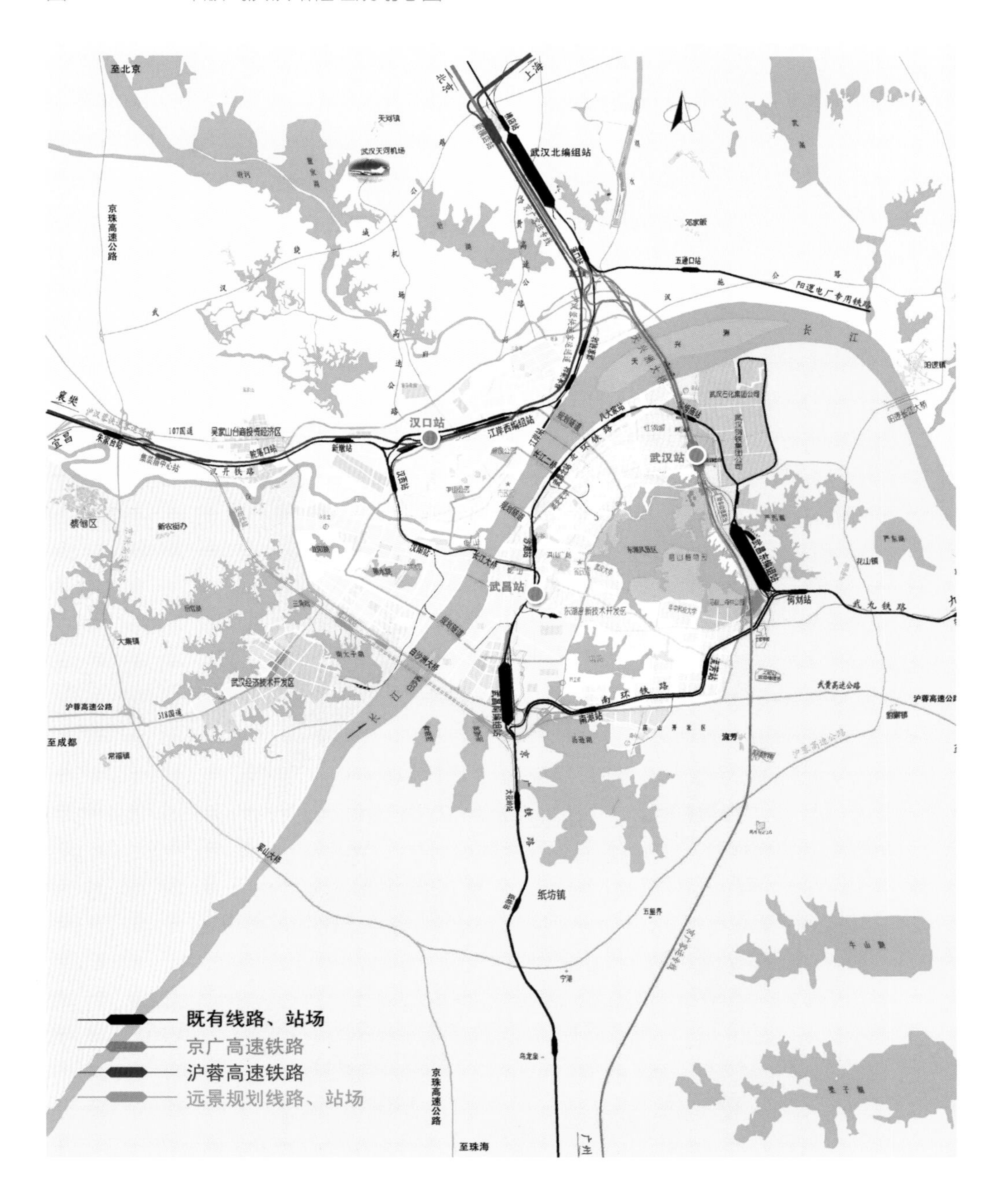

机车检修基地之一”的高铁中心地位。未来，随着规划的“十二个方向”铁路枢纽的建成，将形成以武汉为中心，覆盖全国的高铁网和联通亚欧的普铁系统，进一步巩固武汉“中国高铁网络之心”的地位。

2. 京广铁路外迁

汉口城区的京广铁路郑（州）武（汉）段是建成于 1905 年的单轨内燃机车铁路，沿现状京汉大道敷设并引入车站路的大智门火车站，线路从丹水池至太平洋贯穿汉口市区中心区，长约 10km。到 1980 年代，本段铁路与 20 余条城市道路平交，阻碍了市内交通，限制了城市发展；内燃机车通过时的噪声、烟尘和振动严重影响沿线居民的生活安宁和环境卫生；大智门车站无站前广场，交通接驳不便，站房狭小，无法适应年客运量 180 余万人次的候车需求，对周边道路交通影响巨大。

从 1953 年开始，武汉市多次提出外迁本段铁路，1985 年终于获得国家计委审批。新线按照全电气化标准沿规划的工农大道（现发展大道）以北敷设，整体绕过原王家墩机场后向南接铁路汉江桥，在金家墩附近设新汉口火车站，整个工程于 1991 年建成通车。

该项工程形成了武汉市第一段电气化线路，减轻了铁路运输对城市环境的负面影响，新建了改革开放后的第一座现代化火车站，提升了城市对外门户形象。更为重要的是，铁路隔离解除后，极大地改善了汉口核心区交通，使汉口垂江拓展成为可能，对汉口的城市格局具有深远的影响。

汉口新火车站地区建成了总建筑面积 35 万 m^2 的铁路主站房、综合楼和商业大楼。其中，主站房内分布有上下 2 层 8 个候车室，总建筑面积 6000m^2，采用先进的高架进站、

图 6-6 汉口新火车站广场总平面图（1985 年编）

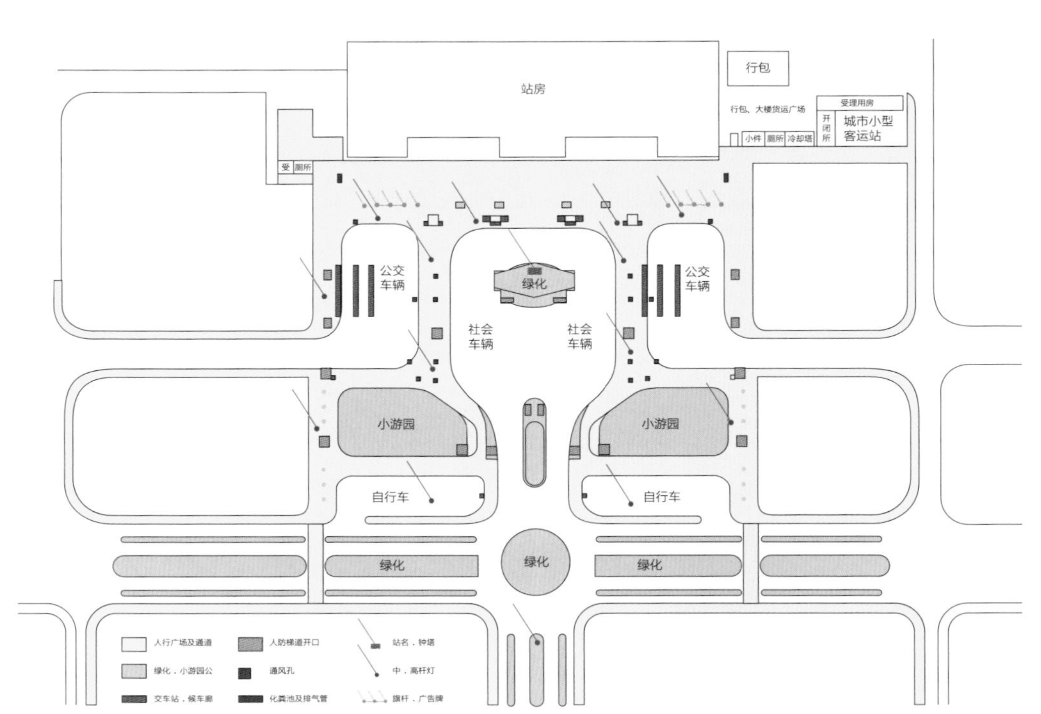

地道出站式分层进出站客流组织方式，旅客最高集结量每小时 6500 人，是汉口旧火车站的 5 倍。站前广场占地 9.2 万 m^2，按照当时先进的理念，将不同交通方式独立分区来组织进出交通，设东西两处公交场站，小汽车即停即走，出租车和团队大巴位于广场中间，货运及行包邮政车辆走外围城市道路，自行车停于地下室，行人通道位于广场中部，各类交通方式进出交通完全分离无交叉（图 6-6）。

3. 高铁时代的三大火车站规划建设

进入高铁时代的武汉铁路枢纽由新建的武汉站、扩建后的汉口站和改建后的武昌站组成，构成了“三站鼎立”的客运格局，使武汉成为全国首个拥有三个特等客运火车站的城市。为有效整合区域交通与城市交通，实现国家铁路枢纽与城市综合功能区域的融合，统筹协调城市发展和铁路枢纽建设，促进铁路运输事业与城市社会、经济、环境的可持续发展，武汉市组织编制了铁路客运枢纽三大站区综合规划，大大提升了城市门户地区的形象。

（1）武昌站

武昌站于 1957 年 10 月武汉长江大桥通车、京广铁路贯通时同步建成，先后于 1969、1981 年进行了局部改扩建。由于整体站房设施陈旧、候车容量严重不足，站前广场狭小、功能不全、人车混杂，对城市交通干扰严重，城市形象较差，无法适应 1999 年开始的黄金周以及节假日客流需要，更无法满足高铁时代的运营和品质要求。2006 年武汉市提出结合铁路提速、动车及高铁引入要求，对武昌站实施整体改造。

武昌站主站房为三层建筑，总建筑面积达 3.4 万 m^2，以楚文化风格为主，通过高台、重檐及编钟外形来表达楚城的形体概念。武昌站外部交通由单侧疏解改为双侧疏解，将西广场主要进出的中山路双向 2 车道高架拆除，改为双向 4 车道下穿隧道，剥离过境性交通，减轻中山路地面压力，建设紫阳东路、津水路形成站区周边交通环。内部交通组织为“上进下出”与“下进下出”相结合的方式，西广场设置高架平台组织主要进站客流，地面层设置出站大厅组织出站客流，并设置 3 处公交枢纽站。地下层设置地下停车场、地下出租车候车区以及与站房一体化建设的轨道交通 4 号线车站，保证换乘设施一体化无缝衔接。规划建设沿中山路东侧的地下人行通道，可以无缝衔接周边长途客运站、公交枢纽、出站大厅、地铁车站和景观广场。

武昌站及周边城市综合配套工程于 2006 年 5 月 8 日开工，2008 年 9 月正式投入使用（图 6-7、图 6-8）。

（2）武汉站

武汉站为国内第一条时速 350km 的跨区域高速铁路“武广高铁”的始发站，选址于杨春湖区域。以武汉站为核心的整个片区定位为主城区三大副中心之一、依托京广高速客运线的城市综合服务中心和武汉市重要的对外窗口地带。

从 2006 年开始，武汉市采取“前期研究—国际征集—方案综合”三阶段工作形式，开展了该地区的规划研究工作，2006 年年底编制完成《杨春湖城市副中心综合规划》，并重点开展了《武汉站交通综合运输枢纽规划》。

武汉站主站房建筑立意于“千年鹤归”“中部崛起”“九省通衢”，体现出现代建筑风格。外部交通组织结合主站房一次建成东西两个广场，配套建设方格网状道路网络体系，通过

图 6-7 武昌火车站交通组织流线图

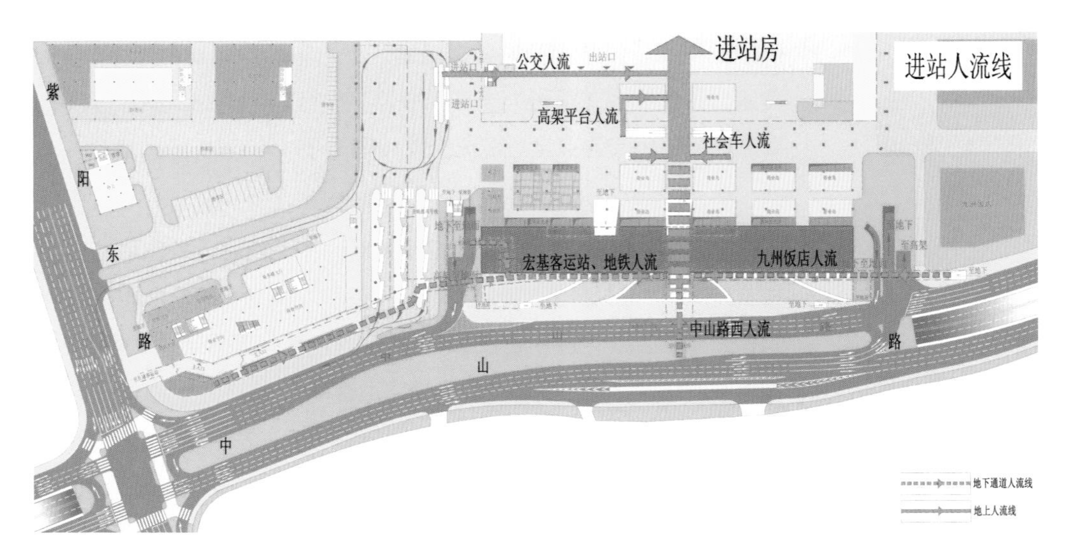

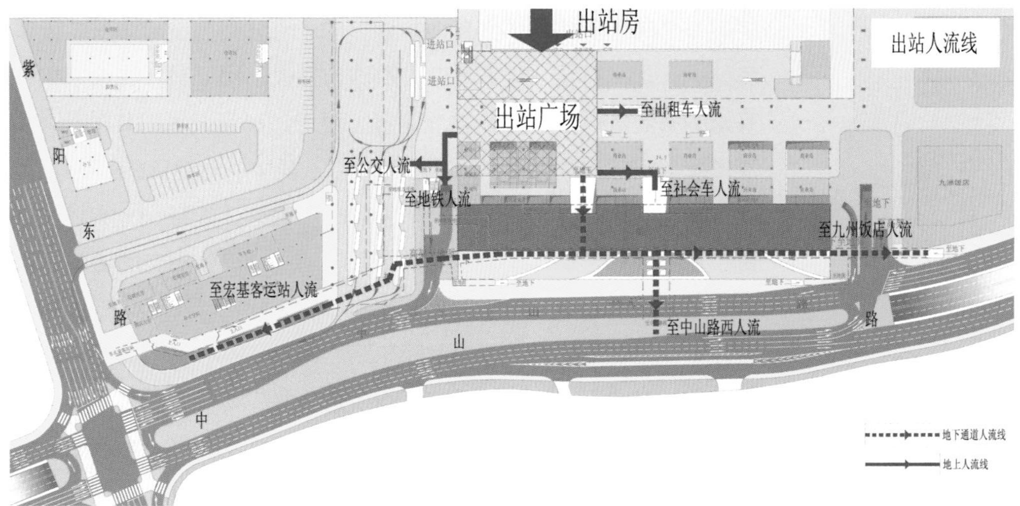

图 6-8 武昌火车站实景照片

三环线东段、武青四干道、沙湖大道、建设十路等衔接对外交通，通过白云路、黄鹤路组织进出站交通。内部交通组织按照“高架进、地面出”方式分层组织交通。东西两侧均设高架平台衔接进站大厅；地面分区设置公交枢纽、长途客运、出租车候车区和小汽车停车区；地下将轨道交通 4 号线、10 号线车站与铁路站房一体化建设，实现无缝换乘。

武汉站及周边城市综合配套工程于 2006 年 9 月 28 日开工，2009 年 12 月 26 日随京广高铁武广段同步投入使用。车站周边地块逐步完成土地出让，分期进入开发建设阶段，高铁副中心雏形已现，成为引领城市发展的新引擎（图 6-9、图 6-10）。

图 6-9 武汉火车站地面层用地构成图

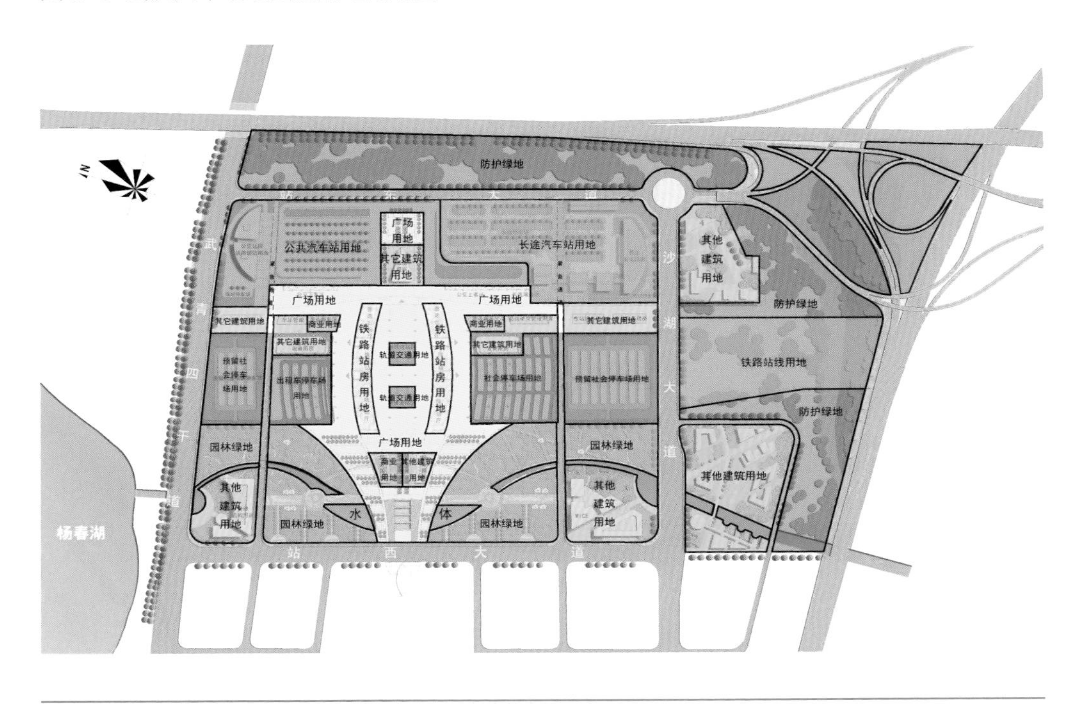

图 6-10 武汉火车站实景照片

（3）汉口站

汉口火车站于 1991 年建成通车，当时位于汉口的城区边缘，经过 15 年的城市快速扩张，到 2006 年汉口站地区已经被城市包围并成为汉口城区中心的窗口地带。由于交通需求的快速增长，周边南北向穿铁路通道不足，导致站区交通长期拥堵，同时由于沪汉蓉高速客运专线确定引入汉口站，铁路站场由既有 4 个站台 11 股道扩建至 10 个站台 20 股道，因此武汉市于 2008 年启动编制《汉口火车站地区交通及景观综合规划》。

汉口站主站房建筑设计旨在传承汉口近代中西方文化交流这一段重要历史文脉，以欧洲古典复兴式的建筑立面，与大智门火车站保持“神似”。外部交通组织通过两个方面的措施缓解穿铁路交通压力。一方面新设北广场，减少南北穿铁路交通需求；另一方面新增新华西路、金墩路、银墩路以及站北路穿铁路通道，增加穿铁路通道的数量和通行能力。同时，对发展大道、姑嫂树路、常青路实施快速化改造，进一步畅通站区周边对外交通。在内部交通组织上，南广场主站房维持既有的“地面进、地下出”方式分层组织交通，地面设置公交枢纽站，地下设置出租车停靠站及小汽车停车场，将轨道交通 2 号线车站与铁路站房一体化建设，通过地下出站通道实现地铁、出租车、公交枢纽、小汽车停车场以及发展大道南侧金家墩长途客运站无缝换乘衔接。

汉口站及周边城市综合配套工程于 2008 年 10 月 22 日开工，2010 年 9 月正式投入使用，周边道路也先后按照规划建成。

三大火车站新改建完成以来，武汉市旅客发送规模屡创新高，铁路客运总量仅次于北京、广州、上海，位居全国第四，中转客流更是位居全国第一，是全国最大的铁路客运中转站，名副其实的全国高铁中心（图 6-11、图 6-12）。

图 6-11 汉口火车站地下交通设施布局平面图

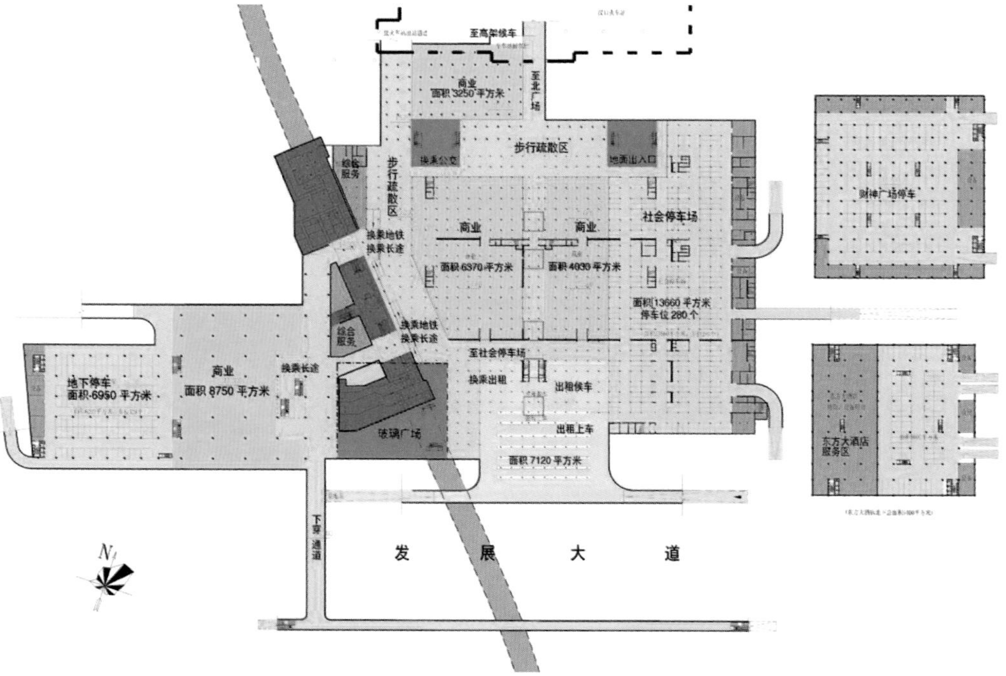

图 6-12 汉口火车站实景照片

二、国家级门户枢纽机场的塑造

1. 航空枢纽的发展历史

武汉民用航空起源于武昌南湖机场，前身是 1936 年国民政府修建的军用机场，新中国成立后改造为三级机场。整体机场规模过小，跑道长度仅 1820m，只能满足波音 737-200 型以下飞机起降使用。为满足大型飞机的起降需求，王家墩机场于 1985 年全面开展军民两用，但运行效率不高。

经过多年的选址比较，1985 年 7 月 1 日国务院、中央军委批复湖北省政府和中国民航总局，“同意新建机场场址定在武汉市黄陂县天河镇”。至此，武汉天河机场建设开始进入快车道。

1988 年，武汉市组织编制了天河机场的首轮总体规划方案。机场占地面积 $4km^2$，并按照远期预留控制区面积 $18.29km^2$。天河机场定位为我国航空运输网中的枢纽，一个重要的干线机场，并作为北京首都、广州白云、上海虹桥等国际机场的中部现代化备降机场。规划按照远景年旅客量 1600 万人次、2 条平行跑道、60 个机位预留用地，一期工程按照年旅客量 420 万人次、货运 3.3 万 t 建设。其中，飞行区建设一条长 3400m、宽 45m 的跑道和 12 个机位；航站楼按照高峰小时旅客量 1700 人建设，面积 2.8 万 m^2。天河机场于 1990 年 12 月 16 日开工，1995 年 4 月 15 日正式启航，1998 年 7 月开通至福冈的第一条国际航线（图 6-13）。

2002 年，为解决航站楼面积小、客流交织严重等问题，提升门户形象，武汉市组织修编了天河机场总体规划。该规划提出远景的控制规模为年旅客吞吐量 4350 万人次、货邮吞吐量 200 万 t、飞行架次 50 万次，飞行区规划 4 条平行跑道，航站楼总面积约 50 万 m^2。

图 6-13 武汉天河机场平面图（1988 年编）

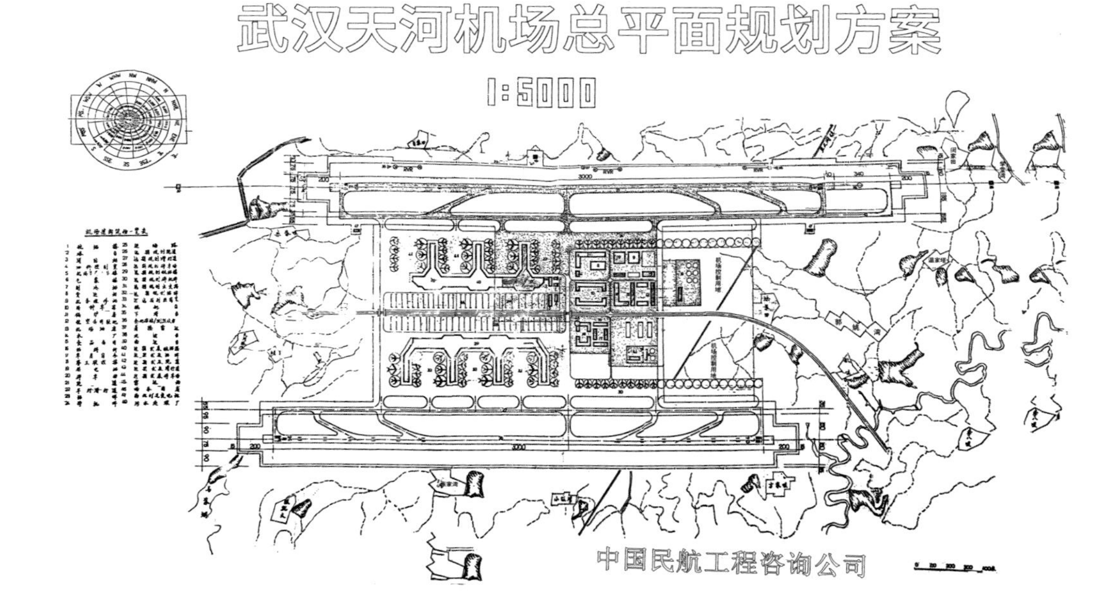

依据规划，武汉市于 2004 年 12 月开展了二期扩建工程，重点在保留既有 2.8 万 m^2 的航站楼基础上，新建第二航站楼，按照年旅客吞吐量 1300 万人次、飞机起降 12.2 万架次、货物吞吐量 32 万 t 设计。航站楼面积约 15 万 m^2，包含 20 个双通道登机桥和 14 个远机位登机口。天河机场二期扩建工程于 2008 年 4 月建成投入使用（图 6-14、图 6-15）。

图 6-14 天河机场总体规划平面图（2003 年编）

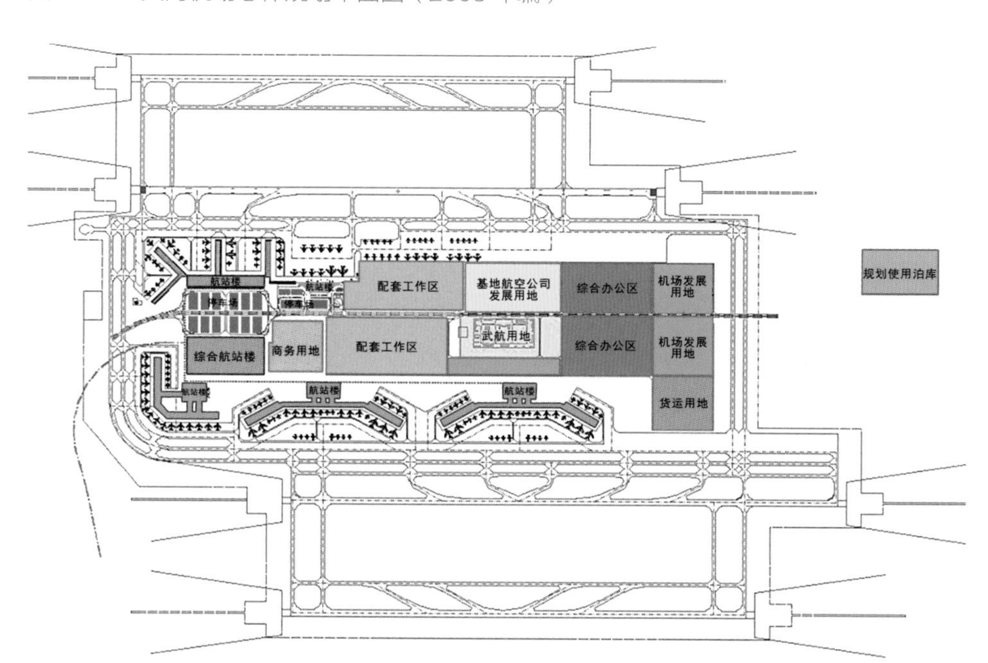

图 6-15 天河机场 T2 航站楼实景照片

2008 年，为应对 2005 年前后机场客流的连续大幅增长，武汉市政府联合国家民航总局机场司、首都机场集团公司（当时并购了天河机场），共同组织对天河机场总体规划进行了新一轮调整，将天河机场定位为辐射全国、面向国际的大型枢纽机场和航空物流中心。按照近期 2020 年 4200 万人次、44 万 t 货运，远景 2040 年 7000 万人次、95 万 t 货运的规模布局整个航站区。该规划是天河机场第一次以国际方案征集的方式开展规划设计，经综合比选和专家论证研究，确定了“集中式航站区 +4 跑道”的布局方案。武汉市据此于 2012 年 7 月开展了三期扩建工程，以 T3 航站楼为主体，同时包含第二跑道、新的航管楼（含塔台）等航站区工程，以及交通中心、城际铁路和轨道交通的引入、机场二通道等配套工程（图 6-16、图 6-17）。

图 6-16 天河机场总体规划平面图（英联达奇中标方案）

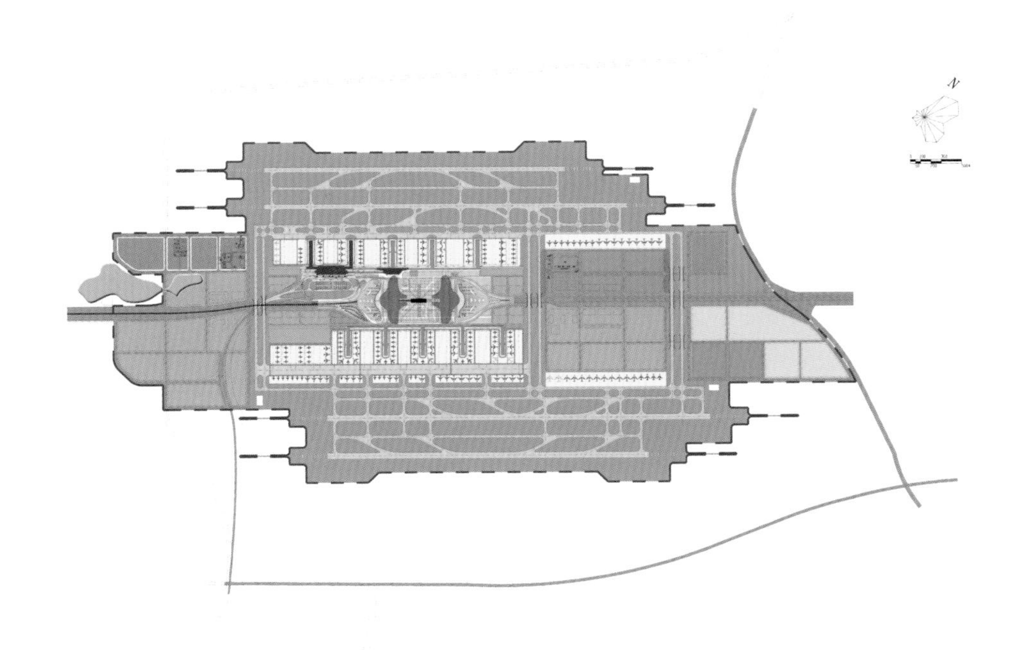

图 6-17 天河机场 T3 航站楼及航站区规划平面图

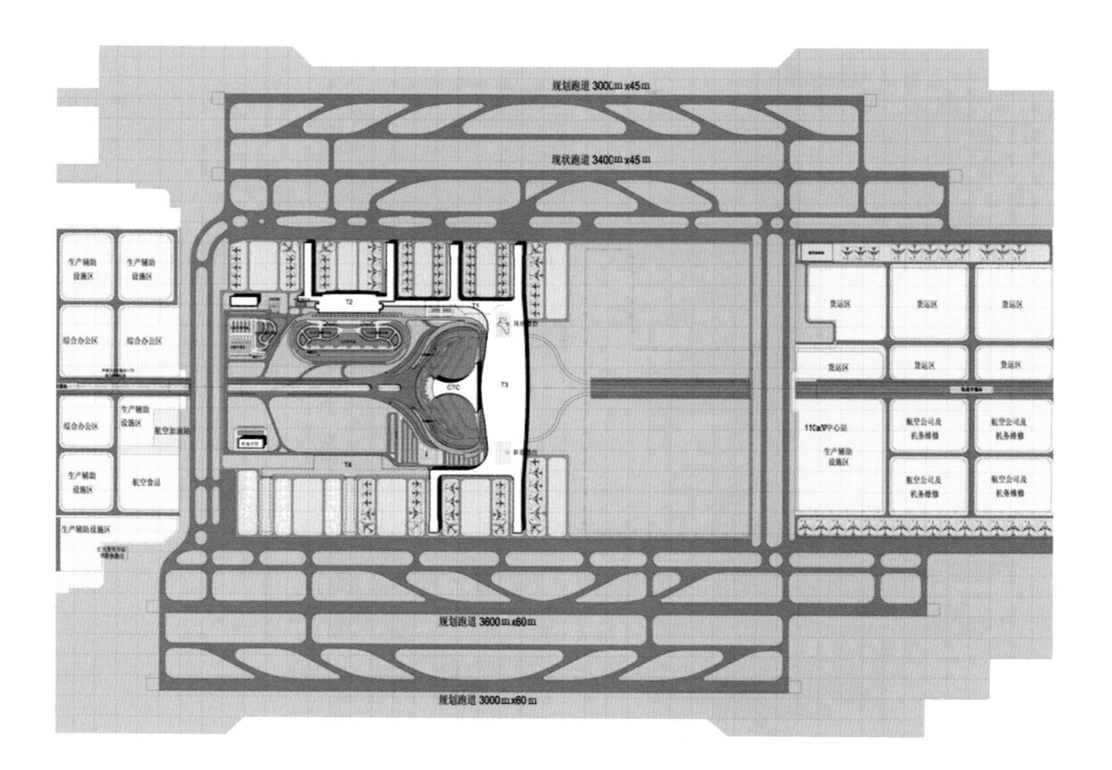

2016 年 8 月 18 日，天河机场二跑道启用，长 3600m，宽 60m。2017 年 8 月，T3 航站楼启用。至此，武汉形成了中部地区首屈一指的空港。截至 2018 年年底，武汉天河机场通达国内外航点总数 131 个，其中国际及港澳台 45 个；开通航线 170 条，其中国际及港澳台 59 条。天河机场年旅客吞吐量达到 2450 万人次，居中部前列但面临长沙、郑州机场的挑战，其中国际客流稳居中部首位，成为中部国际门户空港。

基于武汉未来航空发展需求，武汉提出到 21 世纪中期左右，在武汉大都市区范围规划形成“一主两辅”航空枢纽体系的初步构想。其中，“一主”为武汉天河国际门户机场，远景年客流达到亿级；“二辅”分别为鄂州顺丰机场以及山坡第二机场。在此基础上，在武汉城市圈范围内合理布局和规划控制通用航空设施，重点服务高端公务、商务及城市管理、应急救援等航空需求，形成客货分工、多点分布的航空网络体系，进一步巩固武汉航空枢纽的地位（图 6-18）。

2. 天河机场交通中心规划建设

为将天河机场打造成为综合交通枢纽，实现航空、城际铁路、城市轨道、公路长途客运、城市公交、出租车、社会车辆等七种交通方式有效融合与无缝对接，方便旅客出行，武汉市组织开展了《武汉天河机场交通中心规划方案》编制工作。按照“链接中部、引领城北、天河之心、楚天印象”的目标，在案例研究和各方式客流规模预测的基础上，提出各设施的需求规模和布局方案。交通中心共分为四层，总建筑面积约 27.8 万 m^2，包括 13.6 万 m^2 的交通综合体和 14.2 万 m^2 的停车库。停车库提供社会车位 2839 个，出租

图 6-18 武汉城市圈机场体系布局图

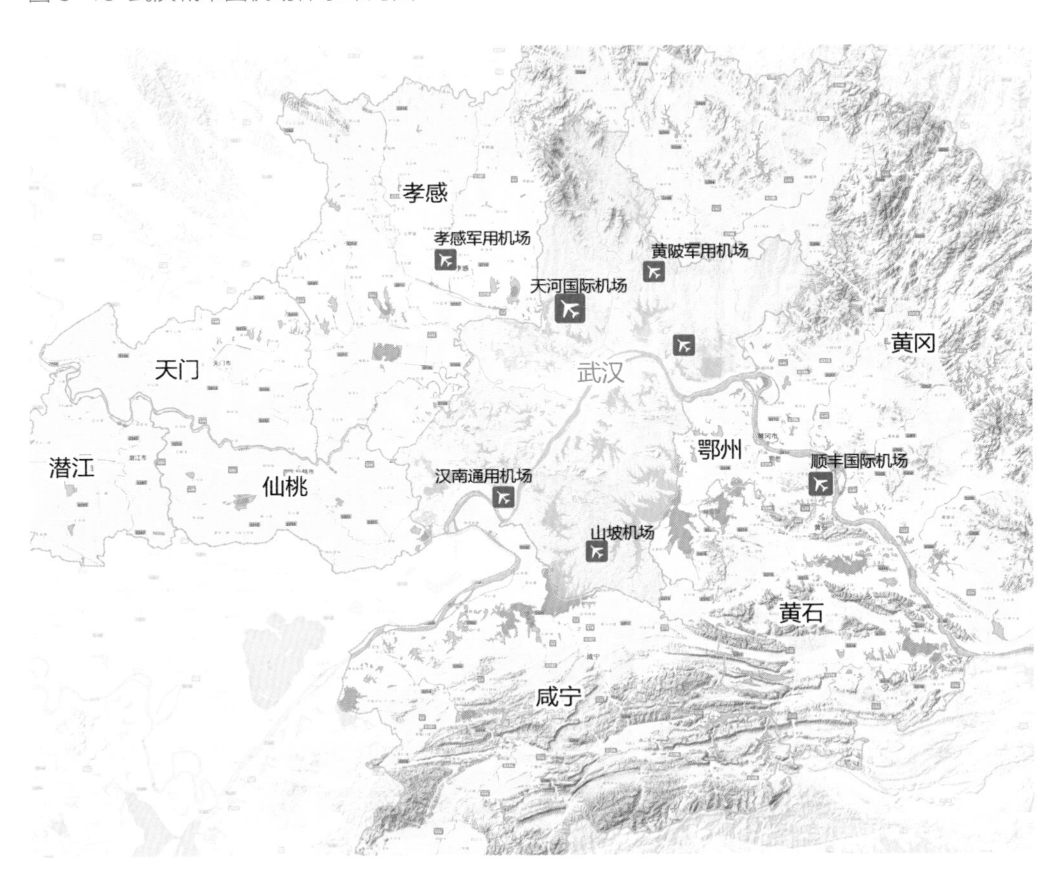

图 6-19 天河机场 T3 航站楼实景照片

车位 350 个。交通综合体分为四层，负 2 层为地铁和城际铁路的站台层，负 1 层为地铁、城际铁路的站厅层和商业配套，1 层为长途、公交场站及候车大厅，2 层为交通中心旅客服务中心、商业配套和集散大厅，真正实现了多方式的一体化无缝换乘。2017 年 8 月，天河机场交通中心和 T3 航站楼同步启用（图 6-19）。

图 6-20 机场快速通道方案图

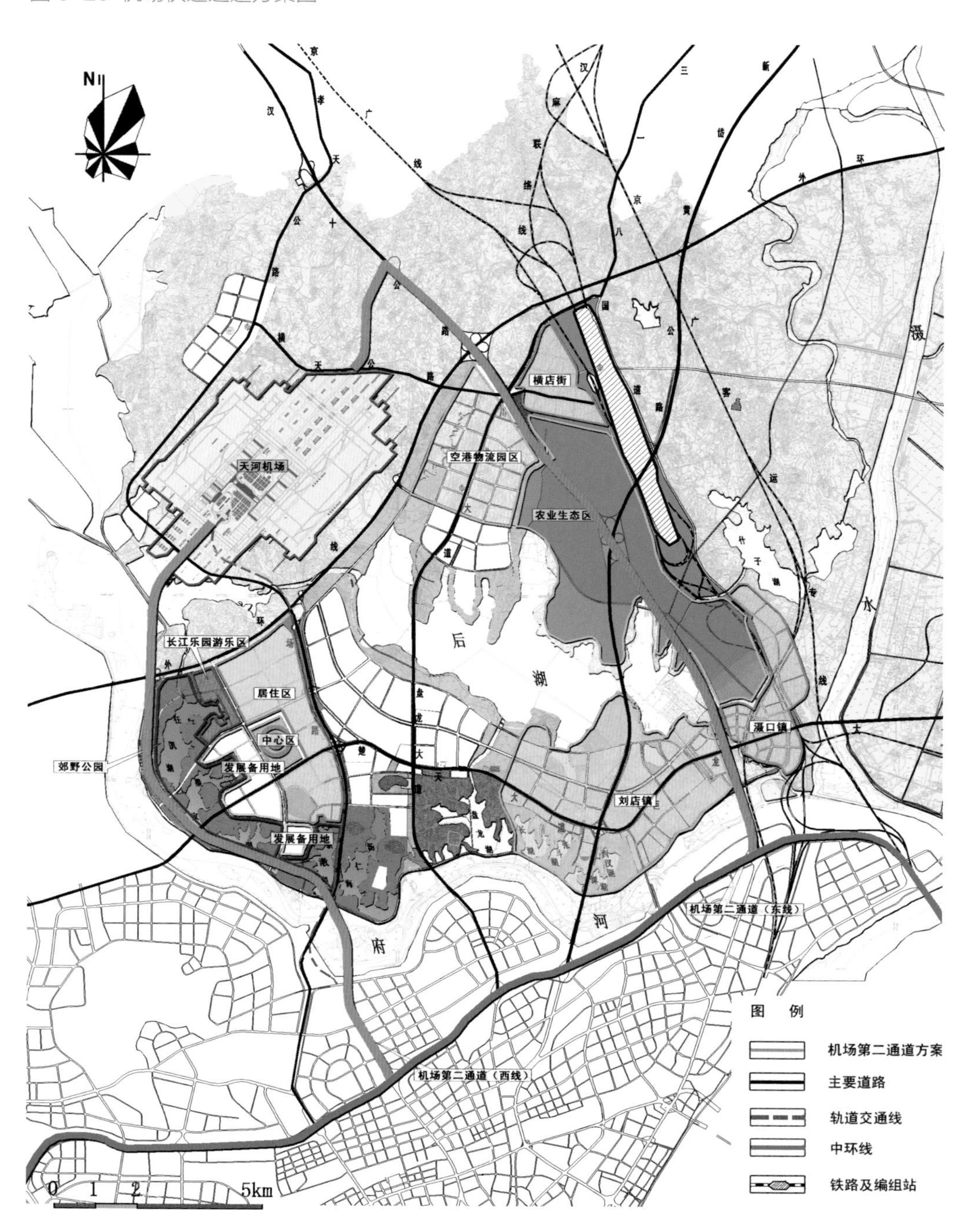

3. 机场第二高速公路规划建设

在规划天河机场第二高速公路之前，既有的机场第一通道为双向 4 车道，限速 40~80km/h 的高速公路，只能满足机场年旅客吞吐量 1100 万 ~1200 万人次的客运规模，难以匹配机场三期扩建后的进出交通需求。经专家咨询会和各部门讨论研究，从环境协调、均衡交通、工程难度等角度分析，推荐姑嫂树路北延和解放大道北延组成的环形机场通道方案。

西线（姑嫂树路北延）起于姑嫂树路与三环线的姑嫂树立交，沿将军路往北过府河后，沿府河东岸至机场，线路全长 15.4km。东线（解放大道北延）起于解放大道北延线与三环线的谌家矶立交，沿京广铁路线西侧往北接福银高速桃园集立交，利用福银高速至横店立交，接机场北连接线至机场北门，线路总长 20.3km。

天河机场第二高速公路西线于 2014 年 10 月 20 日建成投入使用，东线至福银高速连接线于 2018 年 12 月 28 日开通，使汉口中心区至机场的时间缩减到了 30min 左右，大大提高了进出机场的通行能力（图 6-20）。

三、长江航运中心的复兴

1. 水运的兴衰历史

改革开放初期，武汉水运蓬勃发展，但港口分布偏重江北，3 座客运码头都建在汉口，6 处货运作业港区中的 5 处在江北。港口分布不均导致江南更为集中的工业企业水运货物不便，江南市民利用水运出行必须多次换乘。同时，由于当时的客运码头规模小，服务设施简陋，无法适应蓬勃发展的客运需求。

1982 年版城市总体规划提出将武汉港务局的汉口作业区改建为客运港区，新建武汉客运港候船室，在武昌新建客运站，在红钢城新建客运停靠码头，以缓解客运南北不均和服务能力不高的问题。规划在青山北湖，利用岸线平直、河床稳定、江水较深、陆域宽阔的优越条件，开辟江海联运港区，同步解决武昌地区工厂企业水运不便的问题。

1988 年版城市总体规划提出市区内结合江滩整治，将货运港区码头分阶段全部外迁，在市区下游北岸的阳逻镇，选定深水区域建新的货运港，与北湖港区一起作为江南、江北两个大型海陆联运枢纽港。至此，武汉形成了主要枢纽港以阳逻为东港、金口为西港、舵落口为北港的市域货运港口布局，承担长江、汉水大宗过境物资的分流和中转，并基本延续至今。

到 1991 年，武汉港客运发展达到巅峰状态，年送客人数达到 542.8 万人次。之后，随着陆路运输和航空运输的飞速发展，长江航运的优势不复存在，在多种因素的综合作用下，“长江黄金水道”航运开始衰落。武汉港口的客运功能开始减弱，整体客运吞吐量逐年下滑，至 2003 年已不足 10 万人 / 年，并逐渐向旅游方向发展。武汉港口的货运功能增长乏力，1990～2003 年年均增长率仅 2.9%，与沿海城市相比武汉航运差距日益加大。

为重振武汉内河航运中心雄风，2008 年湖北省委、省政府提出建设“武汉新港”的战略决策，同时启动了《武汉新港总体规划》编制工作，确定了“亿吨大港、千万标箱”的发展目标，着力将武汉新港打造成为集现代航运物流、综合保税服务、先进港口设施和经济技术开发为一体的现代港，中西部走向海外的国际港，水水、水陆中转的枢纽港和港口与产业相互促进的先导区。2011 年 5 月，湖北省对武汉新港的范围进行了拓展，除武汉市所辖长江、汉江岸线外，将咸宁、鄂州、黄冈三市所辖长江岸线全部纳入武汉新港，岸线长度由 420km 增加至 784.3km。2011 年国务院印发《关于加快长江等内河水运发展的意见》，将武汉定位为“长江中游航运中心”。

随着武汉新港规划建设的全面展开，港口吞吐量快速增长。2010 年，武汉新港成为长江中上游第一个“亿吨大港”，是武汉新港发展史上的里程碑。2014 年，武汉新港成为长江中上游港口中第一个突破百万标箱的内河港口，正式迈入世界内河集装箱港口“第一方阵”，为武汉长江中游航运中心的复兴奠定了基础。

2. 繁荣期的武汉客运港建设

20 世纪 80 年代，武汉最有代表性的水运工程实施项目，是武汉客运港的建设。1984 年 5 月，国家计委批复同意将武汉港汉口货运作业区改建为客运港区，1986 年 4 月 24 日开工，1991 年 12 月 26 日竣工，1992 年 1 月 10 日投入试运营，1993 年 4 月经交通部验收后正式投入营运。

依据城市总体规划，武汉客运港区选址于汉口武汉关下游防汛堤外，主要设施有客运码头、防洪工程、客运站房和站前广场。客运港址建 4 个 3000t 级大型客轮泊位及斜坡码头，以及配套齐全的商业服务设施、市政公用工程等项目，同步将沿江大道向外拓宽至 40m，旧堤防外移 120～150m，奠定了武汉关地区的整体布局。客运大楼占地面积 17430m^2，长 300m、宽 46m，主楼建筑面积 18395m^2，设计年客运量 600 万人次，最大聚集 6500 人 / 日。大楼造型新颖壮观，犹如一艘即将扬帆远航的巨轮停泊在滔滔江边，是武汉市的标志性建筑之一，最高年送客人数达到 542.8 万人次，当时被誉为“亚洲第一港”。

随着长江客运量的急剧下降，武汉客运港被停止使用，2015 年改造成武汉科技馆（图 6-21）。

图 6-21 武汉客运港规划总平面图（1984 年编）

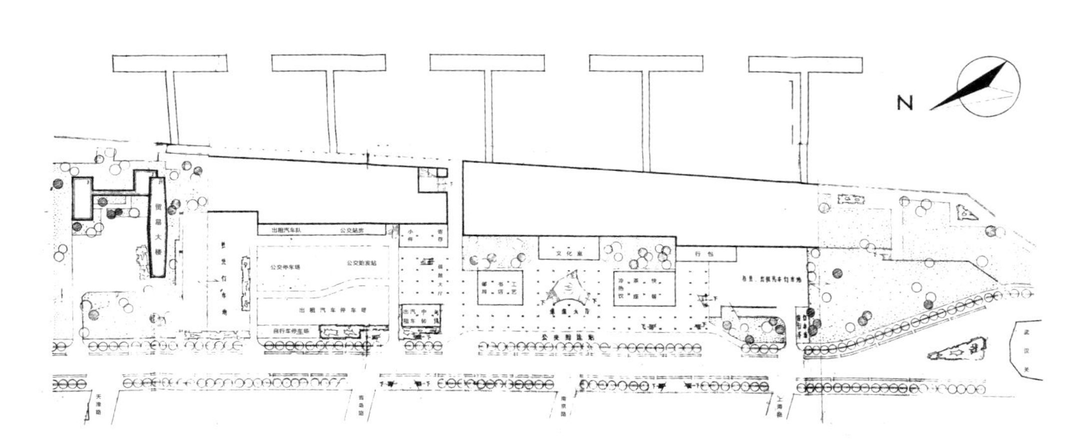

3. 武汉新港规划发展

武汉新港是指由武汉、鄂州、黄冈、咸宁四市港口岸线及其发展腹地统一整合而形成的省级功能区域。武汉新港的左岸从武汉市黄陂区武湖窑头至黄冈蔡胡廖，右岸从青山武钢运河口至鄂州长港出口。武汉新港范围大致上西以武汉市域与咸宁市域为界，北临武汉外环高速—武英高速公路，东接大广高速—沪渝高速—京广铁路线—环港高速—京广铁路线以东 12km，南至咸宁赤壁市域界限，港区及腹地面积约 9300km^2。

武汉新港是湖北省、武汉城市圈人口和产业最为密集的区域之一。依据《武汉新港总体规划》，武汉新港的总体发展定位为：全国内河主要港口和武汉全国综合交通运输枢纽的重要组成部分，武汉长江中游航运中心的主要载体和核心组成部分，是武汉城市圈经济社会发展、产业布局、建设"两型社会"综合改革配套试验区的重要依托，也是武汉城市圈进一步发挥区位优势和增强辐射带动作用的重要战略资源。武汉新港将发展成为以大宗散货、件杂货、集装箱、商品汽车运输为主，兼有客运的综合性、现代化港口。

武汉新港规划形成"一港、两江、四市、二十七港区"的总体格局，划分为赤壁、嘉鱼、汉南、军山、沌口、杨泗、武湖、阳逻、林四房、江夏、青菱、青山、白浒山、青锋、舵落口、蔡甸、永安堂、葛店、三江、五丈、杨叶、团风、黄州、浠水、蕲春、武穴、黄梅共 27 个港区，其中长江货运港区 22 个，汉江货运港区 4 个，客运港区 1 个。

图 6-22 武汉新港总体布局规划示意图

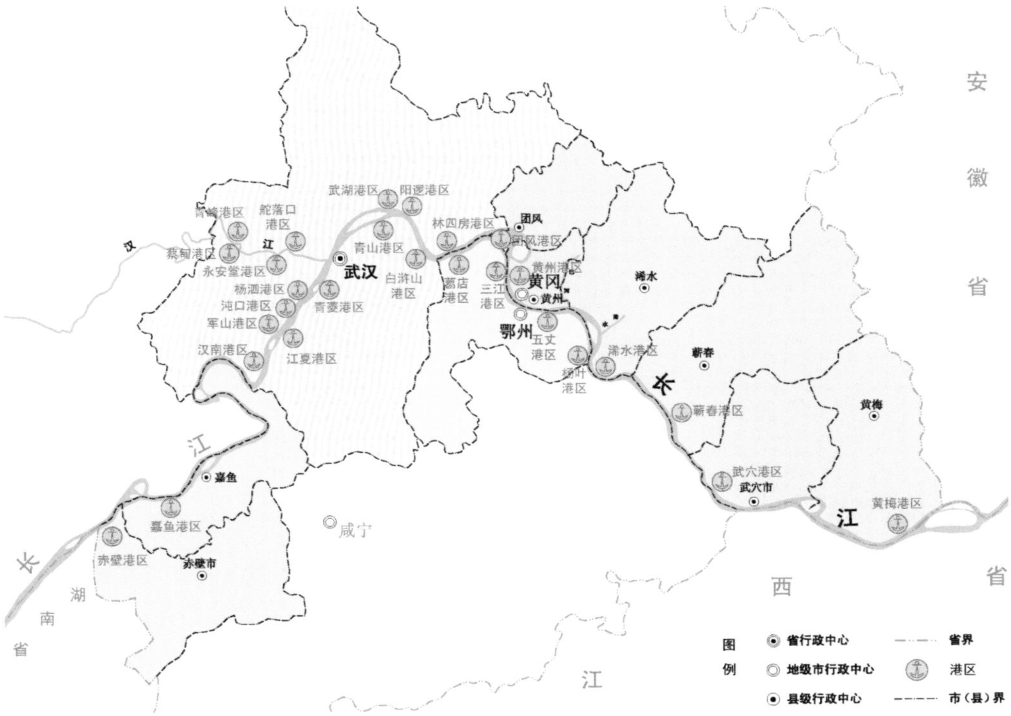

武汉新港的集装箱码头主要集中在阳逻、白浒山港区，三江港区预留集装箱运输功能。商品滚装汽车码头主要集中在沌口、军山、江夏和汉南港区。公用煤炭码头主要集中在林四房、三江港区。铁矿石码头主要集中在青山、三江、五丈港区。石油及化工品码头主要集中在青山、白浒山、武湖、林四房、三江、五丈、黄州和武穴港区。同时，对杨泗港区进行改造，以发展旅游客运和航运服务业为主。

武汉新港共规划各类生产性泊位 1010 个，其中集装箱泊位 60 个，商品汽车滚装泊位 13 个，可形成通过能力约 5.55 亿 t，其中集装箱 1170 万 TEU，商品汽车滚装 194 万辆（图 6-22）。

四、高速路网枢纽的打造

武汉是国家高速公路的主枢纽城市之一。经过武汉的国道有 4 条，武汉市高等级公路建设始于 1998 年开工的京港澳高速公路，与沪蓉高速公路一起组成外环绕城高速公路，构成了连接我国南北、东西的“十”字形交通主动脉，也成为我国客货运极为繁忙的黄金大通道之一。

随着经济发展对公路运输需求的不断增长，全国高速公路网不断加密。在 2010 年版城市总体规划中，武汉市根据国家和湖北省高速公路规划，提出以武汉城市圈内所有县级城市能够在 1~2h 到达武汉主城区（并通达机场、水运和铁路港、站）为目标，构建等级结构合理、网络化、多通道的武汉城市圈道路系统。武汉城市圈高速系统分为区域主通道和次通道两个层次。其中，区域主通道规划形成以武汉为核心的“二环四纵五横”布局形式。“二环”为武汉外环高速公路和四环线；“四纵”为随岳高速公路、京港澳高速公路、新港高速公路和大广高速公路；“五横”为麻竹高速公路、福银高速公路—沪蓉高速公路武麻段、沪蓉高速公路武汉至荆门段—武鄂高速公路、汉宜—武黄高速公路、杭瑞高速公路；区域次通道主要由武鄂、青郑、武监、汉蔡、硚孝、武麻等出口高速公路及 106、107、316、318 四条国道，黄土、黄孝、阳福等一级公路组成。截至 2019 年 6 月，除了四环线和新港高速公路尚未建成以外，规划的高等级区域公路干线均已建成通车，并与武汉都市发展区“五环十八射”快速路系统无缝衔接，极大地改善了城市对外道路交通条件，促进了城市机动化的发展以及出行品质的提高。

在 2017 年版城市总体规划中，武汉提出强化城市高速公路客货运组织圈层，在既有放射状高速出口通道布局基础上，新增武天、武阳、武大等对外高速公路，形成“三环十七射”的高速公路运输网络，实现与周边区域、城市的高效组织。

五、多式联运的突破

武汉拥有中部唯一的 4F 机场、长江黄金水道资源、国内六大铁路枢纽之一和高度发达的公路网络，但各方式枢纽之间仍处于相互之间水平竞争或缺乏有效的整合衔接，综合枢纽城市的功能尚未充分发挥。为此，有必要高效整合各类交通枢纽资源，以“空铁换乘”和“铁水联运”为抓手，构筑高度一体化的枢纽设施和服务体系，全面提升武汉空港、水港、陆港的对外辐射能力，打造以国际客运枢纽和国际物流中心为核心的枢纽城市，成为中部地区联系世界的门户。为此，发展天河机场空铁联运和阳逻港铁水联运是武汉多式联运突破的关键。

天河机场未来应引入高铁，发展空铁联运。根据天河机场统计数据，2017 年旅客吞吐量达 2313 万人次，省外客流约占 50%，国际客流为 250 万人次，占比约 11%。随着武汉和我国中部地区积极参与国际分工，国际客流比例将有较大上升空间，武汉地处我国经济地理中心位置，高铁中转疏解最为便捷。参考上海虹桥、德国法兰克福等国内外成功经验，结合临空经济区建设要求，天河机场将引入高铁，优化临空区周边土地使用，打造成为“门户枢纽、窗口形象、开放高地”（图 6-23）。

阳逻港发展铁水联运是内河航运复兴的有效途径。长江黄金水道是长江经济带的运输主动脉，也是长江经济带区别于其他区域的最大优势。铁水联运工程位于阳逻国际港核心区，通过从江北铁路引入阳逻港铁路专用线，串接吴家山集装箱铁路中心站、滠口货场，连接京广、京九铁路大动脉和“汉新欧”国际铁路货运大通道，预计可以实现阳逻国际集装箱港口各场区货运铁水联运比例超过 10%。

项目建设分一、二、三期实施，一期主要通过改造利用华能阳逻电厂既有铁路线及货场并新建相关配套设施，满足短期快速实现集装箱铁水联运功能，用地面积约为 600 亩，目前已建成运营；二期主要利用原武钢江北基地的件杂码头，征收香炉山车站东南方、长河以西用地打造陆域腹地，建设铁路支线、装卸作业区、仓库以及加工、物资储备、中转、配送等配套区，用地面积约为 1787 亩；三期通过拆迁长河口东部已建亚东水泥厂区、改建阳逻电厂码头散货泊位区推进铁路支线、装卸作业以及仓库等陆域功能建设，用地面积约为 810 亩（图 6-24）。

图 6-23 武汉天河空铁枢纽规划总平面图

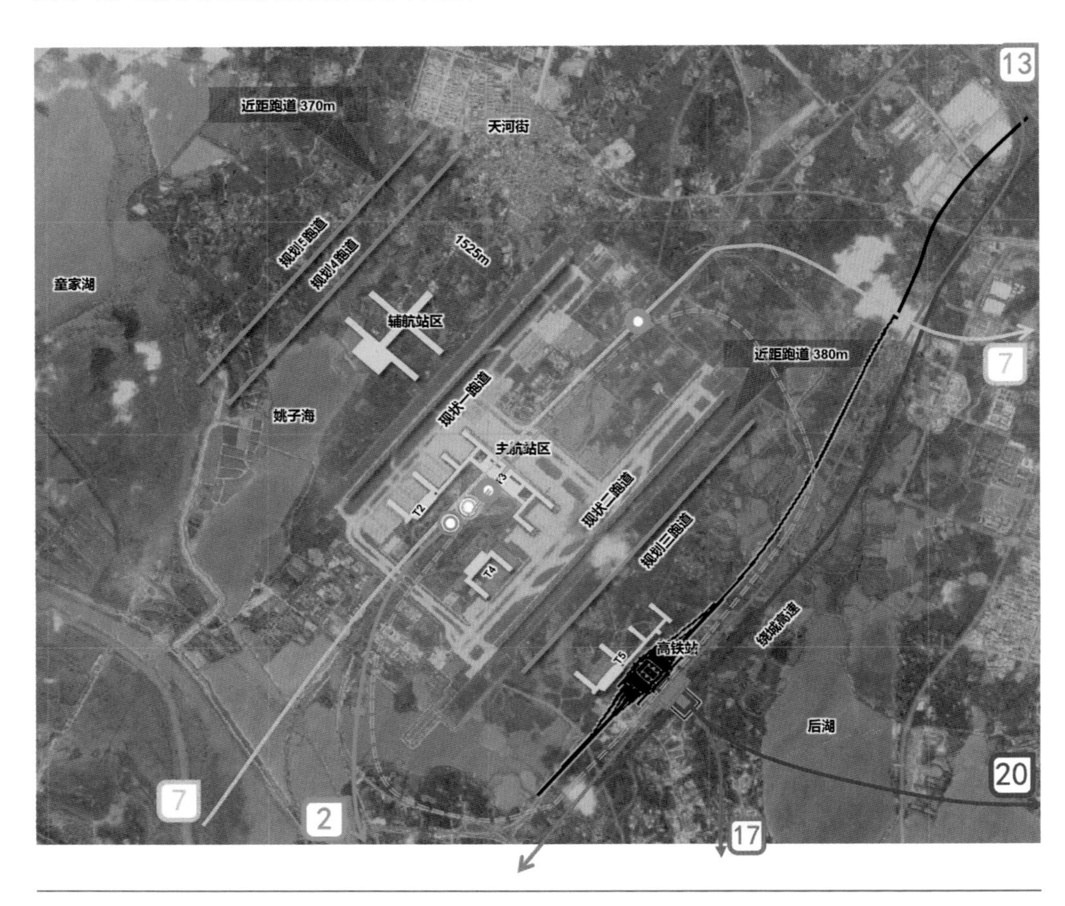

图 6-24 武汉阳逻港铁水联运项目规划总平面图

第三节
城市交通体系的构建

改革开放初期，武汉市内部交通设施整体基础薄弱。1978 年全市机动车 30081 辆（含拖拉机、轻便机踏车），全市能通车道路里程仅约 1199km，汉口、汉阳和武昌青山的通车路网密度分别为 1.46、1.07、1.08km/km^2。市民出行主要依靠的公共交通运营车辆为 869 辆，线路 55 条，年客运量 5.7 亿人次；电车 4 条线，160 辆车，年客运量 1.53 亿人次；轮渡 14 条航线，其中长江 9 条，汉水 4 条，朱家河 1 条，营运船只 33 艘，年客运量 1.07 亿人次。

截至 2018 年年底，武汉市机动车保有量达到 312 万辆，全市通车道路里程约 6000km，主城区道路网密度约 5.2km/km^2。轨道交通已建成 10 条线，318km，年客运量 10 亿人次；常规公交汽电车约 9000 辆，运营线路 519 条，年客运量 14 亿人次。尽管交通需求侧各项指标均有大幅增长，但城市交通系统的规划建设有效支撑了城市的发展，交通运行基本平稳。

武汉城市交通发展理念整体分为三个阶段：第一阶段，受两江分隔的三镇相对独立发展阶段，以三镇内部道路网络的规划建设为主；第二阶段，以“环 + 放射”骨架道路为主体的三镇融合发展阶段，以快速路及过江通道的规划建设为主；第三阶段，“以人为本”理念下的优化发展阶段，以轨道交通及慢行系统的规划建设为主。

一、三镇相对独立的道路交通体系

武汉三镇由于长江、汉水分割，修建过江通道在技术上和资金上压力均较大，如在 1959 年编制的《武汉市城市建设规划（修正草案）》中就确定了长江二桥，在此后历轮总体规划中都进行了通道控制，但直到 1991 年才动工、1995 年才建成通车。这也是武汉市依靠自己的城建资金修建的第一座长江大桥，前后跨越 36 年。因此，武汉历史上没有形成三镇统一的道路体系。

改革开放前 20 年，武汉城市机动化水平增长相对缓慢，城市道路随着用地空间的拓展而规划建设。为适应三镇受江河分隔的特点，在 1982、1988 年两轮城市总体规划中，均提出三镇内部道路体系相对独立的理念，同时预留少量三镇联系通道。

这一阶段由于当时城市受江河湖山分隔严重，用地空间较为分散，规划提出将城市道路按照服务功能不同，分为城市干道、工业区路和居住街坊路三类，分别服务组团间交通联系、工业区内和居住区内交通出行。以规划为依据，三镇逐步形成各自数量有限的顺江与垂江骨干道路体系。但分散式布局的用地加上有限的财力，导致组团道路建设较为零碎，系统性不强，断堵头路较多，市民出行较为不便（图 6-25）。

在 1996 年版城市总体规划编制过程中，提出在“环 + 放射”快速路系统基础上，三

图 6-25 1982 年版城市总体规划之道路系统规划图

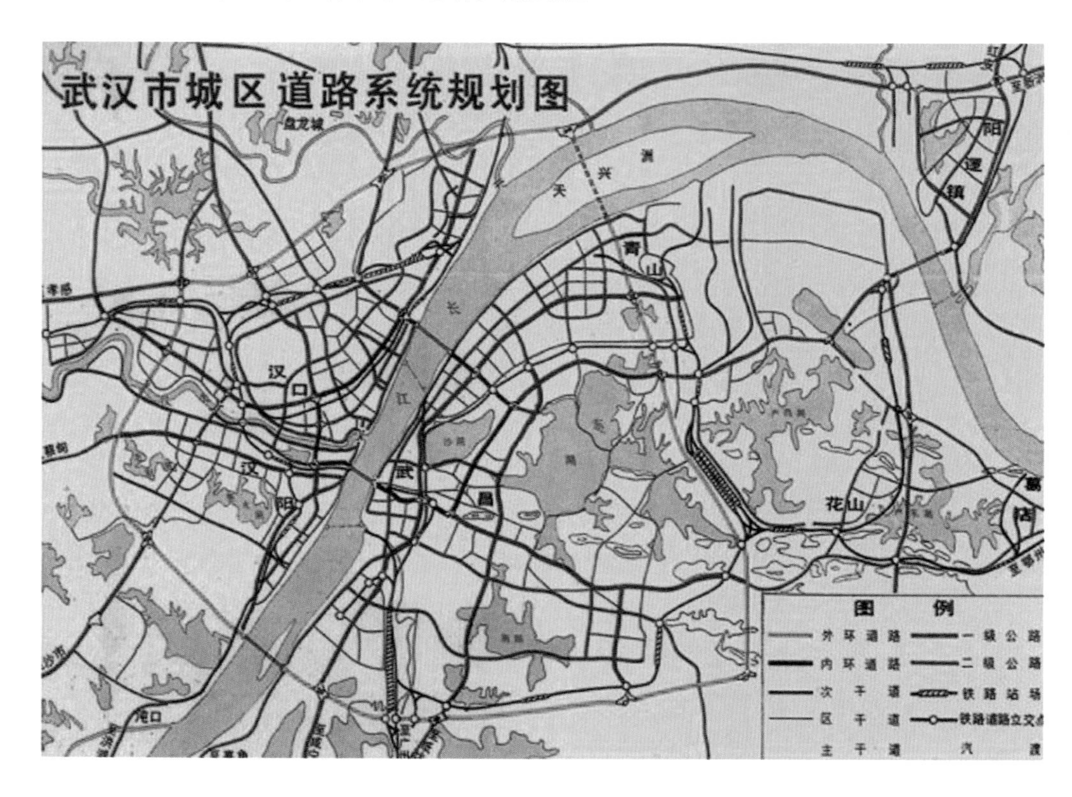

图 6-26 1996 年版城市总体规划之道路立交系统规划图

镇内部各自形成网络状顺江和垂江的骨干道路，并基本延续至今。截至 2019 年 6 月，主城区干路系统规划中，除了汉口铁路以北、武昌南湖和白沙洲地区以外，基本都已按照规划形成，有效支撑了城市空间的拓展（图 6-26）。

二、三镇融合的“环 + 放射”快速交通体系

历史上，汉口为商业中心和市级行政中心，武昌为科教职能和省级行政中心，汉阳为居住职能，三镇职能分工的差异产生大量交通需求。随着城市化进程的加快和经济社会的快速发展，跨江出行需求爆发性增长，三镇交通的融合已成必然，长距离快速路系统的建设也成为解决大武汉城市交通问题、促进大武汉城市发展的重要支撑。

1. 快速路系统规划的演变

在 1959 年版城市总体规划中，一环线各路段已经出现，但尚无环线概念。1988 年版城市总体规划中，提出以长江大桥、江汉桥和规划的长江二桥组成三镇的中心主干环路，在建成区边缘组成三镇外环线，远期控制保留青山至谌家矶、鹦鹉洲至白沙洲的过长江桥位，形成三镇快速环线，与规划的城市主干道组成武汉三镇的“环 + 放射”交通网络。据此，武汉市在一环线上先后修建了琴台立交、大东门立交、航空路立交、武胜路高架和三阳路高架，1995 年 6 月，武汉市长江二桥建成通车，武汉市第一条环线实现贯通，由于该阶段城市机动化发展相对较慢，主干路等道路足以满足城市交通运行，尚未出现快速路的需求。

1990 年代中期以来，城市机动车保有量大幅增长，道路建设与机动车辆发展不相适应；旧城商业区交通集中，拥堵频繁；中心城区以外缺乏次支路网系统；断堵头路较多，

图 6-27 1996 年版城市总体规划之“三环十射”快速路系统图

道路不成体系。受到 1991 年《城市道路设计规范》CJJ 37—1990 发布、1992 年全国第一条快速路——全封闭、全立交、没有交通信号灯的北京二环路全线竣工通车的影响，1996 年版城市总体规划中首次提出主城区“三环十射”的快速路系统，在上版总规三个环线的规划路网基础上，增加了由二七通道、杨泗港通道组成的二环线，对外环高速公路和三环线的走向也进行了优化调整，与建成情况基本一致。十条射线道路为主城联系国道、省道和郊区县等对外交通干线的快速路，并在三环线和外环线之间，规划三条联络线衔接汉口、武昌和汉阳三镇（图 6-27）。

2010 年版城市总体规划中，武汉进一步完善快速路系统规划，充分吸收上海、北京快速路系统规划建设经验，在维持“环 + 放射”结构的基础上，提出都市发展区“五环十八射”和主城区“三环十三射”的快速路系统；增加了“四环线”高速公路，并完善了三环和外环之间的放射线系统，实现主城内外骨干道路系统一体化（图 6-28）。

2017 年版城市总体规划中，根据城市空间结构的调整，以及大都市区一体化的要求，提出“五环二十四射多联”的快速路系统，进一步加强了东湖高新、长江新城和长江主轴区域的快速道路覆盖（图 6-29）。

图 6-28 2010 年版城市总体规划之都市发展区快速路系统图

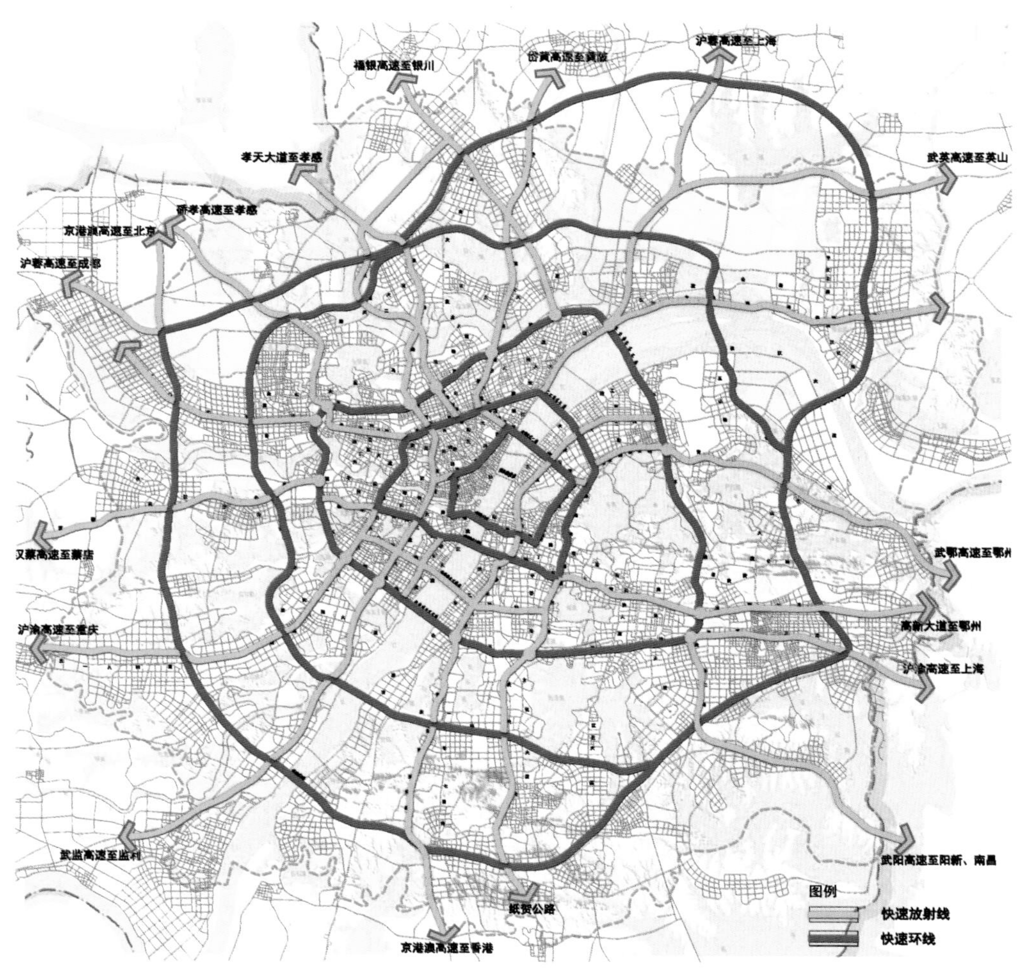

图 6-29 2017 年版城市总体规划之“五环二十四射多联”快速路系统图

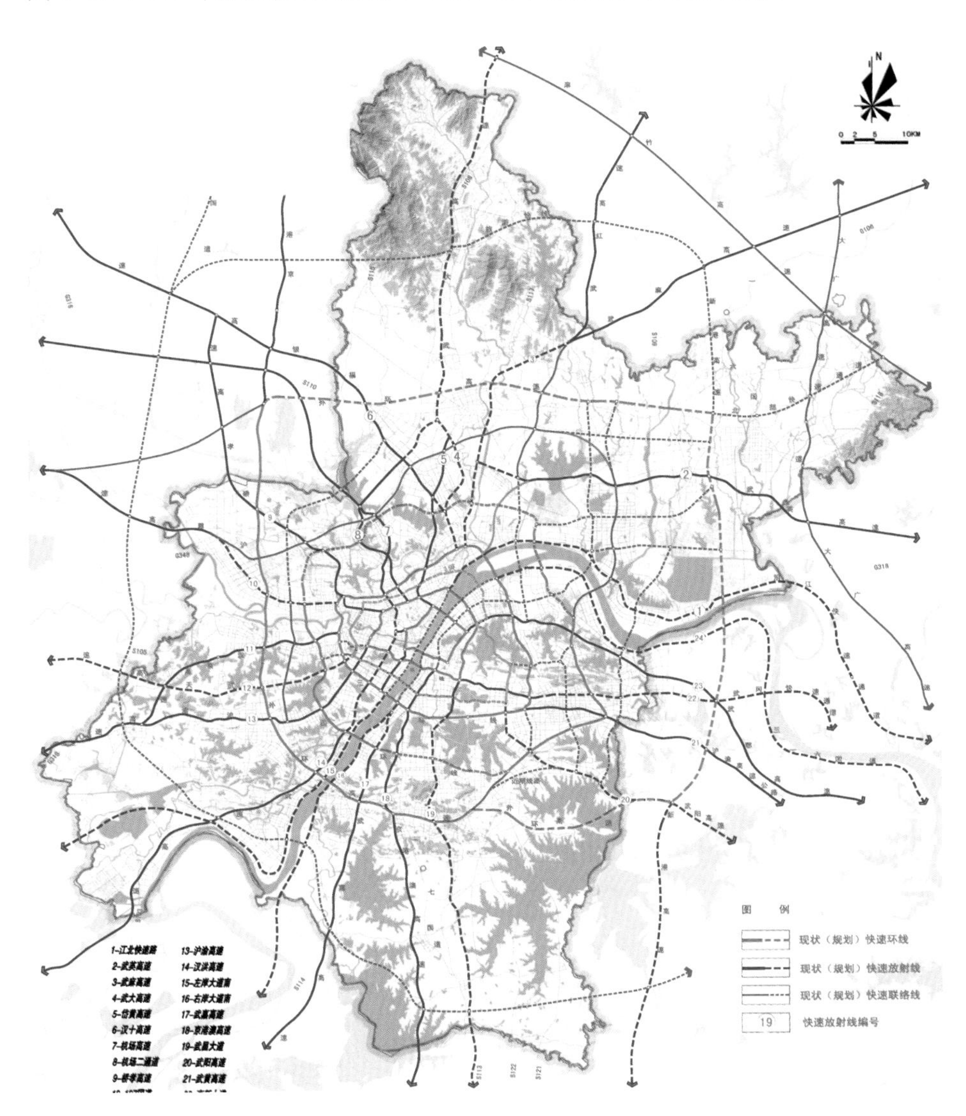

快速路体系的规划建设完善了武汉市道路网络体系，极大地缓解了跨江城市交通的供需矛盾。快速路的发展也使得武汉形成了“内部道路网络—快速路体系—外围高速路网”三级体系，层次更加科学合理。

2. 快速路网系统的规划建设

武汉市快速路系统建设始于一环线，通过琴台、大东门、航空路、武胜路、三阳路、循礼门、香港路、徐东路、洪山广场、首义广场、岳家嘴等节点立交的建设，逐步形成类似于北京二环线的路口立交型快速路。武汉绕城高速公路于 2004 年通车，是第一个全线贯通的环线；三环线于 2010 年全线贯通，主城外围的交通保护环、疏解环得到加强。城市内的快速路系统，由于建设成本高、难度大，进展相对缓慢。

进入 21 世纪以来，武汉城市快速扩张，出行距离日益增加，人均 GDP 快速增长，机动化水平快速提高，导致越来越严重的城市交通拥堵问题。2008 年，武汉市经过慎重

图 6-30 武汉主城区自行车网络系统规划图

研究，组织开展了二环线内“30 分钟畅通工程”，正式拉开了大规模系统化规划建设城市快速路的序幕。

武汉市先后规划建设了二环线汉口段、江北快速路、武汉大道、白沙洲大道、二环线汉阳段、姑嫂树路（机场二通道）、墨水湖北路、欢乐大道、国博大道、雄楚大街、长丰大道、常青路、汉江大道等一系列快速道路，并加快了四环线的建设进程。截至 2019 年 4 月，武汉市主城区已建成快速路约 265km，2010 年版城市总体规划确定的快速路建设基本完成了 90%，快速路系统大幅完善，缓解了城市拥堵指数。快速路的出现标志着路网发展从以前的“均匀性外拓”转向“骨架结构先行 + 区域路网完善”，路网建设从被动适应城市发展进入到引领城市发展阶段，快速路系统形成的空间骨架对于拓展城市格局、促进开发起到了明显的作用。

三、以人为本的“公交 + 慢行”绿色交通体系

1. 以人为本交通战略的规划历程

在 1996 年版城市总体规划中，结合当时步行、自行车、公交出行为主体的实际情况，以京广铁路汉口段外迁为契机，参考国内外特大城市中心区城市交通规划经验，武汉市编制了第一版轨道交通网络规划，并提出“主城交通体系以快速轨道交通为骨干，常规地面交通为主体，坚持以公共交通为主的方针”的规划目标。“公交优先”的理念首次得到有

图 6-31 武汉主城区宁静步道系统规划图

力倡导，但由于道路基础条件依然薄弱，“环 + 放射”的骨干体系刚刚提出且不成体系，因此难以得到积极的落实。

在 2010 年版城市总体规划中，武汉再次明确了“以人为本、公交优先”的规划原则，提出通过加强轨道、常规公交和需求管理等措施，“形成以公共交通为主导、结构合理、功能完善的综合交通体系”“建立以大容量城市轨道交通和快速公交为骨架，常规公交为基础，出租车、轮渡等为辅助，多层次、一体化的交通系统”，从而树立了轨道交通在城市交通体系中的主体地位。

在 2017 年版城市总体规划中，为应对交通拥堵、空气污染等一系列城市病，呼应市民出行品质的高要求，借助共享单车等互联网技术产品，规划提出将武汉塑造为“轨道 + 慢行”的绿色出行楷模。通过合理分配路权，改善慢行条件，引导交通出行日益向绿色低碳出行方式转变和倾斜，实现改善交通运行、改善城市环境、提升出行品质、促进身心健康的多重目标。

2. 从“机动车行”转向“绿色出行”

从 2009 年开始，武汉市先后组织编制了自行车、步行及绿道系统规划。将主城区自行车道路按功能及重要性规划为三级：自行车廊道、自行车通道、自行车休闲道，形成“主次搭配、级配分明、结构合理”的自行车道网络系统。主城区慢行系统盘整后规划了宁静步道系统和步行过街系统。基于城市空间结构、生态框架体系、湖泊水系、公园绿地、风景旅游资源分布和综合交通体系等因素分析，按照“一心六楔十带”的结构，对全市市域绿道和城市绿道网络进行了规划布局（图 6-30～图 6-33）。

图 6-32 主城区“一环两轴五片多联”的绿道网络布局图

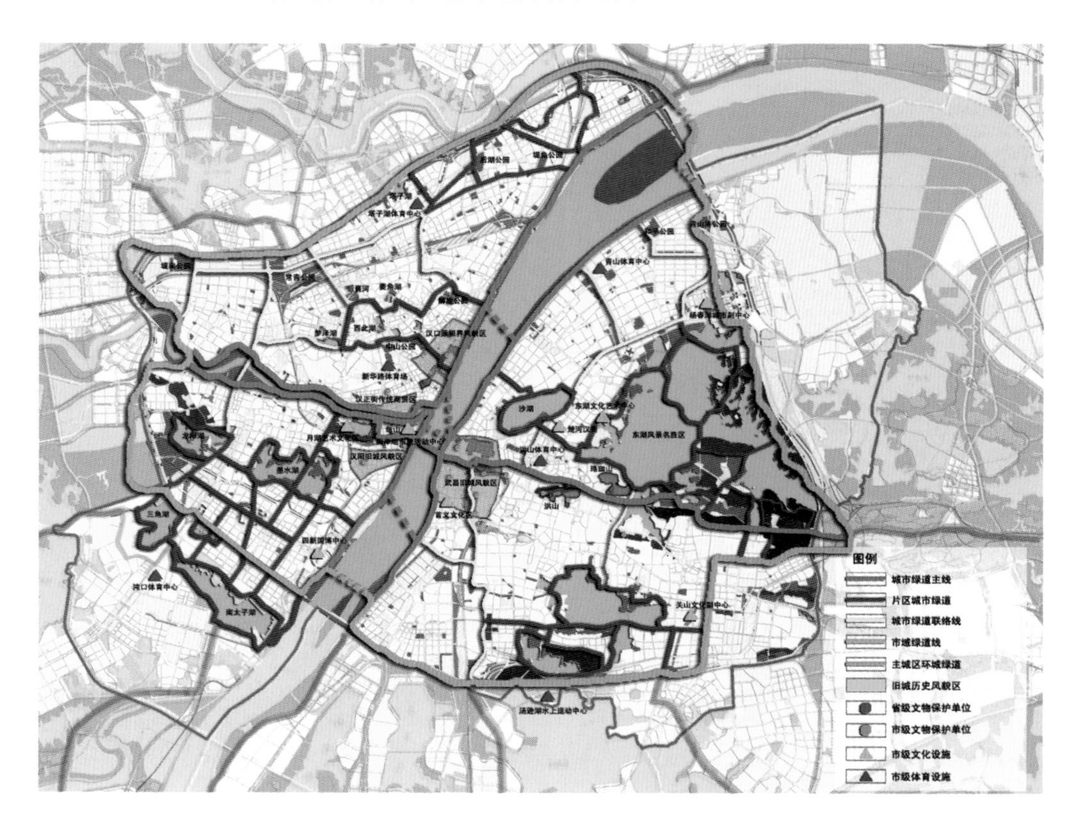

党的十八大特别是十九大以来，我国经济社会发展更加注重城市生态文明、注重高质量发展，加上人民日益提高的生活水平对于城市环境、出行品质有了更高的要求，武汉市适时提出“让城市安静下来”的城建新理念，促成了中山大道公交街道、东湖绿道等项目的规划建设，建成后起到了很好的示范效应，获得市民的广泛赞誉，促进了城市交通从“机动车行”向“绿色出行”转变。

3. 从“交通组织”转向“街道空间”品质提升

随着居民生活水平的提升，街道不仅仅是承担了机动车的通行功能，而是承担了市民的大部分公共生活功能，后者对于城市竞争力和市民生活品质的提升具有更显著的作用。武汉市逐渐进入到地铁成网、自行车复兴、市民更加追求出行品质的新时代。为切实转变车行主导的交通模式，全面统筹交通与用地的和谐发展，全力打造活力街道、共享街道、绿色街道以及品质街道，武汉市组织开展了《武汉市城市道路全要素规划设计导则》编制工作。

该导则将传统以交通功能为主导的一维分级体系，即快速路、主干路、次干路、支路，转变为以交通和沿线用地功能综合的二维矩阵分级体系，将道路分为交通型、生活型、商业型、景观型和共享型等类别。根据不同的类别，按照“全范围、全要素”的原则，将街道空间划分为慢行空间、车行空间、交叉口空间、活动空间、绿化空间及街道设施等 6 个大类要素，并结合大类要素特点进一步细分形成 45 个小类要素，提出相应的规划设计导则，对于下一步街道规划设计的人性化和精细化，提供了有力的支撑（图 6-34、表 6-2）。

图 6-33 街道全要素设计改造——三阳路节点实景照片

图 6-34 全要素管控示意图

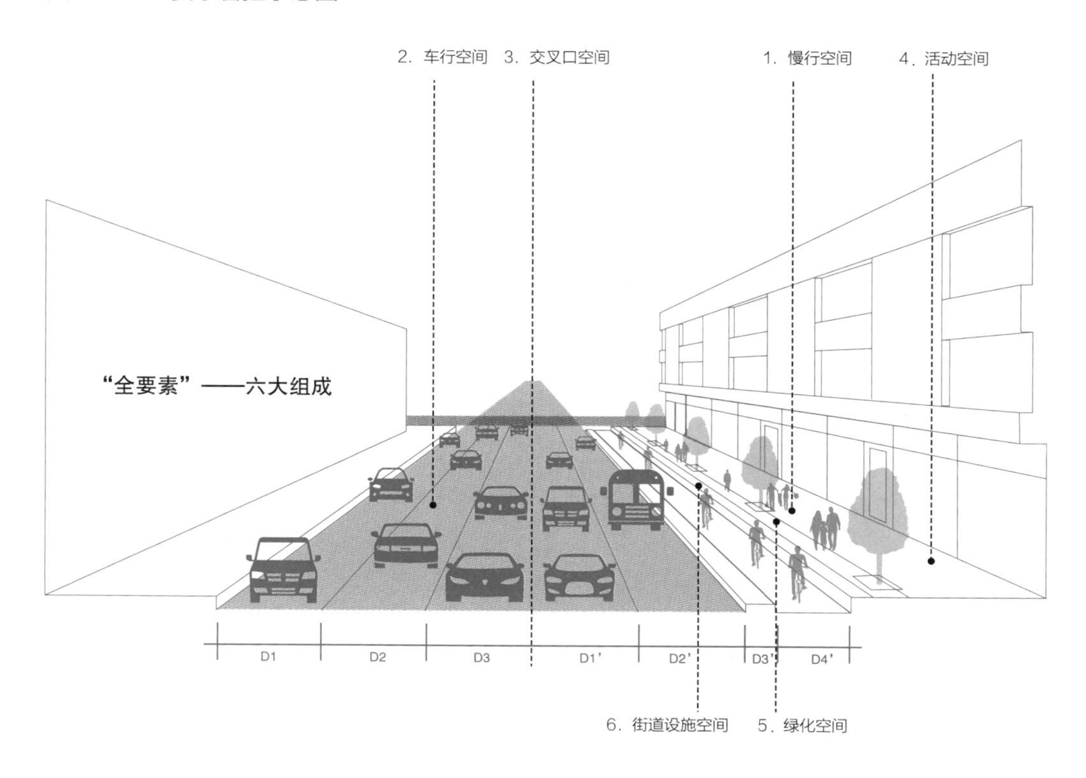

表 6-2 街道管控要素一览表

大类（6）	小类要素（45）
慢行空间（11）	人行道标准、非机动车道标准、无障碍设计标准、公交站点布局、地铁出入口布局、地块开口设计、人行横道布局、非机动车道布局、立体过街布局、自行车停放布局、材料铺砌设计
车行空间（7）	车道宽度标准、交通分隔带标准、公交专用道布局、路内停车布局、高架道路布局、地下道路布局、机动车开口设计
交叉口空间（7）	小转弯半径标准、慢行过街标准、进出口车道宽度标准、路口渠化设计、自行车过街带设计、导流岛设计、路口竖向设计
活动空间（6）	建筑前区、建筑界面、街道微型公共空间、公共艺术小品、围栏围墙、广告牌匾
绿化空间（5）	绿地率、行道树绿化带、景观绿化带、立体绿化、海绵城市设计
街道设施空间（9）	箱柜集并、多杆合一、交通设施、照明设施、市政设施、市政管线、检查井盖、服务设施、环卫设施

第四节
轨道交通引领城市发展

改革开放 40 年来，武汉市城市轨道交通的规划建设经历了从无到有、从单线到网络的巨大变化，对优化城市空间结构、改善城市交通运行、促进城市快速发展起到极大的支撑作用。

在规划层面，1980 年代，武汉市便组织有关部门和专家进行轨道交通建设的探讨。1996 年版城市总体规划编制过程中，首次提出了主城区范围内 6 条线路、总长 132.5km、108 个站的轨道交通线网概念方案。经过多轮修编，武汉市第四期轨道交通建设规划至 2024 年，将形成总规模约 600km 的轨道交通网络，远景轨道线网规划总规模达到 1600km。

在建设层面，2000 年轨道交通 1 号线一期工程开工，2004 年建成通车，武汉轨道交通建设完成发展起步。2012 年，轨道交通 2 号线一期开通运营，实现了轨道交通跨江联通。随后，武汉加快轨道交通建设，从“一年一条线”逐步到“一年 2～3 条线”。截至 2019 年 6 月，武汉轨道交通已建成运营 10 条线路，建成线路 318km，站点 216 座，居全国第五位，仅次于北京、上海、广州、南京四个城市。包括轨道交通 1、2、3、4、6、7、8 号线、11 号线东段、机场线和阳逻线，十线相扣成环、串联三镇，并延伸至盘龙城、吴家山、纸坊等新城中心，武汉已全面进入“地铁网络时代”。

一、轨道交通线网的演变

1. 轨道交通网络的初印象

在 1996 年版城市总体规划轨道线网基础上，武汉市完成了第一轮轨道交通线网规划，并于 2002 年获批，线网总规模为 7 条线，总长 223km。这一时期城市规划逐渐由主城向外围新城布局，因此轨道线网是重点服务主城区交通的疏解，同时覆盖了东湖高新、沌口和吴家山三个开发区。

2003 年，国务院办公厅发布了《关于加强城市快速轨道交通建设管理的通知》。根据要求，武汉市编制了第一轮轨道建设规划，并于 2006 年获国家发改委批复，提出至 2012 年建设轨道交通 1 号线二期、2 号线一期以及 4 号线一期工程 3 条线，线路总长 72km，基本形成沟通长江两岸的“工”字形骨架线网。其中，1 号线平行长江，极大地改善了汉口顺江交通条件；2 号线一期穿越长江，串联了常青花园、汉口站、王家墩 CBD、武广、江汉路、中南、街道口、光谷广场等主城区垂江的主要吸引点；4 号线一期串联了武昌站和武汉站两个交通枢纽。

第一轮轨道交通建设规划的线路已于 2013 年年底全部建成通车，对于满足市民轨道出行需求，改善对外交通枢纽衔接，促进主城发展起到极大的支撑作用（图 6-35、图 6-36）。

图 6-35 第一轮轨道交通线网规划图

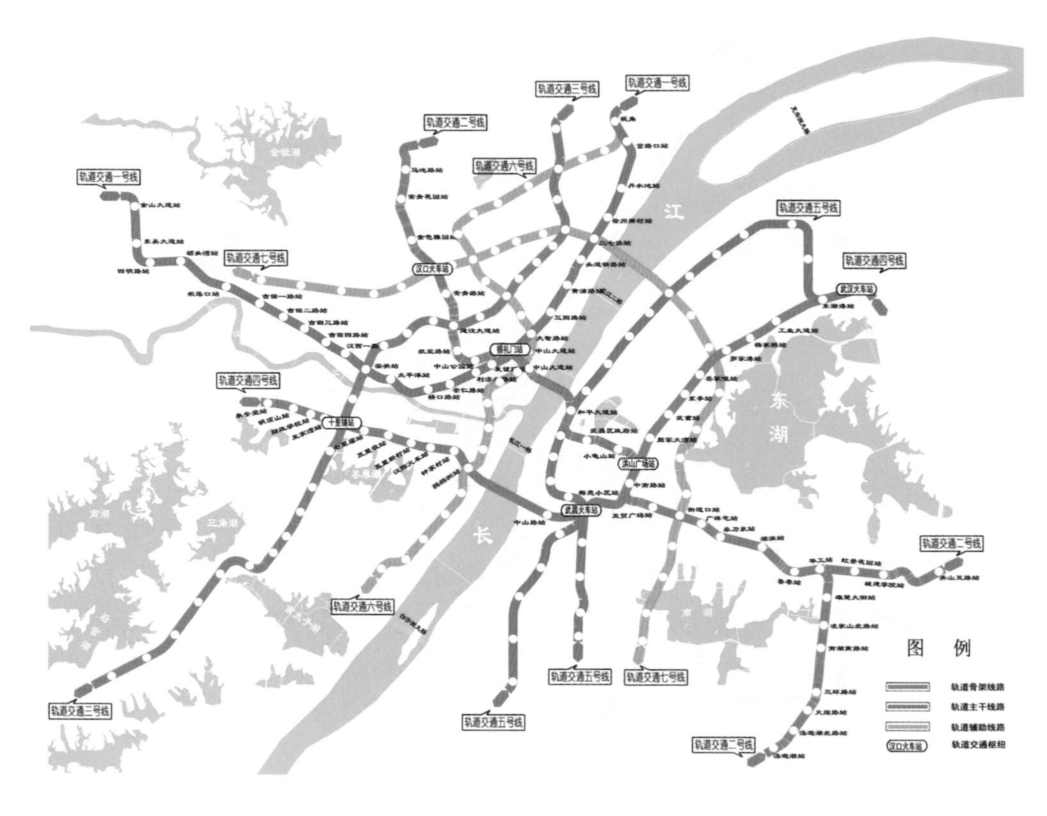

图 6-36 第一轮轨道交通建设规划图

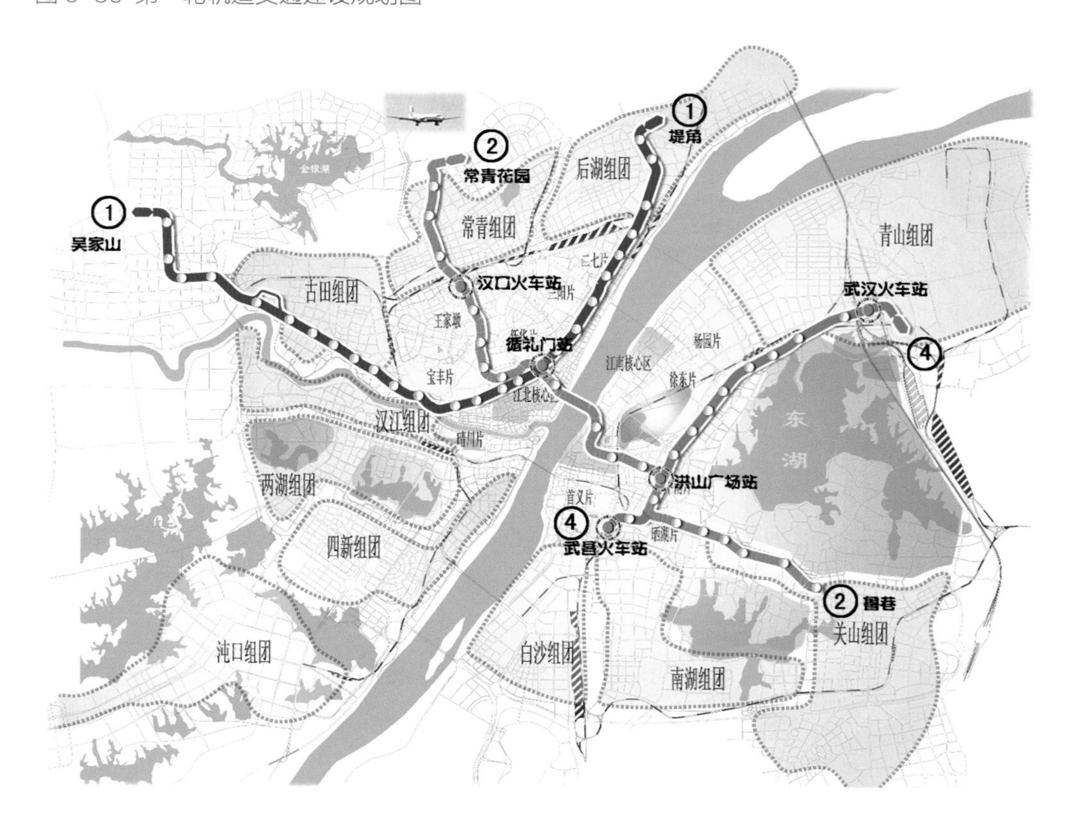

2. 兼顾效率与公平的“快慢分离”轨道网络

2010 年版城市总体规划提出了“1+6”的城市空间结构，以主城为核心，依托区域性交通干道和轨道交通组成的复合型交通走廊，由主城区向外沿阳逻、豹澥、纸坊、常福、汉江、盘龙等方向构筑六条城市空间发展轴，并提出以大运量的轨道交通支撑中心区高强度集约发展，以“双快一轨”（两条高快速路，一条轨道交通）引导城市空间沿六个轴向拓展。

为此，武汉市组织编制了第二轮轨道线网规划。为适应“1 主城 +6 新城”的城市空间结构，满足新城组群的覆盖及速度要求，第二轮轨道线网规划在普通轨道交通线路基础上增设 3 条快线，快线两端分别延伸至 6 个新城中心，与用地空间相适应。同时，在主城区适当加密线路，线网总规模为 12 条线，总长 540km，2008 年获批。

在 2008 年版轨道线网基础上，武汉市组织编制了第二轮轨道交通建设规划。由于新城建设尚处在起步阶段，因此重点选择了主城加密线路，且以解决日益突出的核心区过江矛盾为重要目标。规划提出新建穿越汉江的 3 号线、6 号线，穿越长江的 4 号线二期、7 号线、8 号线，至 2017 年形成武汉主城区 7 条线路、215.3km 的轨道交通线网。该规划于 2011 年 1 月 31 日获批。第二轮轨道交通建设规划中除 3 号线文岭段外，均已于 2018 年前建成通车，支撑了主城区的集约良性发展（图 6-37、图 6-38）。

3. 与用地空间相适应的“环 + 放射”轨道网络

为支撑《武汉 2049 远景发展战略》，以及“建设国家中心城市、复兴大武汉”的宏伟目标，武汉市于 2014 年启动了第三轮轨道线网规划的编制工作。结合城市“环 + 放射”

图 6-37 第二轮轨道交通线网规划图

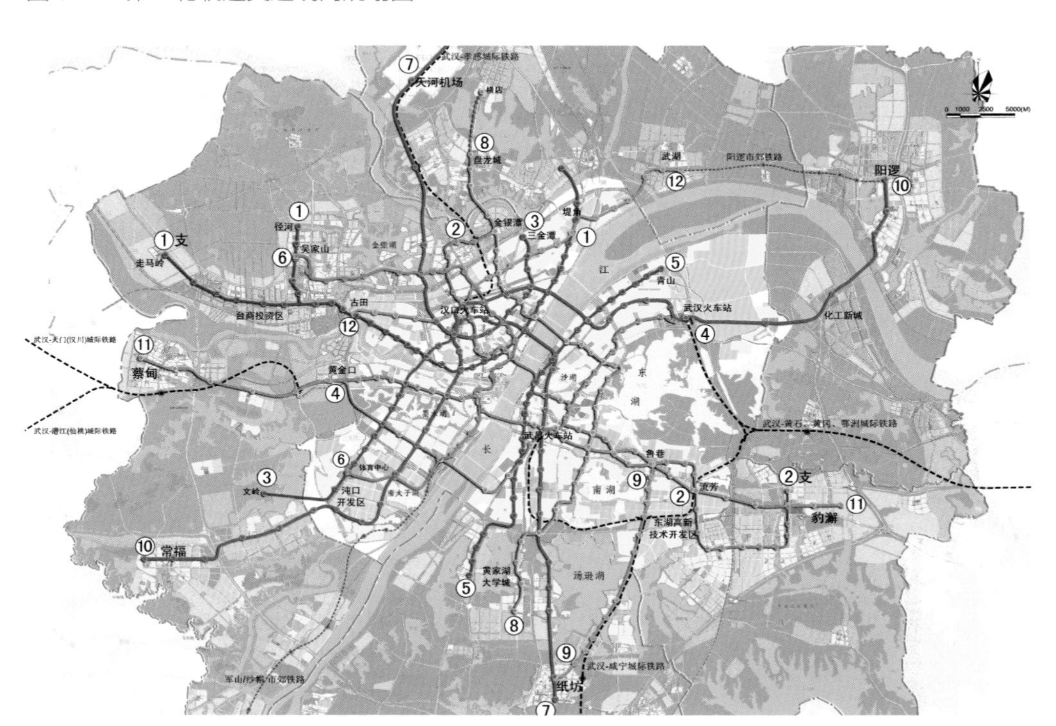

图 6-38 第二轮轨道交通建设规划图

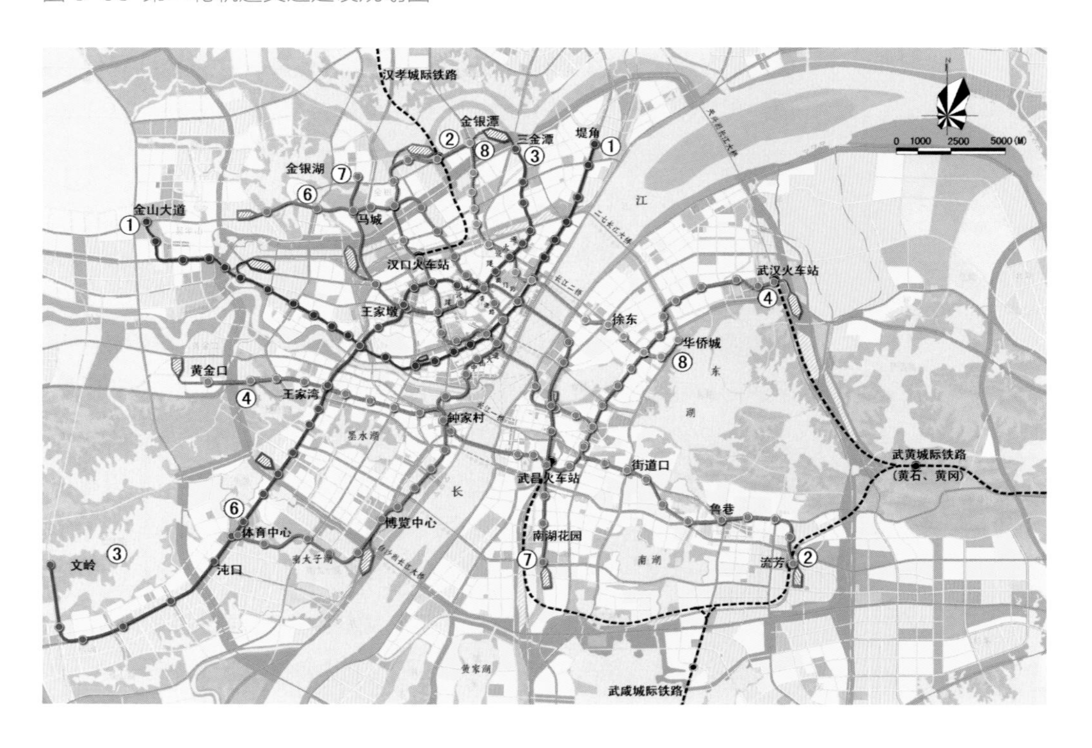

的布局，第一次提出了“环 + 放射”的轨道线网布局结构。规划在主城区二环和三环之间增设环线，并结合新城区的快速发展重点增加了新城区放射线路；远景年全市轨道线网共 25 条，总长 1045km，站点 603 座，其中主城区范围内线网规模 533km，站点 365 座；环线长 55km。该规划于 2015 年年初获批。

为适应新城区蓬勃发展及轨道出行需求，武汉市编制了以引导新城发展为主要出发点的第三轮轨道建设规划，包括机场线、阳逻线、泾河线、蔡甸线、纸坊线、2 号线南延、11 号线三期等 7 条（段）新城区线路和 5 号线、8 号线二期 2 条主城区线路。规划提出到 2021 年共新增 10 条（段）、长 173.5km 的轨道交通线路，轨道总里程达到 400km，站点 276 座。该规划于 2015 年 6 月 12 日由国家发改委批复。其中，机场线、阳逻线、1 号线泾河段、纸坊线、2 号线南延线、11 号线东段已建成运营，轨道交通 5 号线、蔡甸线、11 号线中段、8 号线二期正在建设。

随着武汉市城市发展速度的加快，轨道出行需求大幅增长，轨道交通建设进程也不断加快，2016 年即实现了第三轮建设规划项目的全面开工，开始谋划第四轮建设规划编制工作。规划重点是完善轨道结构，实现“环 + 放射”的网络功能，中心城区以 12 号线环线为重点，远城区新增 6 号线二期、8 号线三期、11 号线三期（武昌段首开段、新汉阳火车站段和葛店段）、7 号线北延线、16 号线、19 号线、新港线等线路，加强主城与临空副城、黄家湖大学城、葛店、前川、军山汉南、光谷新中心以及阳逻新港的联系，实现放射线路对城市拓展的引领作用。到 2024 年，新增 8 条（段）、长 198.4km 的轨道交通线路，全市形成 14 条线路运营、606km 的轨道网络。该规划于 2018 年 12 月 25 日

图 6-39 第三轮轨道交通线网规划图

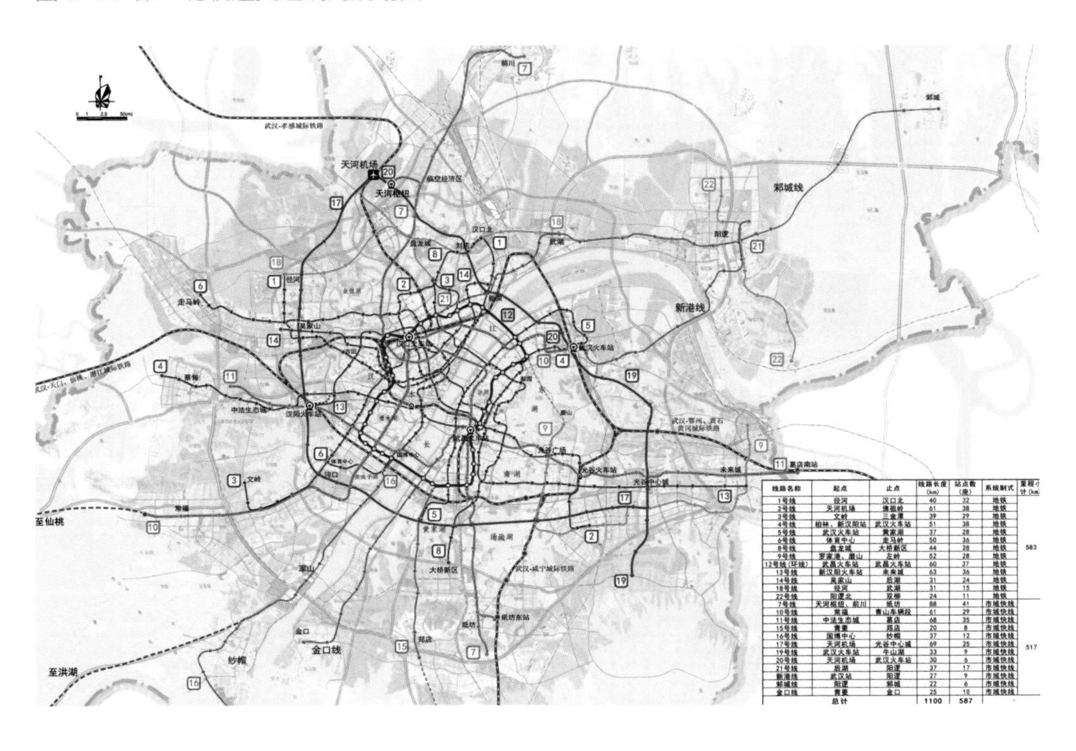

线路名称	起点	止点	线路长度（km）	站点数（座）	系统制式	里程小计（km）
1号线	径河	汉口北	40	32	地铁	583
2号线	天河机场	佛祖岭	61	38	地铁	
3号线	文岭	三金潭	39	29	地铁	
4号线	柏林、新汉阳站	武汉火车站	51	38	地铁	
5号线	武汉火车站	黄家湖	37	28	地铁	
6号线	体育中心	走马岭	50	36	地铁	
8号线	盘龙城	大桥新区	44	28	地铁	
9号线	罗家港、磨山	左岭	52	28	地铁	
12号线（环线）	武昌火车站	武昌火车站	60	37	地铁	
13号线	新汉阳火车站	未来城	63	36	地铁	
14号线	吴家山	后湖	31	24	地铁	
18号线	径河	武湖	31	15	地铁	
22号线	阳逻北	双柳	24	11	地铁	
7号线	天河枢纽、前川	纸坊	88	41	市域快线	517
10号线	常福	青山车辆段	61	29	市域快线	
11号线	中法生态城	葛店	68	35	市域快线	
15号线	青菱	郑店	20	8	市域快线	
16号线	国博中心	纱帽	37	12	市域快线	
17号线	天河机场	光谷中心城	69	25	市域快线	
19号线	武汉火车站	牛山湖	33	9	市域快线	
20号线	天河机场	武汉火车站	30	6	市域快线	
21号线	后湖	阳逻	37	17	市域快线	
新港线	武汉站	阳逻	27	9	市域快线	
郯城线	阳逻	郯城	22	6	市域快线	
金口线	青菱	金口	25	10	市域快线	
总计			1100	587		

图 6-40 第三轮轨道交通建设规划图

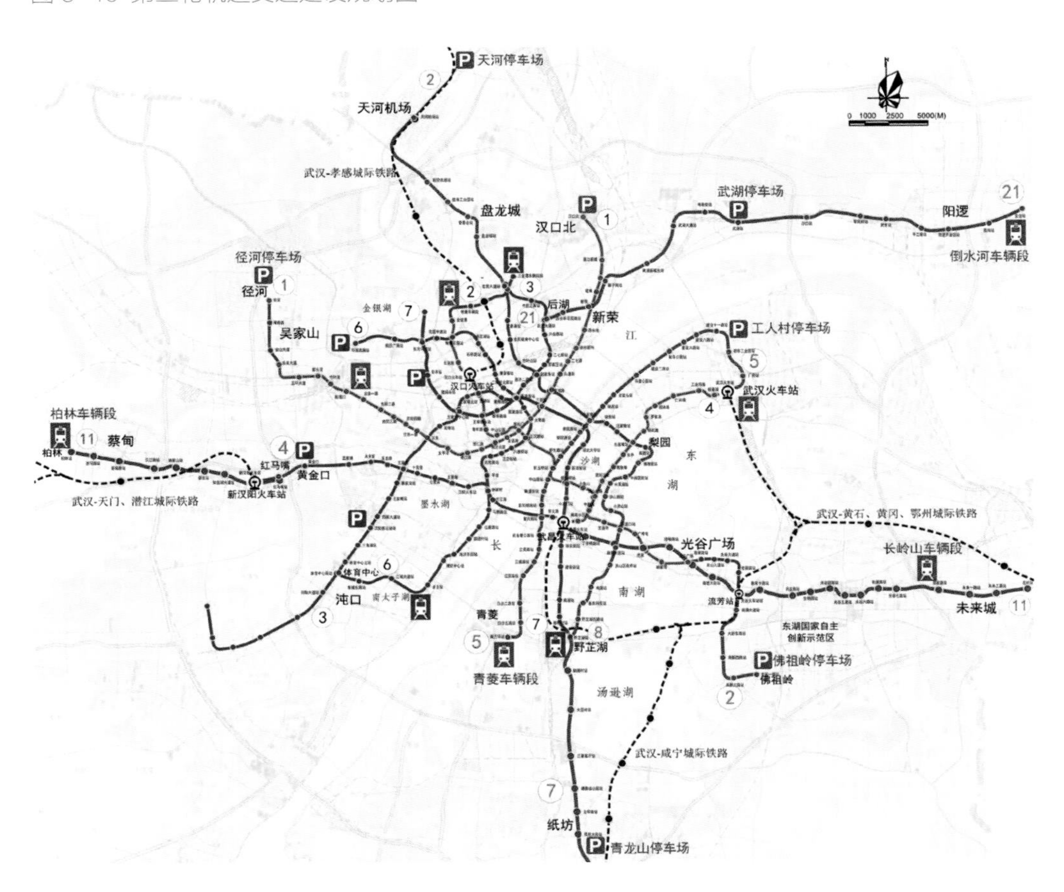

由国家发改委批复，其中轨道交通 6 号线二期、8 号线三期、11 号线三期武昌段首开段、7 号线北延线、16 号线已经开工建设（图 6-39、图 6-40）。

4. 综合运输背景下的“四网合一”轨道网络

在 2017 年版城市总体规划中，武汉市提出了大都市区一体化的战略，对于轨道交通的覆盖距离有了更高的要求，同时对于新城区轴向支撑提出“多快多轨”的构想。为此，武汉市组织编制了第四轮轨道交通线网规划，在既有快线、普线轨道交通的基础上，根据国家鼓励市域铁路建设的相关政策，提出形成“国家铁路、城际铁路、大都市区市域铁路、城市轨道交通四网合一”的规划理念，全面支撑大都市区一体化发展和新城区轴向拓展。规划至 2035 年，武汉市轨道交通线网规模达到 26 条，总长 1300km；至远景年，全市轨道交通线网总规模达到 1600km，大都市区市域铁路规模达到 10 条，总长 650km，与城际铁路和国家铁路形成多模式轨道交通运营模式，实现一体化换乘。每个新城区都有城市轨道交通、市域快线、市域铁路等多种制式的轨道交通服务，实现主城—新城联系由“双快一轨”向“多快多轨”优化。该规划于 2019 年 1 月 5 日获得市政府批复（图 6-41、图 6-42）。

图 6-41 第四轮轨道交通建设规划图

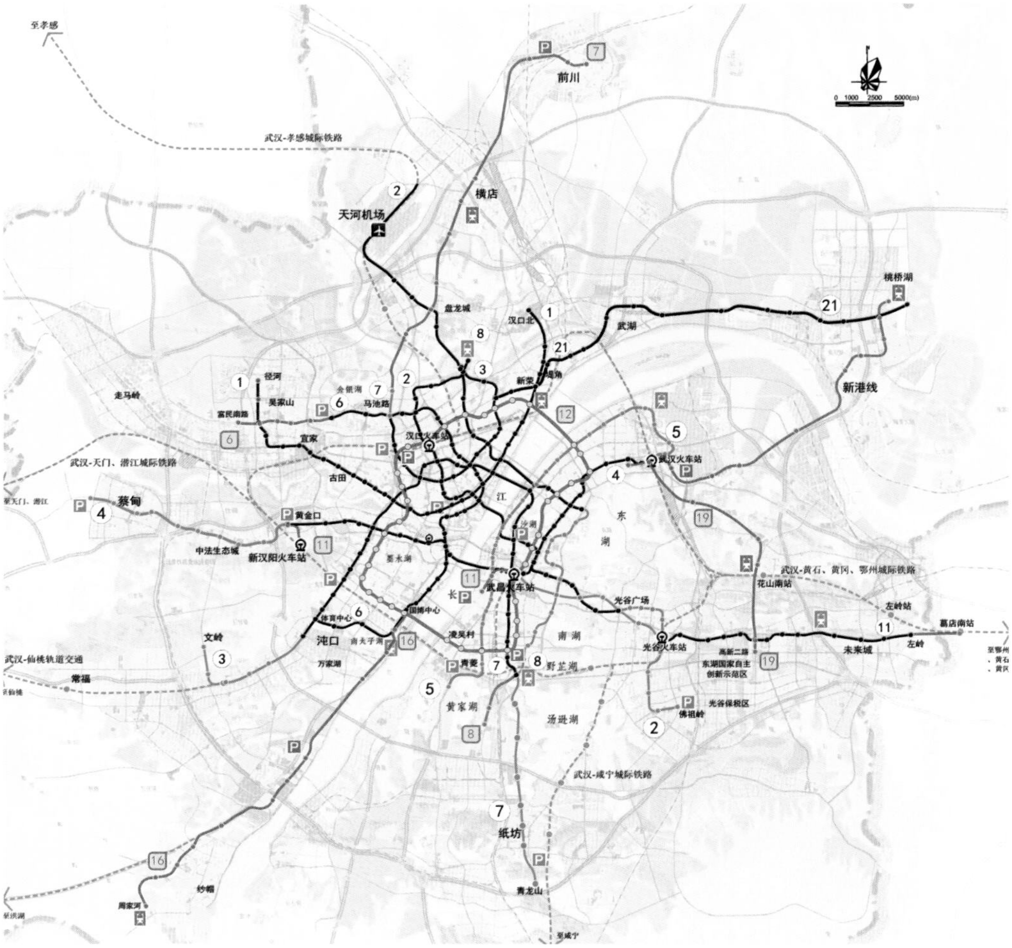

图 6-42 第四轮轨道交通线网规划图

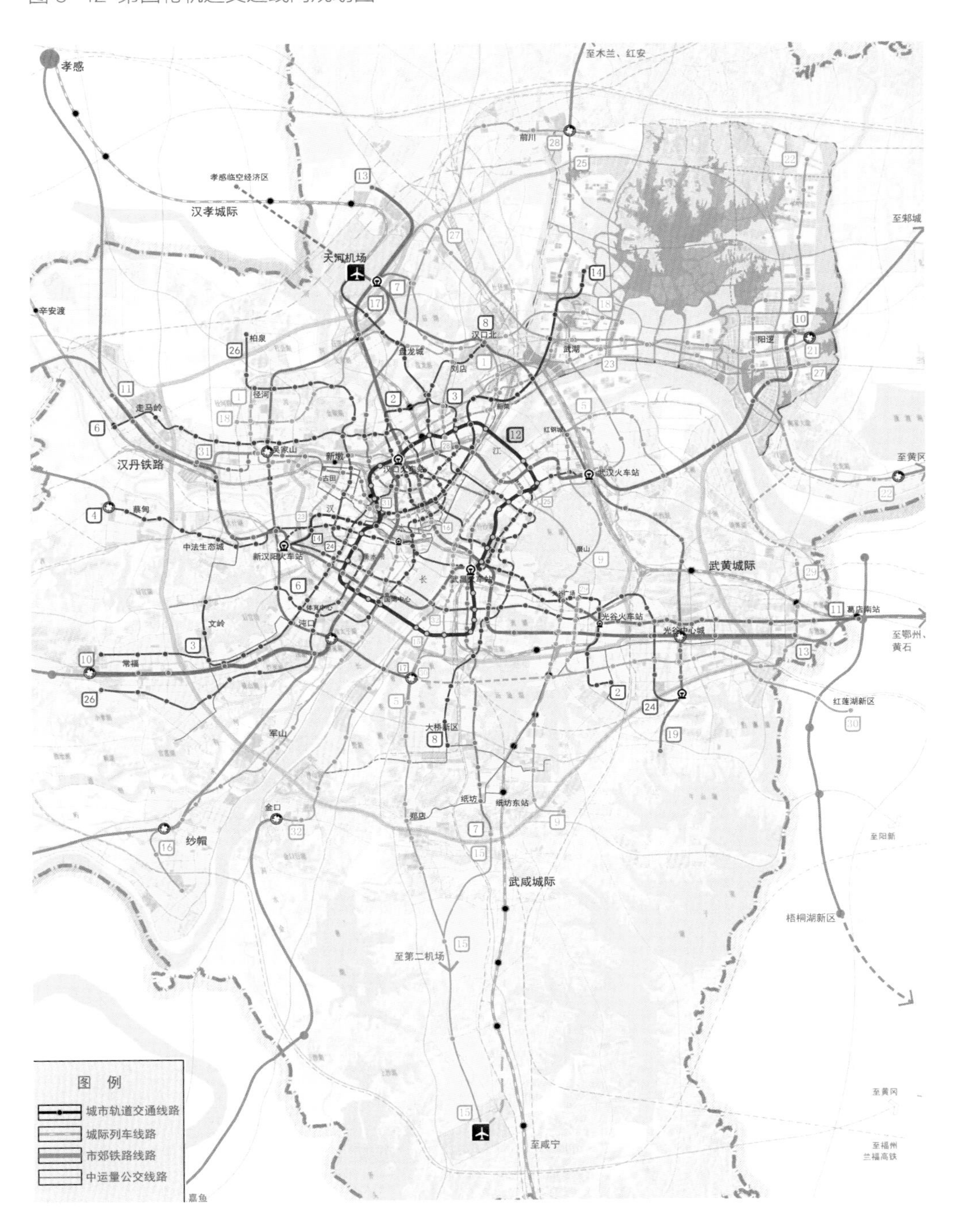

二、轨道交通规划编制体系的建立

在国家大力提倡发展轨道交通的宏观背景下，城市轨道交通项目纷纷快速上马，作为城市客运体系的骨干以及城市最大规模的基础设施建设项目，城市轨道交通的规划建设不但引导了城市交通发展的水平和方向，而且对城市结构、土地利用和经济活动产生了巨大而深远的影响。为协调轨道交通与城市发展的关系，提高规划的实施性，加强规划对工程设计的有效指导，武汉市在多年的轨道交通规划编制及管理过程中，形成了一套适应轨道交通发展要求的实施性规划编制体系，并在全国具备一定的示范效应。

1. 以“工”字形网络建设为主体的探索阶段

为加强对第一期轨道交通线路建设用地的保障，加强对轨道交通方案的规划指导，提高轨道交通与城市规划和用地功能的融合，武汉市规划部门和地铁集团联合组织编制了轨道 1 号线二期、轨道 2 号线一期、轨道 4 号线一期沿线用地控制规划，确保了轨道交通工程用地的落实；编制了轨道交通 1 号线二期站点修建性详细规划，确保了规划对于轨道交通工程方案的指导；编制了轨道交通 2 号线一期工程站点综合规划，实现了轨道交通工程与城市用地规划、综合交通规划、地下空间规划等的有效衔接，上述规划有效保障了第一期“工”字形轨道交通网络的建设。

2. 基于轨道交通规划编制管理全流程的成熟阶段

城市轨道交通系统工程复杂，综合性强，包含交通、市政、建筑等多个专业，轨道线路和车站等多种建设方式，公益性车站和商业性物业开发等多种用途，地下、地面和地上等多种土地分层使用类型。随着武汉市城市轨道交通网络的快速构建，轨道交通建设与城市规划之间的衔接矛盾日益突出，主要表现在：部门职责不尽明确，缺乏轨道交通用地的规划控制标准，缺乏轨道工程与沿线建设单位的矛盾协调机制等。

为了进一步加强轨道交通规划管理，规范轨道交通建设及与之相关的城市建设行为，明确轨道交通规划管理相关职责，武汉市制定了《武汉市轨道交通规划管理办法》，以有效实现轨道交通规划管理的规范化和科学化。

该《管理办法》分为五章共 30 条，主要围绕武汉市轨道交通规划的编制、用地控制和管理三大方面，重点对轨道交通各类规划编制的依据、组织，相关用地控制的标准和层次，轨道交通与城市建设项目的相互协调及相关规划管理程序等内容进行了明确的规定。

武汉市轨道交通规划编制和管理体系分层次、分阶段与轨道建设工程的行政管理流程相衔接，并与城市规划编制体系和工程设计体系相协调，与设计、建设、运营管理部门分工明确、相互合作，有效指导了每条轨道交通工程的规划、设计、建设、物业开发等各个阶段，提高了效率，降低了成本，在全国处于领先水平（图 6-43、图 6-44）。

三、“轨道 + 物业”规划实践

“轨道 + 物业”的模式，一方面有利于促进城市发展，减缓交通压力，另一方面也有利于为轨道交通充实客源，提高运营效益。武汉市历来重视轨道交通的可持续发展，在轨道交通规划的初期阶段即组织开展了“轨道 + 物业”的相关研究工作，从而实现了轨道交通与物业开发的良性互动。

1980 年代，武汉市明确在搬迁后的京广铁路用地上新建轨道交通 1 号线轻轨，并组织编制了《汉口旧铁路沿线地区用地（调整）规划》，通过盘整沿线用地，按照合理利用城市土地资源，统筹城市生产、生活、交通、娱乐等多方面需求，带动周边地区发展与繁荣为指导思想，在轻轨沿线规划形成五个功能组团，分别为永清居住及办公组团、老车站

图 6-43 武汉市轨道交通规划主要内容

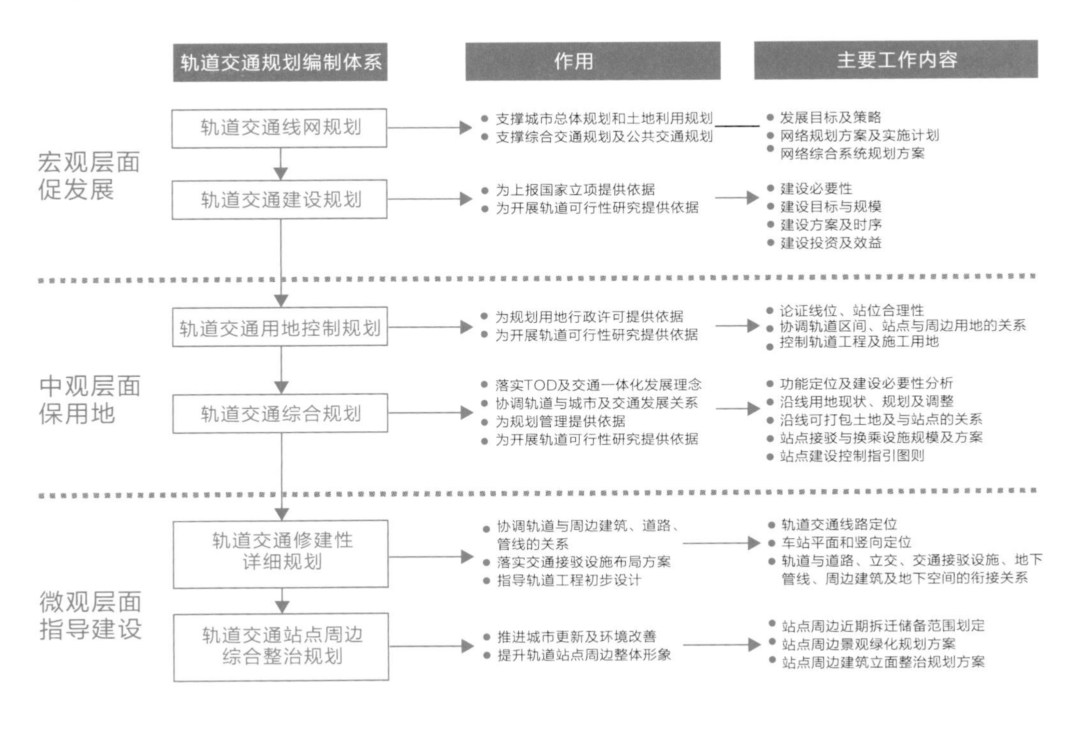

图 6-44 武汉市轨道交通规划编制体系示意图

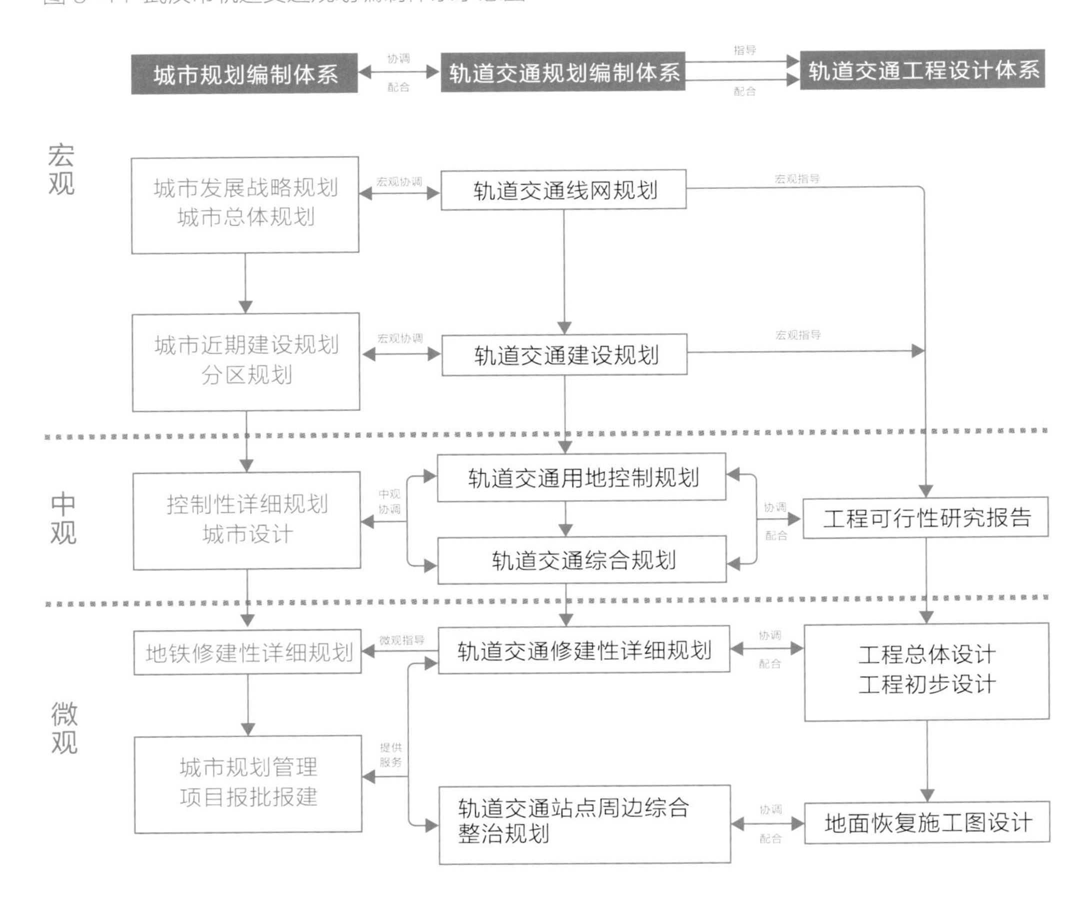

商贸组团、展览馆博览展销组团、体育馆娱乐体育组团和太平洋工业仓储组团。该规划有效指导了原京广铁路地区的城市更新，在后续轻轨建设及沿线地块开发建设中得到了很好的落实，对于汉口核心区交通、综合环境、居住条件的改善起到了重大的促进作用。

在第一期轨道交通建设规划项目的前期规划阶段，武汉市即组织开展了《轨道交通1、2（一期）、4（一期）号线沿线用地开发调查》。按照“步行可达、操作可行、适当集中”的原则，在“工”字形三条线沿线共筛选出 83 个地块，可供地总量为 1793.53hm^2（约合 26903 亩），其中可被列入储备计划的新增经营性用地面积为 1517.83hm^2（约合 22767 亩），总建筑面积 4230.13 万 m^2，其中，商业开发面积为 1431.66 万 m^2，占总量的 34%；住宅开发面积为 2798.47 万 m^2，占总量的 66%。该项工作有效指导了轨道沿线土地的出让及开发节奏，对于第一期轨道交通建设规划项目的良性发展起到了较好的促进作用。

随着轨道交通规划编制体系的不断完善，武汉市通过轨道交通线路综合规划，盘整沿线可开发用地情况，结合城市规划功能对沿线物业开发提出指导意见，逐步形成了配套型物业、上盖型物业、独立型物业等多种类型，地铁中心、地铁小镇多种模式的轨道物业开发项目，走出了一条具有武汉特色的轨道物业开发之路（图 6-45）。

图 6-45 武汉市地铁小镇布局示意图

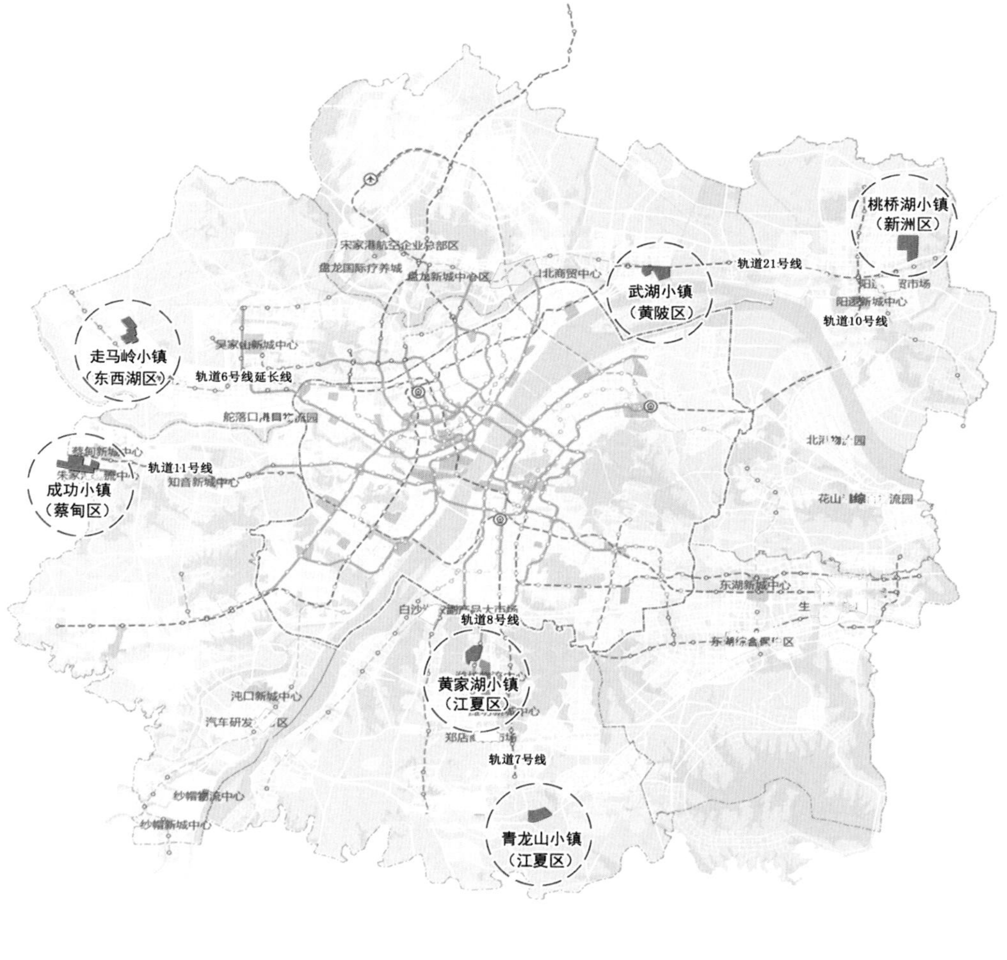

第七章
历史文化名城的保护与利用

CHAPTER 7
PROTECTION AND UTILIZATION OF FAMOUS HISTORIC AND CULTURAL CITIES

武汉是一座历史悠久、文化底蕴深厚的城市，第二批国家历史文化名城。江汉文明与荆楚文化赋予武汉独特的城市格局、风貌、文化特色和城市气质，繁荣的古文化特别是楚文化、知音文化、三国文化赋予了武汉深厚的文化基础，近代武汉又受西方近现代文化浸润，形成独特的城市文化，凸现武汉作为国家历史文化名城的历史文化价值。

武汉始于商代盘龙城，东汉末年先后在龟山、蛇山建却月城、鲁山城、夏口城，直至明中叶汉水改道汉口析出之前，武昌城、汉阳城一直是郡、县治所，经济繁荣、文化繁盛、地位显要，汉口在明末清初成为全国四大名镇，1861 年汉口开埠至清末张之洞督鄂、倡导洋务运动，武汉逐渐发展成为具有国际影响力的大都会，1911 年辛亥首义在武昌爆发，1920～1949 年武汉是新民主主义革命的重镇和全国重要工商业都市，新中国成立后变消费城市为生产城市，武汉为重要的工业城市、科教中心、交通枢纽。

改革开放以来，武汉市历史文化保护从对历史遗迹、优秀建筑“抢救性保护”到历史地段、历史街区直至城市格局、风貌保护，从古代遗迹保护到近代建筑至现代优秀建筑保护，从城市生活空间到城市公共空间再到生产空间，从点到片到面到线的保护，从物质遗产到非物质遗产保护，从主城遗迹保护到全市域、全要素保护，从隔离、封闭式保护到融入现代生活的活化保护，从大面积休克式改造到微更新、微改造，从政府部门单一力量保护到社会民间和个人力量参与，武汉市始终将历史文化资源当做城市文化传承发展的不竭之源，与城市建设发展相互支撑、融合，围绕历史文化名城保护，建构起包括历史文化相关研究、名城规划、历史文化与风貌体系规划、景观风貌区规划、紫线划定及历史街区与文物古迹保护规划、景观格局保护规划、保护与利用规划的完整规划体系，是保护城市历史文化遗存、提升城市品质、增强城市文化竞争力和城市软实力的重要保障。虽然在市场经济大潮中不免出现因保护意识、保护手段和保护标准理念不足，而导致的破坏性建设，但也走出了一条保护体系日渐完善、保护手段不断创新、历史文化日益彰显的名城保护之路，其中历史文化名城保护规划的探索创新发挥了至关重要的作用。

第一节
历史文化名城保护历程

在改革开放前缓慢发展的和平时期，历史悠久的中国城市大体延续了已久的格局和历史文化资源，在改革开放以来的快速工业化、城市化过程中，历史文化名城保护规划开启了一条避免更大破坏性建设的探索之路。武汉历史文化名城保护大致经历了以下四个阶段。

一、初步认识历史文化名城价值

1980 年代，改革开放后百废待兴，在文物古迹保护基础上，武汉市建立了对城市历史文化价值的初步认识，武汉获批第二批国家历史文化名城，编制两轮名城保护规划。

1980 年代以前武汉市有文物保护单位 23 处，其中国家级 1 处、省级 18 处、市级 4 处，近现代革命史迹 19 处；1980～1990 年代，文保单位增加到 72 处，其中国家级 3 处、省级 21 处、市级 48 处，近现代革命史迹 33 处。

1982 年国务院对武汉市总体规划批复指出，“武汉是一座历史悠久并富有革命传统的城市，革命文物和历史古迹很多”“是湖北省文化中心”，革命史迹在历史文化价值中占有突出地位，同时也是历史文化底蕴深厚的城市。批复中还指出，武汉市的城市性质是“湖北省省会，全省政治、经济、文化中心”，强调把武汉市建设成为具有高度物质文明和精神文明的现代化社会主义城市。规划中的《文物保护规划》提出：按照《文物保护暂行条例》对文物划定保护区和建筑控制区，保护区为文物保护单位边界线以外 20～50m 范围，建筑控制区为保护区边界线以外 50～100m，保护区内所有建筑保持原貌，建筑控制区内建筑物高度、形式和色彩要与文物古迹的环境相协调。并提出保护好古代墓葬区，在区内进行基本建设时，注意保护地下出土文物。

1984 年武汉市开始编制历史文化名城保护规划。总体构思是从保护城市的自然风貌和有特色的传统格局着眼，将文物古迹、风景园林、革命遗址和革命纪念建筑有机地组织在城市总体规划之内，使山川、城市、文物景点交相辉映，从整体形象上体现武汉历史名城的独特风貌。

1986 年武汉为国务院公布的第二批国家历史文化名城。批文介绍武汉市“九省通衢”“武汉历史悠久，自商周、春秋、战国以来即为重要的古城镇，宋、元、明、清以来就是全国重要名镇之一。武汉还是革命的城市，辛亥革命武昌起义、‘二七’罢工、‘八七’会议等发生在这里”，明确了武汉三镇城市发展演变在全国版图中的重要地位。

1988 年商代盘龙城遗址被公布为全国重点文物保护单位。同年，武汉市政府对城市总体规划修订方案的批复指出，“武汉具有千年历史”“悠久历史和光荣革命传统是武汉历史文化价值的体现”；其中，《历史文化名城保护》专项保护思路是，将各个历史时期反映历史文化痕迹的值得保存的建筑物、街道里弄、居民街坊、庭院等作为历史文化名城的物质基础之一，有规划地加以保护，并把历史文物古迹有机地组织在城市总体景观之中，与园林绿化、旅游活动相结合，创造具有武汉特色的城市风貌。龟山、蛇山、洪山是市中心区文物集中的地带，是名城的具体反映，规划三个文物保护区即龟山文物风景保护区、蛇山文物名胜古迹保护区和洪山名胜古迹烈士陵园保护区。划定主要保护的建筑物、街道里弄、居民街坊、庭院绿化以及市政设施构筑物的保护区范围，包括汉口江汉村、洞庭村、咸安坊，武昌粮道街、八卦井，汉阳西大街及汉口水塔、武汉关等。

二、历史文化名城整体保护体系

1990 年代，从整体上建立历史文化名城保护体系，不断充实完善文物保护单位名录，1993 年开始建立近代优秀历史建筑保护名录共 102 处。

在建设部《历史文化名城保护规划编制要求》指导下，1995 年编制的城市总体规划历史文化名城保护专项规划，挖掘历史文化名城价值，将名城格局保护、划定历史地段、景观风貌格局等统一起来，建构“点（文物点）—片（历史地段）—面（旧城风貌区、风景名胜区）—城（名城，含市域）”的完整保护体系。其从城市整体层次上保护历史文化名城的措施包括：严格控制旧城人口的增长，积极发展新城，主城与新城之间保持一定的生态隔离地带，从整体上保护山水城市的风貌；建构以水面和绿化为核心的生态框架，从整体上保护三镇相望的独特城市格局；保护城市“十字形”的山轴水系，充分体现山河交汇、湖泊众多的城市特色；保护“龟蛇锁大江”的城市意象中心，新的建设必须符合高度控制和视廊控制要求；对文物保护单位及近代优秀建筑划定保护范围和建设控制地带。划定 6 个重点保护地段（江汉路片、青岛路片、“八•七”会址片、红楼片、农讲所片、洪山片）和 4 个旧城风貌区（汉口原“租界”风貌区、汉正街传统商贸风貌区、汉阳旧城风貌区、武昌旧城风貌区），分别制定相应的控制保护措施。进行建筑景观规划，确定城市景观区、景观带和景观点予以控制；对体现城市文化的地方戏剧、传统节日、饮食习惯、土特产品、传统工艺品等予以保护；在市域范围内结合文物古迹、风景名胜的保护建设风景旅游区和古文化遗址保护区。

1998 年在全国城市美化大背景下，武汉市编制了《创建山水园林城市五年综合规划纲要》，规划将历史文化保护作为展现城市历史风貌、提升城市历史人文内涵、繁荣城市传统文化、开展特色文化活动的重要基础，与城市景观格局、生态资源的保护利用以及公共空间的塑造相结合。如恢复汉口历史风貌区，建设江汉路步行商业街，重点恢复沿江大道和中山大道原租界重要历史建筑原貌，展现武汉近代历史风貌；对武昌红楼进行整体保护，结合红楼广场建设恢复红楼革命历史风貌区；完善琴台风景名胜区，充分体现“高山流水遇知音”的悠久历史文化；保护和完善东湖风景名胜区，展现“湖光山色舒楚韵”的景观特色。完善三个风貌点，即，归元寺成为宗教民俗文化活动中心，汉正街地区成为“汉”味特色风貌区，农讲所成为革命教育基地。严格保护城市标志性景点，控制“龟蛇锁大江、一桥飞架南北”的标志性景观区周边环境建设，强化对黄鹤楼望江视线通廊保护，加强对蛇山、洪山等重要山体周边观景视廊的保护与控制，严格控制东湖、南湖、龙阳湖、月湖、汉口“五湖”等重要水域开敞空间。

三、全域全要素保护

2000 年代是中国城市快速发展的 10 年，武汉市加强了名城特色、旧城风貌特色研究，深入和扩大范围挖掘历史文化资源，编制《武汉市主城历史文化与风貌街区体系规划》；逐步划定全市域范围紫线，并从一元片、昙华林片、红房子片、农讲所片等开始全面开展历史文化街区及盘龙城、明楚王墓等大遗址保护规划工作；突出历史文化特色彰显，将遗产保护与城市文化功能区、风景旅游区相结合，编制武昌古城、首义文化区、月湖文化区、东湖风景名胜区、木兰生态旅游区等规划；对历史文化名城保护利用机制及名城保护规划编制规程开展研究。

2002 年国内外考古专家一致认定盘龙城为武汉城市之根，确认了 3500 年前盘龙城为商朝南都和中华文明中长江文明与中原文明交融形成江汉文明的历史地位，将武汉市历史文化地位和价值纳入到长江流域以及中华文化和世界人类文明历史版图中。

2006 年版总体规划中的名城保护专项规划新增一元路片、昙华林片、珞珈山片、青山“红房子”片等 4 片历史地段，使主城历史地段增至 10 片。

为进一步加强历史街区、文物古迹保护的法定化，按住房和城乡建设部《紫线管理办法》要求，武汉市于 2008 年开始编制紫线划定专项规划，2009 年紫线划定范围从中心城区扩大到都市发展区，紫线划定对象主要包括“历史街区及历史地段、区级以上文物保护单位、历史建筑”，除本体外，将公共视线环境、周边自然景观、风貌协调控制区以及相邻的具有保护价值的古树名木、建构筑物、历史遗迹等一并纳入紫线保护范围。

为全面挖掘历史文化资源，做到应保尽保，2009 年武汉市组织编制完成《武汉市主城历史文化与风貌街区体系规划》。规划梳理城市发展史，分析历史空间演变特点，把具有武汉城市发展历史信息比较集中的街区按历史街区、历史地段和历史风貌街区三种类型进行保护，在 10 片历史地段的基础上，补充划定了 6 片历史风貌街区即大智路片、六合路片、汉正街片、汉钢片、龟山北片、显正街片，作为武汉市集中展现历史风貌特色区域，并按照传统商业街区、近代里分街区、近代租界街区、革命文化街区、工业文化街区和近代教育文化街区等六种类型进行分别定位，以最大限度地还原历史信息原真性（图 7-1、图 7-2）。

四、融入现代生活的活化保护

2010 年代，在国家大力弘扬中华传统文化、增强文化自信的背景下，武汉市一方面，进一步加强历史文化资源的原真性保护，如完成历史文化街区、历史地段、历史文化风貌街区保护规划全覆盖；进一步提升对武汉历史文化价值的认识，对历史文化资源该保尽保，编制工业遗产保护规划。另一方面，与城市生活品质提升相结合，注重历史风貌街区的保育与活化，如开展历史风貌区街道空间规划和研究，编制中山大道景观综合改造规划；建立历史文化资源信息库，开展《基于公众信息平台的武汉市历史空间研究（武汉市城市记忆地图）》；同时，结合武汉创新城市建设，编制《武汉市创新创意产业空间布局研究》。

武汉作为历史悠久的四大名镇之一、中国近代洋务运动的重要城市、新中国成立后的

图 7-1 《武汉市主城历史文化与风貌街区体系规划》（2009 年）之历史文化与风貌街区分级图

图 7-2 《武汉市主城历史文化与风貌街区体系规划》（2009 年）之历史文化与风貌街区类型图

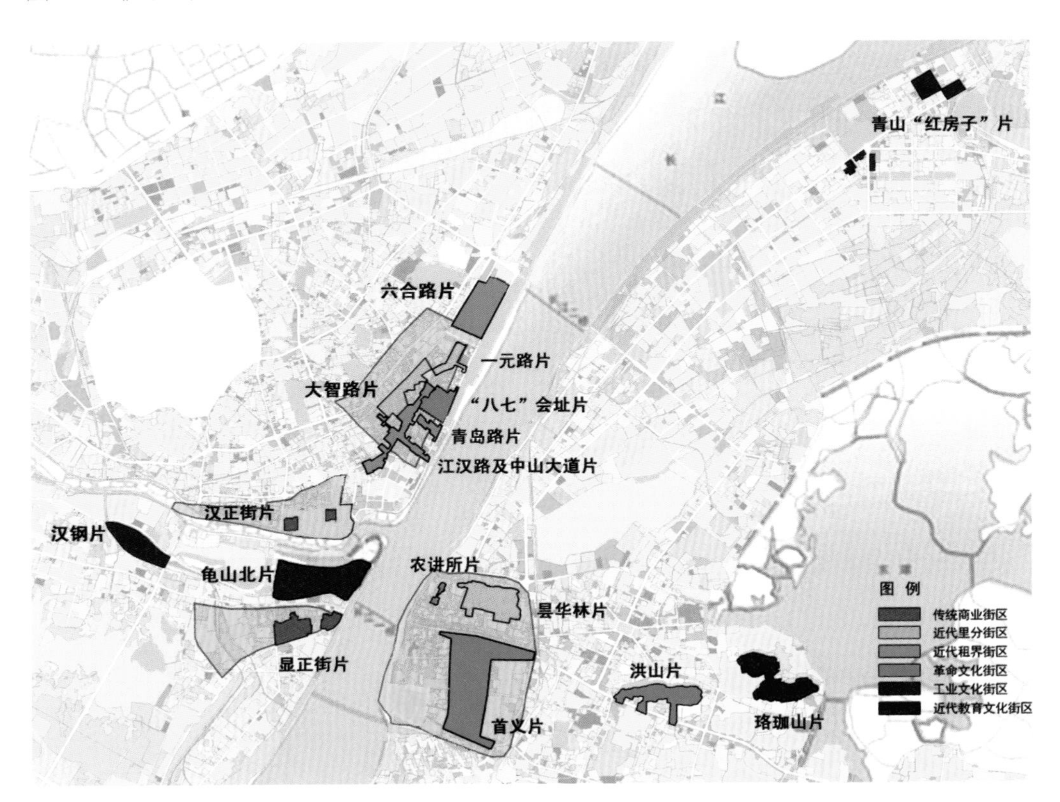

重要工业城市，留下了众多工业遗存，改革开放后中心城区大量老厂房、港口、码头、铁路线等工业遗存受到房地产开发和旧城改造的强烈冲击，武汉市于 2012 年和 2015 年率全国之先组织两次《武汉市工业遗产保护与利用规划》编制工作。在调研 1860～1990 年代的 371 个具有重大影响力工业企业的基础上，确定主城区现存工业遗存 95 处，选出其中的汉阳钢铁厂、汉口电灯公司等 27 处作为推荐工业遗产名单。基于工业遗产历史价值、建构筑物价值、社会价值、科学技术价值等情况，将 27 处工业遗产分为严格保护、适度利用、异地保护等三个保护级别进行保护，分别提出保护要求和策略措施，形成规划控制图则，纳入城市规划管理。将仍然在生产且规划期内不准备外迁的重要工业企业，如武汉造船厂、武汉钢铁厂、武汉石化、武汉制药厂等企业，不纳入工业遗产名单中，一旦这类企业因故需搬迁，应先制定相应的工业遗产保护规划，再进行用地的功能置换。

2016 年搭建武汉市城市记忆地图平台，以城市地图和微信公众号“众规武汉”为基础，全面搜集武汉市的各类现存及消失的历史信息，建立全面的文史信息库和多媒体数据库，构建公众参与、共建共享的城市记忆地图信息平台，将城市历史文化信息显化，作为城市规划、建设、管理必须考虑的因素。

2017 年版城市总体规划以“历史性城市景观”理论为指导，以建构“千年山水都邑群、近现代商贸人文城”的历史文化名城为目标，从城市演变发展地理背景以及重大历史事件区域联系出发，全面梳理武汉市域及周边地区历史文化发展脉络，研究各类历史文化遗存的内在关联，从市域历史文化遗存分布及利用、名城整体格局、历史文化风貌街区、文物古迹、环境要素等多个层次来展示武汉独特的历史文化价值，制定保护策略，提升城市文化软实力，将武汉建设成为底蕴深厚、新旧融合、活力多元的山水文化名城。历史文化保护内容包括物质文化遗产保护和非物质文化遗产保护两大类。其中，物质类包括区域、市域、主城三个层次，将自然要素、历史文化名镇名村、传统村落、历史城区、历史文化风貌街区、不可移动文物、优秀历史建筑、工业遗产、古树名木等纳入保护范围。

第二节
历史文化名城保护体系

改革开放后，历史文化保护从文物保护单位保护开始，保护范围逐步扩大，保护内容和要素不断增多，保护手段逐步多样，建构起全覆盖、全要素、开放性，与城市生活环境建设、文化建设、经济发展相结合的完整的保护体系。

一、建立完整的历史文化名城保护体系

1. 从城市整体层次上保护历史文化名城

武汉市历史文化名城保护在保护范围上逐步扩大，从文保单位的本体保护、建设控制地带到文物保护区或历史文化保护区、历史地段、历史街区、历史风貌街区保护，到旧城风貌保护区或历史城区以及全市域的保护，从整体层次上保护历史文化名城的措施包括：

保持“两江交汇、三镇鼎立”城市空间格局，尊重“江、湖、山、田”相融自然生态格局，维护历史文化名城整体风貌；强化“龟蛇锁大江”意象中心，保护沿长江、汉江和东西向山系“十字形”景观格局，充分体现江河交汇、湖泊密布的城市景观特色；建立主城区和市域两个层面、三个层次的保护体系。即：文物古迹及其他历史遗存保护、历史地段及历史文化街区保护、旧城风貌区保护；深入挖掘非物质形态历史文化内涵，采用实物收集保存、记录保存等多种方式延续独特地域历史文化，建设一批供市民开展传统文化活动场所；加强历史文化资源在城市建设中的开发和利用，充分发挥其价值特色，整合历史文化资源，发展名城旅游，有效促进历史文化保护和发展（图 7-3、图 7-4）。

2. 文物保护单位及其他历史遗存保护

在保护内容和要素上，武汉市在文保单位六类保护对象（即革命遗址和革命纪念建筑、石窟寺、古建筑和历史纪念建筑、石刻和其他、古遗址、古墓葬）基础上，陆续将优秀历史建筑、工业遗产、古树名木等自然环境要素、城市格局、标志性景观和非物质文化遗产等纳入其中。

按照国家《文物保护法》的要求，武汉市对前四批市级以上文物保护单位 189 处均已做到“五有”，即有保护标志、建立保护档案、划定保护范围和建设控制地带、签订保护责任书或指定了义务保护员。近年来武汉市分期分批开展了全市优秀历史建筑实测工作，按栋建立了包括建筑历史沿革、产权、平面图、剖面图、细部花饰等内容的详细实测档案；2011 年 6 月，武汉市首个在 GIS 系统上以项目落地方式研发完成的全市优秀历史建筑信息管理系统正式上线试运行。

文物保护单位、优秀历史建筑以及工业遗产等依法逐步得到及时修缮、妥善保护和适当利用，以历史遗迹再利用的博物馆、创意空间越来越多，主城区革命旧址逐步被列为国家及省市爱国主义教育基地，如中共五大会址、中山舰博物馆、新四军军部旧址、辛亥革

图 7-3 2010 年版城市总体规划之市域历史文化名城保护规划图

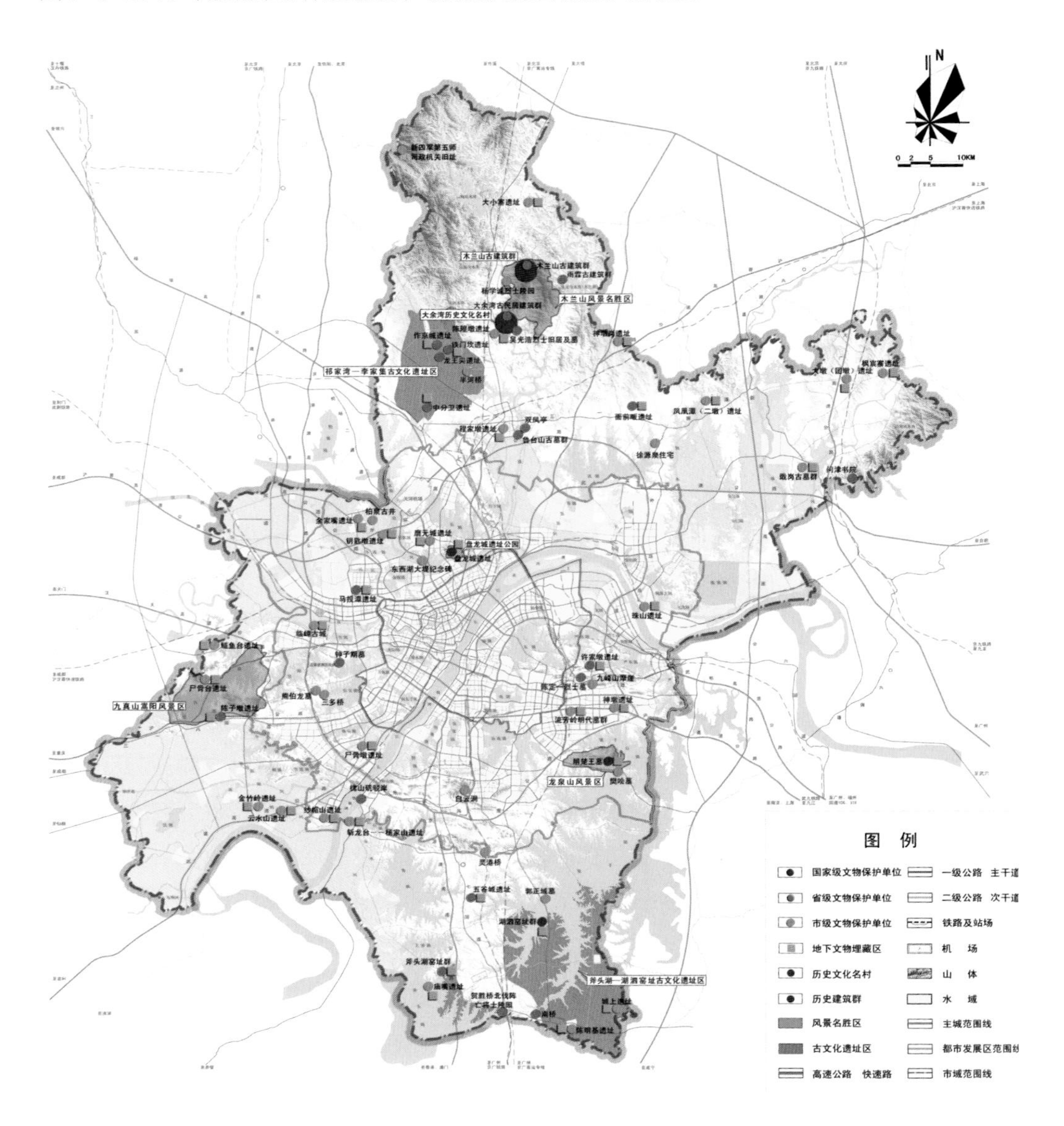

命博物馆等一批博物馆，商代盘龙城遗址、明楚王墓群等大遗址保护展示工作得到推进，取得较好社会影响。

越来越多承载着历史信息的资源得到挖掘。随着对武汉历史文化价值认识的进一步提升和丰富，对城市发展历史和城市公共的生活记忆的认可，不同时期具有时代代表性，具有较高历史、科学、文化、艺术价值，深受喜爱的具有城市公共记忆的建筑、街巷等不可移动遗产及景观、视廊及镇村、工业遗产、线路、自然环境、树木、场景和活动等历史信息资源得到挖掘，进入名城保护视野，或者保护等级不断提高。如武汉长江大桥因其重要的历史文化价值、桥梁科学技术价值 2013 年被认定为全国文物保护单位，2018 年被纳入中国第一批工业遗产保护名录。同时，从人居环境演变的角度，武汉独具特色的两江交汇、三镇鼎立、湖泊众多的山水格局和建城史、商贸历史、近代洋务运动与被殖民历史、

图 7-4 2010 年版城市总体规划之主城区历史文化名城保护规划图

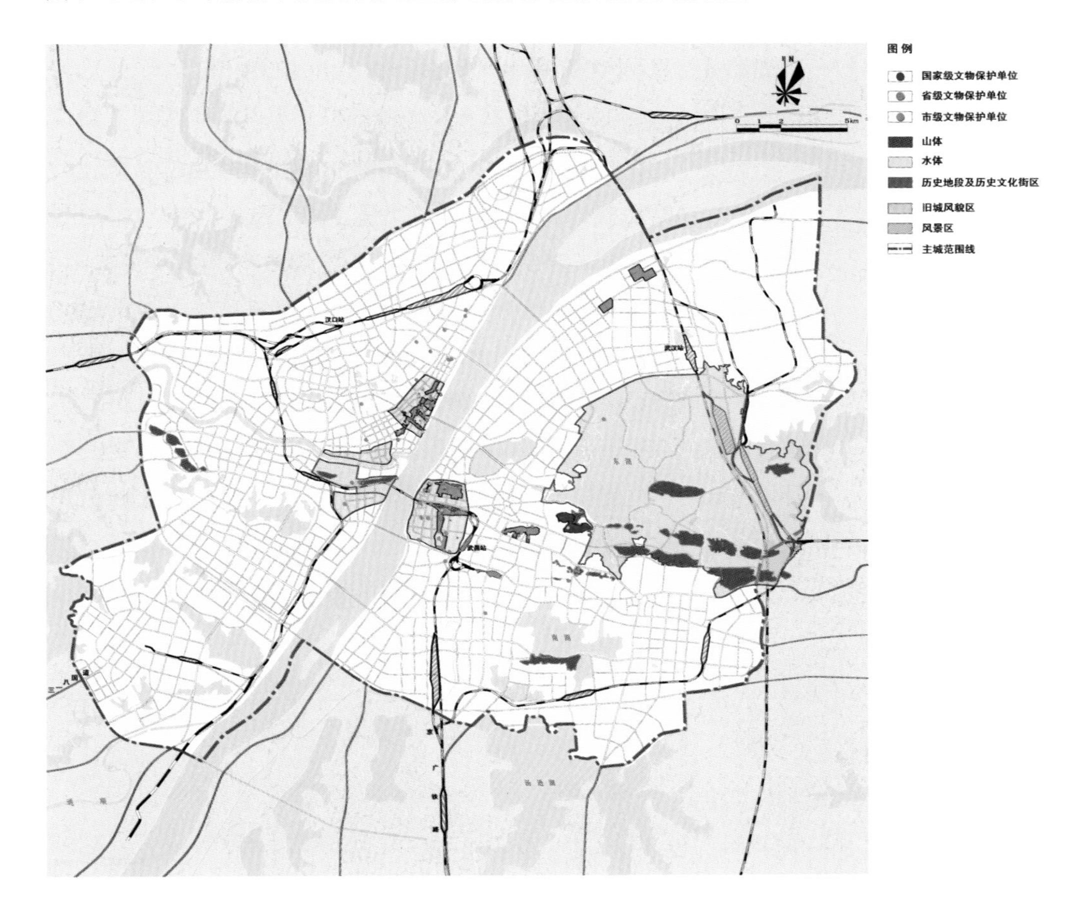

近现代革命历史、多元文化交融、工业城市遗产、历史村镇、荆楚文化等国家、民族以及地方历史文化价值也陆陆续续被重新认识。

2016 年，文物保护单位共 282 处，其中全国重点文物保护单位 29 处，湖北省文物保护单位 108 处，武汉市文物保护单位 145 处；公布 11 批共 180 处优秀历史建筑，其中一级保护建筑 54 处，二级保护建筑 126 处，27 处与工业发展有关的厂房、仓库、码头、办公建筑、附属生活服务设施及其他构筑物等具有实物遗存的不可移动物质遗产等工业遗产；古树名木 1282 株，其中，一级保护 54 株，二级保护 257 株，三级保护 971 株；保护非物质文化遗产 118 项，其中国家级非物质文化遗产 12 项，省级非物质文化遗产 48 项，市级非物质文化遗产 99 项。历史镇村 51 座。

3. 历史地段的保护

将历史遗存较为丰富、近现代史迹和历史建筑密集、文物古迹较多、具有一定规模且能完整、真实地反映武汉传统历史风貌和地方特色的地区划定为历史地段，将其中的江汉路及中山大道片、青岛路片、“八七”会址片、一元路片、昙华林片等 5 片申报历史文化街区予以重点保护，首义片、农讲所片、洪山片、青山“红房子”片、珞珈山片等 5 片为历史地段，大智路片、六合路片、汉正街片、汉钢片、龟山北片、显正街片等 6 片为历史风貌街区，使全市 16 片历史街区、历史地段或风貌街区得到规划保护。

历史地段活化保护促进了城市品质提升，汉口老租界区一元片、中山大道、八七会址、黎黄陂路以及武昌古城昙华林、首义文化区、都府堤等历史街区风貌得到较好保护，成为具有老武汉风貌的新城市地标。

4. 旧城风貌区及风景名胜区的保护

旧城风貌区为反映城市形态历史演变和城市传统风貌的区域，重点保持旧城历史风貌完整性和历史延续性，旧城风貌区内保护历史建筑风格，控制新建建筑风格与整体风貌保持协调，原则上不得改变原有道路格局，保留原地名、街名。注重突出历史遗存展示功能、观赏功能和现代使用功能，在整体格局上体现出城市特有历史风貌。

风景区及风景名胜区是武汉市历史文化与自然风貌结合地区，包括东湖风景名胜区、龟山－月湖风景区、木兰山风景区、盘龙城遗址公园、九真山风景区、龙泉山风景区。风景名胜区重点在于保护风景名胜及其环境，在保护好现有人文资源和山水绿化等自然生态环境基础上，适当开发并创造新景观，形成和谐人文与自然相结合的整体风貌。

5. 非物质文化遗产保护

重视对非物质文化遗产的保护和传承，对地方民俗、民间文化、传统节日、传统艺

图 7-5 2010 年版城市总体规划之主城区景观特色规划图

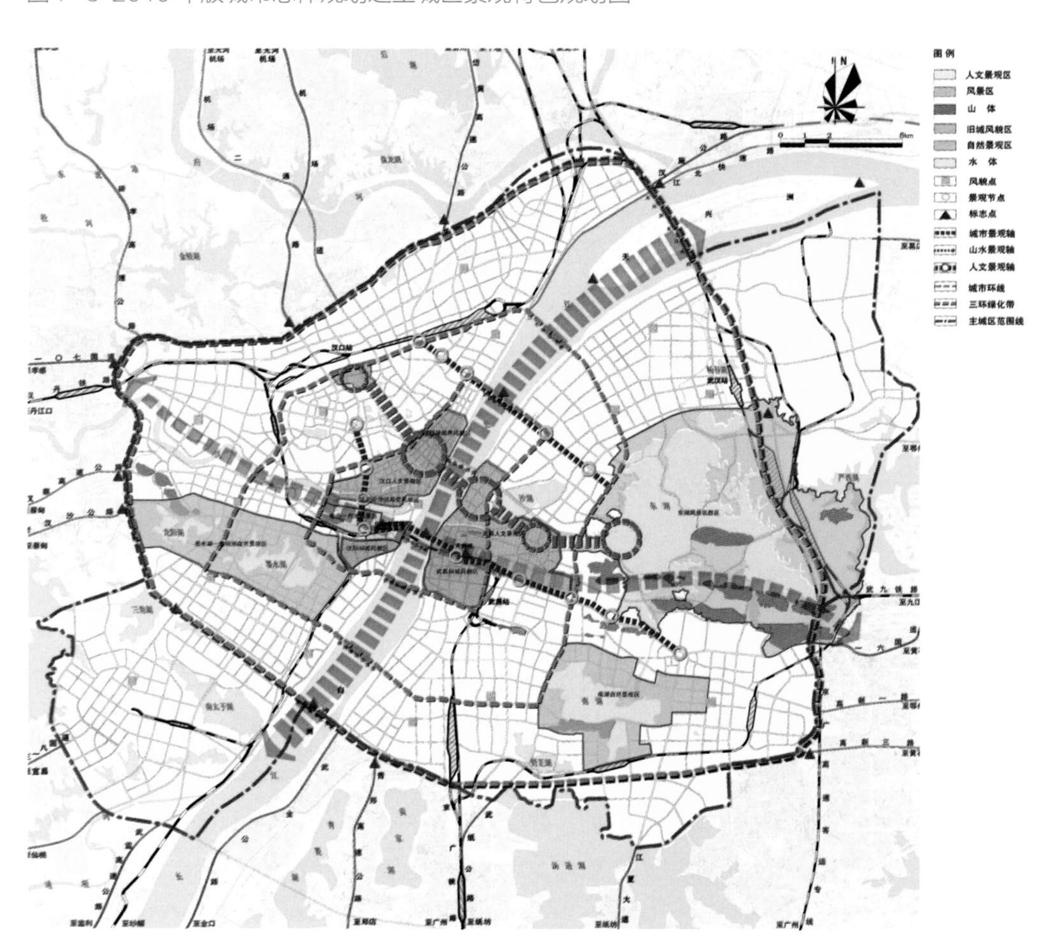

术、工商名品等非物质文化遗产加以保护性创新。以楚文化、知音文化、三国文化、首义文化、近现代工业文化等为重点，加强对体现城市发展历史的传统文化遗产的挖掘收集、调查整理、保护利用和申报工作，恢复和保护各类非物质文化遗产的物质载体，特别是通过对历史文化街区的活化更新以及标志性建筑、文保单位、优秀建筑、风景名胜的妥善利用，建设一批供市民进行传统文化活动场所，继承和发扬传统文化精髓，焕发城市文化活力。武汉戏码头初现雏形，琴台艺术中心、昙华林翟雅各、黄鹤楼、归元寺、汉口江滩、中山大道、原武锅 403 艺术中心等成为城市文化活动新场所。

6. 城市景观建设

将城市公共空间及城市景观作为体现城市历史文化及自然风貌特色的重点，并建构完整的人文景观体系纳入名城保护体系，划定城市优秀建筑景观集中的景观区、景观带、景观点以及城市广场予以控制，加强城市设计，形成既有传统风貌特色又富有时代感的城市空间景观（图 7-5）。

二、保护手段日渐多样化

武汉市历史文化名城保护从名录与挂牌保护、格局保护、紫线划定、历史性城镇景观保护到永续利用，保护手段日渐多样化。

（1）名录保护和挂牌保护。自改革开放之初历史文化保护是从各级文保单位名录和挂牌保护开始的，逐步扩展到优秀历史建筑、工业遗产、古树名木、老字号等非物质文化遗产，是非常重要的保护方式之一。

（2）紫线划定。结合武汉市的实际情况，紫线划定对象主要包括“历史街区及历史地段、区级以上文物保护单位、历史建筑”，一方面紫线划定作为一项历史文化保护的法定制度，具有开放性和延续性，另一方面，将紫线纳入规划管理一张图，作为下一步规划、城市设计及建设项目审批的依据。

（3）历史性城镇景观保护。历史文化名城的历史信息和记忆留存在城市物质空间以及城市文化之中，从改革开放之初的抢救性保护到逐渐融入城市发展，从城市整体景观风貌和城市文化等方面将名城保护融入城市发展之中，在城市格局、城市空间、城市形象、城市产业和城市文化等系统中予以尊重和体现。

（4）永续利用。将历史文化名城保护与博物馆、旅游创意空间、公共设施与公共空间和城市魅力提升相结合，如腾笼换鸟的尝试——汉正街工业园，从区域联合保护的线性文化路线，如万里茶道和汉冶萍钢铁公司遗迹线路。

为了有效指导和促进武汉历史文化名城保护工作，武汉市陆续颁布了《武汉市旧城风貌区和优秀历史建筑保护管理办法》（2003 年）《武汉市文物保护若干规定》（2007 年）《武汉市人民政府关于加强历史文化风貌街区保护工作的意见》（2011 年）《武汉市历史文化风貌区和优秀建筑保护条例》（2013 年）等系列法规、规章，同时将历史文化名城保护规划内容纳入城市规划体系，与公共设施、公共空间、绿地系统、景观体系、创意产业空间、旅游规划等紧密联系，并以紫线形式纳入规划一张图进行管理。

第三节
历史文化名城保护实例

武汉市历史文化名城保护是一个长期持久的探索创新和多方力量参与博弈的过程，从武汉市景观格局保护、大遗址原真性保护、历史街区和旧城风貌区活化保护实例可见一斑。

一、景观格局保护

黄鹤楼是武汉市城市标志性景观，与龟山、蛇山、长江大桥一起在两江交汇地区构成了“龟蛇锁大江”的城市意象核心。武汉市历史文化名城重塑，就是从黄鹤楼的重建开始的。

黄鹤楼作为军事瞭望台始建于公元 223 年，一直是城市标志性景观和观景点，历史上屡建屡废。现存黄鹤楼建成于 1985 年。1980 年代以来，黄鹤楼周边地区景观格局发生重大变化，周边建筑高度的增加给黄鹤楼和蛇山山体的视觉环境构成一定威胁和破坏。为严格保护黄鹤楼视线景观，武汉市先后于 1990、1993、1996、1999、2004、2009、2014 年七次组织编制黄鹤楼视线保护及景观控制规划。规划主要控制两大扇面，一是“望”——以黄鹤楼为中心，望长江江心扇面，确保将黄鹤楼作为城市最重要的全景眺望点之一，其视线能充分感知武汉龟蛇锁大江和大江大湖的城市意象和国际滨水城市风貌，

图 7-6 黄鹤楼视线保护规划图（2014 年编）

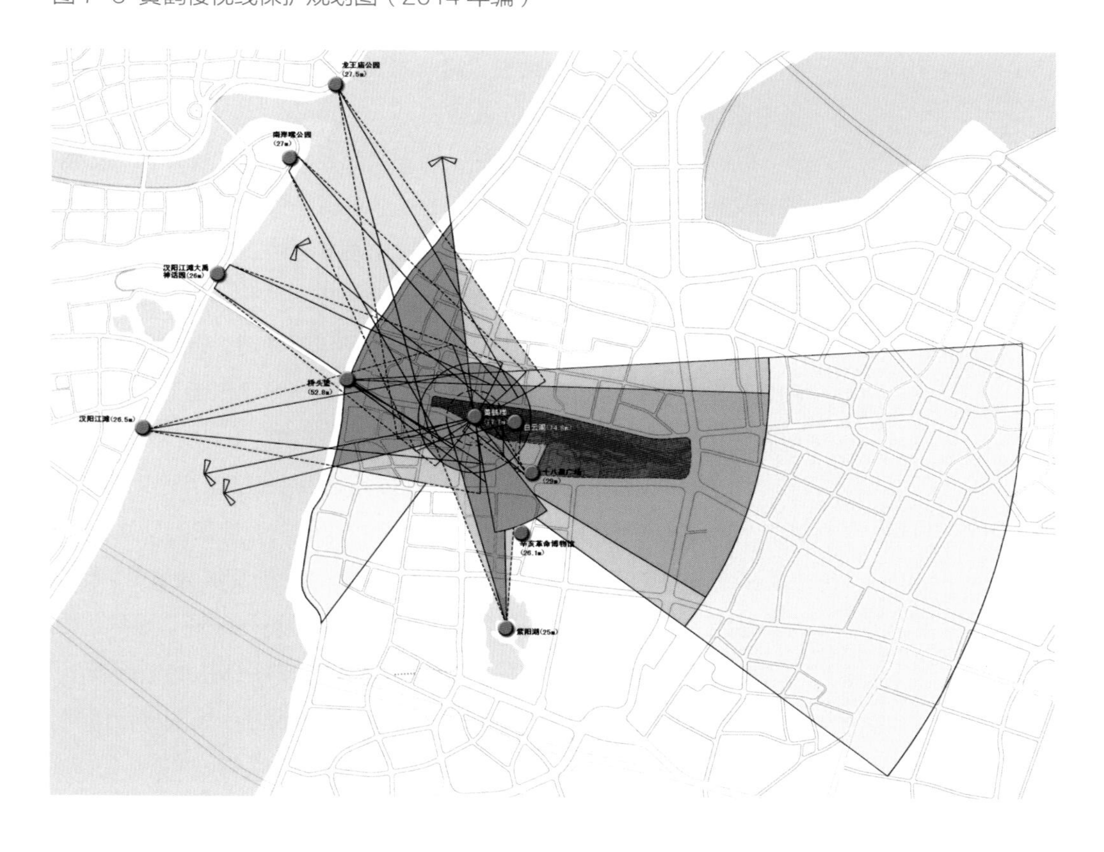

保证视线通透；二是"被望"——以武昌桥头堡为视点，望黄鹤楼视线扇面。"被望"视线：确定将武昌桥头堡望黄鹤楼和白云阁望黄鹤楼作为经典景观进行控制，确保"看得美"；并对武昌及汉阳两地重要城市广场等公共空间眺望点望黄鹤楼的视廊予以控制，保证"看得见"。针对黄鹤楼周边建筑形态及色彩杂乱，总体观感不佳问题，规划将黄鹤楼周边区域分为核心控制区（500m 半径范围）、中景控制区（约 2km 范围）和远景引导区（2km 以外的地区）三个层次分别进行景观建设引导。

在历次黄鹤楼视线保护规划过程中，由于城市建筑的逐渐"长高"，规划试图让步、妥协于武昌古城发展的势头和压力，视线基准楼层从一层（1990 年）到三层（1993 年），视阈范围从紫阳路—大堤口 124°（1990 年）、大成路—曾家巷 115°（1993 年）再到

图 7-7 黄鹤楼视线控制范围变化示意图（1999 年编）

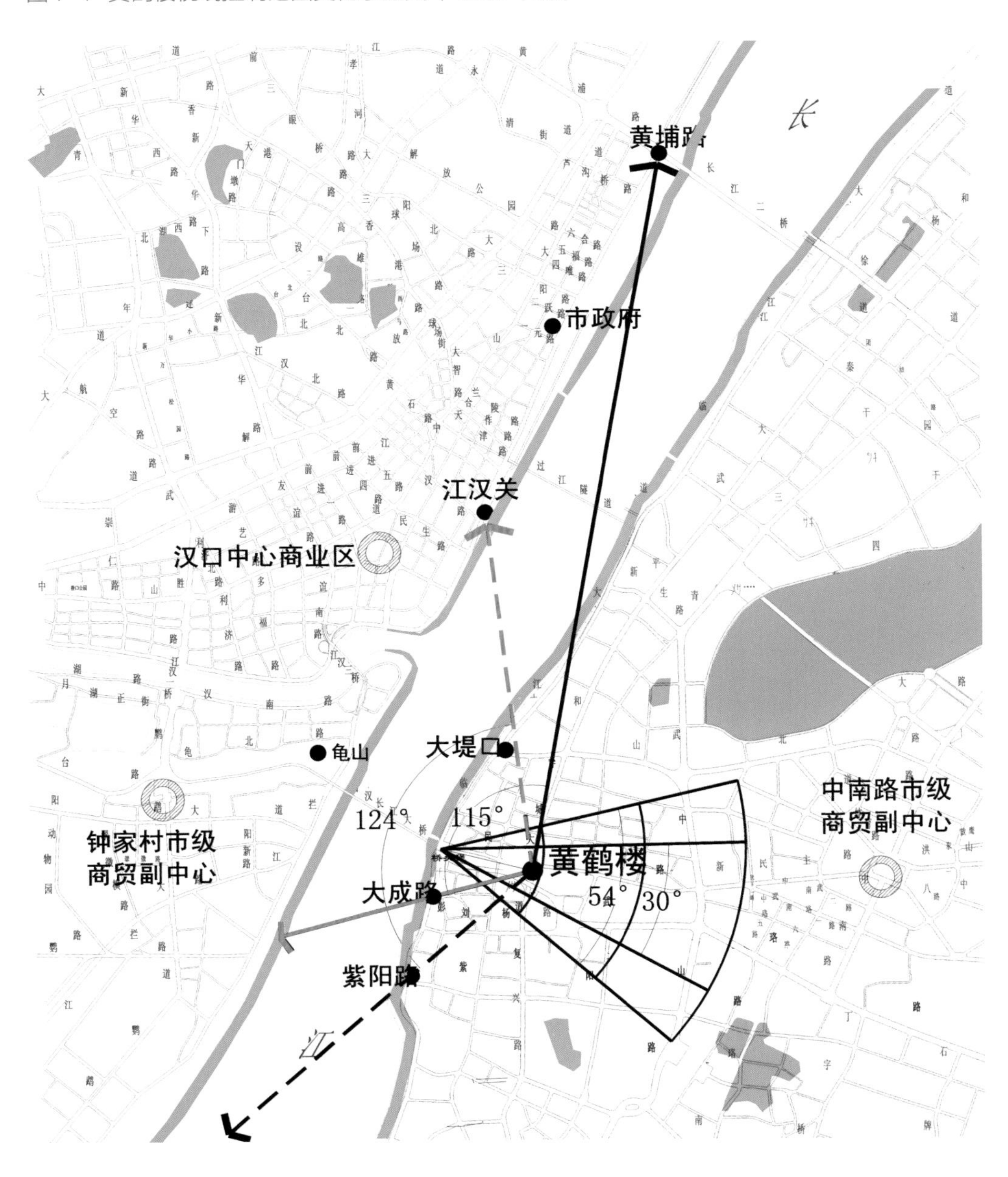

大成路—大堤口 100°（1996 年），最终在 1999 年版规划中坚持基准视线楼层为三层、视域为 100° 标准不变。经过近 30 年视线控制，黄鹤楼标志性景观及领略大江和城市格局之美的景观格局得以保护，同时武昌古城在艰难的蛰伏后避免了大规模拆建，留住了古城风貌（图 7-6、图 7-7）。

二、历史遗存的原真性保护

以盘龙城遗址保护为例。盘龙城遗址位于武汉市黄陂区南部盘龙湖畔，是武汉迄今发现最早的古城遗址，也是目前所知长江流域保存最为完整的商代古城址之一。1988 年被国务院确定为全国重点文物保护单位。武汉市于 2004~2005 年编制完成《盘龙城遗址公园保护规划》《盘龙城遗址文物保护总体规划》，后者于 2007 年获得国家文物局批复。

根据《盘龙城遗址文物保护总体规划》，盘龙城遗址总体控制面积为 655hm^2，其中重点保护区 140hm^2，一般保护区 255hm^2，外围控制地带 260hm^2。规划区域内已发掘的遗址点有 9 处，包括一处宫殿（260m×290m），其他为墓葬和作坊；已发掘的商代青铜器总数已达 400 余件，不仅数量远远超过了郑州商城，而且不少为商代青铜器中的精品；并出土了数以万计的陶片和 100 多件石器。由于大量珍贵文物埋藏在地下，目前已发掘面积不足其 1%，因此规划提出“异地复原与保护性开发”相结合思路，对重点保护区范围采用就地保护方式，形成“文物保护区”，对已发掘区域以简洁手法展示真实场景，尽可能不破坏文物原真性；在一般保护区内对原址进行复原，形成“文物复原区”。在遗址保护方式上也采用了多种方法，价值较高的遗址在原址复原后，用建筑给予保护，便于管理；规模较小的则采用简洁手法覆上钢结构玻璃顶棚，可就地参观；另有大量宫殿基础复原后被抬高到地面，向游人展示当时的建筑结构。2009 年都市发展区紫线专项规划按照《盘龙城遗址文物保护总体规划》划定盘龙城遗址保护范围、建设控制地带和环境控制区三根紫线。

图 7-8 盘龙城遗址紫线控制图

2006 年《武汉历史文化名城保护规划》将盘龙城遗址公园纳入市域风景名胜区保护层次，围绕盘龙城遗址建造体现城市文明之源的主题公园，完善旅游服务功能，形成紧邻主城区的大遗址保护景观（图 7-8）。

三、历史地段及旧城风貌区的保护与更新

2008 年《武昌古城保护与复兴规划》以及 2016 年中山大道改造顺应社会、经济和文化的变革与发展，从单一遗产保护规划控制转向在历史遗迹保护控制基础上，从历史城区老城再生角度出发予以规划引导，倡导有机更新或微更新、微改造，来实现城市空间环境改善，文化繁荣，从而带来经济复兴，最终实现历史城区复兴。

以武昌古城复兴规划以及昙华林、中山大道历史文化街区保护与更新为例。

图 7-9 《武昌古城保护与复兴规划》（2008 年）之绿地系统规划图

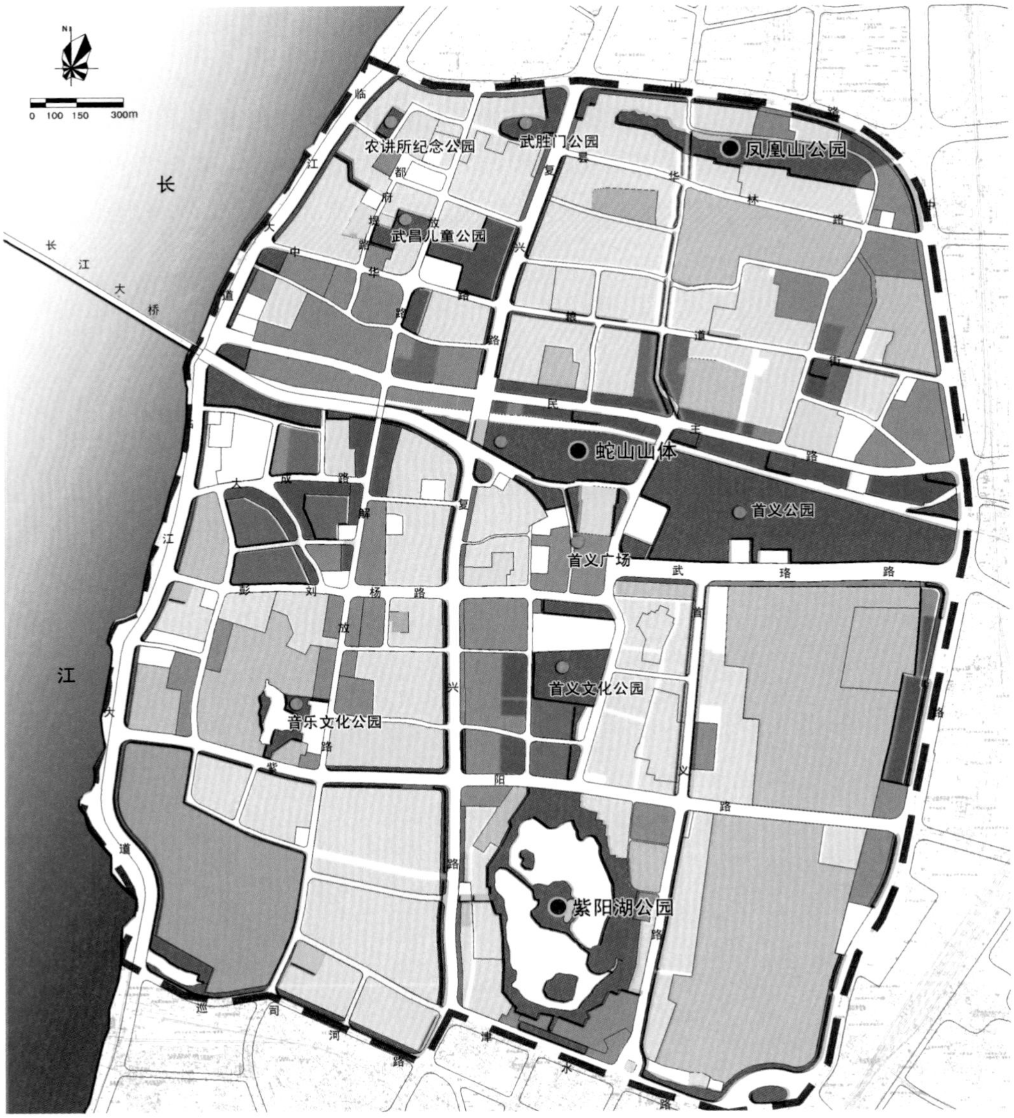

武昌城始自公元 223 年孙权筑夏口城，至今有近 1800 年历史。直至 1949 年，武昌一直是武汉三镇的城市核心之一，其间发生辛亥革命武昌首义、中共五大等重大历史事件。1926 年武昌城城墙被拆，基本沿城墙形成中山环路，城内文物古迹、历史遗存丰富，道路及山水格局基本保存至今。为充分挖掘利用武昌古城丰富的历史文化和自然景观资源，全面塑造和提升武昌古城形象，实现老城复兴，2008 年以辛亥百年庆典为契机，武汉市组织开展了“武昌古城保护与复兴规划”编制工作。规划延续古城“双轴”骨架，即蛇山生态轴线主要以蛇山山脉为主体，承接武汉市东西向山系的大绿化格局，打造古城生态绿化廊道和标志性绿化景观；首义人文轴线是首义纪念轴线，由南向北，从空间及时间序列上串联起义门与红楼形成古城历史轴线，展现辛亥革命武昌首义策动、发生、胜利的历程，打造国内一流的标志性纪念空间。建构古城“景观绿地系统”，充分利用蛇山、凤凰山、花园山、螃蟹岬、梅家山和紫阳湖、都司湖及长江等自然资源条件，通过打开望山望湖开敞视线通廊，保护和彰显古城山水格局。在原城门旧址建设九处街头绿地，界定和强化古城范围，形成“一线串九珠”绿化景观；通过选取战略眺望点如大桥桥头堡、起义门等重要景观节点，通过视线廊道来保护古城景观构架，重点加强黄鹤楼视线保护，强化黄鹤楼主体景观地位（图 7-9、图 7-10）。

昙华林位于武昌古城东北部城墙内，是含戈甲营、马道门、太平试馆、三义村以及花园山和螃蟹岬两山在内的狭长地带。昙华林内目前有 50 余处保存完好的历史建筑，优秀历史建筑共有 24 处，分别与辛亥革命、武汉早期共产党活动以及抗战时期历史事件以及

图 7-10 《武昌古城保护与复兴规划》（2008 年）之片区功能布局图

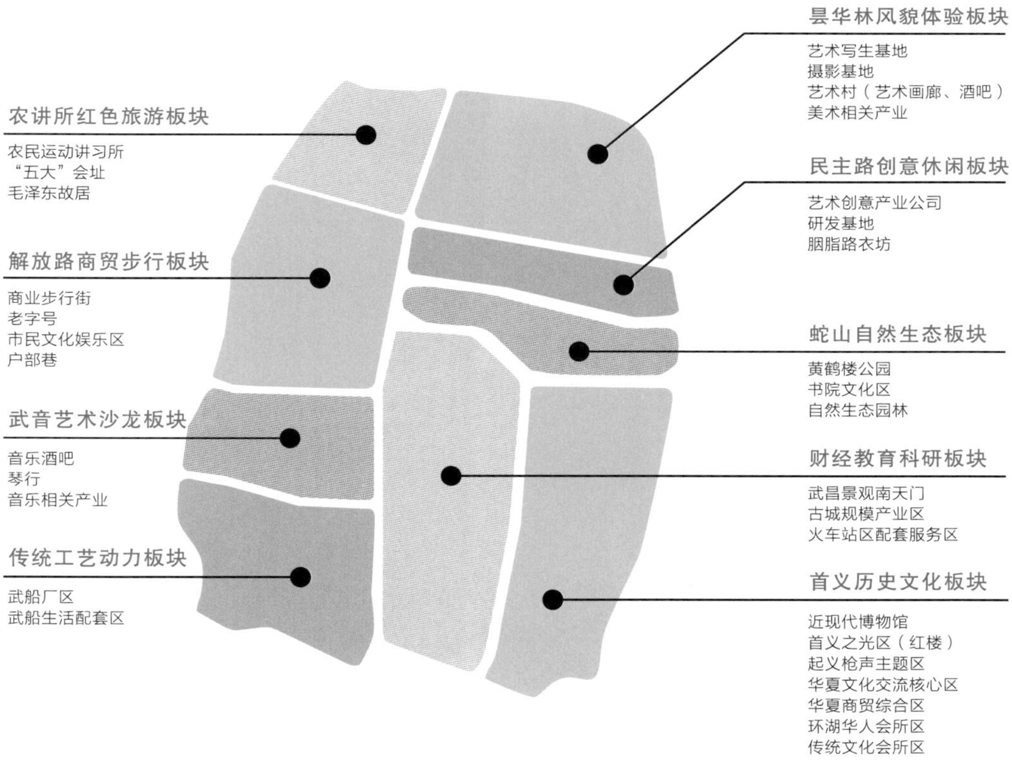

图 7-11 昙华林历史街区保护规划用地规划图（2014 年编）

图 7-12 昙华林历史街区保护规划紫线控制图（2014 年编）

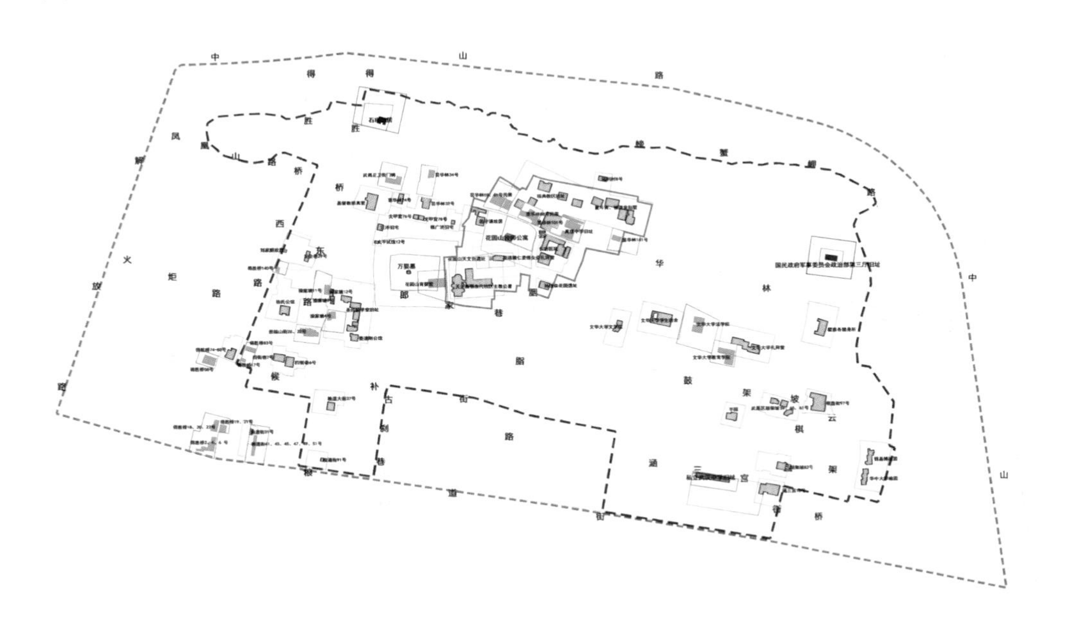

宗教、名人、民俗有关。昙华林文物保护单位共 5 处，分别是国民政府军事委员会政治部第三厅旧址、石瑛故居、私立武汉中学旧址、万婴墓、花园山牧师公寓，是武昌古城内湖北近代史的“活化石”，是古城最具代表意义的文化符号。自 2003 年开始，武汉市就启动了多轮昙华林地区保护规划。2014 年昙华林被住房和城乡建设部、国家文物局确认为武汉市首批历史文化街区之一，其地域范围东、北至中山路，西至得胜桥街，南抵粮道街，东西长 1.42km，南北宽约 0.8km，总面积 1.02km^2。这里有保存完好的旧城肌理和独特街巷空间，区域内有湖北美术学院、湖北中医学院、中医院以及中学、教堂和多个社区，生活气息浓厚，一方面成为汉漂文青聚集地、汉绣等非遗创意展卖地、博物馆汇集地，另一方面通过开展社区营造、社区微更新、微改造等，寻找将社区品质提升与历史文化保护与传承相统一的合理途径（图 7-11、图 7-12）。

中山大道南抵硚口云锦路，北达黄浦大街，跨越硚口、江汉、江岸 3 个区，全长 8.9km。一元路以南的中山大道始建于 1906 年，至今已有 100 多年历史。江汉路以南中山大道原名为后城马路，是在原汉口堡城墙基址所建，后一直是贯穿汉正街与原租界汉口旧城风貌区以及江岸沿江商务区、汉正街中央服务区，一条衔接历史与现代的老汉口东西商脉，最能体现武汉商业历史、商业灵魂、商业文化的景观大道，也一直是汉口市中心的主干道。2011～2012 年，武汉市在以中山大道为轴，由长江二桥—武胜路、沿江大道—京汉大道围合的汉口旧城范围内陆续编制完成了《汉正街中央服务区核心区实施性城市设计》《江岸沿江商务功能区实施性规划》和《一元路片历史风貌区保护规划》《武汉市“八七”会址片历史地段保护规划》等规划。利用 2014 年 2 月～2016 年 3 月武汉市轨道 6 号线一期工程的施工封闭期，以振兴老汉口为目标，2013 年武汉市组织开展了中山大道一元路至武胜路段长约 4.7km 的道路景观提升规划工作，其中前进一路—一元路（全长 2.8km）段作为示范段，按照国际商业景观大道环境标准进行设计，缩窄车行路面，提供更多步行、慢行和公共活动空间，改交通主干道为公交为主、融合游憩、购物、文化活动的文化旅游街道，使之成为带动汉口老城街区质量和社会凝聚力提升的纽带。

中山大道保护与改造是将“以人为本”交通理念落实到街道空间改造中，结合道路断面改造，增加中央绿岛、街头绿化广场等公共空间，打造了美术馆文化广场、水塔及艺术市场、梧桐林等公共空间节点，并联合区政府，对沿线老旧社区的市政基础设施、老旧建筑等进行改造，引入文化、老字号、休闲旅游类业态，促进街道业态的多样性。

该规划作为指导后续工程施工设计的总体纲领，由商业策划、建筑、园林、交通、市政等多方技术人员共同组成设计联盟全程参与规划设计和建设施工，并建立“首席专家”制度，遴选本地历史建筑保护领域的专家 11 名，全程跟进历史建筑的保护修缮工作。

2016 年 12 月 28 日开街以来，中山大道每天游人如织，沿线商业活力焕发，取得了良好社会反响，成为将历史文化保护融入现代生活，将景观改造与公共空间营造、设施更新、旧城活化、商业复兴相结合，恢复城市记忆，提升城市凝聚力的全球公共空间营造典范（图 7-13）。

经过 40 年来的一系列保护规划编制和实施，武汉市历史文化价值得到不断挖掘和认识，城市文化自信和自豪感得到提升，山水绿城格局和龟蛇景观意象和城市标志性景观格局得到保护，滨水城市特色得到彰显，历史街区风貌得到较好保护，历史遗存逐步得到及时修缮、保护和适当利用，特别是商代盘龙城遗址、明楚王墓群等大遗址保护展示工作得到推进，取得了较好的社会影响。同时，武汉市也曾经走过一些弯路，也存在一些普遍问题，需要进一步寻求有效的解决办法：

保护与利用的矛盾一直困扰着历史文化遗产的保护。1990 年代土地有偿使用制度实施以后，由于面临旧城改造的巨大压力，旧城出现过大规模拆建。在历史文化名城保护制度建立起来后，旧城风貌区保护与利用规划措施有限，实行博物馆式保护。长期以来一直实行严格保护和建设控制的旧城风貌区如汉口老租界风貌区和武昌古城建筑及其环境和设施日渐老旧，人口老龄化、高龄化，使得旧城面貌普遍破旧、活力不足。一方面旧城区以居住功能为主，老字号、有活力的企事业单位以及工厂外迁导致旧城特色产业链断裂；另一方面目前的历史街区、文物古迹保护规划建设主要以服务旅游开发为目的，存在旧城风貌区城市建设与改造布景化倾向。也有部分文物保护单位和优秀历史建筑，由于利用不当或过度利用，造成原有功能设施的加速老化。

保护标准和理念的差异导致大量建设性破坏。40 年的名城保护历程，是中国城市规划在特定的发展背景和发展路径下的不断探索和体系方法及标准不断完善的过程。城市建设中对人的尊重、对历史的尊重、对城市记忆的尊重、对品质质量的追求等理念和共识也是逐步建立的过程。对历史信息和历史文化价值发掘和认识的差异化与局限性导致缺少文化自信和历史自信；对现代化和城市美化的狭隘理解，旧城内大规模基础设施建设和大尺度的广场建设、道路拓宽拉直、大型交通枢纽和隧道出入口的设置以及大规模拆建导致旧城格局和特色受到一定程度破坏。

历史文化保护公众参与不足。长期以来由于体制机制及产权不明晰等原因，名城保护以自上而下的保护控制为主，对历史文化资源的深入挖掘和保护方法、手段的探索研究不足，产权人、公众、投资方参与程度有限，政府部门之间、各级政府之间沟通协作不足。从而造成政府文化、旅游、教育、规划、商务等各职能部门之间，居民、企业与政府之间相互隔离。如文化局分管文物保护单位，房产局分管优秀历史建筑，纳入名录的受保护建筑与居民住房、商业建筑混杂，产权复杂，各街道多是一层皮规划整治，缺乏统一的更新规划措施，导致历史街区、文物古迹的孤岛式保护。

图 7-13 中山大道实施实景照片

第八章
生态空间管控与滨水特色彰显

CHAPTER 8
CONTROL OF ECOLOGICAL SPACE AND HIGHLIGHTING OF WATERFRONT FEATURES

武汉因水而生，长江斜贯市区中部，汉水沿市区西南入境，在市中心注入长江，两江汇纳支流，联结湖群，市区内分布大小湖泊百余个，构成两江交汇，三镇鼎立，城市襟江、带河、联湖的独特生态格局。武汉也因此享“江城”“百湖之市”的美誉，生态资源本底条件优越。

改革开放 40 年来，武汉园林绿地与生态空间规划建设经历了逐步从建设区内走向市域、区域的由内而外的发展历程。改革开放初期，武汉城市空间处于集聚发展阶段，规划关注重点是建设区内公园绿地建设；2000 年后，随着城市空间不断扩展，规划视野逐步延伸，武汉对生态空间的关注开始面向全市域，乃至区域生态格局一体化发展。特别是 2010 年之后，武汉通过持续的规划探索和实践，已逐步摸索出一套具有地方特色的生态空间管控模式，为彰显武汉滨水特色，推进生态文明建设奠定了坚实的物质空间基础。

第一节
城市园林绿地系统规划与建设

1923 年，武汉首个城市公园——首义公园建成，从此市民有了社会活动和政治活动的公共场所。1929 年，《武汉特别市之设计方针》中即提出武汉市公园系统的规划，其目的是“以便于市民既能享受近代都市文明的便利与快乐，又能沐浴自然山林川泽的田园乐趣”，由此赋予生态绿地之公共社会属性。新中国成立后，1950 年武汉市创建第一个苗圃，1953 年筹建滨江、解放两个公园，同时各区开辟区级公园，发动群众荒山植绿，人行街道大规模绿化。1960 年代末至 1970 年代，武汉城市绿化建设处于停滞不前阶段。进入 1980 年代，武汉城市绿化进入恢复和重新发展阶段。1982 年 2 月全国城市绿化工作会议要求“把普遍绿化作为城市园林绿化部门的工作重点。”随后的 40 年中，城市园林绿地系统也由以往只是在城市总体规划中的专章，逐步发展为在城市规划体系中具有举足轻重作用的专项规划，内容也逐步从注重城区园林绿化建设发展到覆盖全市域（图 8-1）。

图 8-1 武汉特别市公园系统图

一、建设区为重点的园林绿化规划建设

改革开放初期，处于“文革”后城市绿化建设亟待恢复，此时的规划重点关注城市建设区内园林绿地。1980～1990 年代，城市园林绿化规划主要为城市总体规划中的专项规划，主要规划内容涵盖城市公园规划布局，数量与规模等建设要求的确定，以及近期建设行动计划制定，规划在推动城市园林绿化建设发展、促进城市园林建设专业品质提升方面，一直发挥着举足轻重作用。

1.“点线面”结合与“见缝插针”式布局

1982 年版城市总体规划提出，按照“点、线、面”相结合相互连通形式，组成统一绿化系统。“点”是小型公园、文化宫、广场绿化、小游园专用绿地等；“线”是城市内部以龟、蛇山为主的东西绿化轴线，以及分布在其南北的林荫路、防护林带、行道树、防浪林等；“面”则是风景区、森林公园等大面积生态绿地。规划还强调，以普通绿化为重点，搞好郊区宅旁、村旁、路旁、水旁以及建成区内街坊院落和各单位内部绿化；改造危坏房时，要按照规定保留绿化用地；提倡“见缝插针”种花草植树木，增加绿化覆盖面积。1988 年版城市总体规划在前版总体规划确定的城市公园布局基础上，继续增加公园绿地分布，并强调每个地区或片都有一个较大的公园绿地（图 8-2）。

图 8-2 1988 年版城市总体规划之园林绿化建设规划图

2. 大型城市绿地与主城园林绿地系统构建

1996 年版城市总体规划确定了“主城 + 重点镇”的城市地区布局模式，城市园林绿地系统也随之纳入到更大区域范围考虑。规划提出通过合理规划布局主城生态框架，重点划定生态用地，调控主城建设强度，扩大城市绿地面积，充分利用山水园林条件，形成多样化园林绿地系统；建成由低密度建设区、城市绿地、山体、水体、风景区、农田等共同构成的大型城市生态用地。

对于主城园林绿地系统建设，规划还提出结合规划结构和建设山水园林城市的要求，扩大绿地面积，提高绿化建设标准和质量，相对集中布局大型绿化用地，配套完善各级公园，注重建设方便居民使用的公共绿地，形成完善的点、线、面相结合的园林绿地系统。规划进一步明确了各级城市公园的规模，例如提出在各综合组团、片区中心附近，规划 15 个面积在 50hm² 左右的市级公园；各综合组团、片区内，规划布局 23 个面积在 20hm² 左右的区级公园；居住区级公园面积达到 5hm² 左右，同时还强调结合生态廊道布局大型城市公园，包括规划面积在 70hm² 以上的塔子湖、常青、竹叶海、南太子湖、沙湖等 5 个大型市级公园。

对于大型生态用地，规划提出完善国家级东湖风景名胜区建设，建设南湖、墨水湖、龙阳湖市级风景区等内容。

因此，1996 年版总体规划进一步丰富了主城绿地系统构成，以及各级公园绿地规划布局要求，为主城园林绿地系统构建奠定了基础（图 8-3）。

图 8-3 1996 年版城市总体规划之主城园林系统规划图

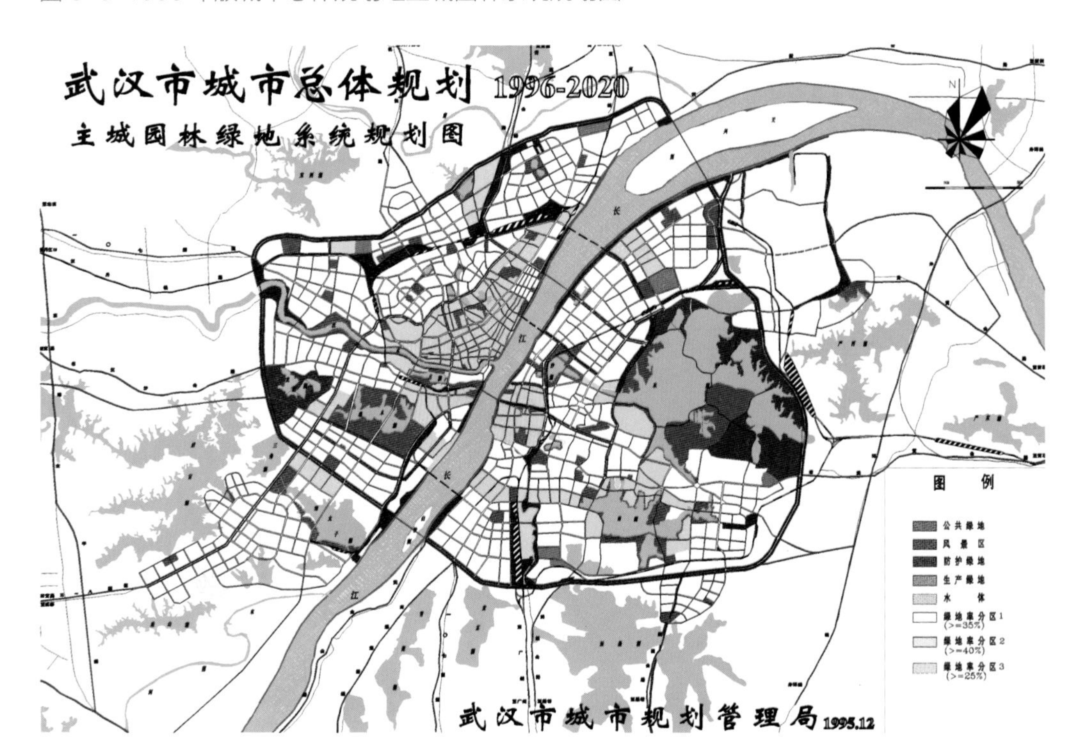

3. 山水园林城市与近期建设行动

1997 年年末，武汉市提出“山水园林城市”建设目标，为此编制完成《武汉市创建山水园林城市综合规划纲要》，这也是 1996 年版城市总体规划后，对园林绿地建设所作的一次系统、全面的近期建设行动规划。

规划提出力争用 5 年时间，在主城内构成以“一点一带、两轴两环、四心十线”为主题的山水园林城市基本框架，并在基本达到国家园林城市标准的基础上，使武汉市形成一个绿化系统纵横通透、城市形象特色鲜明、环境质量舒适优越、城市文化气息浓郁、初具 21 世纪建设水平的现代化山水园林城市。以此为创建工作目标，规划对实施山水园林城市基本框架进行了项目化任务分解，并逐一提出了明确的建设要求、建设内容、建设地点、建设规模和建设年限，以及 5 年战略步骤。

规划还特别强调了加强城乡一体的绿化建设，首次全面布局市域大型生态功能区，将生态保护与利用紧密结合。在山水园林城市基本架构之下，分别对市域大型生态功能区，沿长江、汉江滨水公园绿带，东湖、南湖、汉口“五湖”、龙阳湖等四个城市滨湖公园，以内环线、三环线及 10 条主要出入道路为主，以及各级公园、广场均提出了各自的建设规模和建设要求。

规划中提到的“创建山水园林城市，是一项提高武汉市综合实力的‘经济工程’。通过广泛宣传和教育，树立起‘环境也是生产力’、‘绿色’可以变为‘金色’、提高城市环境就是提高生产力的新观念，改善投资环境，促进城市经济发展，增强下一世纪城市发展的综合竞争力”这些前瞻性的规划统筹思路与务实的规划措施，为引导武汉城市品质提升提供了有力保障（图 8-4、图 8-5）。

图 8-4 《武汉市创建山水园林城市综合规划纲要》之总体建设规划图

在该规划的指导下，至 2000 年前后，武汉市滨江滨湖绿化建设取得突破，一批城市公园、街头游园、城市道路绿化建设也取得了显著成效，主城区内绿化水平得到大幅提升。其中，青山、硚口、汉阳、武昌等城区陆续建设滨江公园，汉口江滩一期、龙王庙“险点变景点”工程建成。解放公园、青山公园、武汉动物园、马鞍山森林公园等大型城市公园续建、改扩建顺利完成。西北湖绿化广场、菱角湖公园、四美塘、常青、汤湖等一批依湖建设的公园、绿化广场建成开放。经过此次山水园林城市创建，奠定了武汉市滨江滨湖的园林景观特色。

图 8-5 《武汉市创建山水园林城市综合规划纲要》之绿地系统规划图

二、分层分区的全市绿地系统规划建设

2001 年，国务院下发《关于加强城市绿化建设的通知》。2002 年年初，武汉市着手开展城市绿地系统规划及绿线划定工作。2003 年 12 月，《武汉市城市绿地系统规划（2003—2020 年）》（以下简称“2003 年版绿地系统规划”）获市政府正式批复，这也是迄今为止武汉市唯一一个经市政府批复，覆盖全市域的绿地系统专项规划。它也是在 1996 年版城市总体规划指导下完成的一项重要的专项系统性规划，对总体规划绿化体系规划进行了系统的深化、细化。

1. 分层次的绿地系统构建

2003 年版绿地系统规划首次按照市域、城市规划区、主城区三个层次对绿地系统进行详细规划布局安排。

市域层面强调以武汉市自然人文资源和现有绿化条件为基础，重点建设六大区片，包括黄陂木兰生态旅游区片、涨渡湖—道观河风景区旅游区片、东西湖生态旅游区片、九真山索河风景旅游区片、汉南—鲁湖湿地生态农业区片、梁子湖—龙泉山文化旅游区片。同时，对滨河滨湖绿化、干线绿化以及农田林网均提出了控制要求（图 8-6）。

城市地区层面提出城市规划区绿地建设的重点：包括绕城公路绿带与中环线（现称三环线）绿带两条环状绿带，以及南湖生态旅游度假区、金银湖休闲度假区、金银潭—盘龙城—后湖绿化区、武湖生态农业观光区、严西湖—九峰森林公园绿化区；汤逊湖—黄家湖环湖绿化区六片绿化区（图 8-7）。

图 8-6 《武汉市绿地系统规划（2003—2020 年）》之市域绿地系统规划图

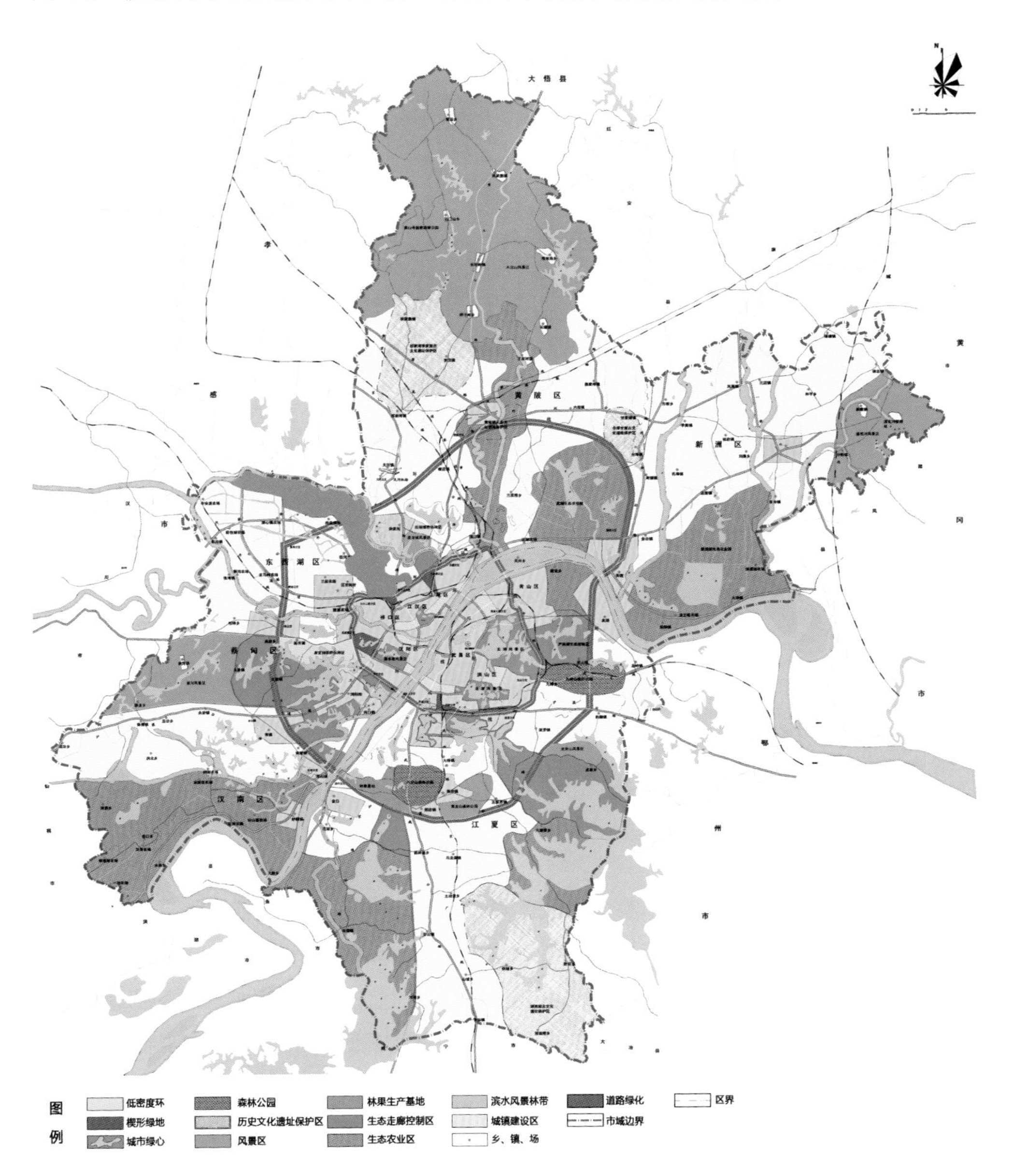

主城区层面延续市域和城市规划区绿地系统生态框架，重点突出滨江滨湖绿化空间和绿色人居环境，提出以主城区内长江、汉水和东西向山系为纵横山水绿化景观轴线，市内湖泊、大型市级公园绿地作为汉口、汉阳、武昌北部、武昌南部生态绿心，以二环路附近低密度区构成主城区绿化生态内环，以水面、城市各类绿地和低密度区构成生态走廊，联通城市规划区和市域大型生态绿地，构成“环状—放射”型绿地系统结构（图 8-8）。

总体上，规划形成“两轴一环、六片六楔和网络化”绿地空间布局框架，这也为 2010 年版总规确定全域生态框架打下了坚实基础。

2. 分区域的控制指标确定

2003 年版绿地系统规划在指标控制方面仍以三大绿地指标为主，即人均公园绿地面

图 8-7 《武汉市绿地系统规划（2003—2020 年）》之城市地区绿地系统规划图

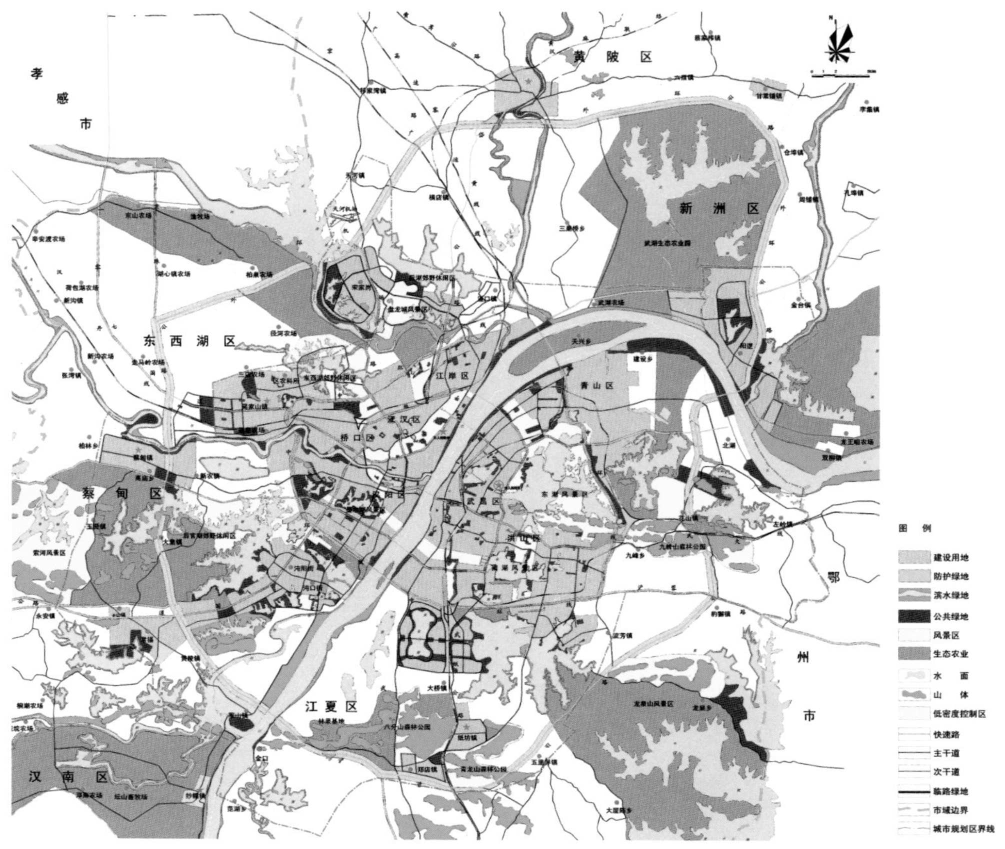

积、绿地率及绿化覆盖率。规划分区域提出不同的控制要求：市域层面，突出森林绿化的生态背景和基础作用，主要控制全市森林覆盖率、人均占有森林面积两项指标；城市规划区作为市域与主城区之间的过渡区域，突出绿地对各级城镇的服务功能，分别对重点镇、城关镇、中心镇、一般镇依次确定由高到低的不同控制标准；主城区注重以人为本，重点展现城市绿化和滨江滨湖特色及山水相间的良好绿色人居环境，相较城镇标准更高，人均公园绿地面积达到 16.8 m^2。此外，规划还特别在城市建设区内，将城市绿地系统规划与城市规划结构相适应，对不同类型城市建设用地按“核心区、中心区片和综合组团”实行绿化分区控制，提出不同的附属绿地率指标要求，以便于绿化建设细化管理。

3.“规划建绿”的成效凸显

从绿地建设上来看，在 2003 年版绿地系统规划的指导下，绿地建设成效明显，城市面貌有较大改善。武汉市分别于 2006、2010 年获得“国家园林城市”、“国家森林城市”称号，各项绿化控制指标均得到大幅增长，尤其在 2004～2005 年，武汉市绿地增长迅速，这也充分说明“国家园林城市”创建工作对城市园林绿地建设促进作用明显。

在 2003～2010 年前后，武汉市重点开展了两江四岸江滩环境综合整治和龟山、蛇山东西向山系显山透绿工程、黄鹤楼景区提升改造工程；新建汉口江滩二期、武昌江滩、汉阳江滩，汉江江滩面积达到 420hm^2；新建蛇山公园、月湖公园等一批城市公园，规划确

图 8-8 《武汉市绿地系统规划（2003—2020 年）》之主城区绿地系统规划图

定的绿化十字轴格局基本形成。此外，城市核心区绿化建设也顺利开展，先后完成中心城区湖泊整治清淤工程，新增绿地面积 12hm^2；重点实施了首义、昙华林、中共五大会址、武汉站站前广场等重点地段绿化建设，同期解放公园改造，三环线绿化带也启动建设。由此可见，这段时期城市重点园林绿化建设均是围绕绿地系统规划确定的绿地空间布局框架展开，城市绿地建设由原来的“见缝插针”转变为“规划建绿”（图 8-9）。

三、对接管理的都市发展区绿地系统规划建设

2010 年武汉市政府工作报告提出“加快重点功能区建设，打造城市新亮点；争创‘国家生态园林城市’，提升城市园林绿化水平”的要求。同时，根据 2010 年国家颁布的新的《城市园林绿化评价标准》GB/T 50563—2010，武汉市在人均绿地水平、绿地率、绿化覆盖率以及植物指数等绿化和生态指标方面均与“国家生态园林城市”目标有较大差距。更重要的是，随着城市化快速发展，城市生态及游憩空间被侵占挪用的局面日趋严峻，缺乏刚性的绿地规划控制、建设和管理措施。在此背景下，依据 2010 年版城市总体规划，以及都市发展区“1+6”空间发展战略实施规划，武汉市于 2011 年着手开展了《武汉市都市发展区绿地系统规划（2011—2020 年）》编制及绿线划定工作。此次规划范围为都市发展区 3261hm^2 用地范围，其中主城区根据 2010 年版总体规划以三环路以内地区为主，包括局部外延的沌口、庙山和武钢地区。2015 年该规划的主城区部分获市政府批复，成为主城区绿线管理的重要依据（图 8-10）。

图 8-9 蛇山实景照片

1. 更加细化的绿地分类应对精细化管理需求

2015 年版都市发展区绿地系统规划形成了兼顾城市建设区与非建区，覆盖全域的绿地类型。规划确定武汉市绿地分为城市公园（G1）、附属绿地 (G4)、生产绿地 (G2)、防护绿地 (G3)、生态公园 (G5) 五大类，其中附属绿地（G4）、小区游园（G122）在城市用地分类中归入工业用地、公共设施用地、居住用地等各类用地统计中，不计入绿地（G）。较之国标，此次分类一方面保留了对生产绿地的控制要求，同时结合非建区特点增加了对生态公园（G5）的规划要求。

同时，较之此前绿地分类，此次规划中将原来市级、区级、居住区级和小区级四级城市公园绿地体系简化为城市级公园、社区级公园两类，在此中类基础上，在小类中作出市与区，居住区与小区，以及带状公园、街头绿地的细化；并将生态公园分类细化为湿地自然保护区、风景名胜区、森林公园、湿地公园、郊野公园、生态农业园六个中类。这样的分级与国家城市规划用地分类标准相衔接，同时也与武汉市集中建设区内控制性详细规划分级控制要求，以及基本生态控制线范围内各类生态用地功能类型充分对接，为统筹全域生态绿地系统发挥了作用。

2. 绿线划定保障规划管理与实施

2010 年，武汉市出台《武汉市城市绿线管理办法》《武汉市湖泊整治管理办法》，均要求进一步落实绿线，并纳入控规导则，规范管理。《武汉市城市绿线管理办法》明确要求划定城市公园绿地、生产绿地、防护绿地以及山体、江河、湖泊等城市生态控制区域各类绿线；对城市绿地系统的规划、建设与管理提出了更高要求，经批准的城市绿线需向社会公布，接受公众监督。

按此要求，在 2015 年版绿地系统规划中，对都市发展区范围内系统性地划定绿线，并对接规划管理需求，提出按照初步方案、用地校核、分局审核、控规导则衔接等四个阶段划定绿线。技术上，规划采取了绿实线与绿虚线相结合的控制方式，其中绿实线为强制性控制实施的各类公园绿地、生产和防护绿地。绿虚线为近期难以实施的带状绿地、道路防护绿地等，在远期改造过程中控制实施。绿虚线不纳入绿地面积统计。

规划划定的绿线经多轮校核完善后，被纳入武汉城市规划管理一张图平台，对于更好地实施绿地建设与管理，通过公众监督保障规划绿地发挥了重要作用。

3. 建立绿地系统年度实施评估机制

为进一步真实、全面掌握全市现状绿地建设实施情况，进一步科学服务规划管理，武汉市自 2014 年开始常态化地开展全市绿地系统规划年度实施评估工作，希望通过绿地系统年度实施评估，为今后绿地系统规划实施提供基础及技术支撑，同时促进更加完善的规划管理制度构建，并通过相关技术手段的提升更加科学地指导武汉市绿地系统建设。

在 2014 年的全市绿地系统评估工作中，创新性地把 GIS 技术首次运用到评估工作中，利用高效的规划信息收集处理系统，实现各种基础信息的数字化、矢量化和标准化。例如，利用 GIS 统计工具计算人均公园绿地面积、万人拥有综合公园指数、城市防护绿地实施率，利用 GIS 缓冲区工具计算公园绿地服务半径、公园绿地覆盖率等。也正是在此次工作后，武汉市逐步建立了一套城市绿地信息系统数据平台，在传统的城市绿地信息调查基础上，通过 GIS 平台将海量数据进行组织、存储和管理，实现绿地信息的查询、统计、显示，以及计算常规绿地评价指标等，从而更加科学、高效地研究绿地规模、功能、空间布局，并对可达性、服务公平性等作出科学、客观评价。

图 8-10 都市发展区绿地系统规划图（2011 年编）

第二节
全域生态框架格局的构建与锚固

2008 年编制的《武汉城市圈“两型”社会建设综合配套改革试验区空间规划》中，首次提出武汉及周边区域生态格局，即以山脉、水系为骨干，以山、林、江、湖为基本要素，构建“一线、两带、五片、网状廊道”区域生态框架，将长江湿地群，大别山脉、幕阜山脉，以及梁子湖地区、斧头湖、西凉湖等大型湖泊确定为区域生态框架的核心生态要素。以此为基础，通过网络状生态廊道将主要生态要素进行串联；通过对大型自然“斑块”的保护、培育及自然恢复，形成多层次、多功能、立体化、复合型、网络化区域生态支撑体系。城市圈生态框架格局的构建，为加强武汉及周边地区区域生态协同奠定了基础。在后续开展的一系列武汉市生态空间相关规划中，逐步明晰了与区域协同的全域生态框架结构。

一、全域生态框架的确定

生态框架结构的确定是实现武汉市未来城市空间集约有序、长期健康可持续发展的最为关键、最为重要的内容。在区域大的生态格局中，进一步认识武汉自然资源特点，并逐步明晰全域生态框架结构，成为生态空间规划的核心内容。

1. 自然资源格局认识

武汉市域位于江汉平原东部，处于丘陵地带经平原向低山丘陵过渡地区，自然地理状况赋予这座特大城市独特的自然资源格局特征，主要表现在：

第一，类型丰富，全域生态要素齐全、多样。武汉全域范围内山体、水体、林地、农田、湖泊、草地等各类生态资源构成了齐全、多样的生态系统。城市中部两列东西走向、南北平行的山系，以及市域北部的大别山余脉，成为全市森林资源的主要分布区域；广泛分布的农田林网构成全域生态基底；丰富的水资源，包括江、河、湖、库及坑塘等各类自然水体的水域总面积达全市总面积的 1/4；同时，市域内还分布有少量草地。

第二，水系丰沛，水生态环境独具特色。武汉市水资源呈现出典型的“湖群密集”以及“北纵南网”空间特征。长江、汉水、府河共同构成城市水系基本架构，由此形成汉口东西湖片、黄陂新洲片、汉阳片、武昌江夏片四大片相对独立的水网。丰富的水资源对于净化空气、调节气候、降解污染、调蓄洪水、丰富城市空间景观、发展城市旅游，都具有十分重要的意义。

第三，北山南泽，城市生态框架层次鲜明。从市域生态资源空间分布看，大型山水资源整体呈现北山南泽的空间分布格局。北部主要为大别山余脉，以木兰山、将军山等低山丘陵为主，南部主要分布有梁子湖、汤逊湖、鲁湖等大型湖群，市域内部与周边湖泊水系共同形成武汉城市圈内水体最为集聚的区域。

2.“环状一放射”生态框架初步提出

改革开放初期，城市规划对市域生态空间一直处于“弱关注”阶段，直至 1996 年版城市总体规划编制中，首次将全域自然资源作为一个整体，提出生态框架结构概念。即，通过合理规划布局，建成由低密度建设区、城市绿地、山体、水体、风景区、农田等共同构成的生态框架。以长江、汉江与东西山系为纵横两轴，以蛇子湖等湖泊公园、墨水湖风景区、东湖风景区、南湖风景区为汉口、汉阳、武昌北部、武昌南部的生态绿心，以二环路附近联系主城 4 个生态绿心的低密度区为生态内环，以三环路附近环绕主城 3～5km 范围的农田、郊野公园、水面等为生态外环，以水体、城市绿地、低密度区组成的后湖、汉西、南太子湖、巡司河和南湖等五个生态走廊，分隔主城和新城，并连通市域的东西湖、后官湖、黄家湖、汤逊湖、梁子湖等大型生态用地，形成延伸郊区、伸入主城的生态放射型走廊，由此初步构成生态轴、生态绿心、生态环和放射生态主廊相互联系的“环状—放射”型生态框架结构。

3.“轴—楔—环—廊”生态框架结构确定

随着规划视野逐步开阔，武汉不断总结国际生态城市建设实践经验，充分学习伦敦、莫斯科、巴黎等一批在空间结构上与武汉有相似之处的发达城市的生态空间保护体系经验，尤其是在总结伦敦“环城生态带”模式，以及丹麦、莫斯科“楔形生态带”模式基础上，结合武汉自然山水，在《武汉市城市总体规划（2010－2020 年）》中提出整合市域山体、河流、湖泊、湿地、森林、城市绿地、农田、风景区等生态要素，建构“两轴两环、六楔入城”的生态框架，是后续武汉市围绕生态框架的保护而开展的系列规划探索和管理实施的重要起点。

2010年版总体规划，在1996年版总体规划“环状—放射”型生态框架结构的基础上，对“两环”提出调整，一是将生态内环改为以三环线防护绿地为纽带的主城外围生态保护圈，二是将外环调整为以外环线防护绿地为纽带的都市发展区生态保护圈；“六楔”则是在原五个生态放射型走廊的基础上，将汉西和后湖生态走廊归并调整为府河生态走廊，同时增加了北向的武湖、东向的大东湖，由此形成深入主城区核心，保护建设都市发展区，由外向内延伸的六片城市楔型绿化开敞空间。

2011 年，为进一步落实 2010 年版总规生态框架结构，在编制《武汉都市发展区“1+6”空间发展战略实施规划》的同时，配套完成《武汉市生态框架保护规划》，其中对于城市生态框架又增加了“多廊”构建，即在城镇建设组团间、各生态绿楔间，或利用自然水系沟渠，或结合山系，灵活布局城市带状公园，将“绿廊”作为各生态基质斑块的重要连通道。由此，进一步推动了武汉以“环—楔—廊—轴”为特点的网络化生态格局的形成，该规划于 2011 年 11 月经市政府批复后，武汉市“两轴两环，六楔多廊”的全域生态框架结构得以深化确定（图 8-11）。

二、全域生态框架的锚固升级

面向 2035 年的《武汉市城市总体规划（2017—2035 年）》中，明确提出对于“两轴两环，六楔多廊”这一维护城市生态安全的重要生态框架格局予以固化和升级。

1. 区域生态共建共保

2017 年版总体规划从更加宏观视野关注区域生态共建共保问题。在《武汉市全域生

图 8-11 2010 年版城市总体规划之生态框架结构图

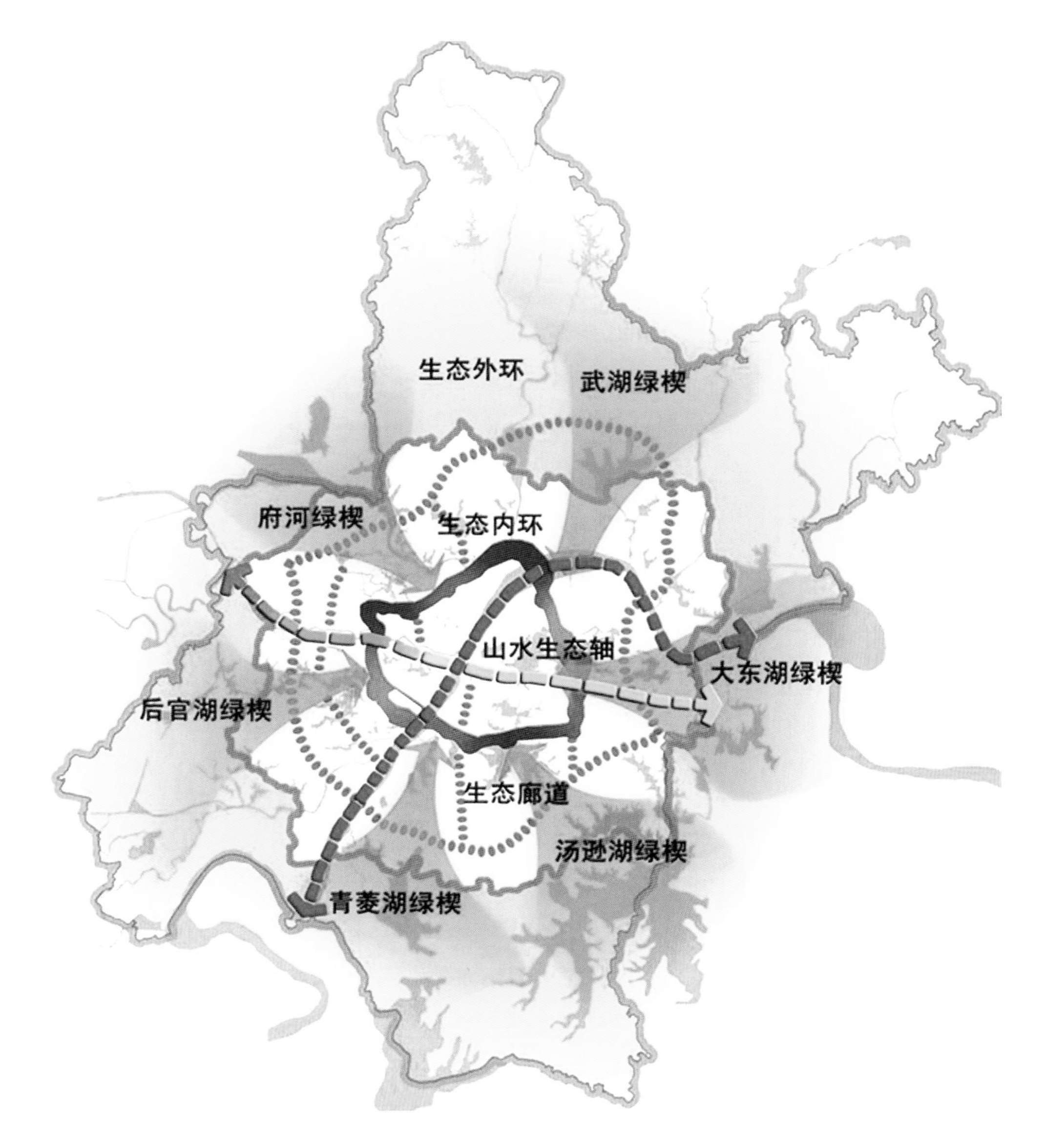

态框架保护规划》提出的构建“区域生态环”，以及内引外联，确保“六楔”贯通的区域生态协同策略基础上，提出构建空间范围为 2.06 万 km^2 武汉大都市区，在识别出“两江八水、多山多湖群”区域生态本底后，在武汉大都市区层面构建多个跨行政区划的生态协调区，保护长江、汉江区域生态廊道，以及主要河流两岸水文地理环境，包括加强木兰山、将军山、幕阜山等山体保育和跨市合作监督，构建湖群协调区域，并建立负面清单，通过区域协调，促进重大生态功能区共同保护与相互监督。

2. 全域生态框架锚固

2017 年版总体规划提出整合自然山水、历史文化等要素资源，进一步锚固全域生态框架。具体包括：“双轴”更彰显，即整合自然山水、历史文化等要素资源，强化长江生态主轴、“汉江—蛇山—九峰”山水生态次轴的城市意象作用；“双环”强管控，即锁定三环线城市生态环与市域郊野生态环，强化城市生态隔离作用；“六楔”再升级，即延伸武湖、府河、后官湖、青菱湖、汤逊湖、大东湖等六大绿楔，对外联系大别山、幕阜山南北两翼山群以及梁子湖、西凉湖群等区域生态片区，形成大都市区郊野公园群，在严格保护的基础上，提升绿楔生态功能品质，增强生态景观魅力，成为城市功能提升的新空间载体；“多廊”串山水，即对内深入主城核心区，建立链接城市内外的城市风道和城市公园，改善城市热岛效应，并依托河湖水系及主要交通走廊构架内联绿楔、外接区域的重要生态廊道，串联城市山水空间。

这一系列规划策略，进一步锚固了全域生态框架结构，并与区域生态系统有机联系，充分体现了城市总体规划对生态格局的尊重和维护（图 8-12）。

图 8-12 2017 年版城市总体规划之生态框架结构图

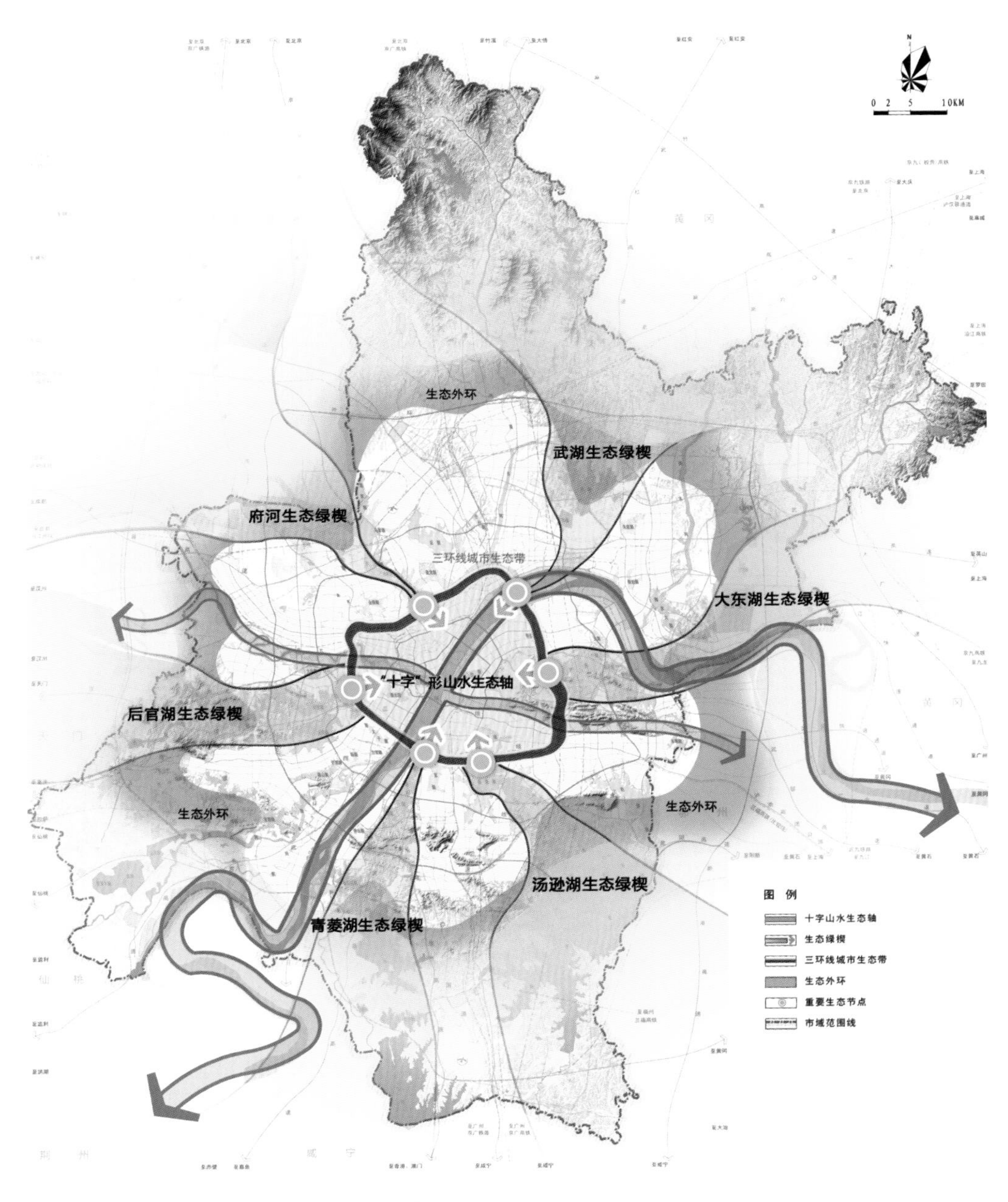

第三节
基本生态控制线规划与管理

2010 年前后，随着城镇化的快速发展，武汉面临城镇空间发展的重要转型，一方面着眼于国家中心城市建设，大力推进新型工业化、新型城镇化发展，城镇空间面临高速扩张的强烈需求；另一方面，也存在“摊大饼”式无序蔓延的现实，生态资源保护压力重重。在此关键时期，武汉市如何正确处理好促进“大发展”与保护“大生态”的关系，既有效推进主城外围新城组群集约有序建设，又主动保护和实施全域生态框架结构，确保全域生态用地总量，实现城乡空间统筹协调发展，是转型期武汉亟待解决的重要问题。为此，武汉市通过近 6 年的努力，逐步建立起一套以基本生态控制线为核心的生态区管控模式。

一、基本生态控制线的划定

在确定市域范围“两轴两环，六楔多廊”生态框架后，武汉市于 2011 年开始探索性开展基本生态控制线相关工作，成为全国继深圳之后第二个划定基本生态控制线的特大城市。

1. 确立“两线三区”的分层管控模式

2011 年 11 月，市政府批复的《武汉都市发展区“1+6”空间发展战略实施规划》及配套的《武汉市生态框架保护规划》中，创新提出“两线三区”空间管控模式，即通过划定城市增长边界（UGB）和生态底线“两线”，形成集中建设区、生态发展区、生态底线区“三区”，通过城市增长边界（UGB）反向确定基本生态控制线范围，在此范围内，具有保护城市生态要素、维护城市总体生态框架完整、确保城市生态安全等功能，需要进行保护的区域，包括生态底线区和生态发展区。其中，生态底线区是指生态要素集中、生态敏感的城市生态保护和生态维育的核心地区，遵循严格的生态保护要求。生态发展区是指自然条件较好的生态重点保护地区或者生态较敏感地区，是在满足项目准入条件的前提下可以有限制地进行低密度、低强度建设的区域（图 8-13）。

实践证明，以“两线三区”空间管控模式为核心的基本生态控制线制度，有效实现了对生态空间的强制性保护，城市建设无序蔓延得到遏制。在面向 2035 年的新一轮城市总体规划中，为进一步落实国家对生态保护红线的要求，又提出在既有基本生态控制线“两区”的管控基础上，建立“两区三层次”的管控体系。即在原生态底线区内细分生态红线管控层次，落实国家、省生态保护红线要求。这也体现了基本生态控制线划定规划始终不断完善，顺应时代发展要求的特点。

2. 实现基本生态控制线市域全覆盖

确定分区管控模式后，武汉市历时 5 年，完成了全域基本生态控制线划线工作。2010 年代初期，国内对于基本生态控制线的相关研究较少，对城市生态空间缺乏统一的

图 8-13 “两线三区”管控模式示意图

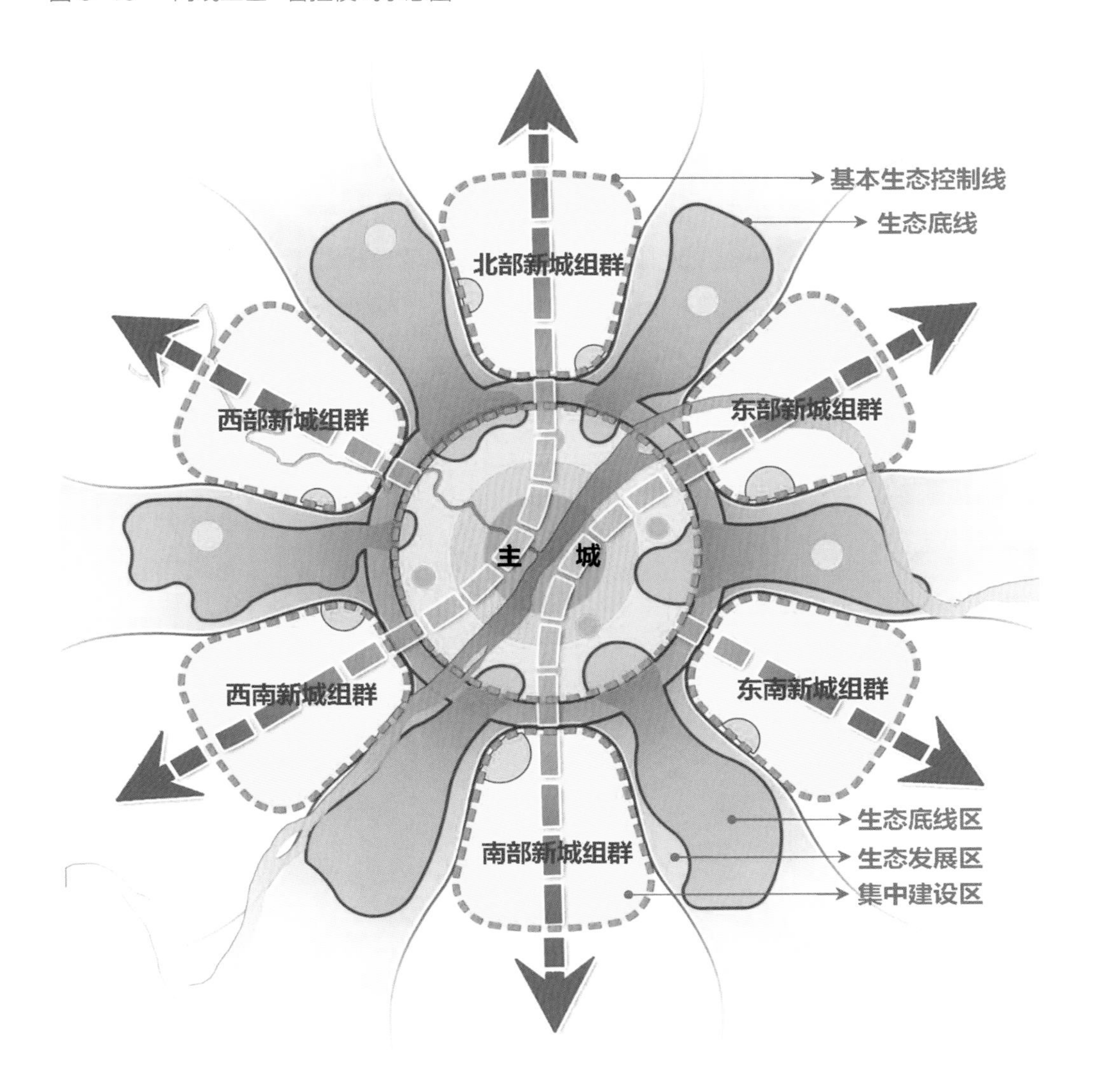

界定技术标准，因此武汉在划线过程中，对于划线技术标准进行充分研究。一方面采用多种技术手段，辨识城市核心生态空间范围，另一方面对接和梳理林业、农业、水务、环保等职能部门数十项国家标准、行业规划和管控要求，系统梳理山、水、自然保护区、水源保护区等资源型生态要素以及生态廊道、生态绿楔核心区等结构型生态要素，逐一确定山体、水体等 12 类重要生态保护要素的保护名录及划线标准，按照各项要素分层叠加思路，逐步实现了基本生态控制线的市域全覆盖，完成了总规确定的生态框架“落地”。

同时，在此过程中，始终注重利用科学分析评价方法，为生态空间的确定提供客观量化数据支撑。在基本生态控制线划定之前，即采用逾渗理论、概算法、碳氧平衡法、建设用地需求量法等多种理论与方法，明确市域、都市发展区两个层面的生态用地总量控制目标，为武汉市基本生态控制线范围面积的确定提供了重要科学依据。

在 2011 年编制的《武汉市生态框架保护规划》中，首次对武汉市 3261km^2 范围都市发展区内 1：10000 基本生态控制线予以了明确。2012 年 10 月，对接全市控制性详细规划工作，完成《武汉都市发展区 1：2000 基本生态控制线规划》，划定都市发展区 1：2000 精度基本生态控制线，明确生态底线区与生态发展区范围。2014 年着手编制《武汉市全域生态框架保护规划》，划定外围农业生态区 1：10000 基本生态控制线，于 2015 年 12 月获市政府批复。至此，武汉市基本生态控制线实现市域全覆盖，明确了全市 75% 左右的基本生态控制线控制范围总量（图 8-14）。

3. 制定基本生态控制线分区管控规则

武汉市地域面积广，资源禀赋、建设发展诉求存在较为明显的空间差异。都市发展区

图 8-14 武汉市全域基本生态控制线规划图

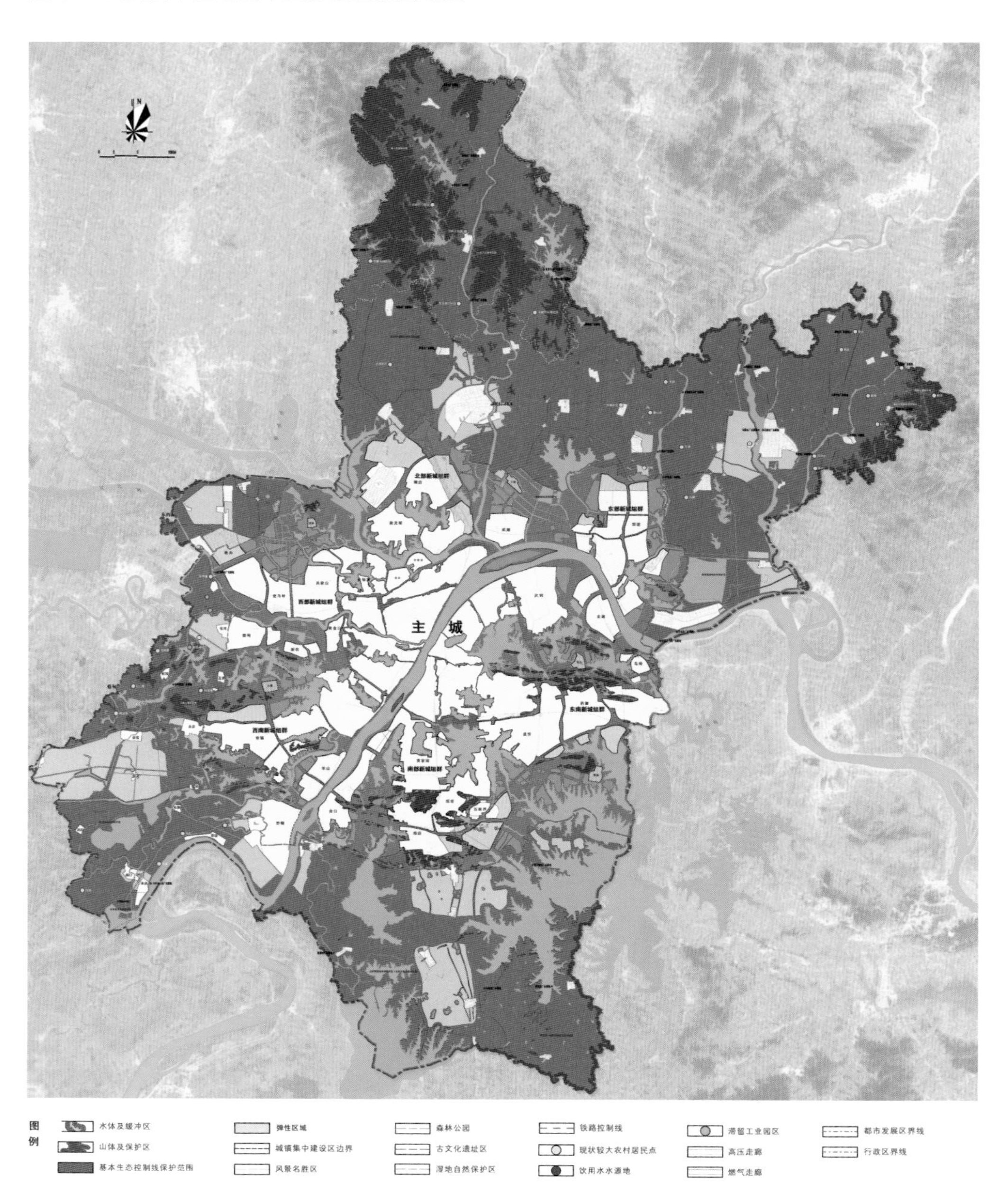

内的生态空间，由于临近城镇集中建设区，是发展与保护矛盾最为尖锐的区域，在此范围内，基本生态控制线是“建”与“非建”的直接分界线，因此，都市发展区内对接建设区控规编制，基本生态控制线实现在 1：2000 地形图上的直接落线，落线强调精准，并充分考虑了“建”与“非建”边缘区既有项目批租划拨等审批信息；划线后，对“两线三区”均实行严格的刚性管控，不得随意调整，提出明确管控要求，作为规划管理的依据。

而都市发展区之外的农业生态区，以农业生产生活为主，集中成片的城镇建设发展诉求相对较小，但需考虑的是城市远期发展不确定性以及区内建设类型不确定性。规划在保证对生态要素刚性控制的基础上，沿城镇主要空间拓展轴预留适度“弹性区”，提出待新一轮城市总规编制完成后再行确定其中生态空间范围。针对农业生态区建设用地规模小、分布零散，且空间落地与项目建设紧密相关的特点，农业生态区范围内在划基本生态控制线时，暂不划定其中的生态发展区范围，而通过建设用地指标台账管理方式，以漂浮指标控制，待具体生态建设项目园区详细规划方案确定后再予落地。对于区域范围内的农村生产、生活等设施布局，则主要依据乡规划、村庄规划，作为该类建设规划的管理依据。这些做法均体现了作为“强管控”的基本生态控制线划线规划，考虑实际建设情况，充分预留弹性的特点。

二、基本生态控制线政策法规体系的构建

基本生态控制线在管控实施过程中，由于其空间范围大，涉及面广，往往既是难点，也是焦点，各种利益冲突不断显现。因此，在规划制定的同时，积极跟进有效配套法规政策，真正实现技术文件到公共政策的转化，才能将保护和管理落到实处。经过不断探索，武汉市按照“地方性法规—地方政府规章—规范性文件—标准规范”纵向体系，从技术文件到公共政策，有步骤地健全基本生态控制线管理的政策法规体系，有效保障了规划实施。

1. 基本生态控制线的地方立法保障

2012～2016 年，武汉市按照“政府令—人大决定—条例”三步走计划推进生态空间地方性立法工作。

第一步为出台政府令，实现生态框架制度化管理。2012 年 5 月，《武汉市基本生态控制线管理规定》正式施行，武汉市首次实现生态框架制度化管理。政府令对生态底线区、生态发展区的划线、项目准入、调整程序及分区管控进行了详细规定，并提出线内既有项目清理整治原则和要求，确保规划实施的可操作性。政府令的出台为城镇空间有序拓展及生态框架保护提供了政策保障，有效调控了新城区各类项目管理，规范了新城区空间发展秩序。

第二步为颁布市人大决定，加强基本生态控制线规划实施力度。2013 年 6 月，武汉市人大常委会作出了《关于加强武汉市基本生态控制线规划实施的决定》，进一步严格了基本生态控制线的调整程序，并在生态修复、生态补偿机制、项目准入、奖惩考核、监督检查等方面也作出了更明确的规定。这也是全国首次由地方人大常委会就生态专项工作作出的重大事项决定。

第三步为地方立法，也是从根本上为基本生态控制线的保护提供法律保障。2014 年

开始，武汉市着手起草《武汉市基本生态控制线管理条例》，作为全国首个针对全市域生态空间的地方性法规，立法工作贯彻落实党中央、国务院关于生态文明建设新要求，按照“保护更有力度、方法更加科学、激励更为有效”的原则，直面当前基本生态控制线保护工作中面临的难题，将基本生态控制线保护要求上升到地方性法规。2016 年 10 月 1 日，经湖北省人大批准，武汉市人大公布的《武汉市基本生态控制线管理条例》正式施行。

2. 相关政策的保障跟进

上层法规的出台，会带来其所在辖区的空间发展权强力受控，同时也会使地方对保护生态环境的积极性受挫。因而，在“强控”型法规制定的同时，必须逐步就各类历史遗留项目处理、各级政府及各相关职能部门的职责以及生态绩效考核制度等重大问题制定相应规定，同时及时开展生态补偿、建设实施机制研究，研究制定一整套的配套政策，才能“疏堵结合”，从根本上为基本生态控制线规划的实施和常态化管理提供政策保障。

武汉市将相应管控政策以政府规范性文件等形式颁布，保障了规划策略与现行管理机制的有效对接，2014 年相继出台《关于加强基本生态控制线管理的实施意见》《关于都市发展区基本生态控制线内既有项目清理情况及处置意见的批复》，以及《武汉市基本生态控制线规划管理的指导意见》等一系列政府文件，将地方性法规及政府规章中的原则性要求进一步细化明确。

3. 标准规范的不断完善

基本生态控制线对应的城市生态空间规划有别于传统物质空间规划，目前在国家层面尚无统一章法可循。在近十年的实践中，武汉市陆续研究制定了《武汉市基本生态控制线划定技术标准》《武汉市基本生态控制线范围现状摸底调查及制定分类处置方案的相关标准》《武汉市郊野公园实施性规划编制技术标准》等一系列相关标准规范，为生态空间规划编制提供统一技术支撑。在生态空间规划过程中，注重生态控制区与城乡集中建设区的不同，以期充分利用生态控制区优美的自然环境、丰富的乡土文化，构建山清、水秀、宜居、宜业的乡村田园新风貌。

三、基本生态控制线的严格管理

基本生态控制线管理是一项常态化工作，既需要全市统一的信息平台作为技术支撑，也需要对新增与既有项目按照相应的法律法规要求，分别执行准入管理和分类处置。

1. 搭建规划管理工作平台

以基本生态控制线规划为核心，系统整合各类专项、实施规划成果，形成全市统一的生态规划管理工作平台。同时整合地形图、卫星影像图、航摄影像图等基础数据，以及线内既有建设项目、农村居民点等建设信息，纳入全市国土规划综合信息平台（规划管理“一张图”），为生态空间的管理和实施提供准确的法定依据。

2. 新增建设项目的准入管理

基于“两线三区”空间管控模式，对生态空间实行分区项目准入管理，即按照生态底线区和生态发展区分别制定相应准入要求，明确准入建设项目类型、相关建设控制指标，严格规定准入程序，严禁不符合准入条件的建设项目进入。

准入建设项目类型的确定以确保生态环境质量为前提，从 2012 年政府令的颁布到 2016 年地方立法，始终坚持对生态底线区施以最为严格的建设项目准入控制。在《武汉市基本生态控制线管理条例》中仅允许以生态保护、景观绿化为主的公园及其必要的配套设施，自然保护区、风景名胜区内必要的配套设施；符合规划要求的农业生产和农村生活、服务设施，乡村旅游设施；对区域具有系统性影响的道路交通设施和市政公用设施；生态修复、应急抢险救灾设施；国家标准对项目选址有特殊要求的建设项目等五类进入。而生态发展区则相对具有一定弹性，但准入建设项目须严格遵循生态化建设标准。同时，对于生态底线区与生态发展区内的准入建设项目在建设高度、强度、生态绿地率等建设控制指标上也进行了严格规定。对于基本生态控制线内准入项目，在审查程序上规定了应在常规项目基础之上，新增准入论证、选址环境影响评价等程序。

按照这样一整套准入管控模式，武汉市已实现不符合准入要求项目“零审批、零进入”，确保了线内新增建设行为符合生态资源保护相关要求。

3. 既有建设项目的分类处置

2013 年，是武汉市实行基本生态控制线管理第二年，在严控新增建设项目的同时，启动了对都市发展区基本生态控制线范围内历史遗留既有建设项目的清理和处置工作，其目的是对划入线内的零星分布建设项目全面摸清家底，锁定现状，并分类逐一提出处置原则和要求。

遵循“尊重历史，实事求是，依法处理，分类解决”的原则，从准入要求和合法手续两条线索出发，逐一对项目进行“双符合”判别，提出“保留、整改或置换用地、迁移”等三大类七种具体处置方式。历时一年半，全面锁定了都市发展区基本生态控制线内千余既有项目情况，全市统一制定项目分类标准以及处置意见，并经市政府正式批复，作为各区处理线内历史遗留问题的法定依据。为保障落实，市人大、市政府要求项目所在区政府据此制定年度实施计划，逐步有序地推进辖区范围线内既有项目的处置工作。

对既有建设项目的妥善处置是基本生态控制线管控和生态功能实现的重要一环。尽管迄今为止，对于既有项目的处置，特别是“改、迁类”项目实施过程艰难，但该项工作为后续生态空间建设管控提供了坚实的法定依据。

第四节
重点生态功能区建设规划与实施

随着人们的休闲、游憩需求日益增强，城市功能也由传统的城市空间延伸至生态空间，以山水资源为核心的生态功能区在生态保护的基础上，逐步成为满足新需求，促进城市功能品质提升的新空间载体。在划定基本生态控制线，制定政策法规，对城市生态空间实施严格管控的同时，规划也在不断深入探索如何在对自然资源严格保护的基础上，为人们创造更多、更好的生态休闲和绿色开放空间。

一、城市山水十字轴的意象塑造

两江交汇、三镇鼎立一直是武汉独特的城市意象，虽在绿地结构中早有提出以长江、汉江与东西山系为纵横两轴，但由于江滩不属于城市建设用地，受防洪要求等影响，直至 2000 年左右才开始该地区的详细规划设计。多层次、多类型的规划编制为城市山水意向十字轴的塑造提供了技术支撑。

1. 汉口江滩开启滨江绿色风景线

汉口江滩滩地宽，且紧邻汉口主城核心区，一度曾是破旧仓库、堆场及码头。武汉市自 1996 年起，着手进行汉口江滩工程的规划与建设，开启两江四岸规划与实施的序幕。在规划实施中，拆迁 20 万 m^2 危旧临时建筑，建设了约 1km^2 滨江公共性开敞空间，极大地弥补了汉口主城区绿化开敞空间的不足。对汉口主城区人居环境变化、城市功能提升和城市形象塑造起到了重要作用。

在汉口江滩规划中设计的联系堤内外的滨江高架观景廊、大量的生态绿化空间、人性化的体育设施，以武汉滨水城市发展史、长江水生物化石浮雕展现地域特色的一级护坡，现在均已建成，成为武汉标志性景观，惠及沿线数十万市民。

2. 月湖—南岸嘴地区多轮规划研究

南岸嘴地处长江和汉江交汇处，集江湖山水、人文积淀、地理特征为一体，在两江四岸的宏观格局中，定位为城市人文核心，是提升城市活力、彰显城市特色的重要地区。自 2000 年以来，武汉市启动了南岸嘴的规划编制工作，经历多轮规划研究。

2000 年，武汉市首次组织南岸嘴城市设计国际招标活动，围绕城市标志性景观中心的打造，征集了国内外知名设计机构，提出的诸多极具创意的方案，同时召开了高标准的专家咨询会，提出将南岸嘴打造成为市民活动中心的规划思路。

2003 年，又邀请多个国际著名设计机构参加以南岸嘴为核心的汉江两岸地区方案征集。在强调汉江与龟山、月湖等之间的生态联系的同时，征集方案提出了在南岸嘴建设城市公共开敞空间、主题公园、标志性的市民活动中心，在龟北地区进行适度混合开发等多项规划策略。随后编制的汉江两岸地区综合开发建设规划，对上述国际咨询方案进行了较好的整合，并提出了汉江两岸的整体规划和建设思路。

多轮的国际征集以及深化设计，为月湖—南岸嘴地区高品质建设奠定了基础。但时至今日，南岸嘴地区仍在开展规划研究，武汉对这一城市之心，一直采取审慎态度，提出“在没有让世人为之一亮、为之一震的项目之前，要坚决留白！”“要相信子孙后代比我们更有眼光、更有智慧。”这也体现了决策部门的担当和责任（图 8-15、图 8-16）。

图 8-15 汉江两岸文化旅游带概念规划结构图

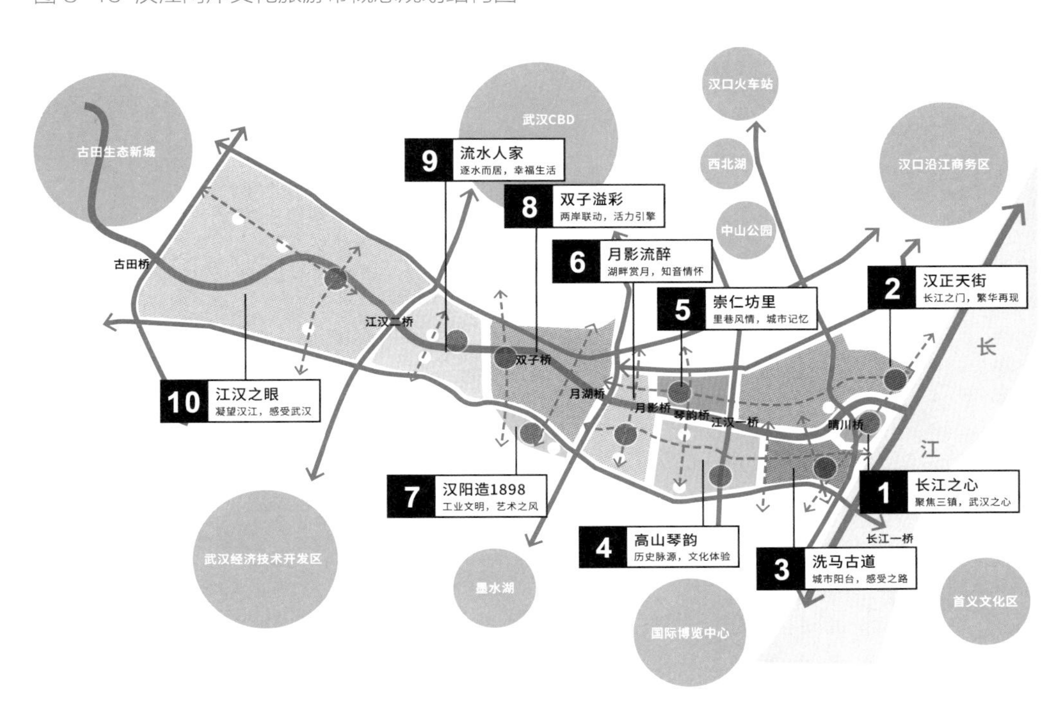

图 8-16 汉江两岸文化旅游带概念规划总平面图

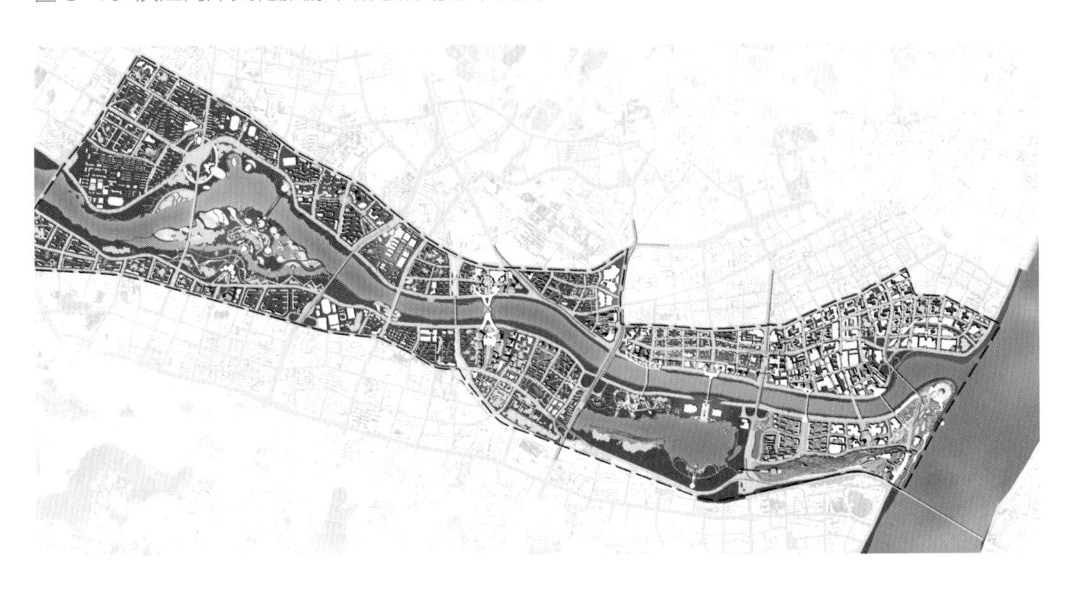

3. 两江四岸景观与旅游功能提升

2014 年 6 月，武汉市组织《江城两江四岸旅游总体策划》国际征集，结合征集成果，完成两江四岸地区旅游功能、交通系统、景观形态的体系构建，并以江汉朝宗文化旅游景区为重点，策划近期建设项目，这也是将两江四岸与周边城市功能区进行更加完整的研究，提出相应的功能品质提升方案。规划提出以两江四岸地区城市功能建设为依托，构建“旅游集群—旅游极核（HUB）—旅游输配环”的旅游体系框架，从激活旅游功能、有机缝合交通、强化文脉风貌三个切入点提出具体实施策略。在总体策划基础上，编制完成《武汉市两江四岸景观与旅游功能提升总体规划》进一步完成两江四岸地区体系构建，并策划近期建设项目，指导后续项目的详细设计（图 8-17）。

图 8-17 两江四岸景观与旅游功能提升总体规划结构图

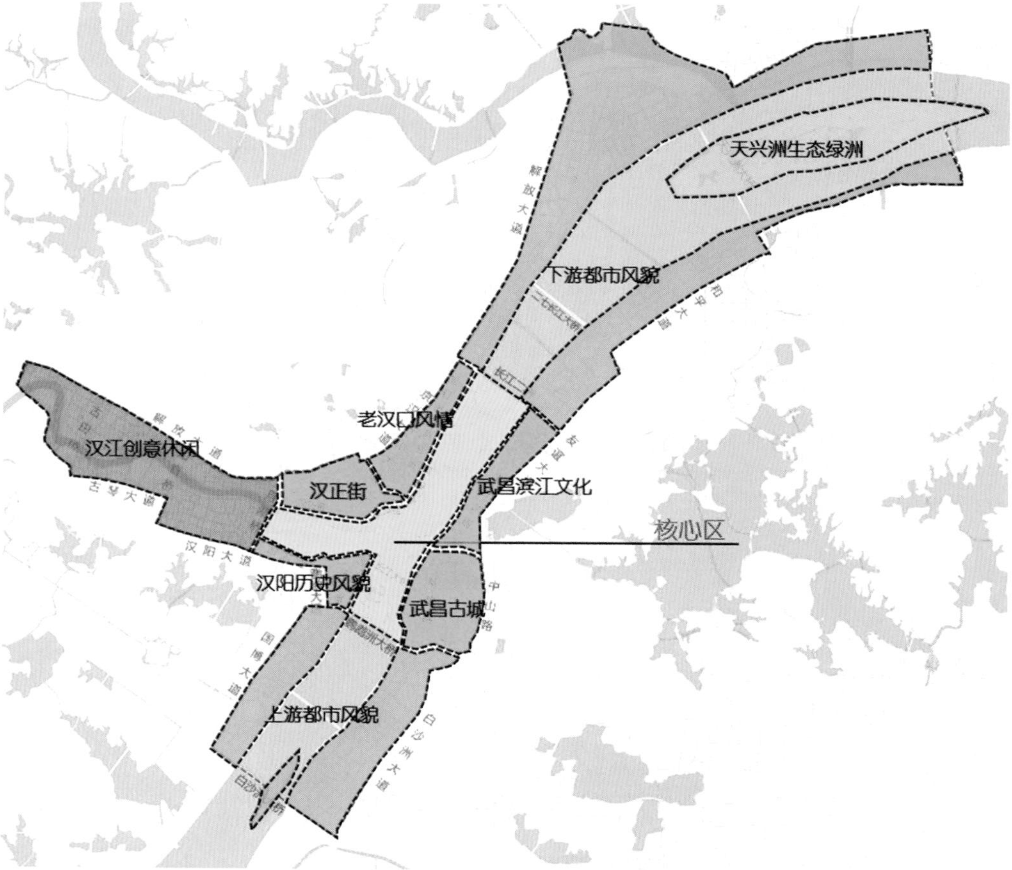

二、六大生态绿楔的功能注入

早在提出以六大生态绿楔为核心的全域生态框架构建之前，武汉市就已经开始了对大型生态功能区的建设，随着生态框架结构的确定，更加明确通过功能注入，提升绿楔生态功能品质，增强生态景观魅力的规划策略，并由单块实施逐步发展到集群式建设。

1. 大型生态功能区建设

黄陂木兰生态旅游区是武汉北部武湖生态绿楔与区域生态屏障大别山系衔接的重要生态区域。武汉市“十五”计划将旅游业作为 21 世纪支柱产业发展。2001 年编制的《武汉木兰生态旅游区建设规划》是一项融旅游产业发展、村镇建设、市政配套设施、生态培育与保护于一体的综合性规划，也是武汉市首次对大型生态功能区可持续旅游发展规划的有益实践和探讨。规划确定木兰生态旅游区规划总面积 947km^2，以生态学原理贯穿始终，将旅游开发与区域经济发展、区域开发建设进行有机结合，具有一定的独创性。规划一方面具有较强的系统性，同时又确定了近期建设的八大工程，提出了相应的实施建议与措施，使规划具有较强的可操作性。木兰生态旅游区近 20 年来的建设，一直按规划设想逐步推进，实施效果良好。目前，木兰山、木兰天池、木兰草原、木兰云雾山四大景区已基本形成。木兰山、木兰湖、木兰天池、木兰草原、清凉寨、木兰古门、锦里沟、木兰云雾山、农耕年华和大余湾等景点也已建成。木兰生态旅游区已成为名副其实的城市“后花园”，为武湖生态绿楔生态功能建设作出了积极的贡献（图 8-18）。

图 8-18 武汉木兰生态旅游区建设规划结构图

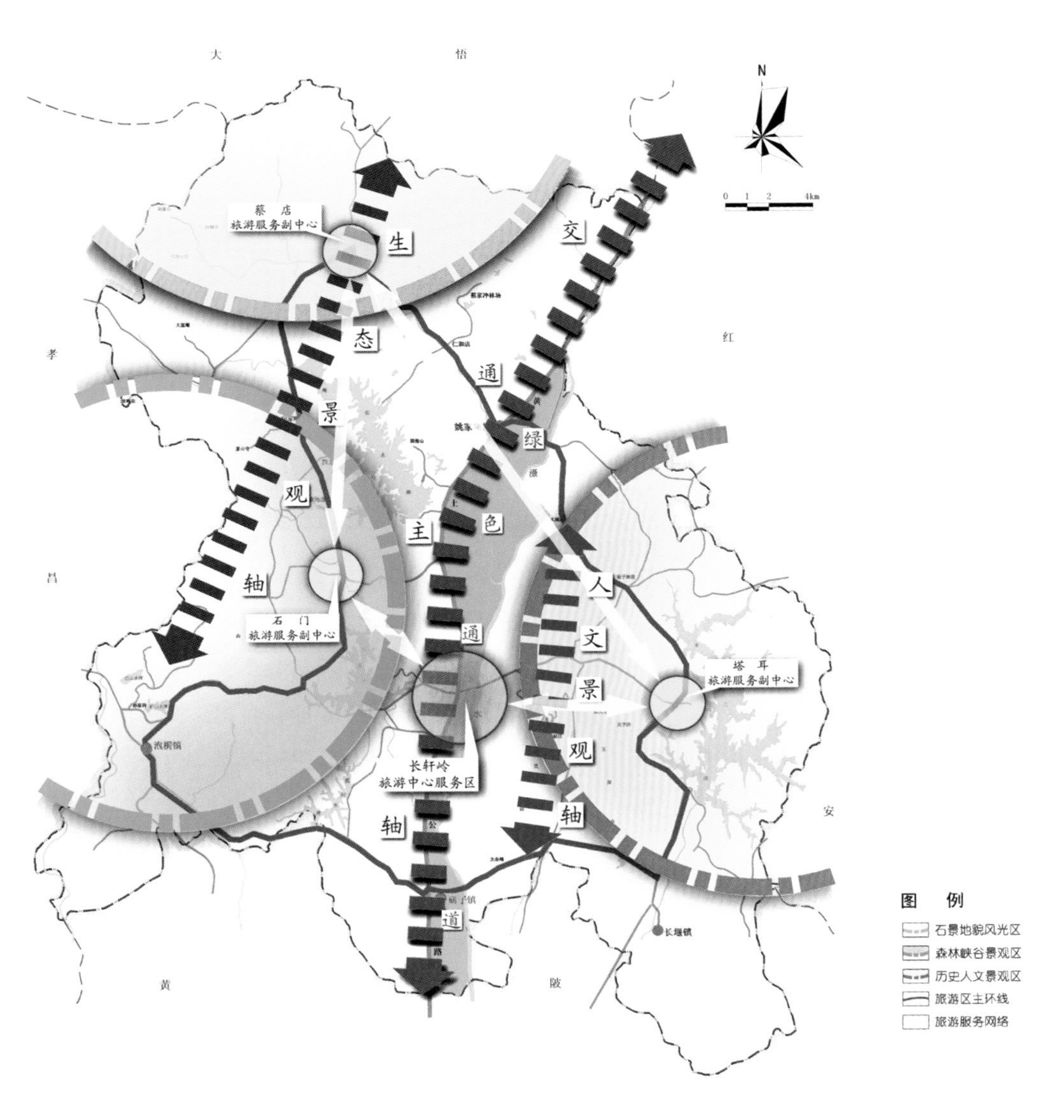

图 8-19 九峰城市森林保护区总体规划图

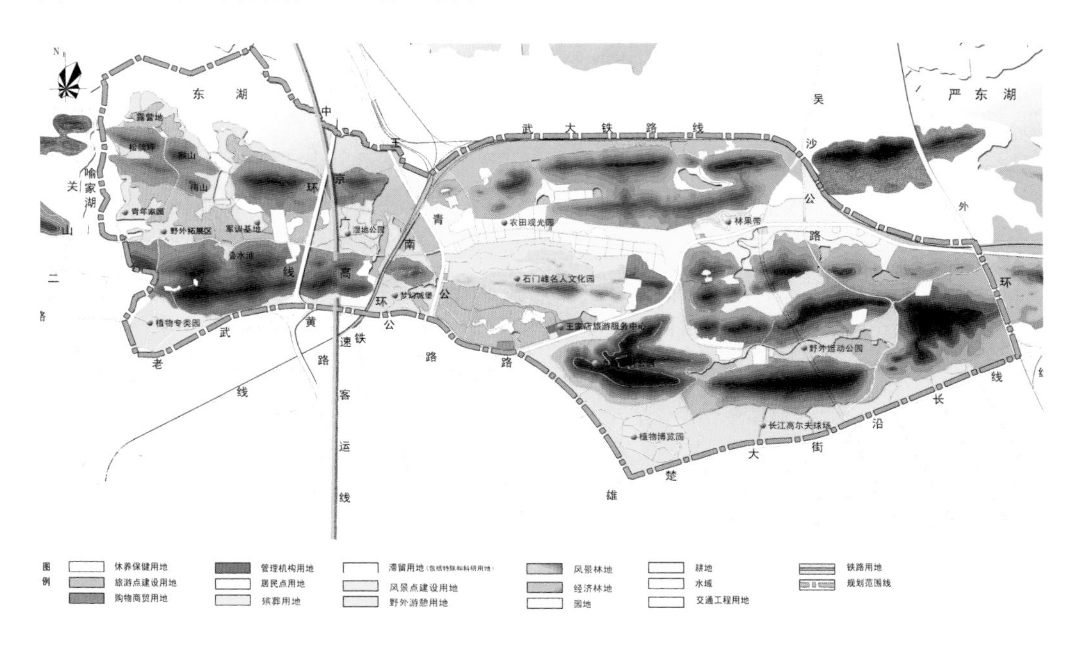

九峰城市森林保护区是东部大东湖绿楔范围内重要的生态功能区。2005 年，武汉市政府工作报告中提出启动九峰山和马鞍山森林公园改造工程，同年开展《九峰城市森林保护区总体规划》编制工作。规划提出利用“山林一体、山水共生”的自然资源，营造人与自然、城与森林和谐共存的独特环境，突出展现森林景观、滨湖湿地景观特色，构建“具有生态旅游功能的城市森林保护区”的规划目标。公园建设实施成效充分体现了将生态资源保育与旅游功能充分结合的规划思想（图 8-19）。

此后，武汉市还陆续完成多项城市绿楔范围内重要生态功能区的建设实施规划，如 2008 年编制完成《梁子湖地区区域协调发展规划研究》，2009 年编制完成《青龙山森林公园地区控制性详细规划》等，规划将保护自然资源与丰富市民休闲游憩需求较好结合，充分贯彻落实了人与自然和谐共生的发展要求。

2.“郊野公园 +”战略行动计划

基本生态控制线范围内并非“无人区”，线内不可避免地会包含大量村庄及原住民，原住民的发展需求是生态空间管控和生态功能实现的重要一环。上海、杭州、成都等城市均以不同方式探索生态要素保护与都市农业、乡村休闲旅游等产业发展兼顾的生态空间建设模式，以期实现生态功能整体提升。武汉市在基本生态控制线规划实施过程中，不断强调“以建促保”的主动实施思路。

在 2017 年版总体规划中，基于对城市生态框架的延续，在对山、水、林、田、湖、草等生态资源应保尽保的前提下，提出以“功能注入、以建促保”为关键，促进生态空间整体提质发展思路。2018 年编制《武汉市“郊野公园 +”战略行动计划》，进一步落实总规战略，明晰各大绿楔内郊野公园功能和范围，根据各自资源特色，以自然山水以及农田资源为核心，适度植入游憩休闲、科普观赏、运动康体、农业体验、文化娱乐等游憩功能，形成六大主题游憩郊野公园集群，提升城镇集中建设区周边的生态及游憩功能。由此在城市远郊的南、北两翼，形成两大国内知名城市森林、湖泊资源一体化保护的魅力休闲区，集中体现武汉市湖光山色、灵秀风光的代表性区域，即南北魅力休闲郊野公园群。规划还提出，将生态公园建设与新农村建设、农业产业化发展捆绑结合，项目化实施；为引导项目落地，规划专门制定近期建设计划相关土地政策，具体落实总规对生态空间的发展战略，指导区级政府建设实施。

六楔的规划与实施，逐步构建形成城市优质生态休闲空间，也践行了党的十九大提出的“提供更多优质生态产品以满足人民日益增长的优美生态环境需要。”（图 8-20）

图 8-20 “一环两翼”郊野公园群体系结构图

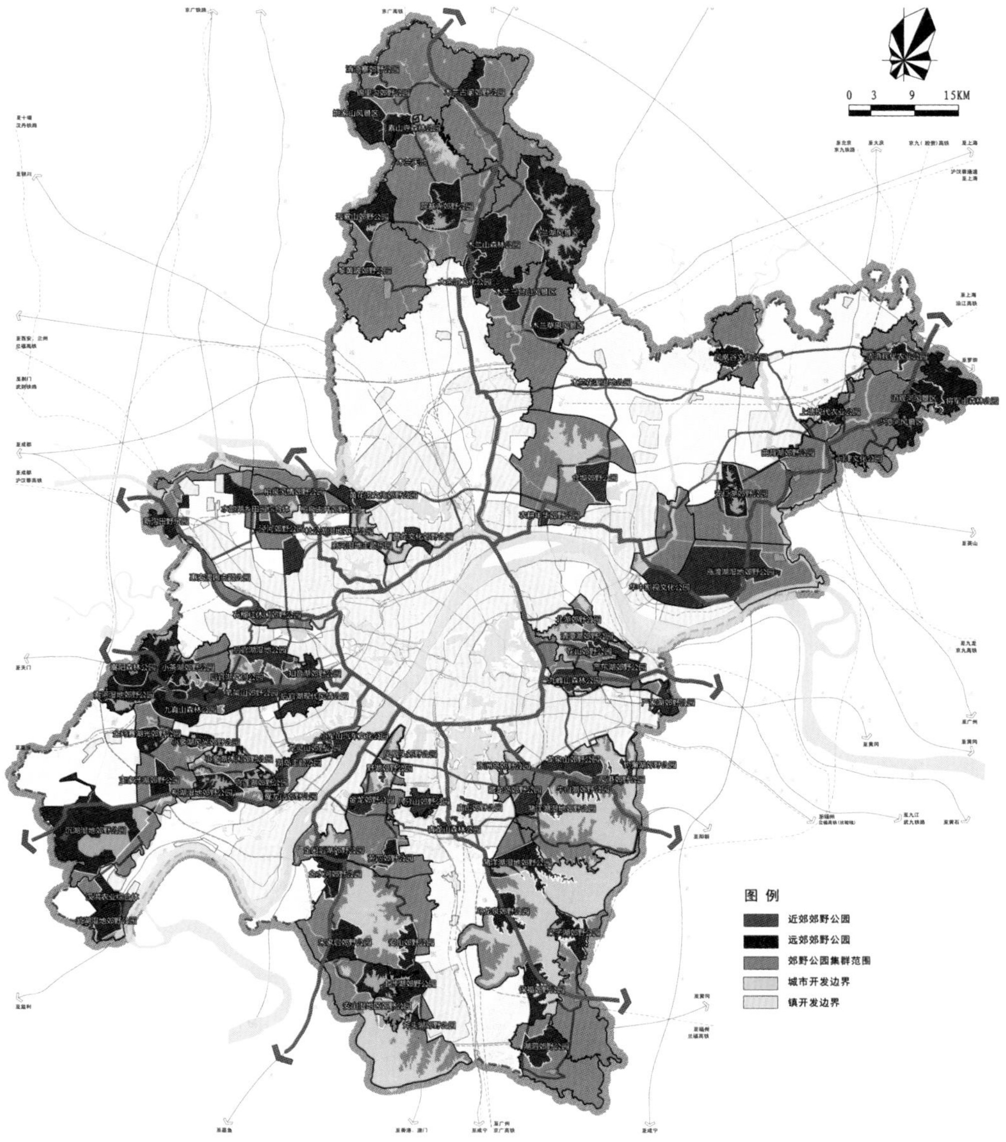

图 8-21 三环线城市生态带范围图

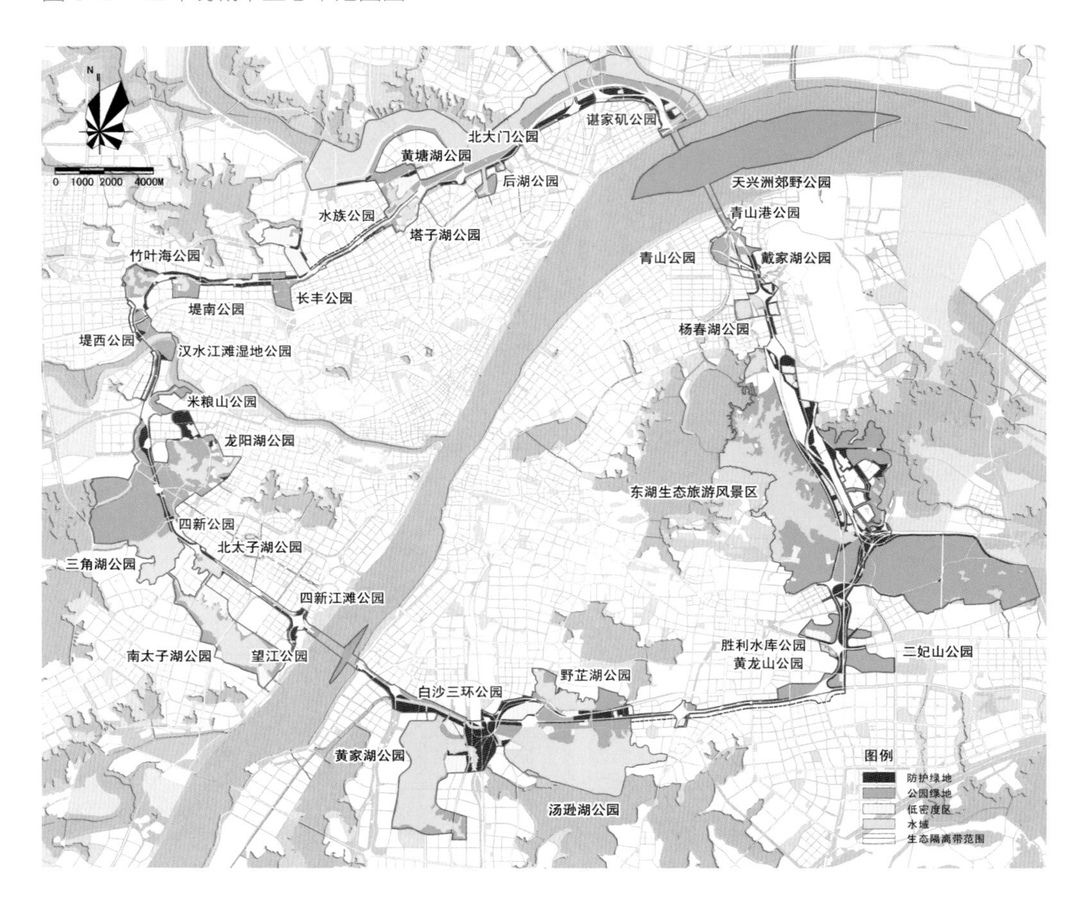

三、三环线城市生态带的规划实施

在武汉市生态框架结构体系中，三环线城市生态带一直是主城和新城组群之间重要的生态隔离环。2011 年，市委、市政府明确提出“划定主城和新城组群生态隔离带，界定城市增长边界，防止城市无序蔓延”的要求。随即，武汉市开展了一系列促进三环线城市生态带实施的规划编制工作。

1.“一环串多珠”锁定保护范围

2011 年，武汉市编制完成《三环线沿线用地综合规划》，在进一步明确三环线城市生态带范围基础上，对三环线生态带提出实施建议。三环线周边区域生态基质优渥，沿线串联了 10 条河流、11 个湖泊、5 座山丘。规划提出三环线生态隔离带“一环串多珠”规划布局，充分利用这一自然条件，将三环线交通职能与景观职能较好地结合起来，使之成为展示城市形象的窗口，充分彰显我市“揽山拥水”的山水格局（图 8-21）。

规划编制完成后，武汉市国土资源和规划局于 2013 年出台了《关于加强三环线生态隔离带建设有关国土规划管理的通知》，根据规划划定的保护范围，严格控制三环线生态隔离带相关建设，并规范三环线沿线城中村改造及各类建设活动，对三环线生态隔离带实行了严格、有效保护。

图 8-22 三环线生态带规划结构图

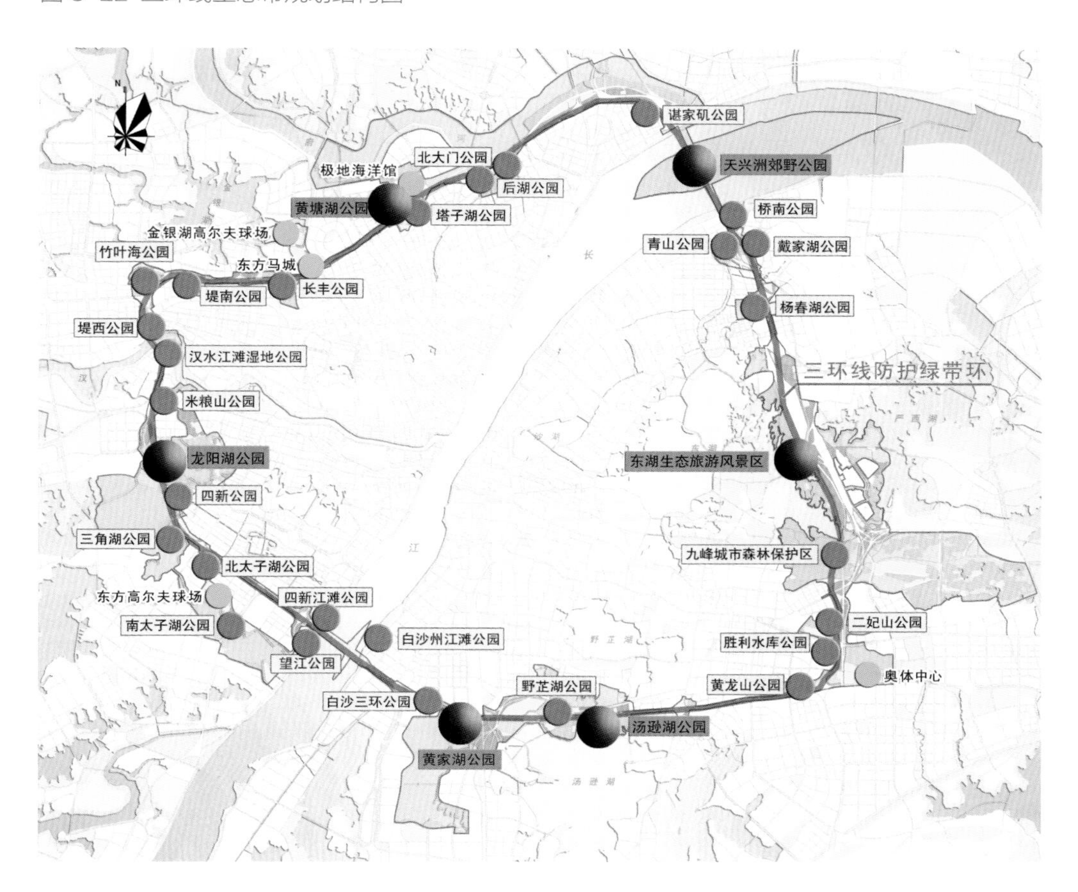

2. 分层指引促进规划实施

2014 年，在综合规划的基础上，武汉市又针对三环线生态带建设实施编制完成《三环线城市生态带实施规划》，进一步对“森林带、生态区、33 珠”提出建设指引。

规划借鉴国内外特大城市绿环建设经验，结合武汉市山水格局及建设现状，在三环线城市生态带整体控制范围内，采取分层控制思路，划定森林带、生态区及公园三类绿化控制用地。并在规划落实机制上，以区为单位，通过“一区一图、坐标控制”成果形式，锁定绿化用地边界，并按照统一设计、同一目标、统一标准、统一控制原则，明确实施主体，分期、分区、分部门予以实施。

通过 2015 年对三环线城市生态带规划实施情况进行评估，结果表明生态带 50~200m 防护绿地范围建设完成 90%，沿线串接公园完成约 40%。通过高水平设计 + 务实的实施建议，三环线城市生态带实施规划编制的做法有效引导了这一城市重要生态、景观、交通环线建设，成为此类实施规划编制的样板（图 8-22）。

3. 节点详细设计指导公园建设

在三环线实施规划整体指导下，对生态带沿线建设管控力度进一步加大，后续又编制完成张公堤城市森林公园、园博园城市公园、杨春湖公园、青山公园等沿线城市公园节点详细设计，以及《武汉天兴洲生态绿洲保护与发展规划》。目前，张公堤、园博园等一批沿线重要节点公园均已建成，生态带景观形象已初见成效，提升了武汉市城市总体形象，也改善了城市生态效应，获得了广大市民认可（图 8-23）。

四、城市重点滨水空间的特色彰显

作为“百湖之市”，塑造特色鲜明的滨水生态空间对于彰显城市魅力至关重要，一系列围绕湖泊开展的规划编制工作不断丰富着城市滨水空间的景观、功能和文化内涵。

1.“一湖一景”还绿于民

2002 年武汉市颁布实施《湖泊保护条例》，这是我国第一部对湖泊进行全面、综合性管理的地方性法规。条例将武汉主要湖泊列入保护名录，明确表示要打击围湖建设、填湖开发等行为。在对湖泊资源实行严格保护的基础上，2004 年开展了《武汉市一山一景一湖一景规划》，提出进一步加强湖泊、山体的保护，改善和丰富自然景观，并对城市外环范围内的山体、湖泊进行了现状调查和规划研究，这成为一次对武汉市湖泊资源保护与利用问题的专门谋划。规划坚持可持续发展指导思想，从整体系统出发，山水结合、内外

图 8-23 园博园公园规划效果图

结合、严格保护、合理开发和永续利用，提出湖泊及山体保护措施，主要包括划定保护界线、强化规划管理。规划还首次提出环湖可以规划、修建贯通湖泊的内环路或步行通道，临湖保持一定的公共绿化控制带，内环路内严禁任何建设活动，以遏制侵占湖泊绿地行为。规划还从景观需要和市民休闲生活需要两方面出发，整治湖泊环境，提出还绿于湖，还路于湖，还清于湖，再造岸线，提供公共绿化、休闲、观光场所的总体要求。

规划中的环湖路构想，在 2007 年着手编制的武汉市湖泊“三线一路”保护规划中得以落实，在划定湖泊水域保护蓝线、绿化控制线、环湖滨水建设控制灰线范围后，规划明确了为各类湖泊确定环湖道路体系，包括“环湖车行路”和“环湖步行路”，从而进一步保障了滨湖空间的公共开放性。

2. 绿道建设促进景城融合

2011 年，市委、市政府提出把绿道作为建设“幸福武汉”的重要载体，以及“十二五”时期城市的建设重点，提出充分利用武汉得天独厚的山水资源禀赋，依山顺水

图 8-24 武汉市市域绿道网络布局图

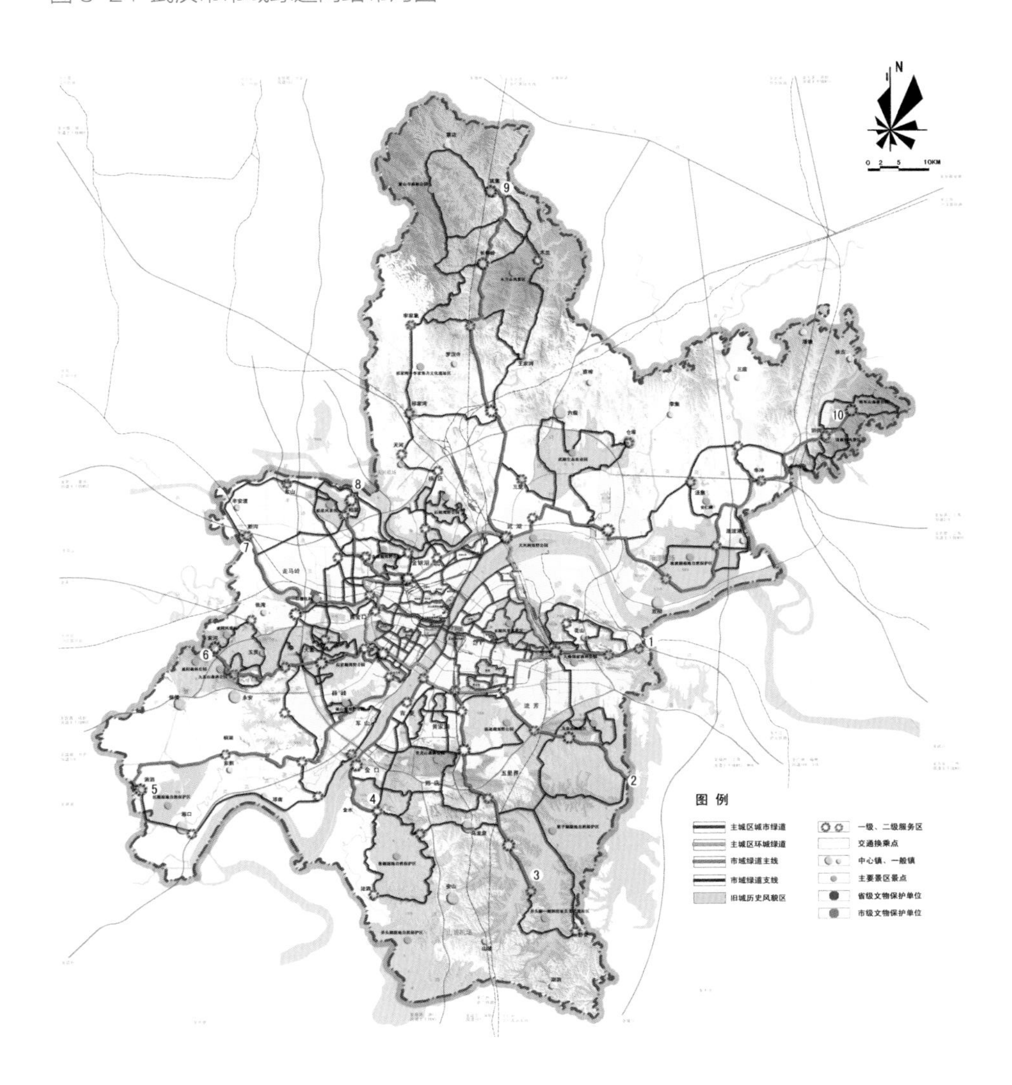

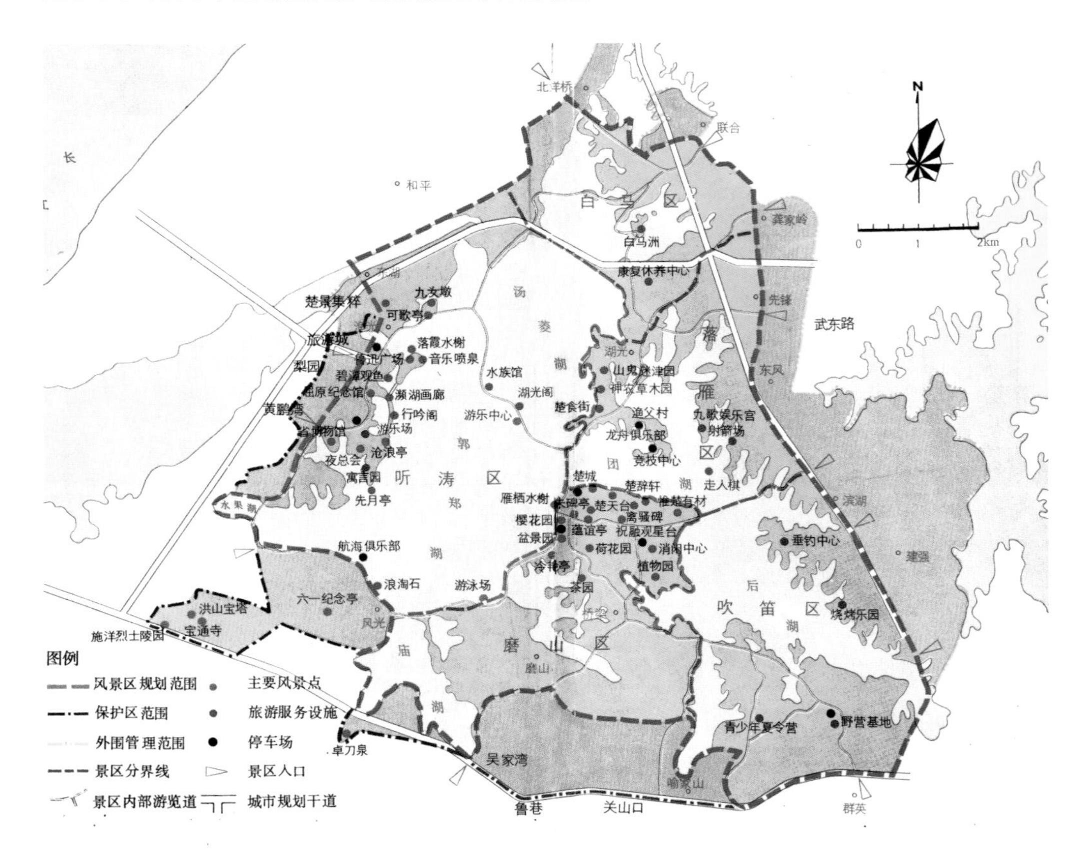

图 8-25 1995 年版武汉东湖风景名胜区总体规划图

建设一批“原生态”绿道，提高市民生活品质，并对绿道建设提出具体要求。2012 年，武汉市编制完成《武汉市绿道系统建设规划》，以期通过绿道建设，带动旅游观光、运动健身等休闲产业，促进城乡经济发展，同时改善慢行交通环境，完善城市综合交通体系。规划按照市域绿道、城市绿道和社区绿道三种类型，在综合分析武汉市城镇体系、旅游空间布局、历史文化名城保护、生态绿地系统、城市水系和综合交通系统的基础上，确定武汉市绿道网络总体结构和布局，为全市绿道网建设作出了整体布局安排。

后续，又开展了系列分区绿道建设规划，包括 2013 年的《水果湖环湖绿道建设规划》、2014 年的《东湖国家自主创新示范区绿道和蓝道系统专项规划》、2015 年的《武汉新区主城区绿道详细规划》、2017 年的《中心城区慢性系统及绿道规划》《汉阳墨水湖公园及环湖绿道工程建设》等，为各区绿道网络建设实施提供规划指导（图 8-24）。

3. 东湖绿心的传承与再塑

东湖是我国最大的城中型湖泊风景区，1982 年被国务院列为首批国家重点风景名胜区。东湖先后编制完成两轮风景名胜区总体规划，分别于 1995 年和 2011 年经国务院同意，获原建设部正式批复和住房和城乡建设部函复。风景区总规明确了风景名胜区范围，以及各项保护和利用要求。在总规指导下，2000 年后又陆续编制完成系列风景区建设规划，为东湖景观面貌的改观发挥了重要作用（图 8-25、图 8-26）。

图 8-26 2011 年版《武汉东湖风景名胜区总体规划》之土地利用协调规划图

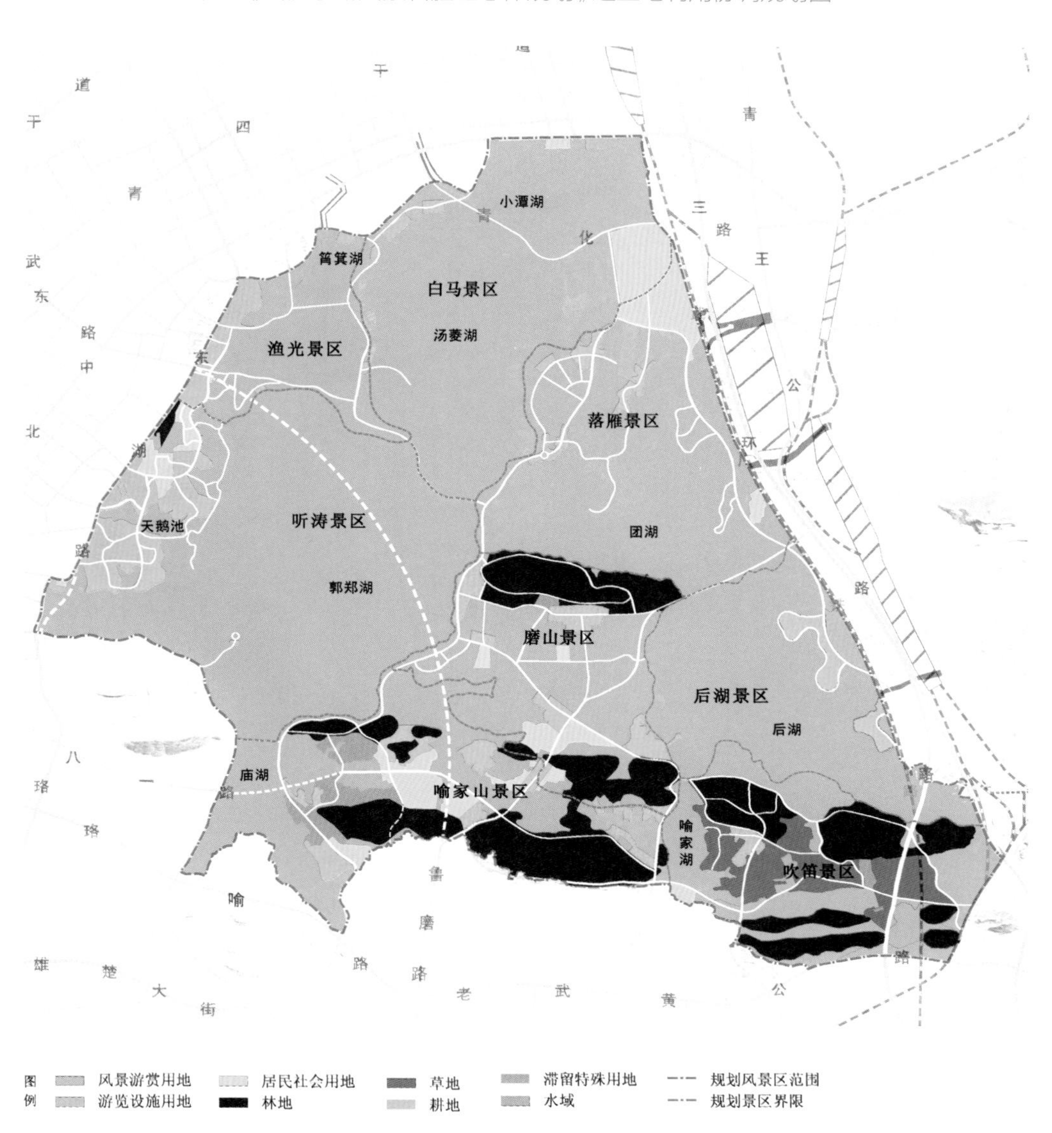

2000 年编制完成《东湖环湖景观建设规划》，指导东湖环湖景观建设综合整治一期工程建设，是风景区环境提升的一次重要实施行动，楚风园、沙滩浴场、东湖亲水平台、景点亮化工程和听涛、磨山两景区的建设均在该规划指导下完成。

2000 年，风景区编制《东湖落雁景区控制性详细规划》，是风景区编制的首个分景区控制性详细规划，于 2002 年经原建设部复函同意，获原湖北省建设厅正式批复。规划整体谋划了 7.9km^2 的落雁景区的功能分区和用地布局；通过对旅游发展的研究策划，开发组织不同主题的景区及景点设施，确保景区用地建设的系统性。规划首次探索将控制性详细规划对土地的定性定量控制与风景区的建设实际相结合，完成分园区的规划图则，从基本性质、建筑布局、生态绿化、配套设施、景观设计五方面对风景区用地逐地块提出控制要求，使规划能更有效地指导风景区的管理建设。落雁景区现已基本建成，在该规划指导

图 8-27 东湖落雁景区控制性详细规划用地规划图

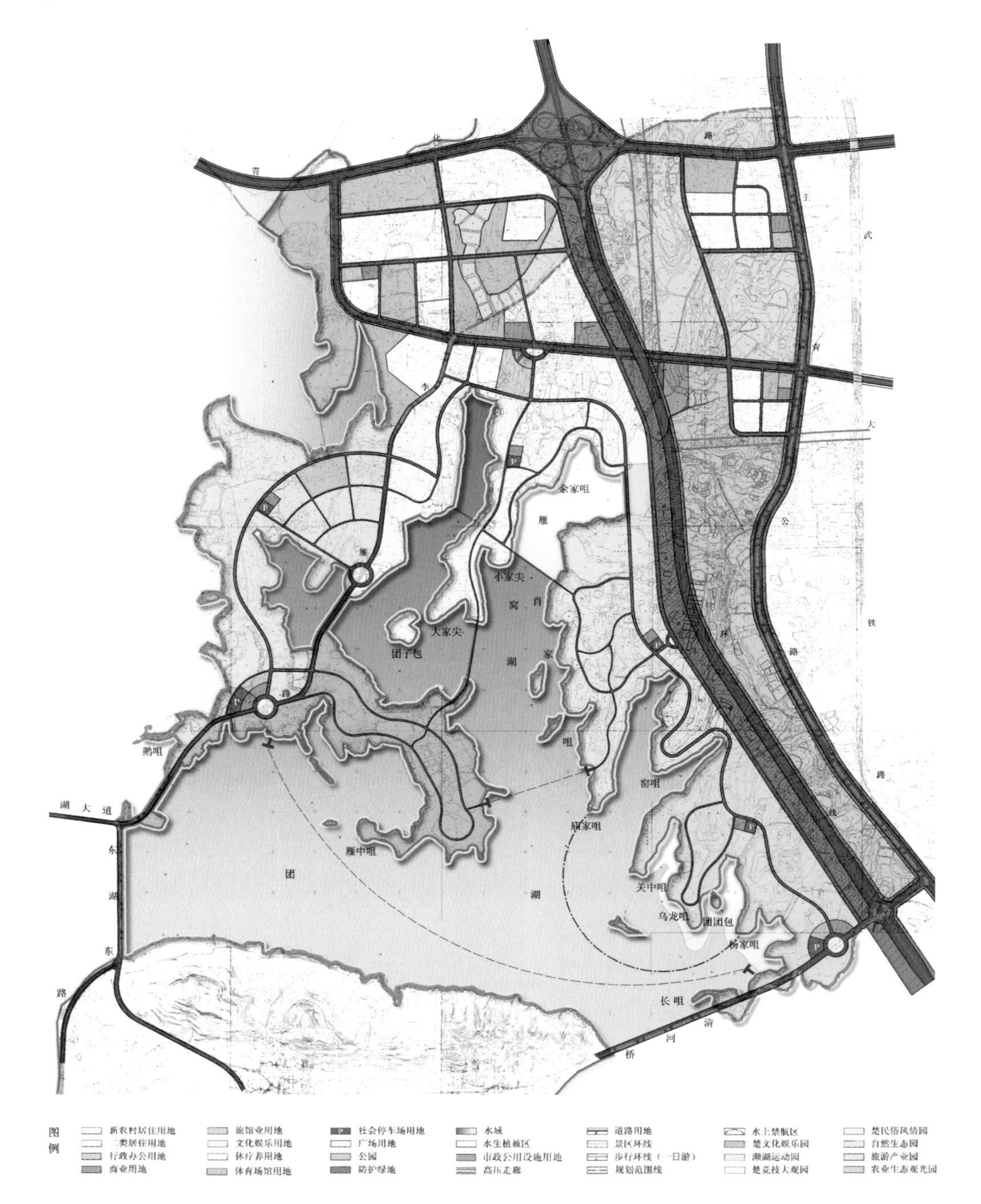

下，相继建设开展了民俗文化展示观光、乡情野趣农耕渔猎度假，以及各类楚域风情的竞技娱乐活动区域，成为东湖风景区休闲游憩的又一好去处（图 8-27~ 图 8-29）。

2007 年，随着城市的迅速扩张，东湖风景区正处于由城郊型风景区向城中型风景区的转型时期，凸显出一系列亟待解决的矛盾与问题。同时，市委、市政府作出了加快东湖风景区建设步伐的战略决策。为此编制完成《东湖生态旅游风景区近期建设规划》，规划从中观层面对“城”“湖”关系进行了积极探索，对东湖风景区功能提升、交通组织、生

图 8-28 东湖落雁景区规划结构图

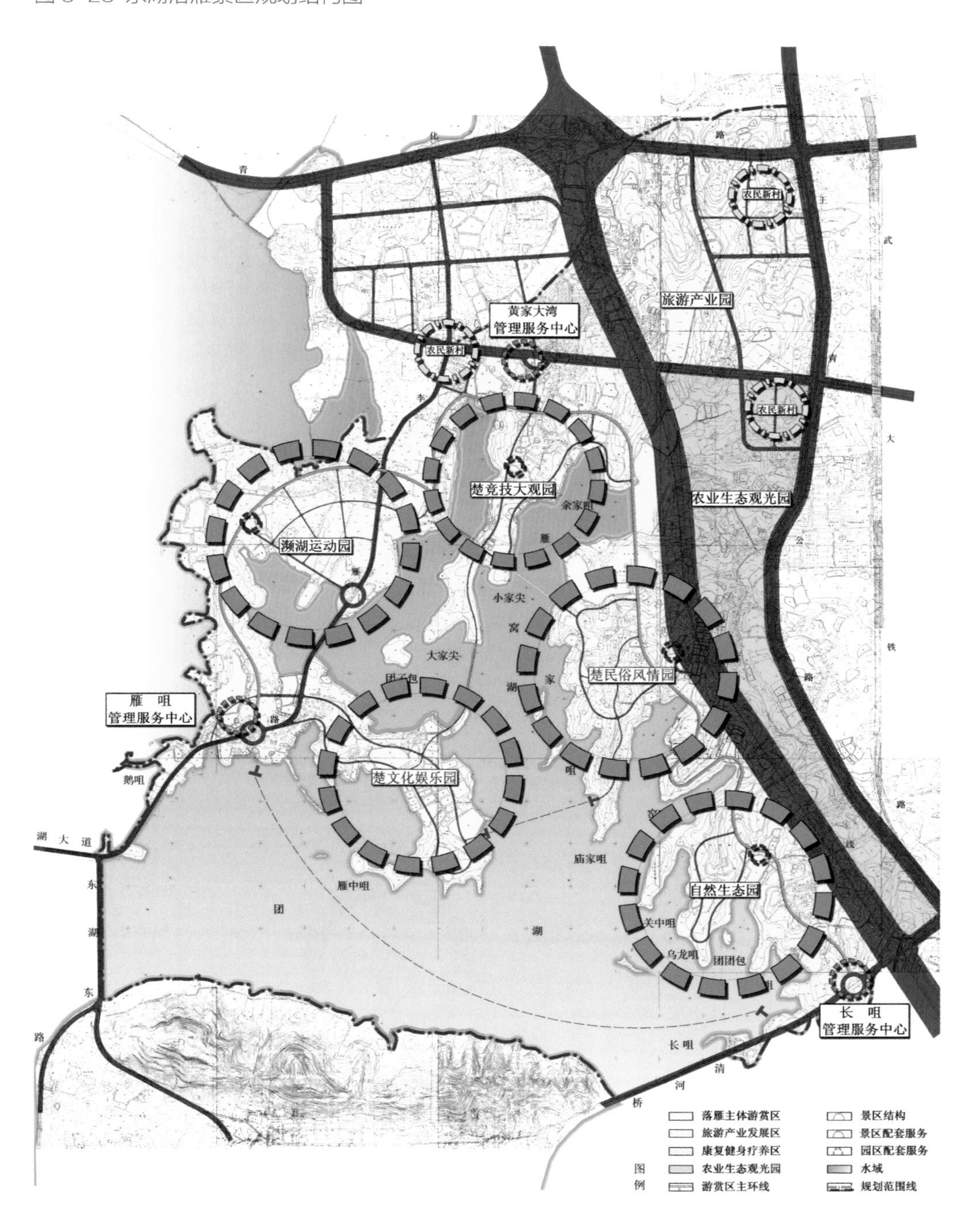

态培育、景观优化、旅游配套等重大问题进行了系统性研究，提出了风景区近期建设策略。在该规划中首次提出围绕 18km 环湖路，串联听涛、磨山、落雁三大景区及若干景观节点，打造游憩圈、生态圈、绿色交通圈“三圈合一”景观游憩路，这也为 10 年后东湖绿道的规划建设提供了支撑（图 8-30）。

在 2011 年《武汉东湖风景名胜区总体规划（2011—2025 年）》获批后，东湖风景区的发展迎来良好的契机，进入快车道。2014 年着手编制《武汉东湖绿道系统暨环东湖

图 8-29 楚文化娱乐园区规划图则

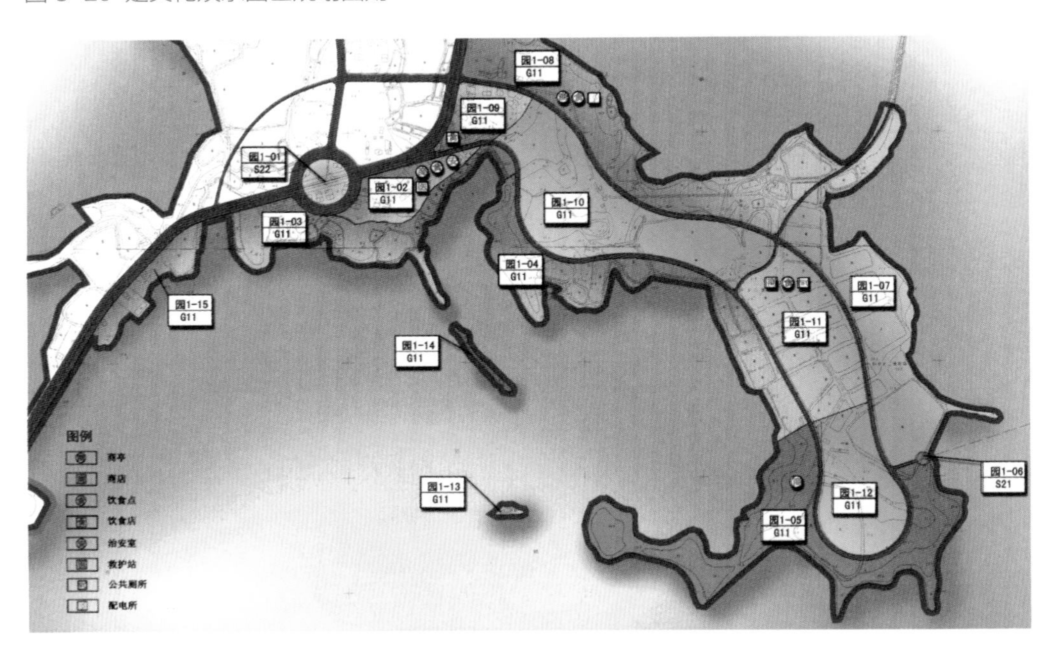

图 8-30 环郭郑湖规划结构图

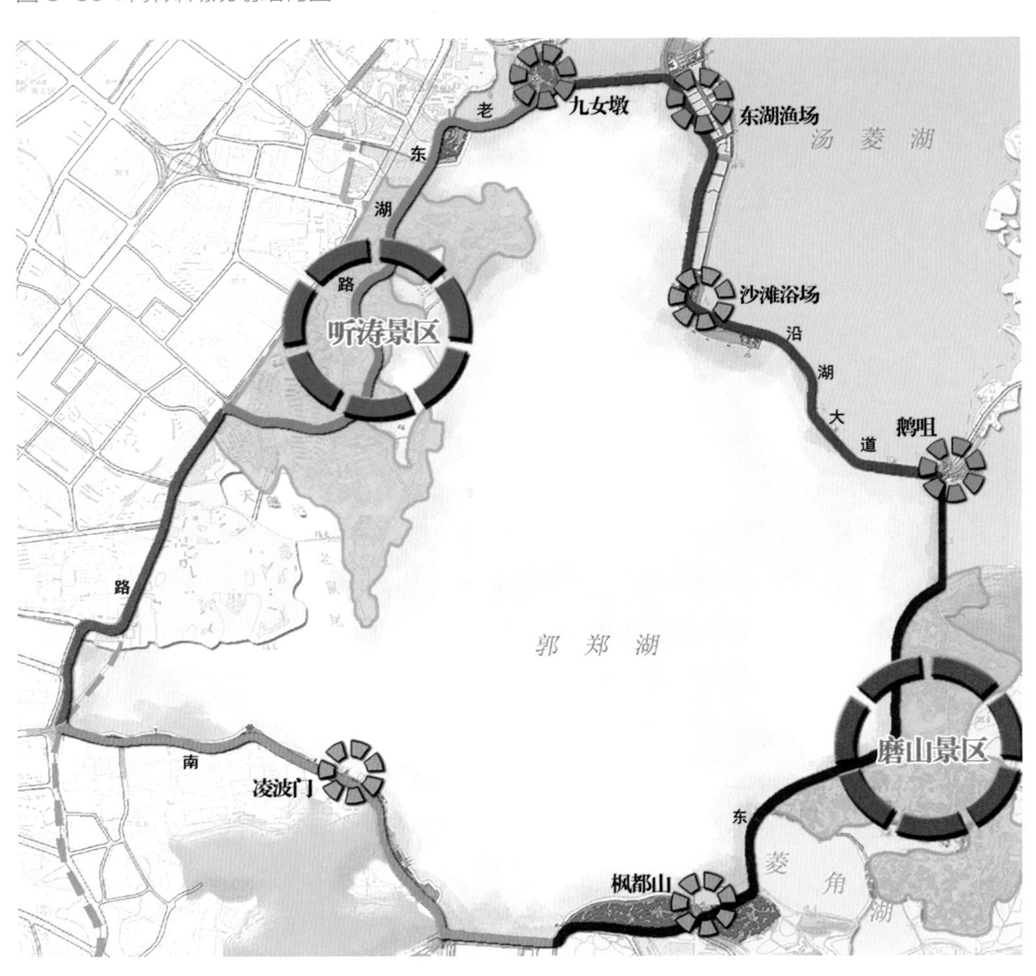

路绿道实施规划》，在随后的 3 年里指导东湖绿道的逐步建设实施。经过 10 余年的谋划，东湖绿道目前已基本建成，东湖风景名胜区凭借其城中湖的独特区位，以及历轮规划建设，成为具有世界影响力的“改善城市公共空间的典范”(图 8-31)。

4.“大湖 +”谋划城湖共生发展

为进一步打造特色滨湖空间，在对湖泊周边用地资源进行全面盘整的基础上，2018 年开展了《武汉市“大湖 +”主题功能区空间体系规划》编制工作。

“大湖 +”主题功能区是为彰显“百湖之市”城市特色、提升城市功能品质、促进城市与湖泊融合发展，以湖泊水体、周边绿地和功能区为对象，探索“大湖 +”保护与利用新模式，坚持生态优先、突出对湖泊水体“蓝线”和周边绿地“绿线”保护基础上，强调绿色发展，突出对康体休闲、创新创意、科创研发等多种公共功能的植入，增加新功能、营造新空间、培育新动力，打造一批不同主题、各具特色、多元活力的湖泊功能区。

规划确定不同湖泊功能区的类型和空间结构，明确各类功能区的主题功能和管控要求，将湖泊功能区按照位于城市集中建设区、近郊生态绿楔、远郊农业生态区，分为城市型、郊野型、生态型三种类型，分别打造成为城市公共活力区、郊野公园群、生态保育环。

滨水特色空间的打造不仅对湖泊生态环境保护发挥了重要作用，也探索了城湖共生的生产、生活、生态融合发展模式。

40 年生态空间规划的不断探索，从滨水特色空间塑造，到大型生态功能区实施，再到城市生态格局逐步形成，规划人一直努力践行着加快生态文明体制改革，建设美丽中国的国家战略。新时代背景下，按照国家生态文明建设的要求，生态保护力度不断加大，我们希望通过更加全面、系统的生态空间规划编制，引导城市“提供更多优质生态产品以满足人民日益增长的优美生态环境需要”，实现生态惠民、生态利民、生态为民的社会主义生态文明价值取向。通过生态空间的转型发展，促进城市品质的不断提升，向着建设长江经济带生态文明建设的先行示范和“武汉样板”而努力，这是规划人应有的历史担当！

第九章
水治理与合理利用

CHAPTER 9
WATER MANAGEMENT AND RATIONAL UTILIZATION

武汉的城市发展史，是一部不断理水营城的历史。武汉是在古云梦泽上发展起来的城市，历史地质变迁为武汉留下了丰富发达的庞大水网，不仅坐拥长江、汉水两大河流交汇之利，其围绕长江、汉水还形成了 166 个湖泊、165 条河流、272 座水库和 220 余条港渠，水域面积约占全市国土总面积的四分之一，水面率和水体数量均居全国各大城市首位，在世界上极为少见。同时，受亚热带湿润季风的影响，武汉市降水量也十分充沛，充足的水资源和丰富的水系发育在几千年的积淀中为武汉提供了深厚的水文化底蕴，也奠定了武昌、汉口、汉阳三镇鼎立的空间格局。

1905 年，时任湖广总督的张之洞为治理水患，修建了张公堤，自此汉口与东西湖分开，后湖等低地露出水面，可供居住和耕作，由此奠定大汉口之基。20 世纪 50 ~ 70 年代，大规模的围湖垦地、驱水屯田，为社会发展需求提供了更多空间，八九十年代起，城市建设大规模提速，“向湖泊要空间”一时成为很长一段时间的思想主流。在经历 1998 年长江全流域特大洪水和严重城市内涝的洗礼后，武汉市迅速统一思想、调整思路，把水系保护作为城市建设的重点内容，由原来的“填湖建设”向“保护利用”转变。湖泊的功能、属性也由此发生了深刻变化，不仅具有雨水调节、排洪防涝、养殖、绿化园林、景观休闲等功用，也成为城市水资源、水环境的重要考量指标，更是城市发展的重要驱动力。

2011 年，武汉把治水作为生态文明建设的重要部分，开始寻求“理水营城”的新道路，自此治水由单一的“工程治水”迈向“文化治水”“情怀治水”，将工程治水与水生态、水环境、水景观、滨水空间利用与城市特色塑造有机融合，走出了一条具有武汉特色的“城水共生”“人水和谐”发展道路，为美丽武汉建设提供强了有力的支撑。

第一节
防洪与城市安全

武汉地处长江中游，上距宜宾 1651km, 下至入海口 1114km。长江武汉河段担负着长江上、中游金沙江、岷江、沱江、嘉陵江、乌江、清江、洞庭“四水”（湘江、资江、沅江、澧江）及汉江等八大水系、约 80% 流域面积洪水的宣泄任务。特殊的地理位置决定了武汉市肩负着艰巨的防洪任务，也使防汛成为武汉“天大的事”。

千百年来，大江有兴城之伟、育民之情，也有遗患之痛。据不完整的历史资料统计，历史上武汉地区洪灾频繁，平均约 20 年发生一次成灾洪水，直到最近百年间就有 1931、1954 和 1998 年三次特大洪水严重威胁着城市安全，因此，武汉堤防对三镇的发展繁荣，如唇齿相依，意义重大。

一、惊心动魄的防洪史

依长江和汉水的自然格局，武汉三镇防洪体系划分为武昌、汉口和汉阳三个组成部分。武昌依山傍水，地势高于汉口、汉阳，汉阳山湖相间，汉口湖泊、洼地众多。自唐、宋以来，武汉就开始修建堤防抵御洪水，汛期三镇全凭堤防赖以保安全。北宋政和年间（1111～1118 年），武昌在三镇中率先修堤，汉阳修堤则为 400 余年之后的明正德之初 (1506 年)，汉口在明成化年间汉水改道后至明崇祯八年 (1635 年) 始有袁公堤出现。由于市区逐渐发展扩大，至清朝末年，汉口、汉阳、武昌三大片已初步形成江河堤防体系，但因残缺凌乱，堤身单薄，虽可防小灾，却难御较大洪水，因此堤防工程屡建屡毁。1931 年的长江大洪水，江汉关水位达 28.28m，创汉口建立水文站 70 年以来最高洪水纪录。据史志资料，1931 年武汉三镇被淹范围，概括为“整个汉口、半个武昌、部分汉阳”，三镇淹水时间 42～100 余天。

1.1954 年历史性大水

1954 年，由于气候反常，雨带长期徘徊在江淮流域，导致中下游区梅雨期延长，且雨量大，长江中下游出现了近 100 年间最大的洪水。1954 年武汉关水位达到 29.73m，而堤身低矮单薄，堤顶高程最高为 29m, 最低的只有 26m，面临着极为严峻的历史考验。武汉市出动 30 万军民，与这场百年不遇的大洪水展开了顽强搏斗，“人在堤在、堤毁人亡”，当年的这些悲壮口号，至今都在武汉人耳边响起。经过 100 个日夜的艰苦奋战，才取得了抗洪斗争的重大胜利。1954 年 10 月 3 日，洪水退至警戒水位以下。毛泽东主席欣悉武汉市抗洪斗争取得了全面胜利，亲笔题词祝贺：“庆贺武汉人民战胜了 1954 年的洪水，还要准备战胜今后可能发生的同样严重的洪水。”后被撰写在“武汉防洪纪念碑”上，成为武汉人民与洪水斗争的标志性纪念建筑，也成为武汉与洪水斗争的精神象征（图 9-1）。

图 9-1 汉口江滩防洪纪念碑

经过 1954 年历史性大水后，武汉堤防建设本着“先整治险段，后加高改建”和“近期治标，远期治本”的原则，长期大力投入建设，按“先汉口、后武昌、再汉阳”的顺序，1990 年年末武汉三镇基本建成完善的防洪体系。

2.1998 年特大洪水

1998 年入汛以来，长江流域暴雨频繁，终于酿成自 1954 年以来的又一次全流域性的特大洪水，八次洪峰接踵而来，湖北境内，沙市以下，石首告急，洪湖告急，监利告急，嘉鱼、武汉也频频告急，通过武汉军民顽强地坚守，顶住连续 91 天高洪水位的肆虐，战胜了长江的八次洪峰。加上龙王庙险段位于长江、汉江交汇处，背后即是繁华的汉正街，龙王庙的河床土壤是粉细砂，地表层又是杂填土，透水性较强，散浸、管涌等险情随时都可能发生。为了严守龙王庙，守闸人员在大堤一起立了生死牌，在“誓与大堤共存亡”的誓词下，是 16 名党员笔体各异的签名。至今，在 1998 年洪灾后建立的龙王庙公园里，仍有一组巨型浮雕讲述武汉 1998 年的抗洪历史，其中第三幅记载的就是生死牌的故事，而真正的“生死牌”现在作为一级文物，由中国国家博物馆收藏。

1998 年大水之后，国家和地方财政投资 37.99 亿元展开对武汉江堤的建设，仅 3 年就全面完成长江、汉江堤防整险加固主体工程，武汉两江干堤在原有基础上普遍“长高”1.5m～2m，防浪台和压浸台为堤身披上“铠甲”，重点历史险段得以根治，病险涵闸和穿堤建筑得到加固，两江堤防的防洪能力有了质的飞跃。目前，武汉三镇已建设 346.6km 的防洪保护圈，再加上三峡工程调蓄作用，武汉江堤可以安然抵御百年一遇的洪水。至此，经过多年努力，武汉市基本完成了防洪达标建设任务，给城市防洪保安打下了可靠的基础。

二、防洪圈的规划与建设

1. 长江流域综合利用规划

万里长江险在荆江，重在武汉。1954 年大洪水后，周恩来总理在全国人民代表大会上作政府工作报告，提出“今后的水利工作必须从流域规划着手，采取治标和治本结合，防洪与排涝并重的方针”，并于 1955 年在武汉集中设置长江水利委员会，先后编制多轮《长江流域综合利用规划》，提出“蓄泄兼筹，以泄为主”的防洪指导方针及“江湖两利，左右岸兼顾，上、中、下游协调”的指导原则，统筹长江流域防洪标准和总体防洪布局。

武汉长江的防洪标准按 1954 型洪水标准设防（30 天洪量约 200 年一遇标准），其中长江武汉关控制段水位为 29.73m。

2. 城市防洪圈规划

1996 年版城市总体规划综合考虑武汉市空间拓展、三峡工程和南水北调工程对防洪的影响，在市域内构建由河道、堤防、分蓄洪区（含民垸）、水库及非工程措施综合互补的城市防洪体系。其中，河道和堤防是基本的防洪设施，堤防与自然高地围合形成不同级

图 9-2 市域防洪规划图

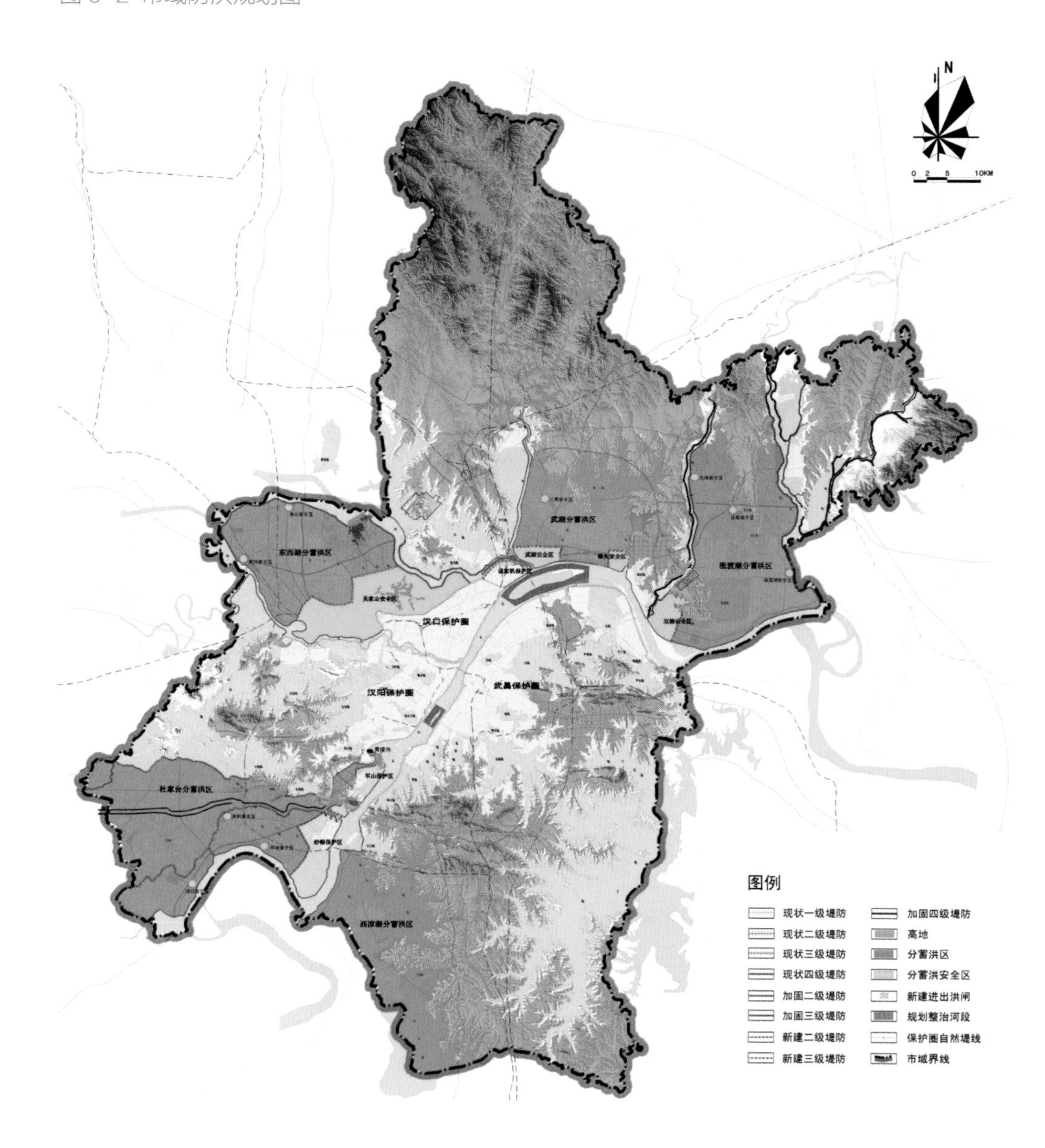

别的保护区和分蓄洪区（含民垸）。武汉市第一级别的保护区有汉口保护圈、汉阳保护圈和武昌保护圈，总面积 1367.3km^2，城市建设主要集中在保护圈范围内。根据规划布局重要堤防 807.8km，其中长江干堤 307.1km，汉江干堤 112.1km，重要支堤 387.9km。为保证保护圈防洪安全，设立东西湖、杜家台、西凉湖、武湖、张渡湖等五个分蓄洪区，以及分蓄洪运用条件低于分蓄洪区的各类民垸多处。

3. 分蓄洪区安全区的规划探索

由于武汉市分蓄洪区面积较大，为缓解蓄洪与经济发展的矛盾，实现全面建设小康社会的目标，按照国务院“平垸行洪、移民建镇”的要求，2010 年版城市总体规划探索将分蓄洪区内的安全建设从传统的以临时转移为主调整为以定居安置为主，在武汉市分蓄洪区内规划布局 16 个安全区，规划布局 16 个安全区，尽量将蓄洪区人民群众迁移到安全区和安全台定居。其中，西凉湖分蓄洪区设置金口、范湖南和法泗镇 3 个安全区，杜家台分蓄洪区设置邓南、湘口、东荆 3 个安全区，武湖分蓄洪区设置武湖、三里和窑头 3 个安全区，张渡湖分蓄洪区设置双柳、张渡湖（农场）、孔埠、汪集 4 个安全区，东西湖分蓄洪区设置吴家山、东山和新沟 3 个安全区，并据此制定安全区相关规划标准：一般安全区人均占地面积 100m^2，城市化水平较高的地区人均占地面积 150m^2，安全区转移道路和桥梁宽度不小于 6m（图 9-2）。

三、防洪工程与城市功能的复合利用

在江堤整险加固的过程中，武汉还注入人与自然和谐相处的治水理念，在强化城市防洪安全系数、最大限度提升堤防工程的综合功能和立体效应的同时，对两江四岸的江滩进行综合整治，充分利用“龟蛇对峙、两江交汇”的自然景观造势，建成以绿色为基调、亲水为主题、地域文化为底蕴的汉口江滩、龙王庙、汉阳门、月亮湾、南岸嘴、大禹神话园等一批江滩景观和一道道依水而成的生态绿色长廊。以绿色为基调、亲水为主题、地域文化为底蕴建成的汉口、武昌、汉阳江滩，不仅是 21 世纪初期江城武汉的新“名片”，而且成为蜚声中外的当代中国防洪工程的典范。

1. 汉口江滩防洪及环境综合整治

汉口江滩位于武汉两江四岸的最前沿。由于近 50 年来长江主泓南移、北岸不断淤积，在长江防洪堤外形成了宽 150～420m、长 7km、面积约 2km^2 的滨江滩地。就区位而言，汉口江滩位于主城核心区，紧邻闻名全国的江汉路商业步行街、租界区，周边聚集了武汉市三分之一的优秀历史建筑，拥有宽阔的滨水滩地和长达 9.8km 的城市滨水岸线，是汉口沿江地区现存最大的开敞空间，极有条件形成展示城市滨江特色的标志性景观区。由于汉口江滩位于防洪堤外，不属于城市建设用地，且长江武汉段水位落差极大，枯水季节最低水位（吴淞 10.08m）与最高水位（吴淞 29.73m）之间的落差达 19m，故一直作为滩地未予利用。1990 年代，近 23 万 m^2 历史遗留的仓储、堆场、破旧建筑物和近 50 座大大小小的码头密布滨江岸线，严重损坏了城市形象。汉口江滩整治成为全社会的共同心愿。

（1）江滩的规划功能定位

早在 1982 年，武汉市委、市政府就把汉口江滩的整治纳入议事日程，组织长江水利委

员会指导武汉市相关规划建设部门对汉口江滩整治进行了酝酿、研究，做了大量的前期准备工作。这一时期，主要是水利部门对长江武汉段的整治，制定了整体性的改造计划，对武汉长江河段 47.8km 流程提出了宏大的改造设想。研究成果主要是提出了河道的整体整治和改造方案，并进行了水利方面的初步论证，对未来汉口江滩的利用，在水利防汛方面奠定了理论基础。同时，汉口江滩可作为城市发展重要空间的思路在这一时期被确定下来。

1996 年版城市总体规划对长江两岸的综合开发提出了一系列的要求。为了科学研究论证和选择汉口江滩的功能定位和建设方案，武汉市又陆续完成汉口江滩规划可行性研究、汉口江滩规划多方案比较研究、武汉滨江城市特色研究及长江一二桥之间码头搬迁规划等专题研究工作，提出生态型江滩、协调型江滩、开发型江滩等多种方案。在当时房地产开发热潮的影响下，开发型江滩方案提出在汉口江滩 1km^2 滩地上布局 160 万 m^2 的建筑，结合传统金融中心构建汉口金融商务中心的设想。但在 1998 年长江流域特大洪水后，社会各界充分认识到确保长江行洪能力的重要性，开发型江滩方案即被舍弃。随着滨水地区规划研究的深入，汉口江滩的功能最终确定为公共的开放性的生态、游憩及绿色滨江长廊。

（2）单一工程向多功能融合的规划转变

为进一步确保汉口江滩的行洪、过水功能，1999～2000 年，武汉市与长江水利委员会进行了多次商讨，确定了由武汉市规划局、水利局与长江勘测规划设计研究院、长江科学院共同开展长江武汉河段汉口江滩防洪综合治理规划研究和水利模型试验研究工作。联合工作组提出了 5 种规划吹填方案，构建了 1：400 的水利的动、定床水工物理模型和计算机数据模型，按照长江历史最大洪水量进行了多次试验和数模计算，最终提出了长江武汉河段河道演变分析报告等三份试验成果报告。通过计算机模拟计算和水工模型反复实验，研究结果表明，通过拆除江滩阻水建筑，疏浚河道，吹填、整理江滩和护砌岸坡等工程措施，将增加汉口河道的行洪能力，在遭遇类似 1954 年大洪水时，武汉关水位可比历史同期下降 1～2cm。这一结论为江滩工程的推进奠定了科学基础。通过水利部门专家论证之后，2001 年 5 月 18 日，长江水利委员会对汉口江滩的综合整治工程作了正式批复。同意整治范围为自武汉客运港下端至丹水池后湖船厂，长 7007m，整治宽度平均 160m，吹填高程 28.80m（吴淞高程）。批复要求“对吹填实施绿化，改善环境，禁止搭建任何房屋和其他阻水构筑物”。

解决好防洪工程技术问题后，2001 年，武汉市组织编制完成了《汉口江滩防洪及环境综合整治规划》，在城市防洪工程中注入新的理念，赋予这一巨大工程设施以宜人的亲水性，展现独特的、引人驻留的滨江亲水空间。规划采取了纵横轴线交错的布局手法，形成了清晰的空间结构和丰富的空间景观，打造“一轴、二带、四区”（江滩景观轴，滨江亲水带、堤防景观带，休闲活动区、中心广场区、体育运动区、园艺景观区）的框架格局，实现了城市防洪与生态保护、抗洪抢险与亲水休闲、江滩景观与滨江环境的完美结合，有效提高了武汉市防洪保安效益、生态环境效益、沿江经济效益和社会综合效益，对武汉市城市功能的提升、软环境的改善发挥了重要作用。

为了在确保防汛安全的前提下突出江阔天高的滨江景观特色，规划在滨江竖向上创新性地设立三级亲水阶梯平台，一级平台按照吴淞 28.80m 高程进行疏浚吹填，吹填平台平均宽度为 160m，形成总面积达 1.14km^2 的滩顶一级大平台。该平台的高程相当于武汉市 20 年一遇的洪水高度，被淹没可能性极小（历史上仅有 3 次超出该高程）。同时，规划了大量绿化休闲空间，并设计了 8～15m 宽的观江步道，形成永久性的绿化活动带。二级平台，吴淞高程 25m，相当于长江武汉段防洪设防水位，平均每年被淹没的时间约为 3 个月，该地段规划了以柳树等耐水乔木为主的亲水平台，地面以硬质铺装为主。三级平台，吴淞高程 16m，相当于长江武汉段常年水位，每年被淹没的时间为 9 个月，在此规划了具有韵律感的流线型生态戏水梯台，在长江二桥头宽阔的地段则保留了大量的原生态

图 9-3 汉口江滩横断面示意图

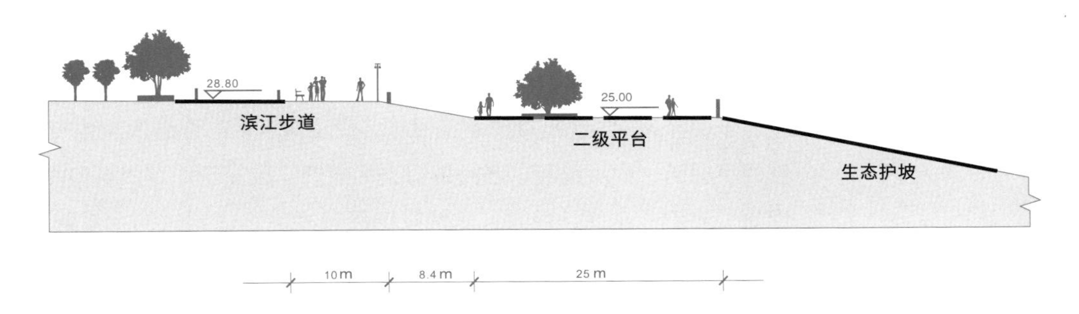

湿地岸线（图 9-3）。

江滩作为武汉城市长江主轴文明景观带的核心，历经 20 年的蜕变，从一个曾经让人谈水色变的百年水患之地变为人人点赞的百里画廊。由汉口江滩起步，武汉江滩建设不断延伸至武昌江滩、汉阳江滩、青山江滩和硚口江滩（汉江江滩），建设总长度已突破 58km。从人水相争的局面到人水相依的美景，两江四岸江滩已成为集防洪屏障、绿色生态、景观游憩、娱乐休闲等多功能为一体的“城市绿色客厅”。

2. 江滩险段龙王庙地区改建

明洪武年间，汉水改道，出口由沌口改为龙王庙，龙王庙地段河面狭窄，岸陡水急，船多倾覆，素以险要著称，故有人修筑龙王庙祈求龙王爷保佑平安。据《汉口竹枝词》记载，龙王庙码头始建于清乾隆四年（1739 年）。1930 年国民政府修路，龙王庙及其牌坊全部被拆，结果 1931 年发大水，汉口城整整被淹了两个月，死亡 33600 人，据说，歇后语“大水淹了龙王庙”即源于此。龙王庙位于长江与汉江的汇合处，其河道弯曲，河面狭窄，岸陡水急，且地质薄弱，洪水一来便险象环生，故有“武汉防汛第一险段”之称。

1998 年的特大洪水中龙王庙段险象环生，在历经洪水后武汉龙王庙综合整治工程拉开了序幕。通过扩宽口门、改善河势、除险加固、综合整治，现在的龙王庙已经具备了抗御 1954 年洪水的能力。同时，结合江汉公园的改造在龙王庙地区建设绿化广场和纪念性建筑，使南北两岸景观融为一体，充分体现两江交汇的独特韵味。南岸建成的大型江边景观平台更使曾经的“险点”变为了“景点”。

第二节
水系保护和利用

一、水系的历史演变

武汉市的地质构造以新华夏构造体系为主，地貌单元属鄂东南丘陵经汉江平原东缘向大别山南麓低山丘过渡区，中部低平，南部丘陵、岗垄环抱，北部低山林立。汉口主要由漫滩阶地、冲积平原组成。武昌、汉阳主要由剥蚀低丘和漫滩阶地组成。长江沿岸和湖泊周围的平坦、低洼地区，遍布灰褐色的冲积砂、亚砂土、黏土冲积物或淤泥质褐色亚黏土的湖积物。一般地面以下 1m 内可见地下水，常有流砂出现。

武汉市河湖水系众多，江、河、湖、库密布，形成以长江、汉江为主干的庞大水系网络。千百年来，为了抵御洪水的肆虐，使江湖水系的连通适应生产、生活的需要，武汉市修建了堤防，利用渠道、涵闸进行人为控制，改变了江湖水系自然连通的状况，形成了以河流、湖泊、水库、港渠、鱼池及塘堰等多种水体组成的水系网络，其历史演变过程主要分为四个阶段。第一阶段为明代成化年初期的汉水改道，是影响水系形态的主要自然因素，并促进武汉由双城向三镇鼎立发展。第二阶段为唐宋年间开展的堤防建设，是改变水系形态的主要人为因素，虽然降低了外江对堤内水系的影响，但促进了城市规模的扩张。为了抵御洪水，保证生产生活的安全，在沿江、沿河地势低洼地段修建堤防，从而形成了现在所称的内湖和外江。内湖与外江的联系受到人为控制，并改变了其原有的根据外江水位变化而进出的自然特性，变成了仅能由内往外排的单向流动，降雨和城市排水成为湖泊流动的动力。第三阶段是 20 世纪 50 年代以后的城市大规模扩张，导致部分湖泊、水系连通通廊的消失。随着人类改造自然能力的增强，具备了建设大流量城市排水泵站的能力，而城市人口的高速增长又促使大规模的建设用地拓展，通过填占湖泊扩大建设用地成为最便捷和经济的途径，这一过程致使城市水系特别是人口用地矛盾最大的汉口地区水系大面积萎缩；大部分湖泊面积不同程度减少，有的甚至消失，汉口地区仅保留下鲩子湖等几个面积在 10hm^2 左右的湖泊。东沙湖水系与汤逊湖水系之间连通通廊也随着武广铁路的建设而消失。第四阶段是从 20 世纪 90 年代开始的水体保护和治理阶段，随着城市建成区水体面积大规模减少和人们生活水平提高，要求提升城市环境质量，水系保护和治理成为必然，建成区湖泊填占现象逐步消失，水环境日益得到重视。城市污水量的增长和污水收集系统建设落后之间的矛盾，导致湖泊及其连通港渠水质严重下降，管理手段较为落后，使港渠成为污水横流、垃圾遍地的“龙须沟”。为快速改变这一严重影响城市环境和人民身体健康的状况，将明渠改为地下箱涵，在一段时期内成为环境建设的“权宜之计”；许多湖泊与外江的联系被城市排水管网所取代，成为孤立的湖泊（如月湖、莲花湖、西湖、北湖、菱角湖等）。部分保留下来的港渠也逐步人工化，渠道曲折系数降低，规模变小（图 9-4 ~ 图 9-10）。

图 9-4 三国时期武汉水系图

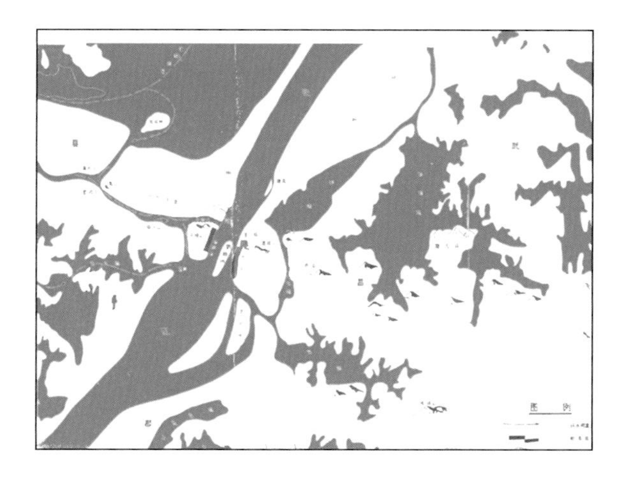

图 9-5 唐宋时期武汉水系图

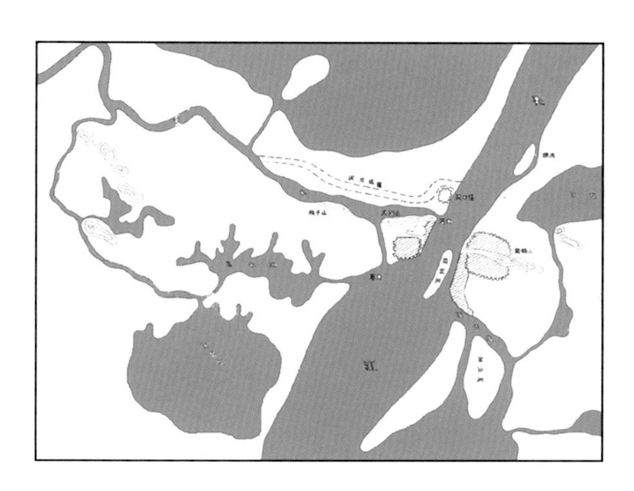

图 9-6 明朝时期武汉水系图

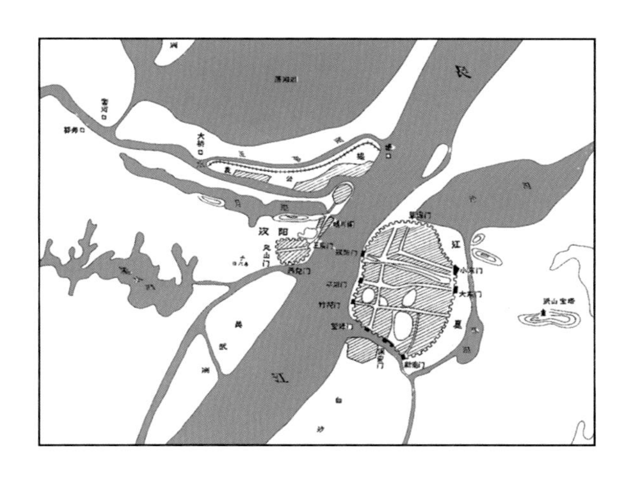

图 9-7 清朝时期武汉水系图

图 9-8 民国时期武汉水系图

图 9-9 1960 年代武汉水系图

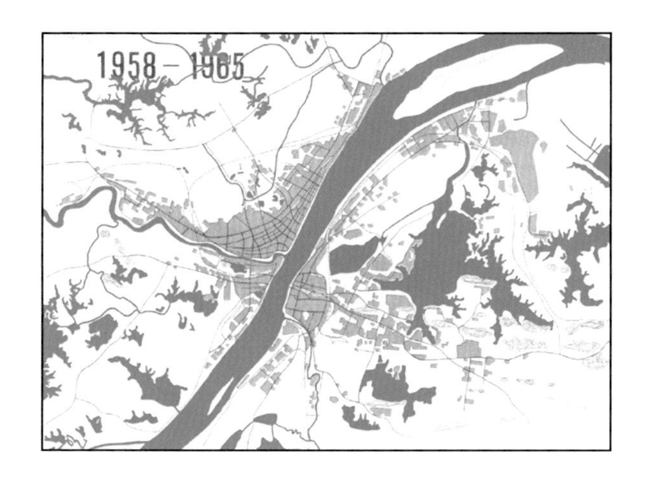

图 9-10 2012 年武汉市水系分布图

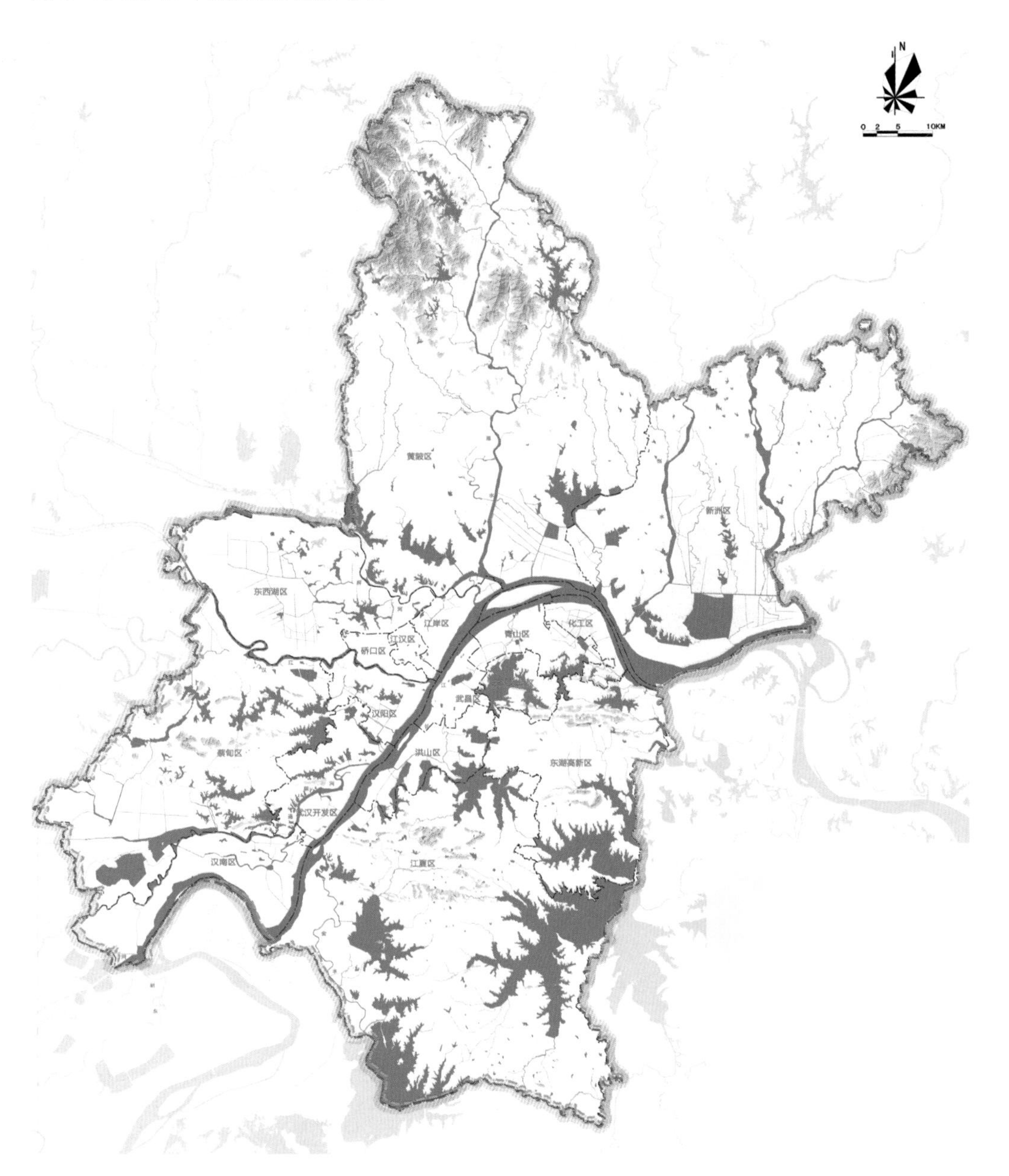

二、襟江带湖、环城水网的构建

武汉市堤防建设使城市防洪安全显著提高，但由于传统防洪思想对水生态系统的关注较少，未能在堤防建设的同时为江、湖水生态系统的交流安排合理的通道，使湖泊水生态逐步孤立和退化，系统稳定性严重下降。湖泊作为城市重要的生态斑块，在城市建设中理应保留适当规模的生态廊道联系不同的斑块，但由于多种原因，实际上现在各湖泊特别是建成区内的小湖泊，已经不存在与其他生态斑块联系的廊道，取而代之的是排水箱涵等工程化措施。

为破解武汉市水系问题，借助国家“两型”社会试点和水生态修复与保护示范城市的设立，以及 2010 年版武汉城市总体规划和国家城市水系规划规范编制的机遇，武汉市组织编制了《武汉市水系规划》。规划充分依托武汉历史水系脉络和“两江分三镇、九水通百湖”的河渠网络现状，根据不同水系水体的水文学特征和水城关系，在主城“两江交汇”基础上，结合城市空间拓展，构建了“两江九水、四片百湖”的水网体系，同时通过串连主要湖泊，编织结构合理、生态良好、水流畅通、环境宜人的覆盖全市的环城水网，增加与长江、汉江和府河的有机联系，有效改善内湖的生态环境，带动城市生态系统建设，彰显滨江滨湖特色。

其中，“两江”分别是长江和汉江；“九水”为区域范围内的府河、滠水、金水、倒水、举水、沙河、通顺河、巴河、汉北河。“四片”是以各区域河湖主要功能和空间拓展需求为依据构建的黄陂新洲片、汉口东西湖片、汉阳蔡甸片和武昌江夏片四片生态水网，同时按照环境改善型、生态保护型、供水安全型和景观旅游型四大类水系连通类型，开展后湖区域、盘龙湖区域、武湖区域、柴泊湖区域、涨渡湖区域、金银湖区域、汉口区域、汉阳六湖区域、西湖小奓湖区域、通顺河区域、沉湖区域、大东湖区域、汤逊湖区域等十三个重点区域的水系连通建设，营织江湖相济的全域水系网络（图 9-11）。

三、全域一体的水系保护

1. 保护法规不断完善

1999 年，武汉市出台了《武汉市保护城市自然山体湖泊办法》，正式拉开了武汉市

图 9-11 武汉市市域水系结构图

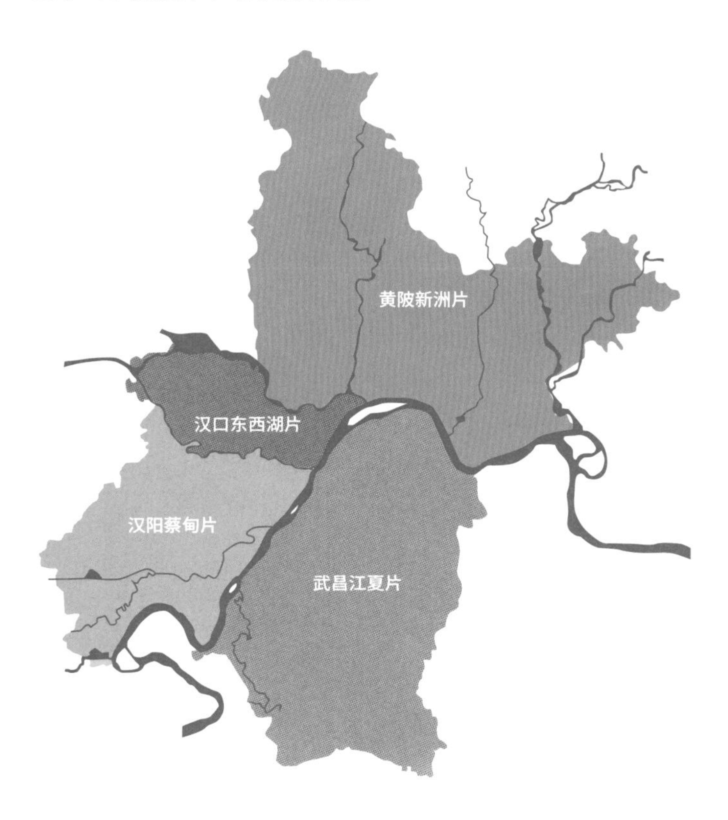

湖泊保护的序幕；2002 年，颁布了《武汉市湖泊保护条例》，同年发布《武汉市湖泊保护名录》，对市域 166 个湖泊进行建档管理；2003 年，发布《关于加强中心城区湖边、山边、江边建筑规划管理的若干规定》；2005 年，发布《武汉市湖泊保护条例实施细则》；2015 年，发布《武汉市湖泊保护条例（修正案）》，对湖泊保护提出了更高的要求。

除法规建设外，为了更好地保护湖泊，加强公众共同监督管理，武汉市自一开始就建立了“湖长制”并不断修正完善。2010 年由各区行政主要负责人担任所辖区湖泊“总湖长”，单个湖泊再单设“湖长”；2012 年开始聘请志愿人士担任“民间湖长”，发动全社会参与护湖；2014 年，为保证辖区内的湖泊管理问题能第一时间发现、第一时间处置，将由政府、人大、政协副职担任的 166 个湖泊湖长，全部更换为沿湖周边所在地周边街（乡）的主任（乡长）。

2. 保护规划全面覆盖

1999 年，武汉市编制了主城区 27 个湖泊的保护界定规划，探索了“蓝线”（水域保护线）、“绿线”（绿化用地控制线）、“灰线”（外围控制线）的“三线”控制模式。并将 1996 年版城市总体规划确定的沙湖方案进行了修改，按照恢复湖面的原则使沙湖总的湖面面积保持为 3.08km^2。

2004 年起，武汉市陆续编制武汉市中心城区和新城区湖泊“三线一路”保护规划，目前已经完成全部 166 个湖泊的保护规划，构建了湖泊“蓝线、绿线、灰线”的整体保护体系，并同步规划了环湖道路，从根本上锁定湖泊岸线、固定湖泊形态（图 9-12、图 9-13）。

按照《中心城区湖泊“三线一路”保护规划》和《武汉市新城区部分湖泊“三线一路”保护规划》成果，武汉市 166 个湖泊蓝线共锁定全市湖泊面积 834km^2，相比 2005 年全市水资源普查确定的 779km^2，增加了 55km^2。绿线控制总面积约 722km^2，灰线控制总面积约 241km^2，规划环湖路总长度约 2784km。

图 9-12 紫阳湖三线一路规划示意图

图 9-13 金银湖三线一路规划示意图

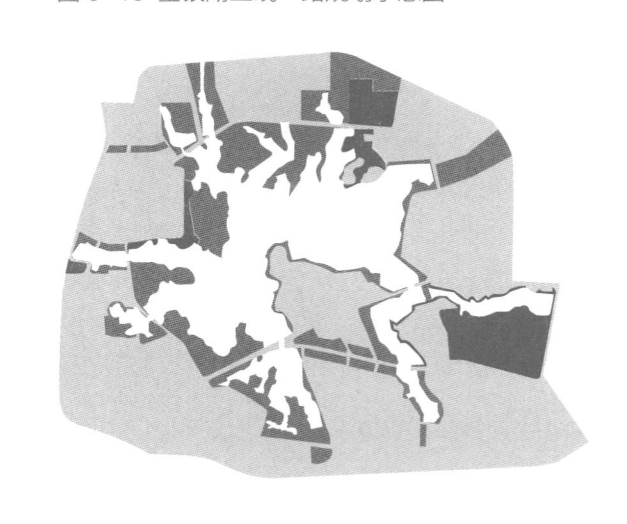

3. 以建促管、长效保护

2007 年后，为通过以建促管的方式实现保护与利用的有效衔接，发挥湖泊在生态、景观、休闲等方面的功能，武汉市开展了一系列湖泊公园和湖泊湿地的规划建设。陆续完成汉口西北湖公园、喷泉公园、菱角湖公园、鲩子湖公园、后襄河公园、内沙湖公园、沙湖公园、汤湖公园、金银湖湿地公园、竹叶海生态湿地公园等的建设。

四、湖泊连通工程示范

1. 大东湖生态水网构建

虽然在大东湖地区实施了一批控污、治污项目，湖泊水质逐年恶化的局面已基本得到控制，但湖泊水质及生态系统的恢复进程缓慢。从生态角度看，目前“大东湖”地区也属于生态亏空区域，由于湖泊水环境持续得不到改善，自然生态系统遭到严重破坏，需要外部自然生态系统的强力补给，将外界自然优良的生态系统向生态亏空区域进行“营养”输入，“以强补弱、以优带劣、增强活力”，形成良性循环的水网生态区。

水网连通工程通过恢复长江与湖泊的自然联系，可依托长江巨大的环境容量，通过引入健康的生态系统来改变目前湖泊中鱼类以人工养殖为主、种群结构单一的现状，提高湖泊生物多样性。同时，动态水网的建立，一定程度上增强了湖泊自身的稳定性和自净能力，加快了湖泊水质的改善，同时也是构建城市生态网络，提高区域环境质量的必备条件。

水系水生态的保护和建设工作也得到了国家、省市各级部门及领导的高度重视：水利部于 2005 年批准同意将武汉作为全国水生态系统保护与修复试点城市；国家发改委于 2007 年批准武汉城市圈为全国资源节约型和环境友好型社会（简称“两型”社会）建设综合配套改革试验区；2009 年 2 月，国家发改委批准《湖北省武汉市“大东湖”生态水网构建工程总体方案》；2009 年 2 月，湖北省发改委批准《湖北省武汉市“大东湖”生态水网构建工程预可行性研究报告》。为了落实国家和省、市政府关于大东湖的相关要求，武汉市组织编制《大东湖生态水网控制规划》，进一步从城市空间的角度优化大东湖水网的空间布局，保障用地空间。

规划明晰了区域排涝系统组织。大东湖地区排涝系统包括东沙湖水系、北湖水系和沿江的独立直排江系统。按照城市建设用地状况、沿湖地形地势条件等将各个水系进行进一步分区，以协调不同区域的排涝标准和排水系统组织，东沙湖水系分为沙湖汇水区、东湖汇水区和罗家路直排区等三个排水分区，北湖水系分为北湖汇水区和严西湖、严东湖汇水区等两个排水分区。

规划优化了生态调水线路组织。以闸引泵排为主、闸引闸排为辅的方式引水，整体流向结合湖泊控制水位从东沙湖水系流向北湖水系，考虑湖泊现状水质和规划水质目标、污水处理厂的尾水排放、进水廊道设置条件等多种因素，组织了“一主两辅三支线”的引水线路以及服务区域的调水线路：长江（武丰闸段）—杨春湖—东湖—严西湖—北湖—长江（北湖泵站）线路为主线，长江（武丰闸段）—杨春湖—东湖—沙湖—长江（罗家路泵站）和长江（武丰闸段）—杨春湖—东湖—南湖（汤逊湖水系）线路为辅线，东湖—新沟明渠—沙湖港—罗家港—长江、长江（曾家巷段）—内沙湖—外沙湖—沙湖港—罗家港—长江和严西湖—竹子湖—青潭

图 9-14 大东湖生态水网引水线路图

图 9-15 大东湖生态水网水上游线图

湖—龙角山港—北湖大港—长江（北湖泵站）线路为支线：另外，还组织了长江—严东湖—严家湖—梁子后湖—梁子湖—长港—长江（樊口泵站）的跨区域调水线路（图 9-14）。

规划构建了城市空间景观结构，形成“一轴、一带、三心、四廊”结构，“一轴”是由蛇山、珞珈山、磨山、马鞍山、九峰等山体形成的山轴，“一带”是长江景观带，“三心”是东湖、严西湖、严东湖三个湖区构成的蓝心，“四廊”是连接湖区与长江的放射型水网绿化连通廊。

规划还开展了水上游线组织，依托东湖风景区国家级风景名胜区的无形资源，组织联系大东湖地区各个景源的水上旅游交通，形成跨水系的水上旅游环线，带动大东湖地区的整体旅游产业发展（图 9-15）。

2. 汉阳六湖连通

“晴川历历汉阳树，芳草萋萋鹦鹉洲”。汉阳处两江交汇、三面环水之地，湖泊众多，但由于城市发展导致水系分割、港汊堵塞，不仅失去流通功能，水环境亦日趋恶化。2002 年，武汉市争取到“汉阳地区水环境质量改善技术与综合示范”课题项目，这一课题是国家“十五”重大科技专项，也是全国开展水污染治理的试点项目，而汉阳六湖连通工程是该项目最主要的组成部分。

“六湖连通”旨在系统规划布局墨水湖、龙阳湖、三角湖、北太子湖、后官湖、南太子湖和原有港渠水系，将六湖与长江、汉江贯通，构建江湖相济、湖港相通、湖湖相连的动态水网，改善湖泊水环境，重现“沟渠相连、一橹摇遍汉阳”的梦里水乡画卷（图 9-16）。

图 9-16 汉阳水系连通图

第三节
水治理与城市发展

武汉的诸多地名与建筑，是治水的见证与缩影。如晴川阁为纪念“大禹治水”而建，张公堤既阻挡了洪水，又圈出了汉口的雏形；龙王庙是抗洪的望哨，江滩公园的“武汉防洪纪念碑”，更是这座城市同舟共济的精神象征。武汉因水而兴，也因水而忧，武汉在历史上是一块沼泽地，正当长江、汉江汇流之冲，地势低平，湖泊密布，除汉阳、武昌少部分地段为丘陵地带外，市区地面高程一般在 20～26m 之间（黄海高程），近郊农田高程在 19～22m 之间（黄海高程），均在常年洪水位以下。长江、汉江和府河是武汉市城区降雨的最终受纳水体，由于城区大部分地段的地面高程低于外江洪水位，是自然高地和堤防围合的盆地，因此在汛期，城区降雨需要通过泵站提升来实现雨水外排的目的；在非汛期，城区降雨需要通过穿堤排水闸来实现雨水外排。武汉市汛期恰逢暴雨集中时期，洪水和内涝的交叠，使武汉自古以来就面临着兴利除弊的难题。

一、防涝系统支撑下的城市空间拓展

20 世纪 80 年代前，武汉市重点建设城市防洪设施，而城市排水设施建设缓慢。截至 1980 年，外排出江泵站规模由新中国成立初期的 12.5m^3/s 提升至 125m^3/s。改革开放后，城市快速发展，可用于短时渍涝的农田、湖塘面积逐年减少，城市渍水现象初显，排水设施建设虽有长足发展但总体较为被动，基本仅通过历次城区严重渍水事件来推动。截至 1998 年，外排出江泵站规模由 1978 年的 132m^3/s 提升至 460m^3/s，但仍落后于城市扩展和建设的步伐。2000 年后，随着城市空间迅猛拓展，需要高标准保护的区域迅速增加，渍水带来的影响和损失也越来越大，城市发展与城市排水建设滞后的矛盾日益显著。

1. 黄孝河综合整治工程与汉口发展

1970 年代末到 1980 年代初的黄孝河，承担着 130 万汉口居民的生活污水和 400 家工厂企业废水的排放任务。但是因为它的自然坡度小，上下游落差小，流速缓慢，加之排放的都是生活污水和工业废水，久而久之，恶臭熏人、蚊蝇滋生。更严峻的是，由于沿河的湖泊被大量填埋，河道的蓄水量大大降低，每遇大雨便污水四溢，渍水成灾。

对黄孝河而言，由于汉口的城市建成区扩展迅速，它既是汉口地区的排渍河道，又是汉口地区的排污河道。每到汛期，江堤闸门关闭，汉口地面标高比长江洪水水位低 4～6m，汉口变成了“锅底”。每逢暴雨，硚口、江岸、江汉三城区 84.6km^2 的雨水汹涌地奔向黄孝河。同时，每天有 50～80 万 t 的工业和生活污水从四面八方倾入黄孝河，使其水质不断恶化。污水长年处于厌氧发酵状态，成为汉口地区一大污染源。1982 年 6 月和 1983 年 7 月，武汉下了两场暴雨，汉口城区一片泽国，渍水面积 68%，大部分学校停课，千余家企业停产，居民住宅一楼大多进水，2600 多间房屋倒塌，两次渍水损失达

5 亿元人民币，教训十分惨痛。

为解决汉口城区严重渍水之灾，改善城市人民生活环境，改变城区市容市貌，武汉市政府自 1983 年冬开始，历经六年，举全市之力完成了黄孝河治理工程，基本解除了汉口地区渍涝灾害，彻底改变了黄孝河流域的环境，是武汉排水建设历史上的里程碑。该工程主要包括四部分内容：一是分流工程，将原属于黄孝河汇流系统的沿江沿河地带和上游地区约 36.1km^2 汇流区通过重新开辟渠道和新建泵站分离出黄孝河系统。二是将城区段京广铁路以南地区的河道改为箱涵，上面修建黄孝河路，铁路以北地区仍保留明渠形式，改造后的渠底标高比原来黄孝河河床低 2～3m。三是将分流后的 48.5km^2 的排水区划分为高、低排两大系统，高排系统主要为建设大道以东地区及堤角地区，通过建设渠由后湖一、二期泵站抽排出府河，低排系统主要由汉口旧城区以及京广铁路以北的农田排水地区组成，通过黄孝河由后湖三期泵站抽排出府河。四是在三金潭修建 97m^3/s 抽排泵站，并拟在京广线黄孝河边建污水处理厂，处理后排江。

机场河分流工程于 1983 年 11 月 1 日开工，在 1984 年汛期前建成。黄孝河明改暗工程于 1985 年冬开工，至 1988 年春全面完成。由于黄孝河明改暗后，城市污水不再对建成区产生直接的环境影响，原计划在铁路外建设的污水处理工程便并未启动。

2. 从排水工程到综合防涝的规划创新

2011 年 6 月，武汉市连续遭遇 5 轮暴雨袭击，内涝影响较大。其后，北京、成都、南京、广州等特大城市相继出现严重的城市内涝问题。城市的排水问题已成为中国城市共同面对的现代难题，由于媒体、学者和城市居民的广泛关注，城市排水问题也成为摆在各级政府面前的一个迫切需要解决的问题。

为了破解内涝忧患，武汉市迅速响应，主动谋划，于 2012 年 5 月提前将武汉市中心城区排水防涝列入工作重点，在全国特大城市中率先组织编制完成了《武汉市中心城区排水防涝专项规划》（早于住房和城乡建设部排水防涝专项规划编制大纲颁布约 1 年）。该规划在国内第一个提出“排水内涝”概念，将传统排水扩展为排水防涝，目的更清晰、标准更直观。这一概念的转变获得住房和城乡建设部肯定并采用，并在 2013 年 6 月发布通知，要求各城市均应编制“城市排水（雨水）防涝规划”。

该规划主要创新和特色：一是构建了一套较为完整的排水防涝体系，从防灾的角度构建城市应对暴雨的工程和非工程体系；二是构建了涵盖源头径流控制、中途转输和超标径流引导等三大系统组成的用地竖向控制、径流控制、定点蓄水、深隧系统、湖泊调蓄、智能调度等六大措施体系，将武汉市防涝水平从目前的 5～10 年一遇提高到规划的 50～100 年一遇水平；三是同步完成《武汉市排水防涝系统规划设计标准》这一地方标准，对内涝的评判、不同对象防涝目标的确定、规划设计参数的选取等进行了系统研究和规定，该《标准》被多个城市或区域的排水防涝及相关规划所引用；四是引入 GIS 和 DHI 数学模型，更加直观地判别城市不利地段和管渠的薄弱环节，提高了规划的科学性和成果的可视性，并为后期的动态评估、内涝预警和建设计划安排提供了科学、有力的支撑（图 9-17、图 9-18）。

图 9-17 中心城区排水分区图

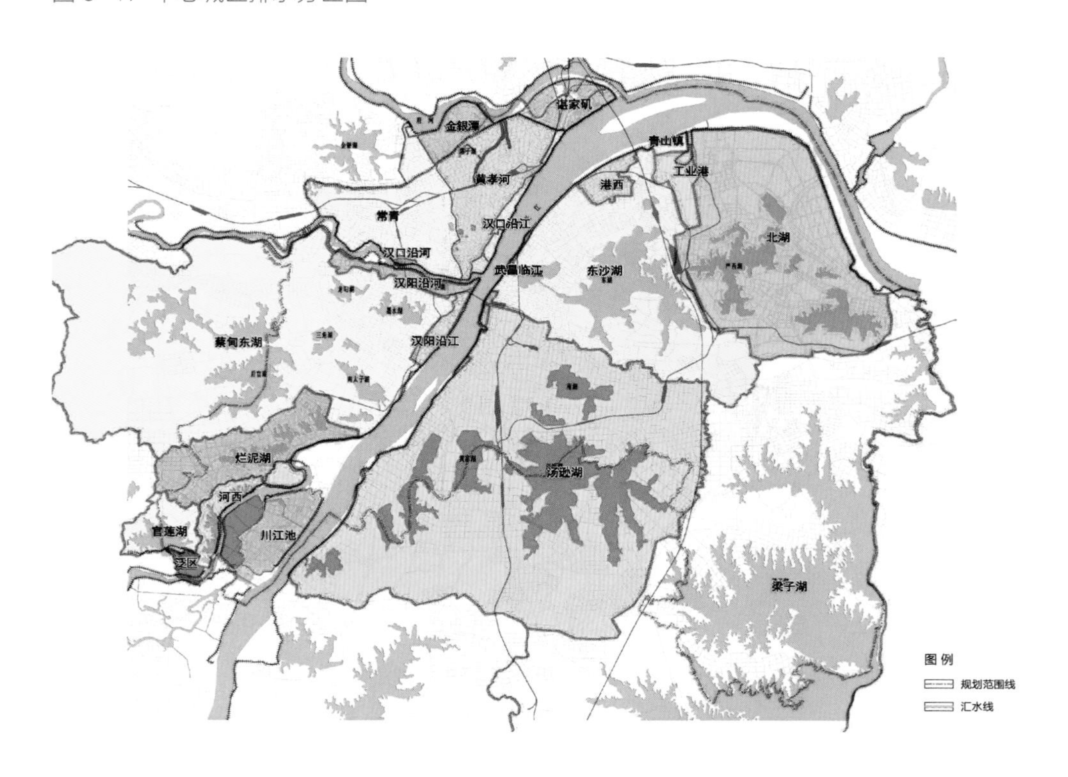

图 9-18 水力模型软件（DHI）汉口内涝风险分析图

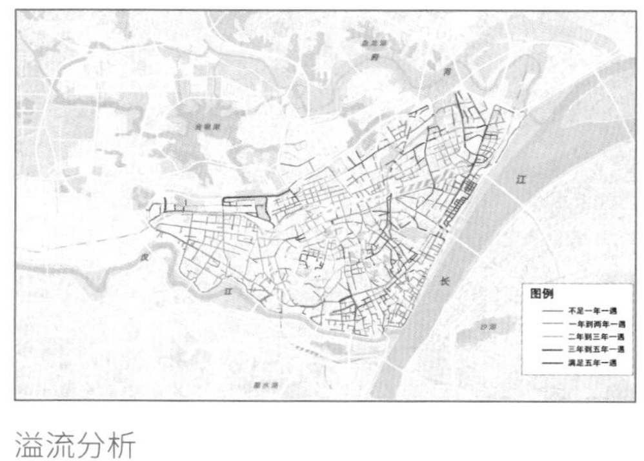

溢流分析

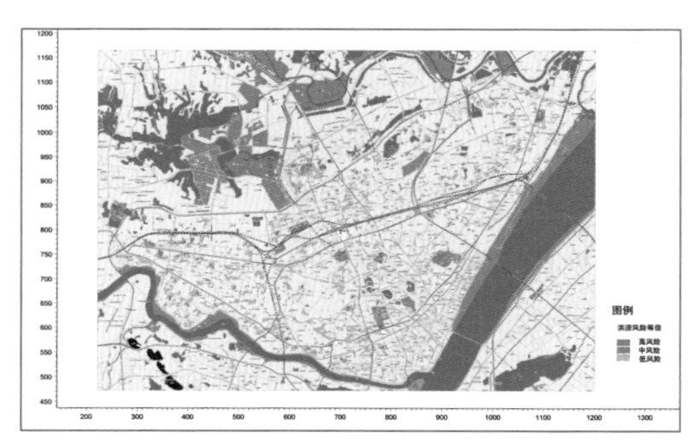

管函分析

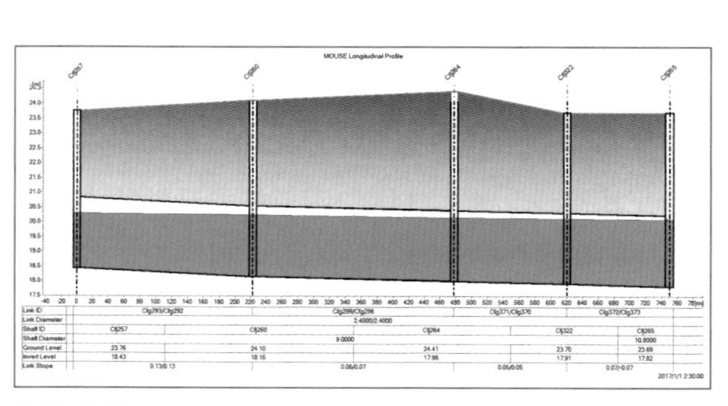

内涝分析

下垫面解析

3. 雨洪深层隧道等巨型工程的规划谋划

2012 年，武汉正处于城市发展的十字路口，建设模式由追求经济增长为主逐步向实现城市可持续发展和宜居转变，对城市基础设施服务品质和标准的需求也不断提升，一方面要投入巨资大力“补课”，另一方面需按照“百年工程”理念规划、设计、建设好排水设施。为超前谋划武汉市排水系统发展，2013 年武汉市编制完成《武汉市中心城区排水深隧概念性规划及排水深层隧道技术研究》，系统性地开展了武汉市排水深隧系统的应用需求及标准研究、排水深隧系统建设运行与管理研究、排水深隧系统环境影响评估和复合利用等研究专题。

汉口地区湖泊面积占比小，调蓄能力有限，尤其是汉口中部和西部的常青系统大部分为老城区，排水管渠改造和建设定点调蓄措施经济成本高，对交通造成巨大影响，通过浅层的改造方案难度大，实施性差，为了迅速提升地区防涝能力，需要通过建设深层隧道的方式，系统性地大幅提升地区防涝能力至百年一遇暴雨标准（图 9-19）。

二、水环境保护系统推动下的城市品质提升

1.“城中湖”治理示范

1980 年代东湖水质已变成富营养的劣质水体，据监测，湖水透明度 1950 年代为 2.8m，1980年代只有0.4m，湖水日益混浊，氨氮含量较 1950年代增加 15倍。一方面，由于东湖是东湖水厂和团山水厂的水源，水污染影响了上述水厂的水源水质和供水安全；另一方面，东湖在 1982 年被国家批准为国家级风景名胜区，东湖水质下降影响了对景区的合理利用。因此，对东湖的污染治理较早地提上了议事日程，国家科委和建设部还将东

图 9-19 汉口雨水深隧路由图

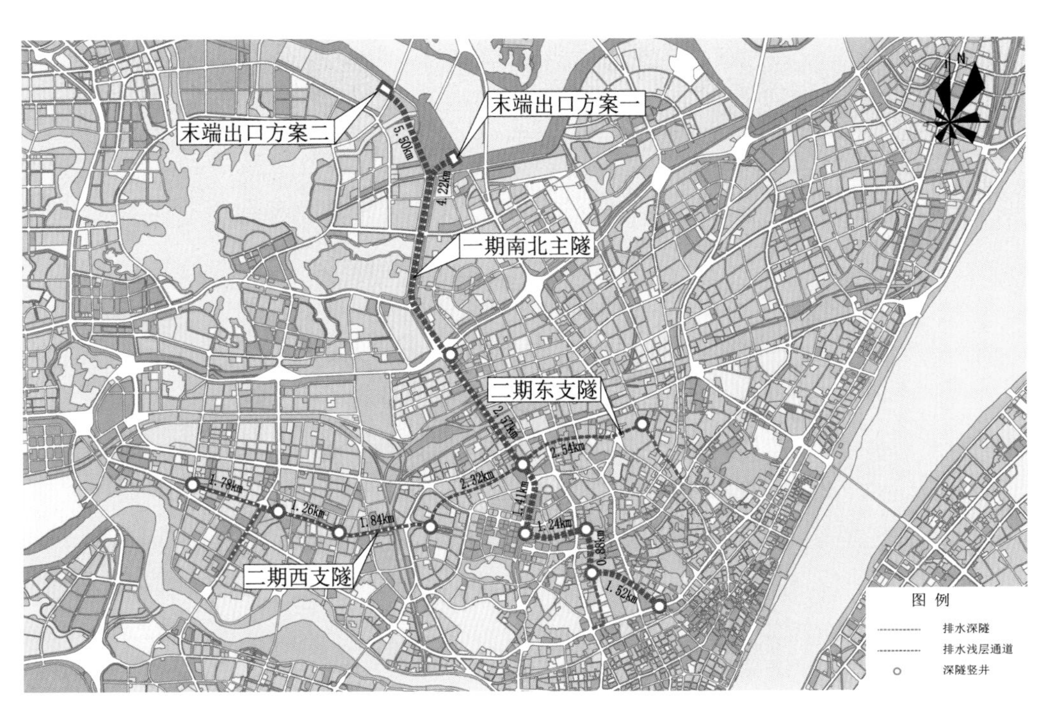

湖污染防治技术研究列为“八五”国家科技攻关项目。武汉市 1973 年编制了《保护东湖水源规划方案》，1980 年又编制完成《武汉市东湖水源保护规划》。1980 年 7 月，武汉市决定实施治理东湖第一期截污工程计划，包括“一厂两站”和 24km 管道及 1.5km 明渠，于 1984 年开始建设。该工程历经 6 年建设，使沙湖污水处理厂（武汉水质净化厂）到 1990 年具备了 5 万 m^3/d 的一级处理能力，完成了 12km 的污水管道、东湖路泵站和八一路泵站，于 1993 年完成污水处理厂的二级处理部分。沙湖厂的运行实现了武汉市城市污水处理零的突破，但由于该地区污水收集管网配套问题，污水处理厂收集处理的污水远小于设计处理能力。

图 9-20 1904 年武昌江夏南乡略图

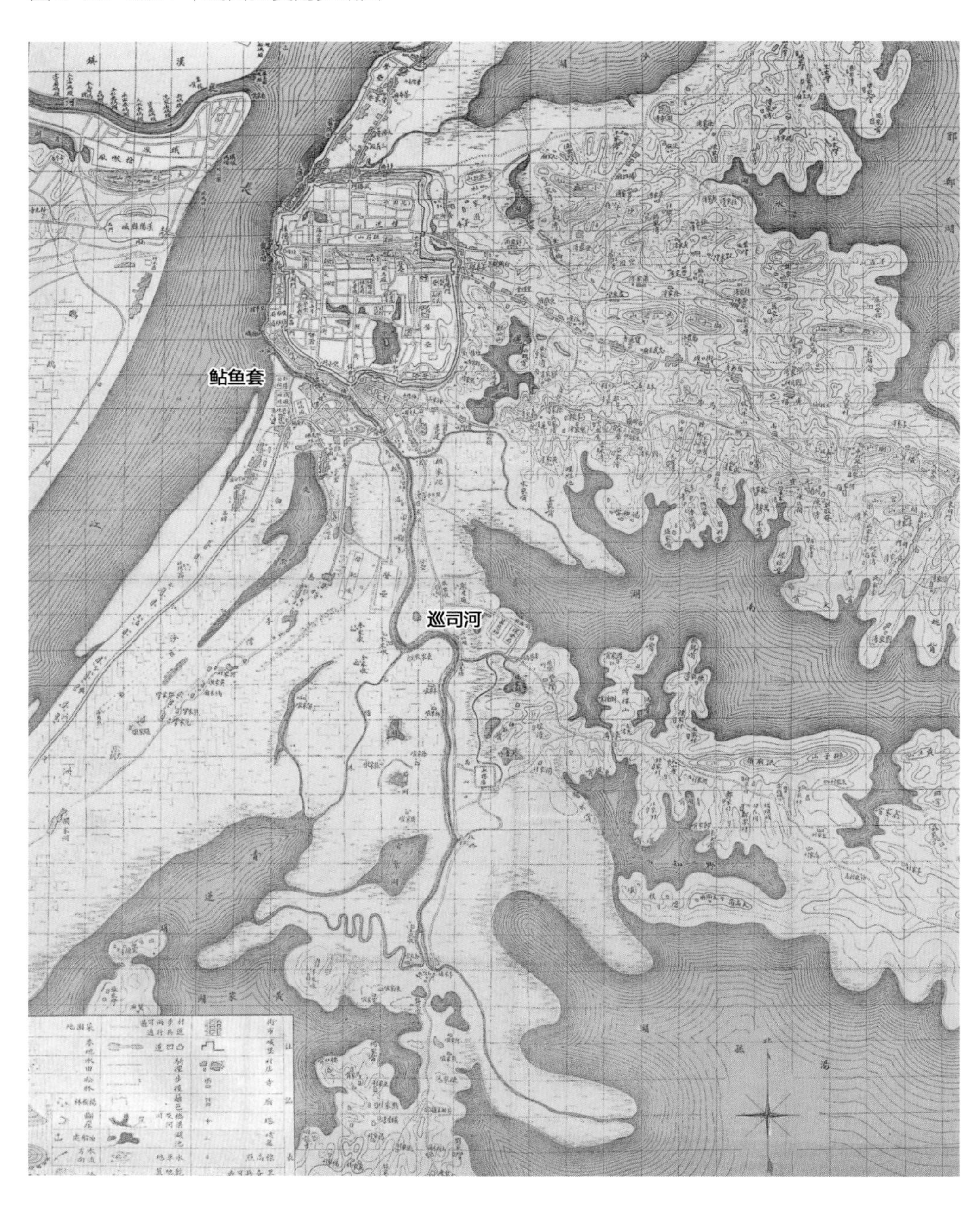

期间，武汉水务事业发展史上的一项艰巨的工程是历时 18 年的“湖改江”供水工程，即指将武昌地区自来水水源由东湖水改为长江水所实施的水厂扩建改建工程和配套管网系统建设改造工程。该工程由武汉市水务集团有限公司实施，投入建设资金共计 8.5 亿元，新增供水能力 90 万 m^3/ 日，包括改扩建三座水厂，关闭三座水厂，新改扩建 5 个加压站，建设大型输配水管道 145km。2004 年 12 月，“湖改江”供水工程全面竣工通水，实现了武昌地区 40 万大专院校师生和居民期盼饮用长江水的愿望，也解决了武昌部分地区长期缺水、无水的问题。

2. 面向流域治理的水环境综合治理

（1）巡司河水环境综合整治

巡司河位于武昌南部地区，其河道北起武泰闸，南至青菱河，全长 9.2km，是武昌地区一条重要的排涝干渠。巡司河早在南北朝时就已形成，历史悠久。在漫长的历史岁月中，人类循水而居，因水而兴，河水滋润了土地，水运便利了交通，巡司河沿岸由洪水泛滥之地

图 9-21 巡司河景观总体结构图

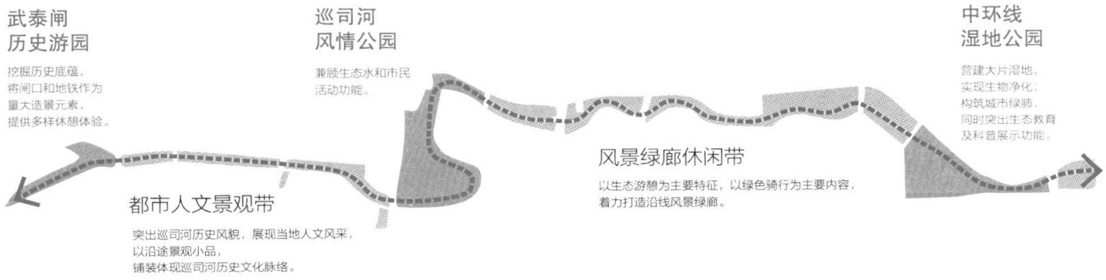

武泰闸
历史游园
挖掘历史底蕴，
将闸口和地铁作为
量大造景元素，
提供多样休憩体验。

巡司河
风情公园
兼顾生态水和市民
活动功能。

中环线
湿地公园
营建大片湿地，
实现生物净化；
构筑城市绿肺，
同时突出生态教育
及科普展示功能。

风景绿廊休闲带
以生态游憩为主要特征，以绿色骑行为主要内容，
着力打造沿线风景绿廊。

都市人文景观带
突出巡司河历史风貌，展现当地人文风采，
以沿途景观小品，
铺装体现巡司河历史文化脉络。

图 9-22 巡司河文化水街效果图

图 9-23 黄孝河渠道改造方案效果图

图 9-24 黄孝河灰空间利用改造方案

逐渐变成今天的市区，巡司河见证了它的发展与繁荣，也为武汉的兴旺作出了巨大的贡献。随着城市的快速发展，污水收集与处理设施建设滞后，大量城市污水直排入渠，生活垃圾侵占河道，腐臭的淤泥堆积河床，巡司河水质持续恶化，沿岸环境日益败坏，严重影响城市形象和居民生活，成为地区发展的“瓶颈”。巡司河连通的青菱河和鲇鱼套箱涵为现状水系出江排口，其水质的恶化对白沙洲和平湖门水厂的水源地水质造成了不利影响（图 9-20）。

为改善人居环境，让这条古明渠恢复生机，武汉市 2012 年开始组织分段编制《巡司河水环境综合整治规划》，一是通过断面整治、排污截污、生态补水等水环境治理措施，改善生态及水系统环境；二是通过划定生态控制廊道，营建区域景观体系和公共空间体系；三是通过建设三大公园等项目，打造公共绿廊、游憩空间及城市名片（图 9-21～图 9-22）。

（2）黄孝河水环境综合整治

黄孝河纵向穿越汉口中心，不仅是汉口城区重要的排涝通道、生态廊道，也是“四水共治”关注的重点河流，还是支撑汉口百年城市发展的印记和见证。目前，黄孝河为黑臭水体，两岸有约 30 万居民，其整治工程对城市生态安全、防涝安全、品质提升、历史积淀，提升幸福感和获得感有着举足轻重的作用。为了流域治理黄孝河水环境，提升城市品质，武汉市于 2016 年组织编制了《黄孝河水环境综合整治工程修建性详细规划》。

该规划秉承“百年黄孝河，十里再流芳”的规划理念，打造集排水防涝、海绵城市、综合管廊、生态修复、城市修补“五位一体”的，具有国际影响力的示范性名片工程，塑造生态创新、富有活力、充满文化记忆的城市内河景观带。从黄孝河在城市发展中的功能定位出发，扩展了城建计划中明渠改扩建的单一目标，从排水防涝、水质改善、景观提升、交通优化四个方面进行综合论证和系统规划。主要规划内容有：一是创新规划方法，开门做规划，积极开展现场问卷调研，充分考虑和吸纳周边居民的现实诉求；二是突破工程改造的单目标瓶颈，从排水防涝、景观生态、水环境改善、交通组织、亮化配套等方面开展全方位的综合规划，将渠道转型发展作为区域整体提升的支点；三是空间的深入挖潜，最大限度地整合和延展蓝绿和游憩空间，在充分串联河道两侧绿地和口袋公园的基础上，在极为紧张的断面中统筹排涝、治污、生态、景观、绿道、管廊等系列综合工程的平面和竖向关系，实现工程和生态的融合；四是传承黄孝河历史，激活水文化特色，以延展的河道为景观轴线，形成从序曲、高潮直至尾声的绿色走廊，在为市民提供感知水景最佳视线的同时，塑造承载黄孝河文化历史的滨水开放空间（图 9-23、图 9-24）。

3. 空间拓展中的污水设施迁并

武昌大东湖地区是代表武汉市城市发展水平的重要地区。该区内的沙湖、二廊庙、落步嘴等污水厂建设之初，选址于城市边缘或工业区附近，随着武重搬迁、沙湖公园整治、徐东地区快速发展、武汉火车站建设等，沙湖、二廊庙、落步嘴等污水厂被居住、公建等敏感建筑包围，现状污水厂逐步由城市边缘变为城市中心，污水厂与周边城市环境品质、用地功能和城市发展之间的矛盾逐渐突出并激化；根据国家节能减排需求和日益提高的城市水环境品质要求，污水厂急需升级改造，但由于征地拆迁费用高昂和环评限制，扩建升级用地难以实现，尾水出江和污泥处置难度加大，污水厂原址扩建困难，搬迁需求强烈。

为彻底解决污水厂防护间距不足、升级扩建用地难以控制、与城市功能不匹配、污泥外运污染环境、尾水出江通道太远等各种问题，同时释放大量优质土地资源，弥补城市市政基础设施建设的资金缺口，武汉市组织编制了《武昌大东湖地区污水厂集并及深隧系统规划》，将中心城区内现状沙湖、二廊庙、落步嘴污水厂以及规划北湖污水厂等四座污水厂外迁，通过深隧系统将污水全部集中转输至北部化工区，新建的百万吨级的北湖集中污水厂。目前，污水深隧工程和北湖污水处理厂工程正在施工，预计 2020 年投入运行（图 9-25）。

图 9-25 武昌污水深隧路由示意图

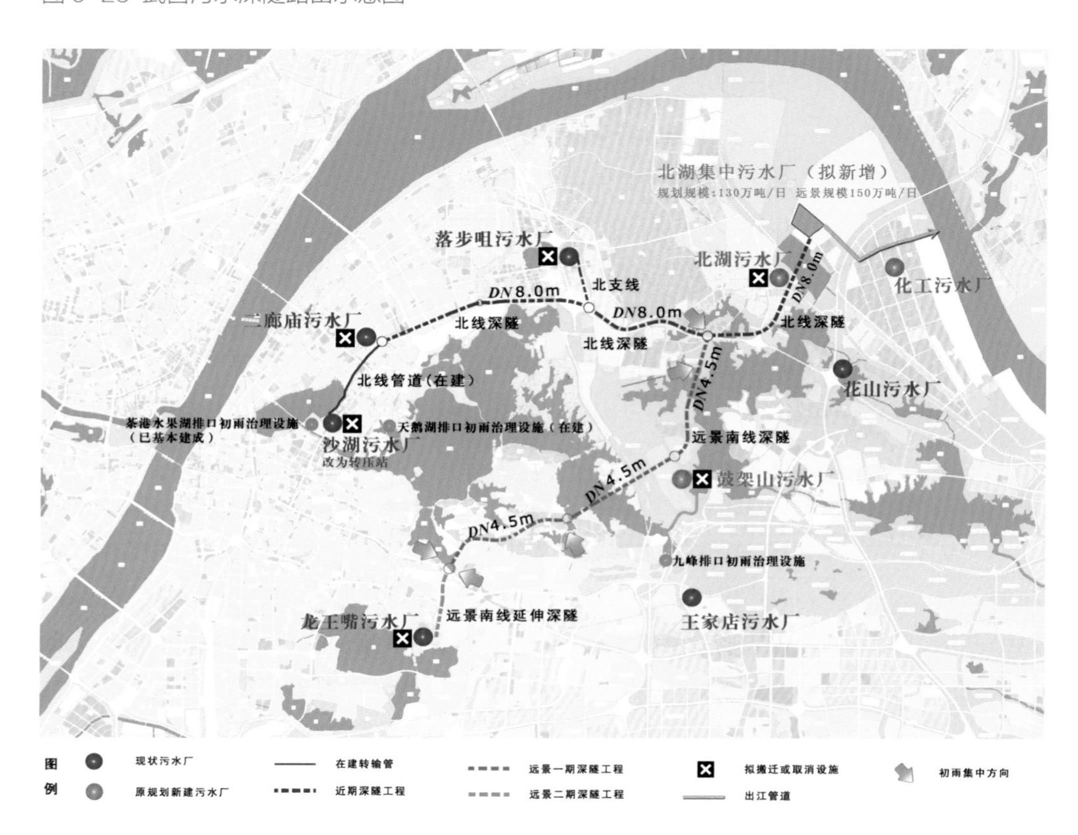

第四节
海绵城市的规划探索与实践

一、丰水地区的海绵城市规划模式

2015 年，武汉市常住人口已突破 1000 万人，全口径建设用地也在 1000km^2 以上。武汉虽坐拥两江四岸百湖百渠，水系和生态资源丰沛，但由于城市化进程以传统建设理念和模式推进，其带来的水问题已日益成为影响城市快速发展的障碍，内涝和环境污染问题尤为突出，迫切需要通过海绵城市建设来系统地解决目前的水问题。武汉市正处于高速发展阶段，“三旧”更新和新城建设都处于同步推进阶段，转变建设理念，以海绵城市的可持续发展理念来统筹新区建设和旧城改造，是避免增加城市水问题的重要途径和措施。为科学指导和有效推进海绵城市建设，武汉市于 2017 年组织编制了《武汉市海绵城市专项规划》，结合武汉水特点和水问题对丰水城市的海绵城市建设进行规划探索和创新。

首先，针对武汉丰水、多湖的城市特点，创建水量与水质协同控制的海绵城市理论体系。为统筹解决武汉市湖泊调蓄能力受限于城市径流污染、同时城市径流污染严重影响水质的问题，以国家重大科技专项《武汉市汉阳地区水环境质量改善技术与综合示范》研究结论为支撑，定量研究了年径流总量控制率与面源污染控制率之间的内在联系，并在武汉市海绵城市管控体系构建中加以应用，确保排入水体的径流污染物浓度小于水体环境容量，从源头解决湖泊水质污染问题。在保证水质的基础上，研究武汉市湖泊调蓄空间，充分发挥湖泊调蓄对于城市防涝安全的作用。按照“以滞促渗、以渗促净、以净促蓄、以蓄促用和以蓄保排”的技术路线，搭建“小海绵保水质、大海绵保安全”的海绵城市总体框架。其中，规划研究成果“侧重面源污染控制的年径流总量控制率指标分解方法”入选住房和城乡建设部第一批《海绵城市建设先进适用技术与产品目录》，作为先进技术在全国推广。

其次，针对全国海绵城市基础研究不足的问题，建立降雨、下垫面、径流规律分析方法的海绵城市技术体系。雨型分析、下垫面解析和径流规律分析是海绵城市建设中必须解决、但当前尚未完全解决的技术难点。针对雨型，规划探索采用距平的方式，通过分析武汉市近 33 年的降雨资料，筛选确定 1996 年降雨为武汉市典型年的降雨过程。针对下垫面，规划从宏观、中观、微观三个层面，按照“层层解析、逐步细化”的方式，对城市下垫面进行解析，分析不同层面下垫面的典型特点。针对径流，规划将降雨、蒸发、下渗、面源污染等因素统筹考虑，分析城市径流规律。典型年降雨过程分析方法、下垫面解析方式和径流规模分析方法等技术体系的构建，是武汉市进行海绵城市建设所必须的基础研究保障，同时可为其他城市提供借鉴。

最后，针对水问题复杂的特点，提出“系统建设 + 分区建设”的海绵城市实施推进体系。考虑地形地势、设施分布等因素，划定了 31 个一级排水分区；将排水分区叠加下垫面类别、水问题特点、行政区划等要素，进一步划定 258 个建设分区。依据分区，将海绵城市建设工程分为由市级统筹的系统性建设工程和由区级统筹的分区建设工程。系统性建设工程主要是为解决系统性水问题而必须实施的大型排水通道、出江抽排泵站等工程；分区建设工程主要是为解决建设分区内的水问题而必须实施的次支排水管道、雨污分流改造、源头海绵城市建设等工程，未来将系统建设与分区建设结合，构建市区两级责任清晰的实施推进体系（图 9-26）。

二、海绵城市的规划管控

针对“放管服”城市管理趋势，在专项规划基础上，武汉市相关部门于 2016 年下发了《关于加强我市海绵城市规划管理的通知》，全面开始对新建项目的海绵化建设进行规划审批，创新性地建立起科学、高效的海绵城市规划管控体系，同时多次开展针对规划审批管理人员和在汉设计单位工作人员的集中培训。截至 2017 年 10 月，全市开展海绵城市专项审查的新建项目共计 159 项，建设面积达到 592hm^2。

图 9-26 新建项目年径流总量控制率示意图

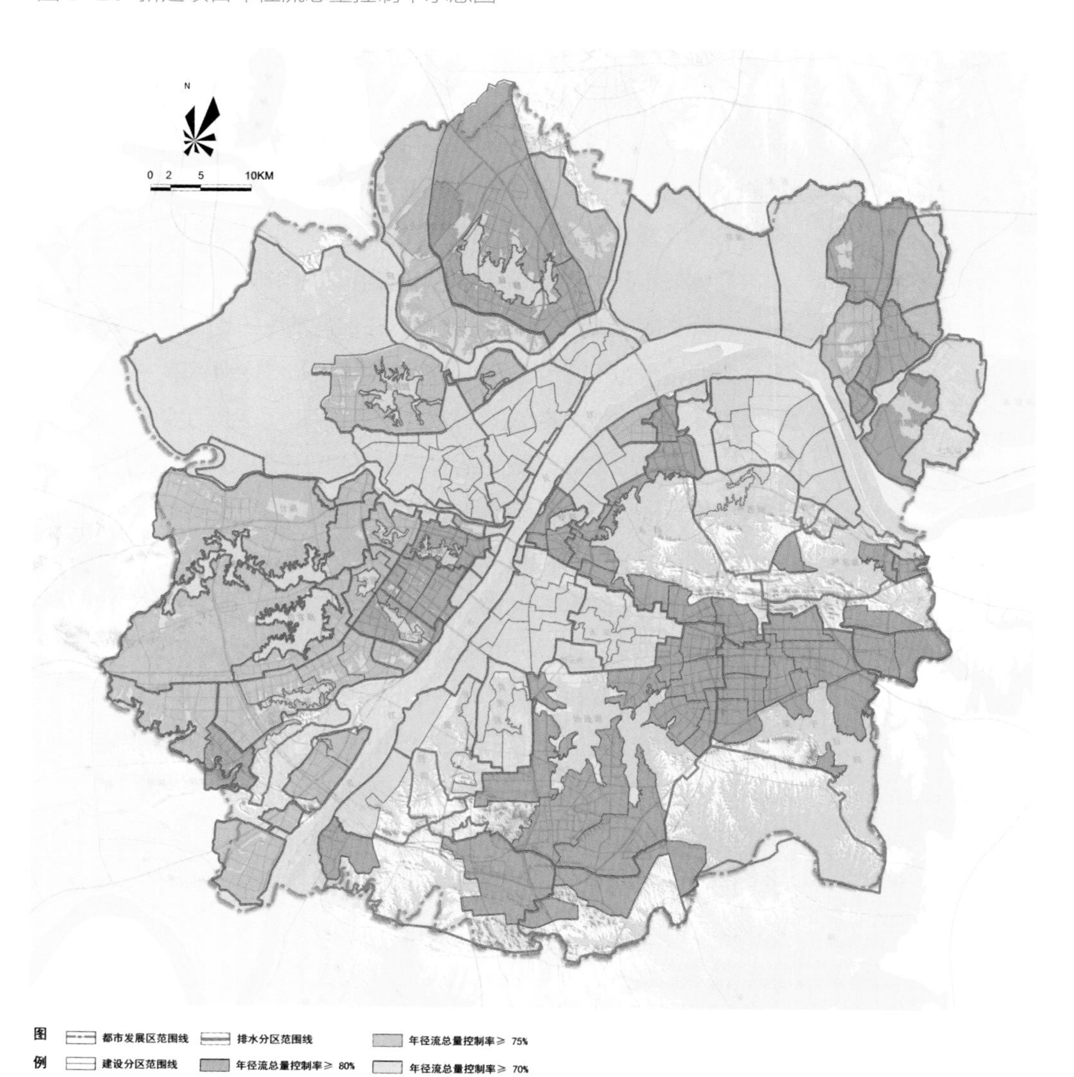

同时，为解决海绵城市管控指标众多、量化管控复杂的问题，研究了海绵城市纳入规划审批的指标体系与操作模式，提出在建设项目的土地出让（划拨）和建设用地规划许可阶段，应将海绵城市建设的要求纳入规划设计条件——在特殊要求一栏中增加海绵城市建设的具体要求。为了提高海绵城市规划审查的科学性和效率，又通过建立专项设计制度、自审制度和征信制度，构建了以海绵城市指标取值计算表、下垫面分布图、海绵设施分布图、场地竖向及地面径流路径设计图和建设方案自评表等“三图两表”为核心的海绵城市规划管控技术。在国家“放管服”背景下，将海绵城市理念落实与常规规划审批有机融合，既保证了海绵城市理念的落实，又提高了审批效率。

三、海绵城市的规划实践

1. 海绵城市青山示范区规划建设

2015 年，国务院发布关于推进海绵城市建设的指导意见，要求海绵城市建设需要通过示范城市的示范建设进行引领和带动。青山区正值旧城改造提质的历史机遇时期，为海绵城市建设提供了良好的平台。在严重缺乏成熟的技术规范和建设模式的条件下，面对国家海绵示范和黑臭水体治理等一系列考核硬指标，面对全市海绵推广对各类技术、制度和模式的迫切需求，海绵城市建设也面临诸多压力，为此，2015 年武汉市组织编制了《海绵城市青山示范区建设规划》，以期通过示范建设探索海绵城市规划建设的技术体系。

该建设规划以恢复城市自然水循环，构建全域“海绵体”，打造“生态呼吸之城”和建设不同类别海绵体、不同技术措施海绵体，展示示范成果，形成项目示范、管理经验示范、机制体制示范的全国先进示范区，以“三年考核达标、五年基本建成、远期全面覆盖”为规划目标实现“海绵示范之城”的愿景。通过问题导向和目标导向相结合的技术路线，提出青山示范区海绵城市建设目标，构建解决示范区水问题，提升区域功能、覆盖全区域全过程的项目基本库，同时通过与城市空间拓展方向、重大基础设施建设时序、项目建设难度等方面的统筹协调，对项目库进行时序统筹、任务协同和项目整合，以用地空间为载体整合项目，减少不同项目在同一区段反复建设，切实制定科学合理的行动方案（图 9-27、图 9-28）。

2. 旧社区海绵性改造的规划实践

为了探索老旧社区等已建保留区的海绵城市改造的规划方案技术要点和建设实施路径，武汉市 2014 年组织开展了青山海绵示范区中的《钢花新村 118 街坊海绵性改造规划方案》编制工作。改造项目现状为武钢集团职工居住区，建设时间为 1998 年，街区总面积 12.53hm^2，改造项目用地面积 10.23hm^2（图 9-29、图 9-30）。

街坊内布置有八个组团，住宅建筑以 6 层为主，局部为 8 层，总计 2012 户、共 131 个建筑单元。本着开门做规划的理念，通过前期宣传、居民问卷调查、改造条件评估、初步方案征求居民意见等手段统一街坊内海绵改造的思路和方向，坚持对居民生活影响最小、对现有植物影响最小和因地制宜、维护最小的原则，结合前期的汇水细化分解（38 个汇水区）和每类下垫面改造条件评估，初步在每一汇水区内对海绵改造设施进行定位，并核算径流控制规模。综合考虑小区的建设年代和现状建设情况，本次改造主要集中在公

图 9-27 青山示范区年径流总量控制目标分解图（街区）

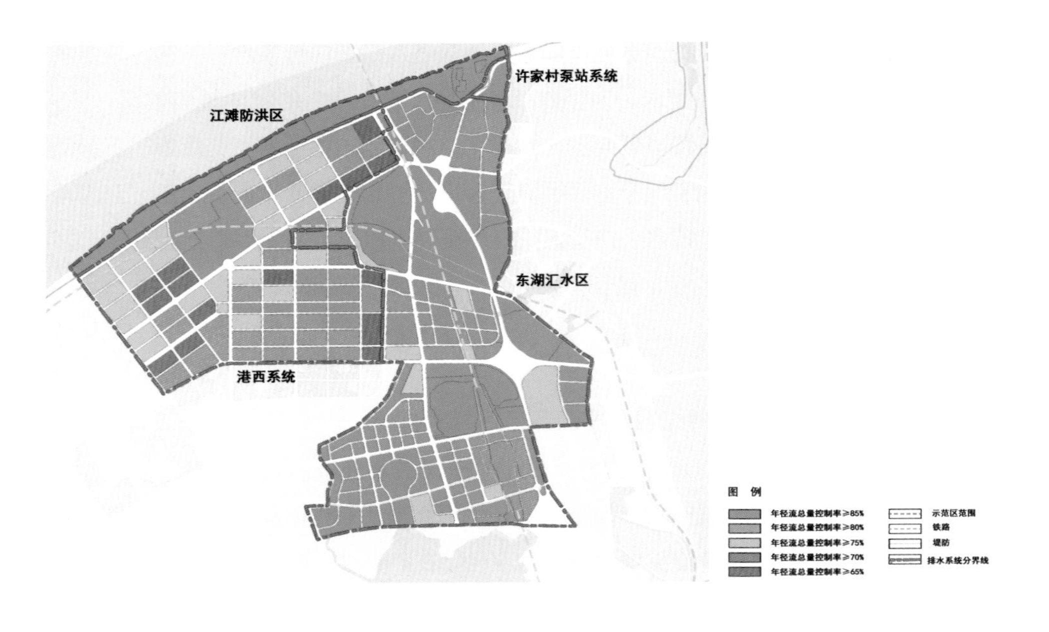

图 9-28 青山示范区年径流总量控制目标分解图（道路）

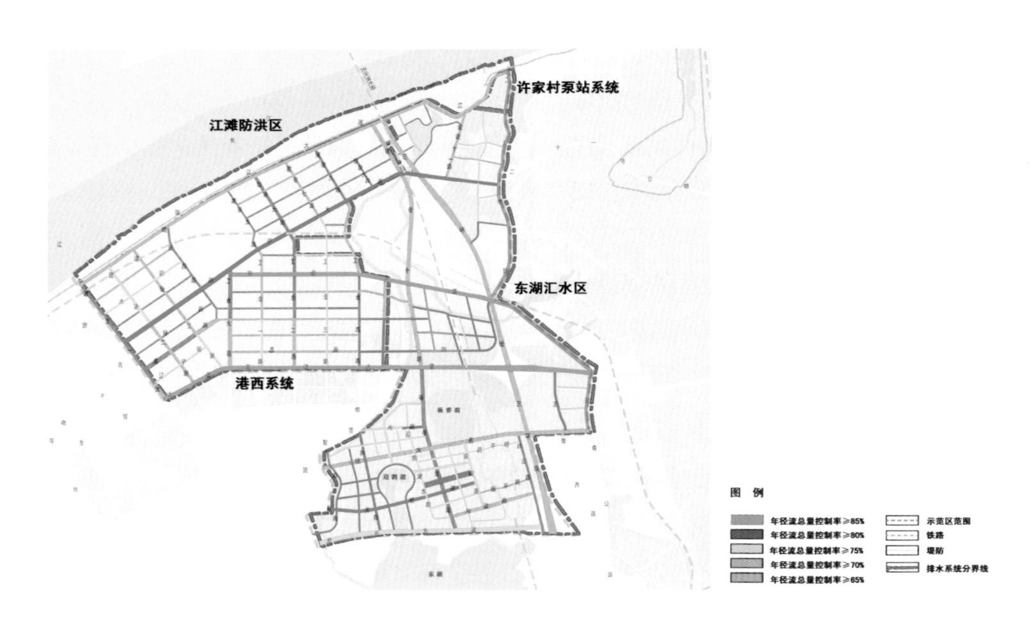

共活动中心、停车场、集中式绿化、宅前绿地等方面，并在改造规划方案中将小区景观提升、道路体系梳理和解决车行与步行混杂问题等一并进行考虑，取得了良好的环境效应和社会效益。

党的十九大赋予了生态文明建设新的时代内涵和新高度：“走向生态文明新时代，建设美丽中国，是实现中华民族伟大复兴的中国梦的重要内容。”武汉作为长江中游的核心城市，水资源优势最突出，水生态环境最敏感，处于生态文明建设的前沿阵地。全球城市理论提出者萨森指出，水是武汉通往全球城市的重要通路。

武汉作为长江中游核心城市，应立足充分发挥武汉全国独有、世界少有的水资源禀赋优势，突出保护和利用相结合，将资源优势转换为功能优势，努力实现规划理念的三大转变：一是通过保护水系空间格局，实现从水城抗争向城水共生转变；二是通过开放连续的城市绿链，实现从蓝绿断裂向蓝绿融城转变；三是通过水岸城一体化开发模式，实现从水岸分治向水岸城共建转变。武汉应将水作为城市赶超发展最重要的战略资源，通过突出“两江交汇、三镇鼎立”的独特城市格局，保护“河湖密布”的自然生态特质，营织“蓝绿融城”的空间网络，凸显滨江滨湖城市特色，变水患为水利，探索特大城市治水样本和水城共生发展模式，努力成为长江经济带生态文明建设、高质量发展的先行示范。

图 9-29 钢花新村 118 街坊海绵改造总体方案

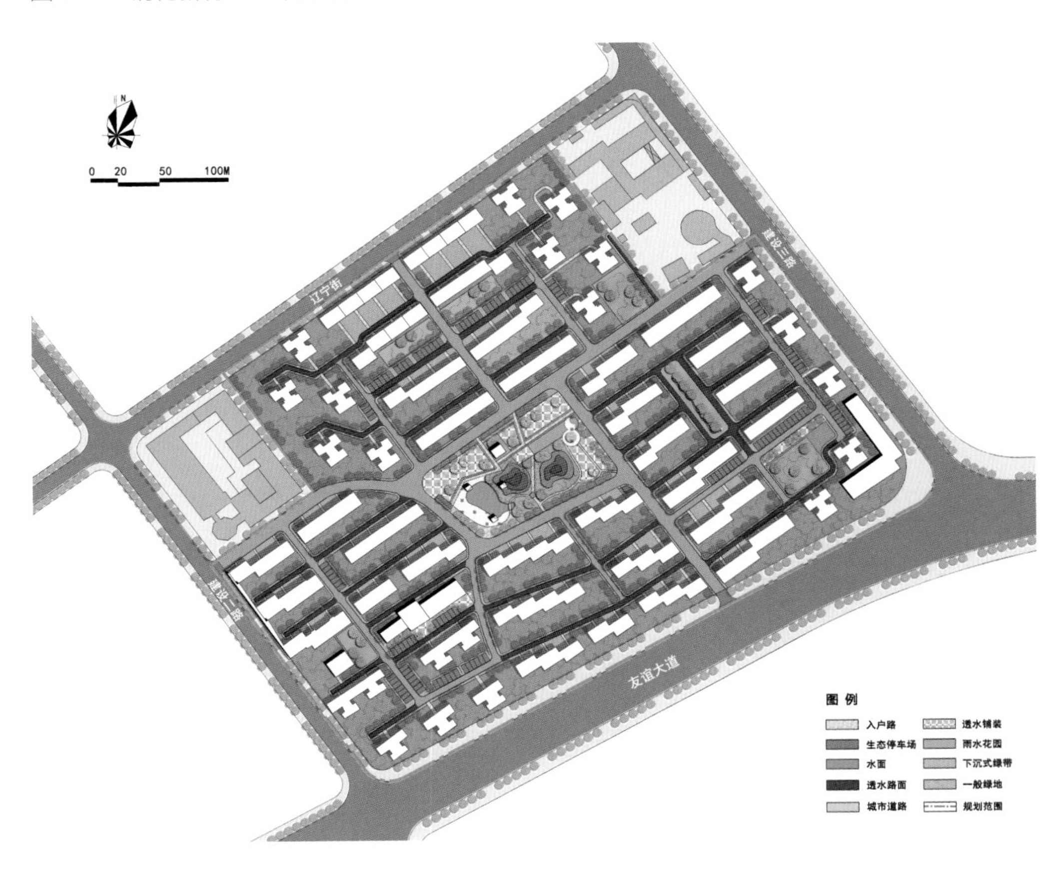

图 9-30 关键节点改造示意效果图

第十章 小城镇发展与乡村振兴

CHAPTER 10 SMALL TOWN DEVELOPMENT AND RURAL REVITALIZATION

镇村地区是城市发展的重要支撑和补充，是武汉市建设国家中心城市不可或缺的组成部分。快速工业化和城镇化发展时期，城市在社会经济发展和空间资源利用方面长期处于主导地位，镇村地区在很大程度上承担着保障和供应城市的职能，发展呈现衰落现象。然而，在乡村振兴的新阶段，镇村发展和建设逐步得到改善，城乡之间更多表现为共生关系，镇村地区正逐渐由承担供应城市职能的农业生产区域向全面振兴的魅力多元区域转变。

第一节
镇村建设发展历程

根据改革开放以来的国家宏观政策发展脉络，结合武汉市镇村建设实际情况，武汉市镇村发展历程大致可以划分为三个阶段，分别是城乡复苏下的镇村基础奠定阶段（1978~1992 年）、城市引力下的镇村重点突破阶段（1993~2004 年）和城乡统筹下的镇村特色发展阶段（2005 年至今）。

一、城乡复苏下的镇村基础奠定阶段

自 1978 年国家开展以家庭联产承包责任制为代表的农村改革开始，武汉市镇村结束了长期以来的发展停滞状态，进入到恢复发展阶段。伴随着财政包干体制和土地制度改革的实施，以及在计划经济长期束缚下对生活必需品消费需求的突然释放，武汉市通过“放、帮、促”等一系列优惠政策和发展方针促进了乡镇企业的迅速发展，有效激活了地方微观经济活力，全市呈现出小型化、均质化、遍地开花的镇村产业发展特征。

同时，武汉市于 1984 年获批经济体制综合改革试点，以“两通”起飞战略为突破口进一步推动了小城镇建设，促进了水路、公路沿线小城镇的迅速发展。伴随着武汉市辖行政范围扩大、撤乡设镇的行政区划调整，以及促进村镇建设政策方针的实施，至 1990 年代初期，武汉市乡镇数量从原来的 13 个镇、174 个乡，调整为 65 个镇、43 个乡，镇村发展进入相对稳定的阶段，武汉小城镇空间布局雏形初步形成。

二、城市引力下的镇村重点突破阶段

伴随着 1993 年社会主义市场经济体制的正式确立，以及分税制和农村户籍制度改革的深入实施，武汉市以中心城区为核心的区域生产网络开始形成，生产要素逐步向中心城区集中，城关镇和近郊镇成为建设发展重点，武汉市镇村进入重点突破阶段。2003 年武汉市启动第二轮小城镇综合改革，引导新城区城关镇逐步向中小城市发展，城镇建设投资向重点镇倾斜。其中，蔡甸区军山镇、江夏区五里界镇、新洲区辛冲镇、洪山区左岭镇、东西湖区新沟镇等五个乡镇入选全国重点镇，辛冲与五里界成为全国小城镇综合改革试点镇，进一步探索了小城镇融资建设新路径。

至 2004 年，武汉市现状人口超过 4 万人的小城镇共有 7 个，其中六个都是城关镇，城关镇的建成区规模平均达到 8.87km^2，居住、工业、商贸及公共休闲娱乐等功能得到了相对合理配置。与此同时，受政策体制、产业基础、市场竞争等条件的影响，外围一般镇村产业发展乏力，整体呈现没落态势，以武汉市都市发展区范围为界，都市发展区内外的镇村发展差异态势初步呈现。

三、城乡统筹下的镇村特色发展阶段

伴随着国民经济的发展和生活水平的提高以及城乡统筹、新型城镇化、乡村振兴等战略的深入落实，自 2005 年起，武汉市针对城乡二元分异的问题，对城乡关系、城镇职能和关联网络进行了系统谋划，强化特色城镇节点的发展引导，探索支撑中心城市与特色城镇协调发展的措施和路径。2011 年，武汉市建委印发《关于加快推进中心镇和特色镇建设的指导意见》，把培育发展中心镇、特色镇作为推进新型城镇化的战略，并出台了一系列支持小城镇建设与发展的政策和措施。2016 年，武汉市将 16 个小镇纳入市级生态特色小镇创建名录，将 15 个小镇纳入培育名录，并出台了《武汉市生态小镇建设技术导则（试行）》，指导特色城镇建设。这一时期，以黄陂区长轩岭街、木兰乡、李集街、王家河街，新洲区道观河街，蔡甸区索河街为代表，武汉市打造出了一批生态环境优美、文化内涵丰富、产业发展有特色、城镇功能完善、建设形态小而美的特色功能小镇集群。

在乡村规划建设发展方面，2005 年，武汉市开展了“家园建设行动计划”，2011 年，又启动了“美丽乡村建设行动计划”。前者采取“普惠制”思路，重在补齐道路、供水等设施短板；后者在村容村貌整体提档升级的基础上，按照重点改造提升的思路，采取农旅结合、扶贫开发结合、新农村建设、特色农产品开发等四种模式，陆续建成以蔡甸区大集街九如鲤村、奓山街一致村，江夏区童周岭村等为代表的 74 个美丽乡村和以蔡甸区奓山新社区、大集新社区、江夏区怡山湾社区为代表的 15 个农村新型社区。按照 4A 级景区标准，形成黄陂木兰生态旅游区、新洲桂花大道、江夏梁子湖等八个各具特色的美丽乡村示范片带，整体提升全市美丽乡村建设水平，打造美丽乡村建设升级版。

为促进乡村地区振兴发展，武汉市强化乡村资源整合，通过科学选址、规划引领、政企合作、品牌塑造和政策支持，在临空港经济技术开发区（东西湖区）、武汉经济技术开发区（汉南区）、新洲区、江夏区开展了四个 30～50km^2 的大型都市田园综合体创建工作，以期进一步推动全市农业农村现代化发展。结合“市民下乡、能人回乡、企业兴乡”的“三乡工程”，武汉市于 2018 年出台《关于服务保障“三乡工程”推动乡村振兴的措施》，从创新用地方式、完善产权制度、优化行政审批服务等方面提出了 20 条政策措施，探索乡村振兴实施路径，为乡村地区提供了行之有效的政策支撑。

第二节 镇村建设发展特征

伴随着镇村空间格局初显、近郊城镇迅速成长、镇村统筹规划建设和乡村振兴发展四大阶段的推进，武汉镇村格局发生了日新月异的变化，逐步呈现出体系由等级化向扁平化、网络化转变，职能由单一化、均质化向特色化、差异化转变的发展特征，形成了特大城市与小城镇和农村社区合理分布、互为补充、特色鲜明、协调发展的镇村格局。

一、镇村体系从等级化向网络化转变

改革开放 40 年来，武汉市处于快速城镇化和工业化发展时期，普遍呈现出劳动力、社会资本、技术力量等各类生产要素向更具资源优势、区位优势、产业优势的中心城区流动集聚的特征，这种向心集聚的生产体系深刻影响着武汉市的城乡分工协作，并直接映射在镇村体系关系和空间特征上面，成为镇村发展的根本推动力。

这一过程中，武汉市先后开展了《武汉市城乡建设统筹规划（2010—2020 年）》《新城区城镇体系（城乡统筹）规划》《武汉市新型城镇化暨全域城乡统筹规划（2014—2030 年）》《武汉市新农村建设空间规划》等持续的规划探索，动态建立城乡连续谱系，推动镇村分工协作，引导镇村体系格局呈现出由等级化向扁平化、网络化转变和由“重点突破”向“组合发展”转变的发展特征。

自 2010 年以来，武汉市以破解城乡二元结构、促进城乡经济社会一体化发展、实现城乡体系全市域覆盖为目标，从市、区两个层级全面优化了镇村体系，逐步建立“城（主城、新城组群）—镇（中心镇、一般镇）—村（重点中心村、中心村、基层村）”三级七层次的城乡体系，明确了中心镇和中心村为发展重点的等级体系。从发展实际看，由于受到城镇化的趋势影响，等级化的带动效应多体现在近郊镇村上，近郊镇村的发展质量和水平得到了较大提升，形成了以武湖、奓山、五里界、金口等为代表的一批重点小城镇。而与此相反，外围镇村由于缺乏动力，整体发展相对滞后，未按照规划愿景形成多层级梯度式的纵向城镇发展格局（图 10-1）。

2014 年，在国家新型城镇化建设新要求下，武汉市为实现市域资源的高效配置，适应特大城市镇村合作与职能分工的复杂性关系，进一步研究提出将传统等级化城乡体系简化为“主城—新城及新城组团—小城镇集群—农村综合社区”四个层级的网络化城乡体系。按照片区化原则打造小城镇集群和乡村综合社区，通过从政策到空间的一体化引导，合理划分发展片区，形成一系列思路统一、功能互补、协调合作的镇村发展空间，强化小城镇、村庄之间的横向关联和协同发展关系，推动市域镇村格局进一步优化重组，形成基于空间关系和资源禀赋的、更加自由双向的平级化、网络化、扁平化的城镇村资源要素流动模式和城镇村体系格局（图 10-2、图 10-3）。

图 10-1 等级化城镇体系规划图

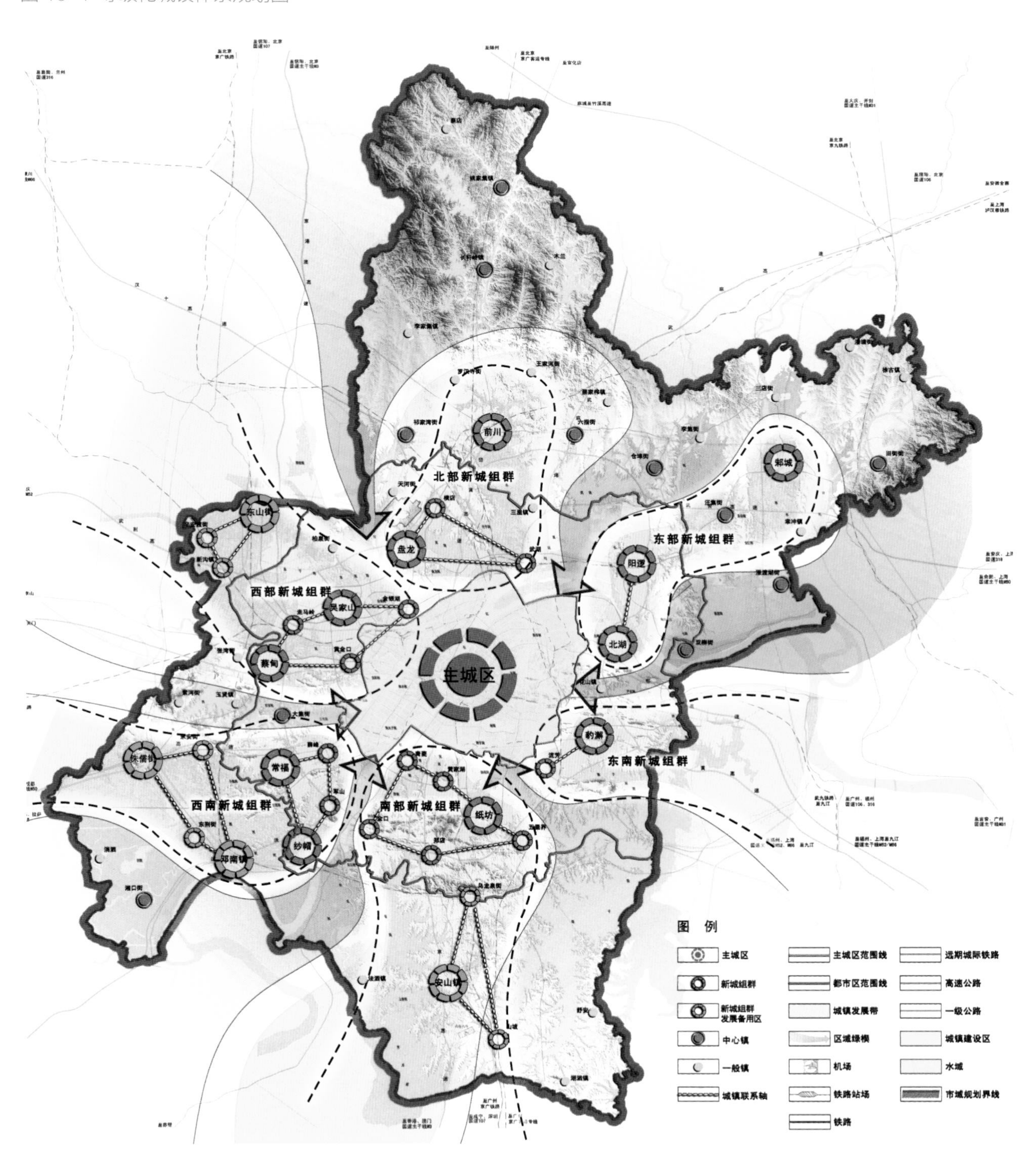

图 10-2 小城镇集群战略格局图

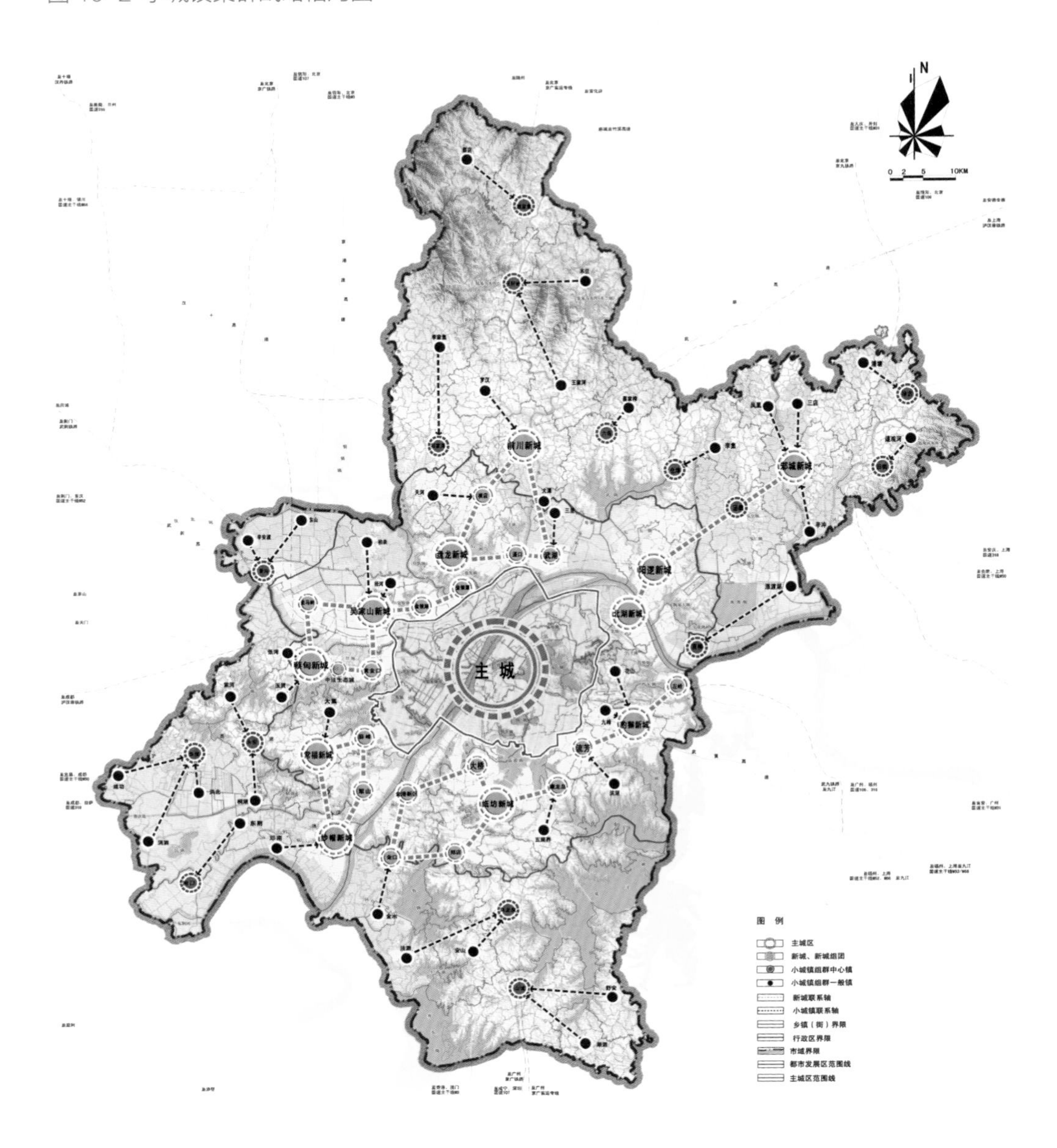

二、镇村职能从均质化向特色化转变

镇村作为能级较小的空间单元，基于不同阶段的社会消费需求来发挥其资源禀赋优势是决定镇村发展职能的核心支撑力。镇村发展初期，其承担的主要职能是满足居民的基本生活和生产服务需求，多呈现出以低端制造、小农产业和生活服务业为主导的低质均衡性特征。在快速城镇化进程和社会消费诉求不断提升的影响下，旅游服务、商贸服务、乡村休闲、创意产业等多种职能在镇村地区逐一凸显，特色化和魅力化发展成为镇村职能发展的重要方向和特征。

为破解镇村低质发展问题，武汉市采取了从“普惠制”到“特色化”的阶段式发展路径。一方面，通过两轮“小城镇综合改革”和“家园行动计划”，强化市域镇村基础设施

图 10-3 网络化城乡体系规划图

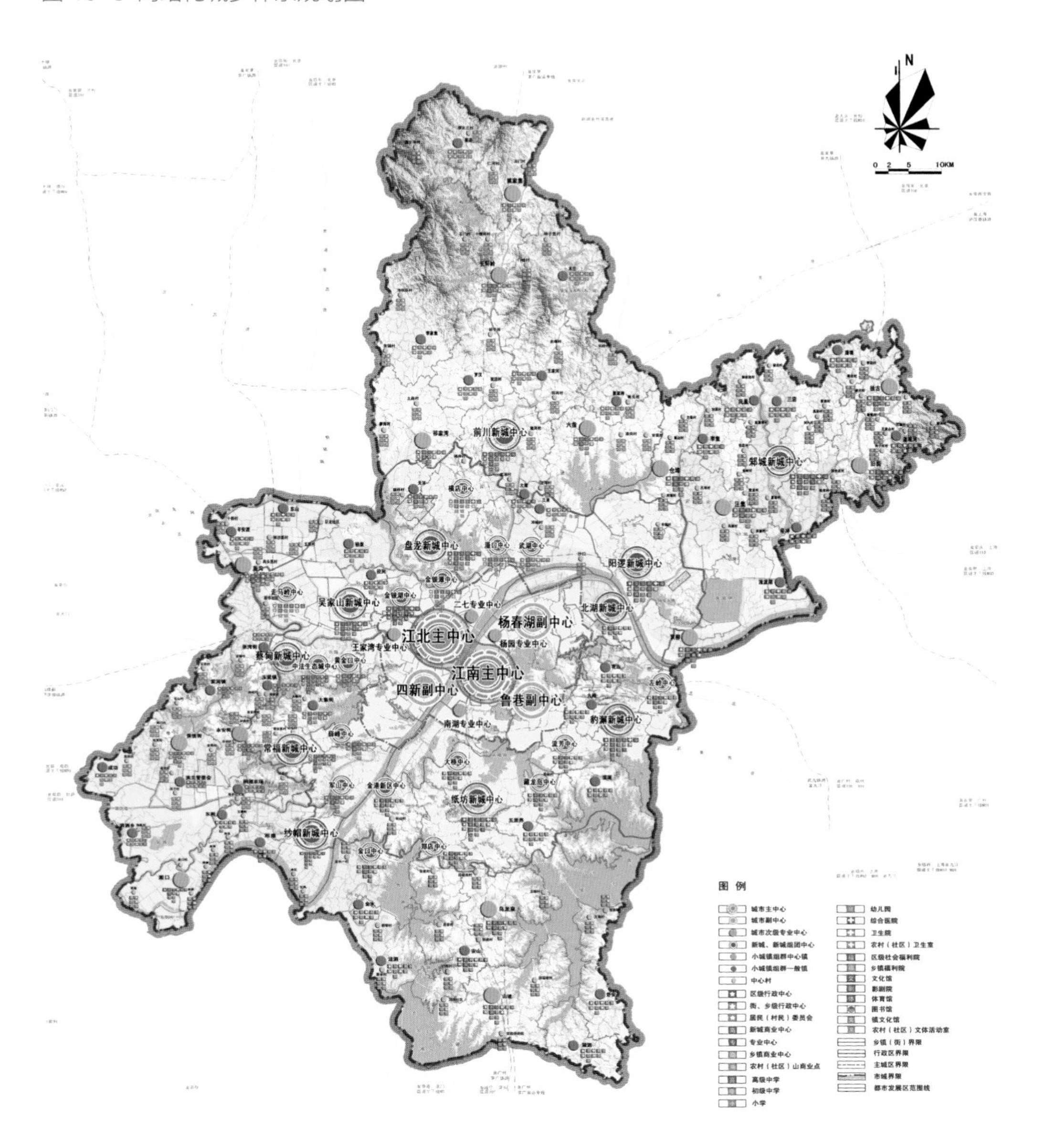

投资和建设力度，补齐乡村地区建设发展短板，系统改善全市镇村人居环境；另一方面，在“普惠制”发展的基础上，武汉市通过特色镇、功能小镇集群、美丽乡村、田园综合体等行动计划的深入实施，从区位交通、文化底蕴、自然资源、产业特色等自身资源禀赋出发，打造出一批以旅游休闲、新型制造、创新创意、特色农业为主导功能的特色城镇，并逐步引导其与周边同类城镇的横向关联关系，形成片区化、集群化的功能格局。同时，选取发展条件良好、特色明显的若干村庄，建设主题各异的美丽乡村，并采取“以点带面、以轴带面”的发展模式，集成农业研发、展示交流、旅游集散、创新创业等综合功能，逐步建设具有特色职能的田园综合体和美丽乡村带，全面探索乡村土地资源价值化、乡土文化活化、农业供给侧结构改革的方法与路径，强化职能分工和综合联系，助推乡村地区高质量发展。

第三节
镇村规划建设实践

自 2005 年以来，武汉市以统筹城乡发展、加快新型城镇化建设、推进小城镇和乡村地区全面振兴发展为总体思路，分阶段、动态性开展了“四化同步”的示范小城镇建设、“家园行动计划”“美丽乡村创建计划”“田园综合体创建计划”等一系列规划建设实践活动，系统性开展了镇村规划建设模式和实施路径研究，有效地指导了武汉镇村建设发展，并提供了丰富的理论经验和实践总结。

一、“四化同步理念”探索小城镇创新发展

按照党的十八大提出的“坚持走中国特色新型工业化、信息化、城镇化、农业现代化道路”战略要求，2013 年，湖北省秉承“唯特色而立”“唯推广而立”和突出“类型化示范”的原则，在全省选取了 21 个试点乡镇开展系统性、综合性的规划编制工作。其中，武汉市以黄陂区武湖街、江夏区五里界街、蔡甸区奓山街为试点，从体系观转型、发展观转型、策略观转型等方面，探索了外力驱动下特大城市近郊镇的“四化同步”建设发展模式。

1. 体系观转型，创新武汉市乡镇规划编制体系

根据“四化同步”协调发展的要求以及生产、生活、生态“三生”空间的关联发展逻辑，武汉市在《黄陂区武湖街“四化同步”规划》编制过程中，探索构建了“镇域、镇区、村庄”三大主干规划与适应不同乡镇差异化发展诉求的若干专项规划支撑的乡镇规划编制体系，形成了法定规划和非法定规划相互支撑、相互补充、相互协调的乡镇综合规划平

图 10-4 “全域谋划”的乡镇规划编制体系图

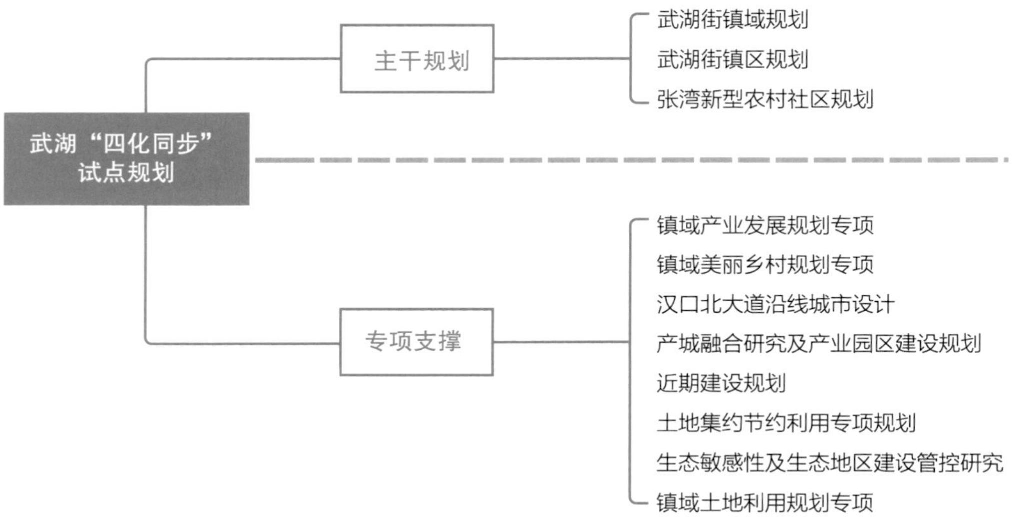

武湖“四化同步”试点规划
主干规划
武湖街镇域规划
武湖街镇区规划
张湾新型农村社区规划
专项支撑
镇域产业发展规划专项
镇域美丽乡村规划专项
汉口北大道沿线城市设计
产城融合研究及产业园区建设规划
近期建设规划
土地集约节约利用专项规划
生态敏感性及生态地区建设管控研究
镇域土地利用规划专项

台，有效解决了规划衔接冲突、传导乏力等问题，为武汉市小城镇“四化同步”发展提供了明确的规划引导。

黄陂区武湖街作为“四化同步”试点乡镇之一，基于全域统筹、整体谋划的考虑，构建形成了“3+9”的规划编制体系。其中，镇域规划强化全域统筹、城乡一体思维，从三产融合的产业发展、全要素的设施配套、全域空间的用地管控等方面谋划全域发展蓝图；镇区规划强化产城融合、生态城市思维，从功能谋划、风貌控制、设施完善、管控指引、建设时序等方面制定镇区建设路径；村庄规划强化均等服务、产村一体思维，从村庄居民点体系构建、农业供给侧结构改革、农村居民点（社区）建设、农房建设选型等方面厘清乡村发展方向。同时，结合区域生态维育、城市景观形象塑造、产城融合发展、美丽乡村建设等特殊要求，武湖街进一步开展了重要地段城市设计、产城融合发展研究、美丽乡村规划、生态敏感性及生态地区建设管控研究等专项规划，形成了法定规划清晰、专题特色明显的乡镇规划系列成果（图 10-4）。

图 10-5 武湖街生态敏感性分析图

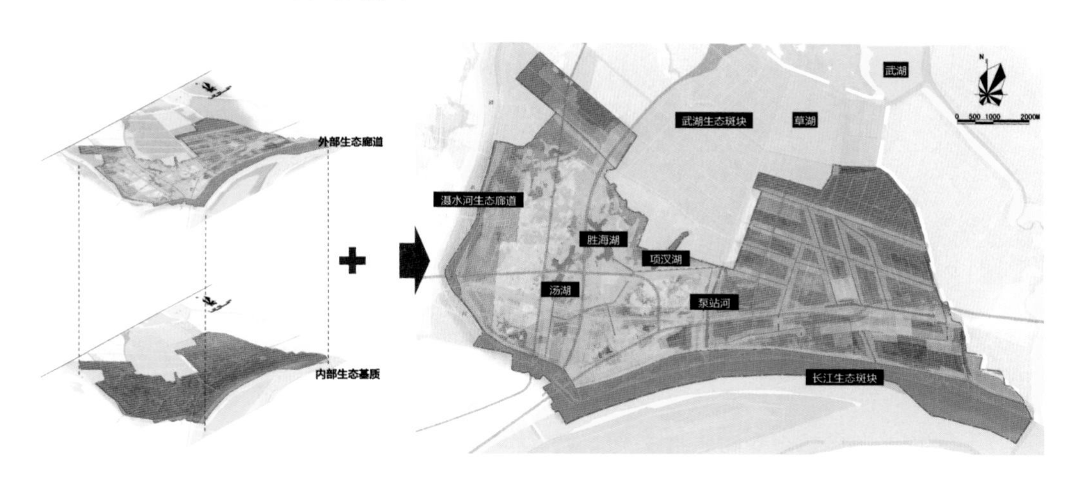

图 10-6 武湖街城镇空间发展动态模拟分析图

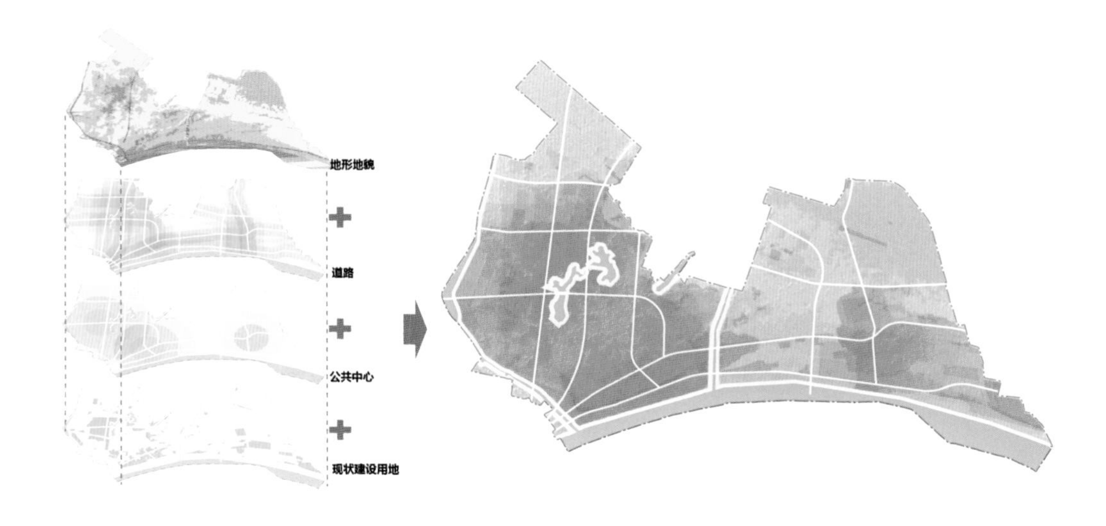

2. 发展观转型，探索小城镇健康持续发展路径

按照新型城镇化的总体发展要求，武汉市贯彻“绿色生态、集约发展”两大发展理念，以低碳、低冲击、低影响和土地集约节约利用为总体思路，全面探索了生态紧约束要求下小城镇经济转型、生态维育、空间集约和建设低碳等方面的建设路径。

以黄陂区武湖街为例，其镇域范围 78% 的土地位于基本生态控制线内，承担着全市生态安全格局的维育职责。因此，基于全市基本生态控制线的管控要求，武湖街开展了生态区保护和利用专项研究，结合全域生态环境和农地资源综合评估结论，提出了全域和镇区双层级的生态控制模式，并按照“反规划”思维方式，在生态约束的要求下反向划定了镇村发展方向和空间增长边界，促进了生态框架由“被动防御”向“主动控制”转变；同时，武湖街还科学设置了产业发展“负面清单”，坚持产业转型和项目准入控制，推动了全域三次产业绿色低碳发展；针对有限的城镇发展空间，武湖街以“精明增长、紧凑发展、集约利用”的思路，制定了四大类、十二项的土地集约节约利用控制指标体系，有效协调了城镇空间拓展、经济社会发展与区域生态保护的关系，促进了城镇健康、可持续发展（图 10-5、图 10-6）。

3. 策略观转型，制定规划实施保障举措

从乡镇全域化、系统性的建设实施诉求出发，按照“规划下沉、系统引导”的思维模式，以“项目化”建设为抓手，通过近期建设规划编制，明晰近期重点建设区域、重点建设内容和项目安排，确定相应投资规模与投资主体，从而科学引导乡镇规划实施。同时，创新性建立了试点乡镇土地计划报批项目库，通过对土地增减挂钩、低丘缓坡改造等政策的利用与组合，科学分配乡镇土地计划指标，统筹城乡发展，全面延伸了乡镇规划的深度，保障了乡镇规划实施的时序性和可操作性。

黄陂区武湖街结合镇域总体发展谋划和地方近期建设诉求，在规划编制过程中制定了详细的近期规划保障机制。规划提出了近三年的城镇重点建设方向，遴选出 10 个具有城乡发展战略支点地位、成片开发潜力大的区域作为近期重点建设地区，并从产业转型、幸福宜居、交通畅达、公服完善、设施提升、生态彰显、增减挂钩等方面制定了七大类专项行动计划和 121 个近期建设项目，以此全面引导武湖街规划实施。

二、“家园行动计划”补齐乡村规划建设短板

2005 年，为贯彻落实中央关于建设社会主义新农村的重大战略部署，改变村庄长期缺乏规划指导、农村生产生活条件落后等现实发展问题，武汉市启动了以普惠制为特色的农村地区“家园建设行动计划”，以“全市统筹、试点先行、分期分批”的规划方式，按照每年 350 个村的进度，用 6 年时间完成了全市 2087 个行政村的规划全覆盖。同时，结合“致富门道明晰、基础设施完善、社保体系建立、社会和谐稳定”的“四到家园”政策要求，以村庄规划为指引，从产业发展、基础设施建设、自然村湾集并等几个方面，系统性开展了全市新农村建设工作，有效填补了农村地区生产、生活设施的历史欠账，基本补齐了武汉农村基建短板，谋划了“一村一品”特色化的产业发展路径（图 10-7、图 10-8）。

产业发展方面，“家园行动计划”强调通过农村产业结构调整、龙头企业培育、科技兴农和农村剩余劳动力转移途径等方面的探索，对农业资源进行整合，将产业发展和村镇建设结合，形成产村镇融合的发展模式。具体举措在于每年加大财政投入开展“致富门道”建设，通过新建和改造各类优势农产品基地，扶持新建畜牧养殖小区及沼气配套治污工程，扶持新建食用菌工厂化、自动化生产小区，改变以传统农业种植为主导的产业发展模式为特色多元化产业发展模式，形成不同类型、差异化发展的产业特色村，带动农民增收致富。计划实施以来，武汉市新建改造农业板块规模基地 50 万亩以上，培植 8 个省级以上品牌，组建农民专业合作社、农村专业经济协会 300 余个，切实带动了农村经济快速发展。

基础设施建设方面，为实现乡村地区水电道路通达、饮水卫生安全、信息传递通畅、村容村貌整洁的目标，按照“四通四改一化”和“一场一室”的村庄项目建设思路，通过打通通村道路、接通给水管网、串通电力工程和信息网络，改造给水水质、生活厕所、畜

图 10-7 青石桥村村庄体系规划图

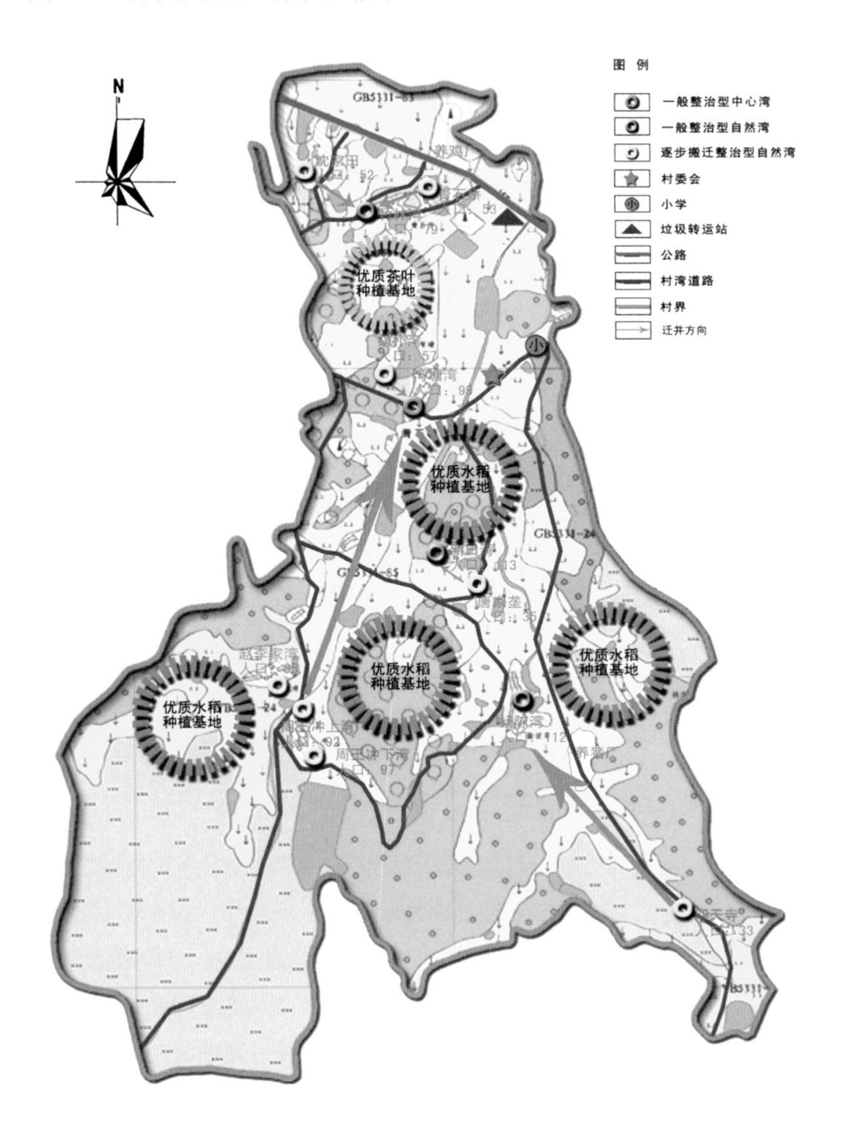

图 10-8 青石桥村村湾建设规划图

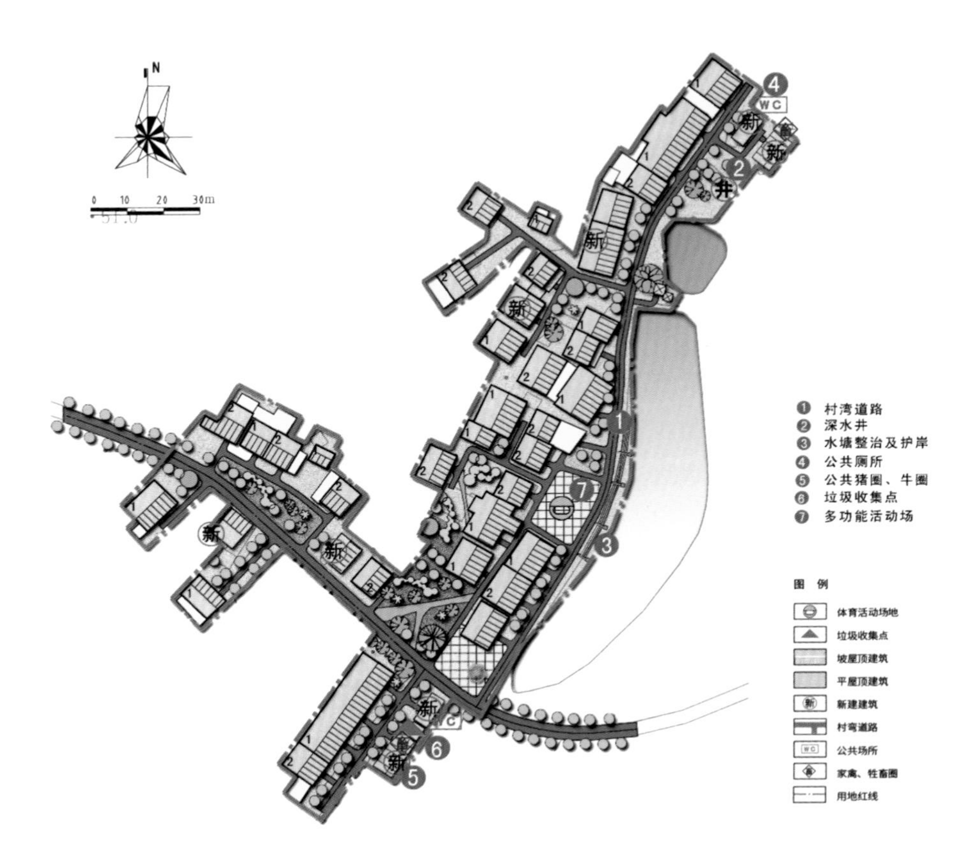

禽养殖圈所和垃圾堆放形式，以及新建或改扩建集村“两委会”工作室、村卫生室、村民活动室等于一体的村多用途活动室和集稻场、文化活动场等于一体的村多用途活动场等系列举措，全面推进了农村环境综合整治和设施配套建设。

村湾集并方面，针对现状村湾空间分布散、村民集中居住程度低、公服设施难以配套的问题，“家园建设行动计划”提出“农民向城镇和农村新型社区集中”的建设思路，以村庄规划为引领，指导了全市 2087 个行政村的村湾集并与整村迁建。其中，汉南区、东西湖区充分发挥国有农场的土地制度优势，加大了自然村湾向大型农村社区或镇区集并的力度，实现了 37 个行政村的大规模集并与安置，腾退了大量农村宅基地。腾退的农村宅基地一部分通过复垦转为农用地，形成了集中连片的现代化农场；一部分则以城乡用地增减挂钩的方式，用于土地指标流转，有效解决了城镇建设用地的需求。

三、“美丽乡村创建计划”塑造乡村地区建设样板

2011 年，为进一步延续和升级新农村建设，增强农村发展活力，武汉市顺应新型工业化、新型城镇化、农业现代化发展趋势，启动了“美丽乡村创建计划”，制定了美丽乡村建设项目申报指南、建设标准、验收办法等文件，创新提出以镇域村庄布局规划为指导，以村庄建设综合规划、村庄整治规划和农房建设规划为落地，以村庄产业发展规划和村湾绿化专项规划为支撑的“1+3+2”美丽乡村规划编制体系，规范了美丽乡村创建的顶

图 10-9 武汉市美丽乡村发展带布局图

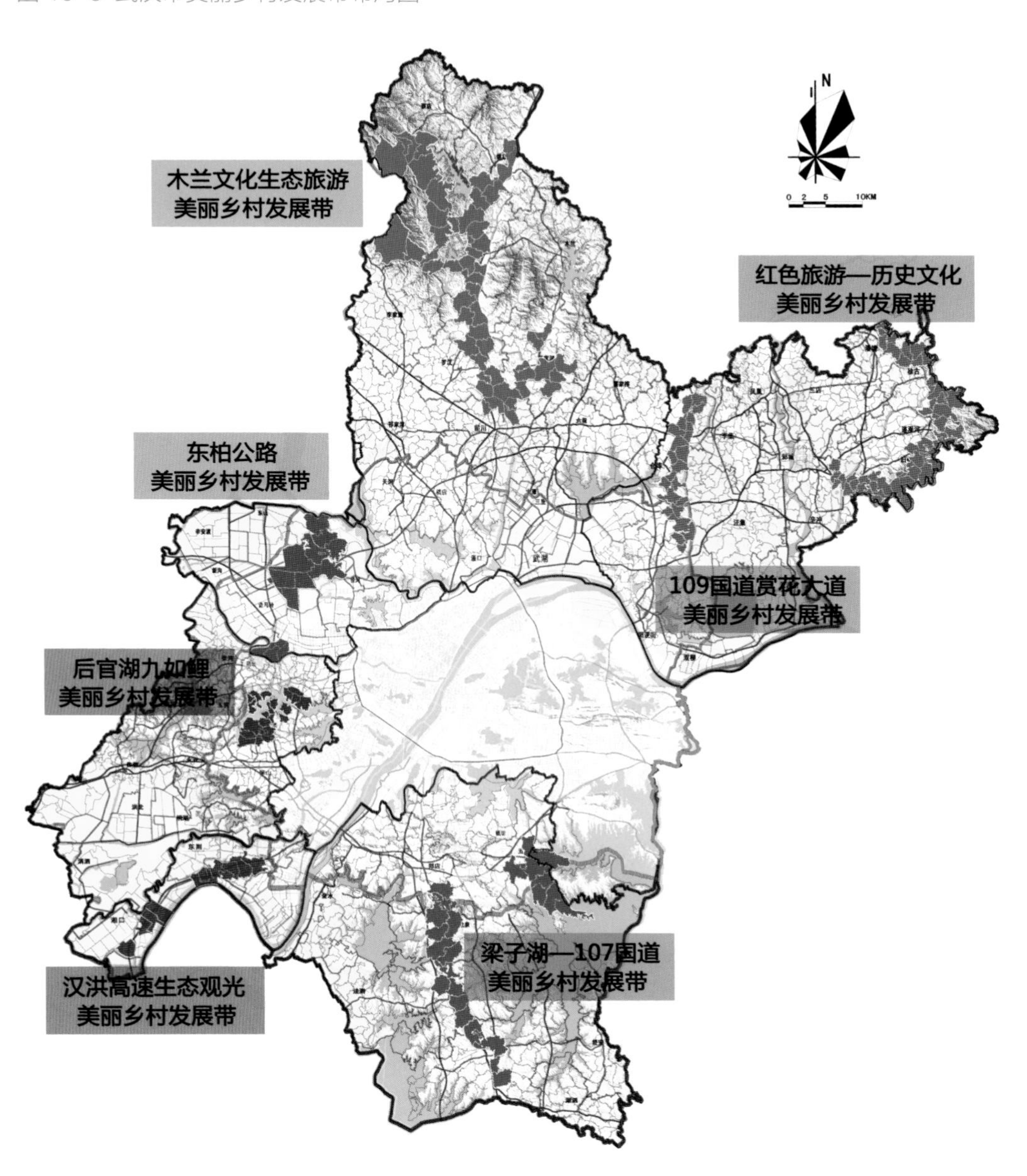

层设计。同时，按照“突出重点、打造亮点，整合聚焦”的思路，通过竞评方式在全市遴选了一批中心村（社区）和特色村进行重点建设和发展，并针对不同村庄的资源禀赋和发展类型，开展了三类美丽乡村规划建设模式的探索，逐步建设出武汉市乡村地区的亮点和样板（图 10-9）。

1. 多元市场需求导向下的“产业提升型村庄”

针对区位条件较好、旅游资源丰富、休闲农业发展潜力大的村庄，需要构建适应城市居民乡村休闲需求和社会食品消费结构转变的特色产业体系，协调处理产业发展、农村居民与村域空间之间的良性互动关系，一方面转变农业生产模式，完善土地流转机制，采取“公司＋基地＋农户”、农业合作社、农业大户等多种农业经营方式，促进农业向规模化、特色化、深加工化拓展，确保村庄形成内生造血的发展路径，保障农村居民生产和生活的需求；另一方面要促进社区空间和产业发展有效结合，明确合理的居民点体系和空间组织方式，并结合农特资源和自然地貌，完善景观营造和设施建设，为村庄整体健康发展提供有力支撑，形成“产村融合”的产业提升型村庄规划建设模式。

以黄陂区木兰生态文化旅游区胜天村为例，规划充分利用以粮油作物种植、花卉苗木种植和休闲旅游为支柱的现状产业发展格局，提出以特色化差异发展的优势引导和创新化发展的升级提质为策略，打造以乡村旅游为主导、高效农业和农产品加工业融合发展的特

图 10-10 胜天村平面布局规划图

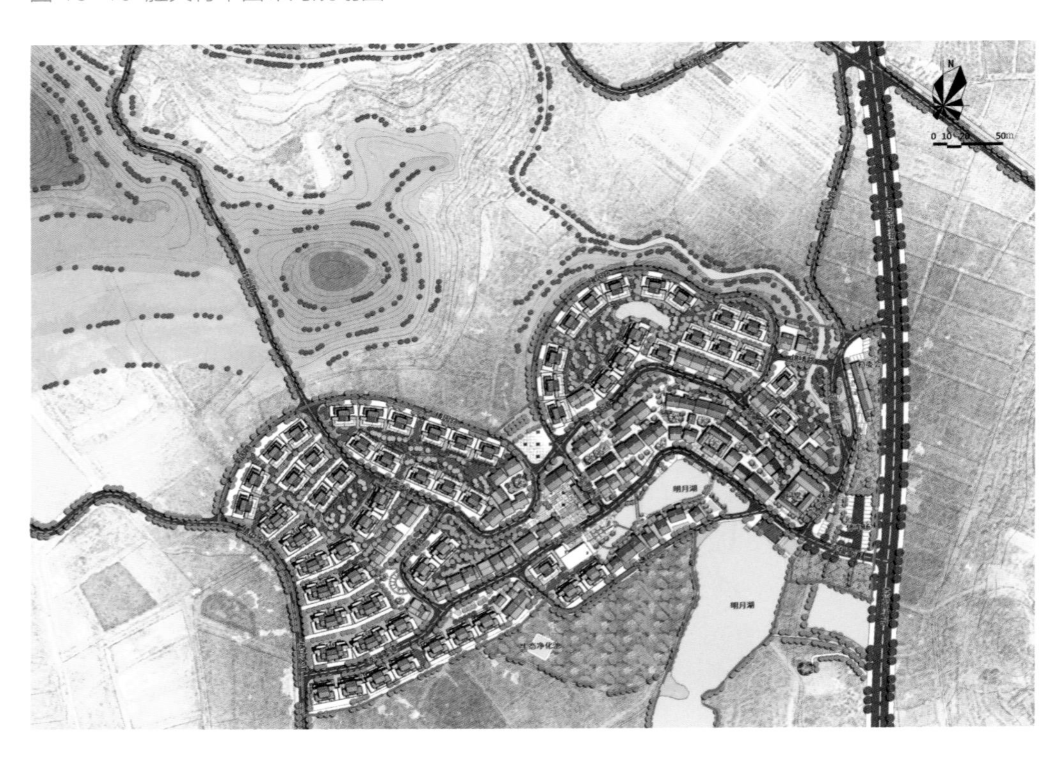

图 10-11 胜天村规划效果图

色产业体系。同时，采取“农业合作社＋基地＋农工”的布局模式，有序引导村湾集并形成两个大型农村社区，社区人口均在250人以上，社区空间布局注重“熟人社会”关系网络的重塑、地方性生产生活方式的延续和历史文化的传承（图10-10、图10-11）。

2. 共同缔造思路下的“环境改善型村庄”

针对区位条件一般、自然资源丰富、经济相对落后、整体环境不佳的村庄，需要基于“乡政村治”的基层政权模式，调动村民维护自身利益的主动性和共建美好家园的积极性，通过制定“多方参与、责权明晰”的环境改善行动计划和“自我约束、长效运营”的工作保障机制，全面激活乡村活力、突出乡村风貌、完善乡村设施、提升乡村魅力，形成“村民置上”的村庄规划建设模式。

以毗邻云雾山风景区的黄陂区巴山寨村为例，规划立足村庄资源禀赋，对接云雾山风景区，以村湾环境整治为触媒，以旅游休闲项目为引爆点，形成了区域联动的“旅游＋”产业发展路径。同时，为进一步保障规划实施，规划划分了村庄建设责任包干区，明晰了村民在村湾卫生清洁、邻里环境改善方面，政府在村庄基础设施建设、公共空间景观塑造方面，社会市场在旅游项目投入、危房拆除方面的职责，形成了“责任＋”的村庄建设行动计划和项目库。再次，规划强化了乡村治理过程中村民决策与实施的主体地位，提出“乡村自治、乡村乡治、乡村善治、乡村顺治、乡村法治、乡村礼治”六治理念，全面制定“村规民约”，重塑乡村秩序，完善“部门事权”划分，保障项目有序实施，形成村民与村委合作、职能部门与市场合作的“合作＋”实施模式（图10-12、图10-13）。

3. 精准保护要求下的“历史风貌型村庄”

针对历史遗产资源丰富、传统文化积淀深厚的历史文化名村和传统村落，需要从保护文化遗产、延续历史文化信息的目标出发，精准识别村庄历史保护要素，分区分级划定村庄保护范围，实现文物古迹原址保护、村落格局原态保护、历史传说原真保护，探索保护和开发的协调路径，推动历史村庄由“被动保护”向“主动实施”转变。延续建设协调、景观渗透的特色风貌格局，重塑与历史保护建筑相协调、传统街巷格局相匹配、生活形态相适应的乡土景观，综合形成“精准保护与开发一体化”的“历史风貌型村庄”规划建设模式。

以黄陂区谢家院子这一武汉市历史文化名村为例，规划挖掘村庄“九间半”天井围屋空间格局和“三门三巷”建筑肌理特色以及其文化内涵，抢救性保护历史文化资源，从“资源原真性”和“生活真实性”入手，全面评估了其生态环境、文化演变、农耕模式、血缘宗族和房屋形制等五大历史价值，对村庄实体资源、空间环境、历史内涵等进行系统性的全域保护，划定了历史建筑本体线、核心保护范围线、建设控制地带范围线、风貌协调范围线“四线”，制定了相关保护整治措施，完整保留了“原住民、原建筑、原文化、原习俗、原生活”。规划通过文化资源、传统技艺的发掘盘活，发展手工艺生产；通过历史建筑的文化性、娱乐性功能注入，发展文化旅游产业；通过理性对待村庄建设活动，完善村庄各类公益服务设施，改变“要我保护”为“我要保护”。同时，从“结构、要素、文化”三个层面对乡土景观进行分类规划与引导，维护山水格局的连续性、强化历史要素的完整性、突出特色文化的传承性，全面活化乡村历史，再生乡村活力（图10-14、图10-15）。

图 10-12 巴山寨村平面布局规划图

图 10-13 巴山寨村规划效果图

图 10-14 谢家院子平面布局规划图

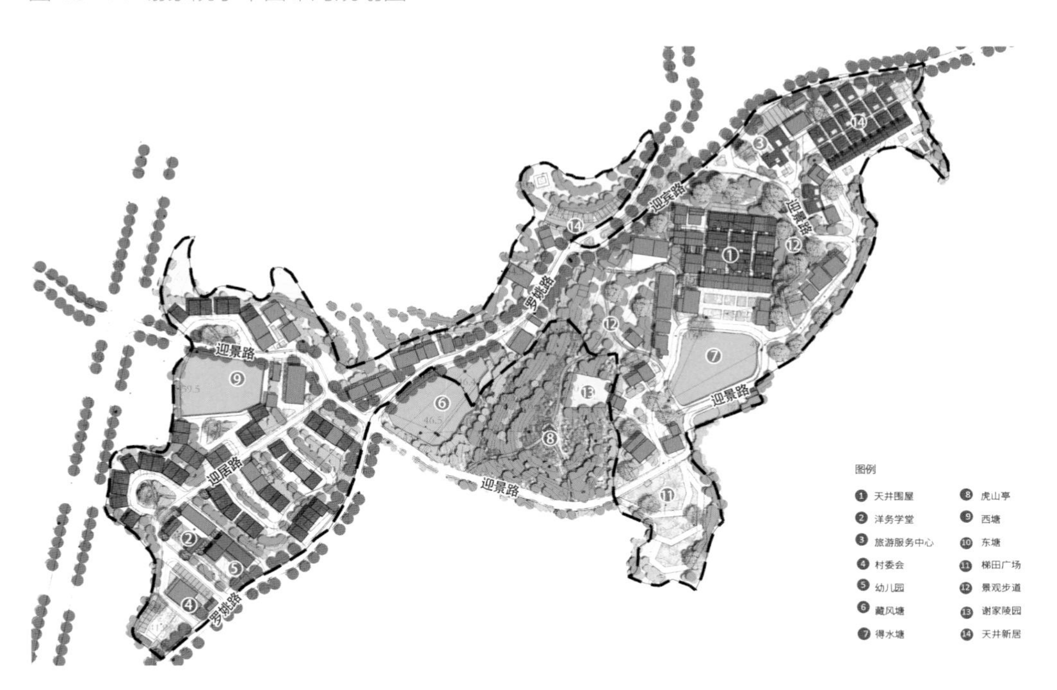

图 10-15 谢家院子规划效果图

四、“田园综合体创建计划”引领乡村振兴发展

2017 年，“田园综合体”作为乡村新型产业发展的亮点措施被写进中央一号文件，田园综合体至此上升到国家战略高度，成为乡村地区在城乡一体格局下，顺应农村供给侧结构性改革、新型产业发展、农村产权制度改革要求，实现乡村现代化、新型城镇化、社会经济全面发展的一种可持续性发展模式。在此宏观政策背景下，武汉市在武汉临空港经济技术开发区（东西湖区）、武汉经济技术开发区（汉南区）、新洲区、江夏区立项建设四个大型都市田园综合体，广泛利用社会和市场的力量，推进农业现代化与城乡一体化互促发

展，逐步打造出引领武汉市乡村振兴发展的重点极核。针对都市田园综合体范围较大、需求多样、建设主体多元的特征，武汉市从规划体系、功能营造、空间布局、设施配给、管控方式等方面对田园综合体的规划建设模式进行了全面探索。

1.“产业多维、创意驱动”的复合功能营造

田园综合体的建设需要满足城市居民对乡村旅游的消费升级需求，需要应对国民经济和非农产业部门发展带来的食品消费结构转变，必须以农为基，运用科技、艺术、文化，从多领域、多角度将农业生产向第二产业、第三产业延伸拓展，最大限度挖掘农业、农村与农民的潜力，全面延展田园综合体的产业链。

以东西湖区都市田园综合体为例，其立足近郊区位条件、水网资源特征、农垦历史文化、都市产业集聚等比较优势，以特色化差异发展的优势引导、多层级协调的圈层联动和升级提质的创新化发展为策略，逐步打造以绿色渔业、有机水稻、特色果蔬为主导的都市农业；以农机制造、农业废弃物资源化处理为主导的低碳工业；以农业科技创新、冷链物流、康养休闲、生态旅游为主导的现代服务业，形成闭合的农业循环链条。并以田园综合体为核心，联动位于城镇集中建设区内的食品加工园区、保税物流园区，共同形成农产品分拣、冷链物流、农产品深加工于一体的农业产业融合区，在全区范围形成农业全产业链，全面推动了东西湖区临空现代农业的发展。

2.“生态彰显、绿色低碳”的田园风貌维育

田园综合体的建设以生态为根本立足点，不仅要使乡村成为“金山银山”的基础和源泉，更要成为“绿水青山”的保护区和栖息地。通过把全过程落实的生态理念，引导运用“低碳可持续”的环境保护技术和能源供应方式，使田园综合体成为一个按照自然规律运行的绿色发展平台，全面保持并彰显农业文明的田园风光和独有魅力。

东西湖区都市田园综合体在建设过程中，遵循低碳低冲击的发展要求，基于生态敏感性和环境承载力分析，针对区内水网纵横的生态特色，严格保护蓝线、绿线范围，采取退塘还湖、河渠连通、河道生态化治理、渠道生态化改造等措施，构建生态水网，全面恢复水体生机活力。延续现状村庄肌理，将区内特色小镇、美丽乡村的居住空间沿水布局，形成线性临水、围合抱水的建筑环境组合，体现“依水聚居，抱水聚居”的居住环境特色，并引导低成本、低维护、低影响的绿色建筑、绿色基础设施的规划与建设，形成可持续的低碳发展路径。

3.“服务均享、便捷高效”的乡村生活圈设施布局

贯彻城乡统筹发展理念，配置城乡相对公平的公共服务设施是武汉市都市田园综合体建设的重要内容，需要从满足农民生产、生活需求的视角出发，以居民利用公共服务设施出行规律为依据，对公共服务需求进行不同层次和类型的划分，构建覆盖全域的多层次的生活圈体系。通过圈层的形式配置农村地域的基本公共服务设施，为统筹田园综合体的发展提供基础性支撑。

东西湖区都市田园综合体依据不同居民群体出行距离、使用频率和服务半径，以一般永久居民点为基准，结合数量分析方法和地理信息技术，构建“基本生活圈、拓展生活圈、

图 10-16 东西湖田园综合体用地布局规划图

高级生活圈”三级生活圈体系，并按照适度和超前的原则，制定各级生活圈的公共服务设施配置标准，全面推进社区服务设施、旅游服务设施和农业生产服务设施的相应配套，实现公共服务设施的均等化、聚集化配置。

4.“刚柔并济、精细高效”的规划管控模式

按照国土空间规划改革的要求，武汉市在都市田园综合体的建设过程中，全面对接法定规划管控体系和要求，以田园功能单元为基本对象，按照“保护优先、总量控制、功能引导”的原则，以实现各类空间适度利用和自然资源合理保护为目标，在强调刚性传导上位规划有关底线性和战略性规划要求的基础上，结合田园功能单元发展实际制定弹性引导内容，形成刚弹结合的管控体系。如东西湖区都市田园综合体在明确项目准入、建设强度、设施配套等刚性管控指标体系的基础上，进一步提出了产业发展、文化风貌、生态环境等弹性管控指标体系，形成了“田园功能单元管控一张表”，有效促进了空间用途管制的落实（图 10-16）。

改革开放 40 年，武汉市镇村发展在区域政策环境和社会消费需求的影响下，结合自身资源禀赋进行了持续的探索和实践。展望未来，在乡村振兴战略引领下，武汉市需要按照建设国家中心城市的总体要求，进一步探索以功能小镇集群为核心的网络化城镇协同路径和以田园综合体和美丽乡村带为代表的乡村发展模式；逐步构建精细化、差异化的镇村规划管理体系，推动镇村地区从单一用途管制向多元综合管控转变；同时，还需进一步完善多元创新的实施机制，吸引社会资本参与投资乡村建设，促进乡村地区功能提质、空间利用多样化和空间治理精细化，全面实现农业强、农村美、农民富的乡村振兴发展目标。

第十一章
“三旧”改造与城市更新

CHAPTER 11
“THREE OLD” TRANSFORMATION AND URBAN RENEWAL

武汉是传统的工业城市，市区内分布有大量工业企业、老旧社区以及早期为临时安置职工的棚户区。与此同时，在城市快速扩张的过程中，大量的村庄被城市包围形成“城中村”，极大地影响了城市面貌。改革开放以来，随着城市的快速发展，城市土地价值也不断提升，为促进经济社会发展、提升城市功能品质、改善城市环境面貌，武汉不断加强对危旧房屋与棚户区、工业厂房和城中村（即旧城、旧厂、旧村，以下简称“三旧”）等的改造，取得了显著成效。特别是进入“十二五”以来，为妥善处理好“三旧”与新城新区、重点功能区、重大基础设施、历史文化保护和生态环境的关系，武汉市全面编制“三旧”改造规划，对三环线内“三旧”资源统筹实施改造，城市更新改造进入了一个新阶段。

第一节
“三旧”改造历程

一直以来，“三旧”改造都是政府盘活城市存量资源、实施城市规划、提升城市功能、解决民生问题、改善城市面貌的重要手段。受城市发展目标、经济水平、市场需求、土地政策、金融政策、拆迁安置需求等多重因素的影响，武汉市“三旧”改造在不同阶段也呈现出不同特征：从早期零星散点式改造逐步演变为对城市核心地段、对城区的成片区成规模的改造，改造规划的力度也不断加强、体系日趋完善，对城市经济社会发展和功能品质提升的引领作用不断增强。

一、零星散点式改造

1978～1990 年，武汉市的工作重心转到经济建设上来，城市进入了一个新的发展阶段。“三旧”改造以零星散点式小规模改造为主。

1978 年，全国城市工作会议通过了《关于加强城市建设工作的意见》，提出“狠抓现有设施的维修养护和旧城区的改造……改造的重点应当是房屋破旧、交通堵塞以及市政公用设施很差的区段”。武汉市为解决居民住房困难、改善居民住房条件，围绕住房建设，开展了一系列危棚简屋改造、水体和绿化治理、道路拓宽及路面改善、市政环卫设施增建等工作。

这个时期，土地有偿使用制度尚未建立，土地主要采取划拨方式供给。当时对“危棚简屋”的改造是作为“一项非盈利的政府实施工程”来做，以政府统筹、全额投资、就地安置为主。由于政府本身资金有限，基本采取“见缝插针、推倒重建”的小规模改造，改造后开发强度较高，绝大部分居民实行原地回迁，虽改造规模不大，但其工作导向和改造模式合乎群众意愿，得到普遍欢迎支持。

1985 年，江岸区首先对汉口保成路及其旧里进行改造，拆除了原“汉口模范区”内的长乐里、天隆里、长春里和义成东里等里分，建成底层为商业店铺、上部为还建住宅的“骑楼”式“保成路商业（电器）一条街”。由于该改造开发规模较大，地段人口密集，其建筑密度和容积率双项指标较高，成为后来旧城改造中“密一区”（武汉市 2006 年试行的中心城区密度分区）的上限标准。同期，在原址就地安置的拆迁改造项目，如花桥、蔡家田、东亭等小区，整体建设的密度和强度也较高。

此阶段，武汉市也结合企业的技术改造和改建、扩建，建设了一批能源、交通、通信和原材料工业的重点工程，包括武钢、水泥、平板玻璃厂的改造、扩建以及城市煤气、武汉机场及铁路外迁配套设施等大中型基础设施。

二、临街带状式改造

1990～2000 年，武汉市进入计划经济向市场经济的转型期，土地有偿使用制度开始建立，但与土地市场化相配套的土地出让、产权界定、拆迁补偿等法规政策尚不完善，且政府缺乏一个整体性的城市更新改造框架，旧城改造呈现出遍地开花、小幅宗地和临街一层皮式开发的特征。

1992 年，武汉市政府相继颁布了《武汉市国有土地使用制度改革实施方案》和《武汉市城市国有土地使用权出让和转让实施办法》，土地使用和处置方式更为灵活，且时值住房分配制度由福利分房向市场配置转变，国有企业体制改革使得企业处置土地的动力增强，金融制度改革使得地产开发和购房贷款得以实现，为城市建设和房地产开发带来了巨大的活力，推动武汉市旧城改造逐步进入“快车道”。

1992～1994 年三年间，政府批租的土地面积达到 600 多公顷，全市房地产开发企业从 34 家急剧增加到数百家，旧城改造的主体由单纯以政府为主变得更加多元化，政府改造资金短缺问题得到缓解。但 1994 年之后，受前期房地产过热、土地投放量偏多和宏观经济形势下行等多重影响，1995～1999 年期间全市土地出让面积和出让金规模均出现下滑趋势。

这一阶段，旧城改造较多采取的是房地产开发企业直接参与、直接出资的模式，土地供应方式以“生地”出让为主。按照“先易后难”的改造实施策略，以新建居住开发为突破口逐步向旧城重点商业区延伸。同时，受企业改造资金平衡和政府优先改善城市重点地段环境面貌的导向影响，改造区域较多地集中在商业人流旺区和改造难度相对较低的区域，更多考虑的是开发收益和项目基地的商业价值，较少按照街区单元进行整体改造更新，从而出现临街一层皮、高楼大厦环抱低矮民房和“打补丁”的现象，为后续市政设施系统性改造带来了诸多问题。

该时期改造区域主要集中在以解放大道中段、青年路、江汉路、香港路－大智路、京汉大道、沿江大道为主的商业商务区，以及武昌中南路、汉阳鹦鹉大道为核心的市级商业中心区内（图 11-1）。

图 11-1 由沿江大道看汉口旧城实景照片

三、整体成片式改造

2000～2012 年，武汉城市建设进入大提速时期，土地储备交易制度和相关配套政策逐步趋于完善，推动着房地产建设的快速发展，“三旧”改造进入以院（厂）区、社区和整村为单元的整体式改造阶段。

2000 年和 2002 年，市政府分别颁布《关于建立土地储备制度的通知》和《关于印发武汉市加强土地资产经营管理实施方案的通知》，将土地储备上升到土地资产经营层面。随后，市政府又相继制定出台《武汉市土地储备管理办法》《武汉市土地交易管理办法》《武汉市城市房屋拆迁管理实施办法》以及《武汉市征用集体所有土地房屋拆迁管理办法》等一系列关于加强土地储备、交易、拆迁的地方性政策文件，基本确立了武汉市土地储备与交易相结合的土地资产经营管理框架。武汉市相继成立市土地整理储备中心和市土地交易中心，并通过“土地打包”和“区级土地储备”，缓解了旧改工作中土地储备筹融资难、风险大、管理难等问题，为整体推进“三旧”改造、规范土地开发、确保规划实施、激发城市活力提供了必要保障条件。

2001～2003 年，市政府先后颁布《关于做好 2001 年危房改造工作的通知》《关于中心城区危房改造工作的通知》《关于加强危房改造项目建设用地管理工作的通知》，提出了“危改”项目规划面积原则上按照与拆建改造面积 2.2：1 的比例审批划拨和免交土地出让金的政策，要求坚持成片改造，按照“统一规划、渐次推进”的原则实施。该政策极大地利好旧城区危房改造，并促进了危房改造工作逐步向整个院（厂）区和整个社区改造推进。

2004 年，为加快城乡一体化进程，全面提升城市功能，武汉市委、市政府出台《关于积极推进“城中村”综合改造工作的意见》和《转发市体改办等部门关于落实市委市政府积极推进“城中村”综合改造工作意见的通知》，全面启动中心城区“城中村”综合改造（包括 7 个中心城区和东湖风景区 147 个行政村及 15 个农林单位，总用地面积约 220km^2），一大批“城中村”以整村为单位、按照政策明确的三类实施自主改造。

2009 年，在总结反思前期“城中村”改造工作成效和问题的前提下，武汉市政府出台了《关于进一步加快城中村改造建设工作的意见》，明确要求在 2011 年年底前完成二环内 56 个行政村、约 50km^2 的改造工作，并提出适当提高还建用地容积率、增加还建公共服务配套等优惠政策。同时，为统筹加快城中村、旧城、棚户区改造和建设工作步伐，出台了《关于进一步加快城中村和旧城改造等工作的通知》，创新了改造工作制度、完善了改造工作程序、实施了拆迁奖励机制，大力鼓励整村、成片区推进改造。

2011 年，国务院颁布《国有土地上房屋征收与补偿条例》，武汉市政府也相应制发了《关于贯彻实施〈国有土地上房屋征收与补偿条例〉的通知》《关于转发武汉市国有土地上房屋征收工作操作指引（试行）的通知》《武汉市国有土地上房屋征收与补偿实施办法》，进一步规范了旧城改造中国有土地上房屋征收和补偿工作，为土地整理储备创造了良好的政策环境。

随着 2008 年《城乡规划法》的出台和 2010 年《武汉市城市总体规划（2010—

2020年)》的获批，以及中心城区控制性详细规划成果的日趋完善，政府也越来越重视规划和计划对城市建设的引领作用，旧改工作也逐步趋向以规划功能单位为引领的整体式推进。这一时期，武汉市先后编制了《全市19片旧城改造规划》(2003年)、《二环线内城中村综合改造规划》(2004年)、《江岸区旧城改造规划》(2005年)、《汉阳旧城风貌区控规深化》(2005年)、《青山棚户区及危旧房改造规划》(2006年)、一大批"城中村"综合改造规划以及《武汉市"城中村"改造政策及实施策略研究》(2007年)、《武汉市主城区旧城改造和更新规划》(2010年)和《武汉市土地储备规划(2013—2020年)》(2013年)等。

该时期旧改项目，主要采取"生地"出让和"熟地"出让两种土地供应方式。"生地"出让，即政府通过土地招拍挂的形式确定开发企业，由开发企业依法组织拆迁补偿和开发或土地竞得单位先行缴纳土地出让金后由土地储备机构组织实施征地拆迁并按期交付土地；"熟地"出让，即政府依法组织拆迁腾退，完成土地整理后通过土地市场入市开发。

其中，对于旧城和旧厂改造项目，除早期仍保留的房地产开发企业直接参与、直接出资的模式外，后期基本采取土地储备方式进行改造。武汉市土地储备模式主要是在市土地储备机构的统筹协调下进行的"多头储备"和"分级储备"，即，除由市级土地储备机构实施的土地储备项目外，还存在以下两种方式：一是以国企融资平台为主体实施"土地打包"方式进行储备，即将重大城建和基础设施项目与可供资金平衡的开发性用地进行捆绑储备，实施收支两条线管理，进行"包内"平衡；二是各区结合改造实施需要，以区政府为主体推进的区级土地储备，并与市级土地储备机构进行市、区土地收益分成。除通过土地储备外，国有企业还可根据企业改制需要，通过委托土地交易方式进行土地资产处置，土地收益与政府分成(不改变土地用途的企业与政府六四分成，改变土地用途的五五分成)。

对于"城中村"改造项目，主要采取整村自主改造模式，部分采取统征储备方式推进。自主改造主要通过引入社会资金进行改造，即按照规划，将"城中村"还建和企业平衡资金的开发用地进行捆绑挂牌出让，以摘牌企业和改制后的村集体经济组织共同完成土地腾退和后续建设工作，同时，改制后的村集体经济组织预留产业用地以保障原"城中村"居民的劳动就业问题，改造成本"锁定"在"城中村"改造包内。统征储备方式主要是以政府为主导，进行整村或多村储备，按政策预留必要的还建用地和产业用地，其余用地由政府储备并按规划实施。

按照政府制定的"旧城改造、新区拓展、轴线推进、协调发展"的十六字方针，该时期的旧改多以居住、商住类项目为主，汉口地区改造项目的旧改主要分布在新华西路、永清、古田、后湖、二七地区等，武昌地区的旧改主要分布在北部的徐东商圈、杨春湖地区、滨江地区、沙湖周边区域以及南湖区域等，汉阳地区旧改主要集中在四新地区以及长江、汉江的滨江地区等(图11-2)。

四、系统性城市更新

2013年，武汉市被原国土资源部列为城镇低效用地再开发试点城市；同年国务院出台《关于加快棚户区改造工作的意见》，拟将棚户区改造纳入城镇保障性安居工程，大规

图 11-2 2006 ~ 2010 年期间武汉中心城区旧城和“城中村”改造范围图

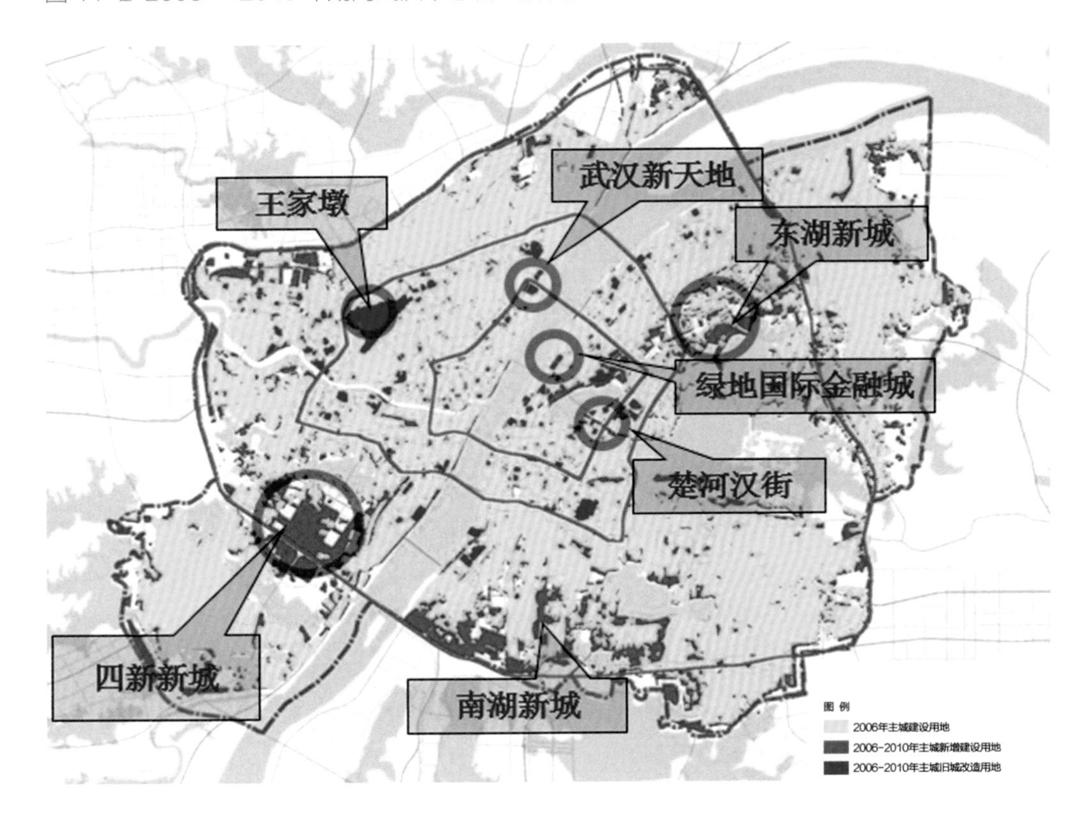

模推进实施。这一阶段，武汉市也提出了“建设国家中心城市”的目标。由此，也促进了武汉市“三旧”改造进入系统性更新阶段。

其时，武汉市三环线内有约 121km^2 的旧城和“城中村”用地（占三环线内建设用地面积的 28%）。为有效改善困难群众住房条件，缓解城市内部二元矛盾，提升城镇综合承载能力，促进经济增长与社会和谐，武汉市拟将“旧城”（含棚户区）、“旧村”“旧厂”改造进行系统性整体推进。为此，2013 年，武汉市组织编制了《武汉市“三旧”改造规划（纲要）》。市委市政府出台《关于加快推进“三旧”改造工作的意见》，确定了“力争用 8 ~ 10 年时间基本完成三环线内及相邻重点区域的‘三旧’改造工作任务”的改造目标，并提出“坚持科学规划，政策支持；坚持成片改造，分类推进；坚持以区为主，全市平衡”的基本改造原则，明确界定了“三旧”改造范围，提出拆除重建和保护整治并行的改造理念，并因势利导对“三旧”改造对象分门别类提出了更为有力的支持性政策，土地收益也向实际储备实施主体进行了倾斜。

2014 年，市政府印发《关于加快推进重点功能区建设的意见》，要求集中力量，切实加强“王家墩中央商务区、汉正街中央服务区、二七沿江商务区、四新生态新城、武昌滨江商务区、青山滨江商务区、杨春湖商务区”等七个重点功能区的建设工作，重点功能区内的土地应坚持统一储备。随后，为进一步提高土地资产经营管理水平和效率，市政府印发《关于进一步加强全市土地资产经营管理工作的意见》，要求充分发挥规划的引导和统筹作用，统一各项政策，实现全市土地资产经营一盘棋运作。

2016年，为贯彻落实中共中央、国务院《关于进一步加强城市规划建设管理工作的若干意见》，为提前谋划布局、破解改造难题、加快改造步伐，实现城市经济、产业和品质的全面提升，市委、市政府出台《关于进一步加快推进城市更新暨“三旧”（棚户区）改造工作的意见》，将“三旧”（棚户区）改造作为核心整体纳入城市更新范畴，全面推动城市更新。

该时期重在充分调动市区土地储备机构（融资平台）、社会资本和原土地使用权人（所有人）积极性，按照“因地制宜、成片改造、综合整治、分类推进”的原则，依据各区“三旧”更新改造单元规划，通过“拆除重建模式、改造提升模式和保护整治模式”推进改造，提升城市功能，优化城市品质。集聚力量打造城市重点功能区，全力推动城市、经济、民生升级，在市、区政府的统一领导下，各级土地储备机构作为重点功能区建设核心实施部门，统筹规划、土地储备、基础设施、招商，确保重点功能区功能、品质以及土地收益的最大化，同时在民生领域加强保障性住房建设、加强公共服务配套建设、加强环境面貌改善。

2017年武汉市在中心城区控制性详细规划升级过程中，结合规划管控需要，将主城区按“保留、拆除、整治”三种情形划分为“动”区和“静”区，形成城市存量空间底图，锁定更新改造的实施范围。对确需拆除重建的区域划定为“动”区，按时序真正地“动”起来，充分发挥存量资源的综合效益；对需现状保留、整治更新的区域以及已经规划审批正在建设和准备建设的地块划定为“静”区，让该安静的区域能真正“静”下来，减少重复建设。

针对不同改造对象，分别采取改造模式。对房屋破旧、布局凌乱、基础设施配套不足、安全隐患突出的“三旧”用地，采取拆除重建改造；对大部分建筑质量和建筑布局尚好的“三旧”用地以及规划确定的历史风貌区、优秀历史建（构）筑物和工业遗产，以保护整治和合理利用为主，防止盲目大拆大建。其中：

旧村改造模式：以整村拆除重建为主，也可整合周边已纳入改造范围的用地一并改造。旧村改造以村集体经济组织或储备机构为主体，按自主改造或统征储备方式实施。

旧城（含棚户区）改造模式：以改造单元为主，也可整合周边零星用地成片改造。实施主体为土地储备机构。以保护整治改造的，应以建筑修缮和环境整治为主，少数确无保留价值的建筑可拆除。以历史文化街区为主体的保护整治改造还可以探索“权属不变、功能更新”的方式，按照整治规划，由业主单位、整治主体以及土地储备机构筹资进行改造。

旧厂改造模式：以原土地使用者或土地储备机构为主体，按“市场运作”或“政府储备”的方式实施成片改造。以拆除重建改造的，应按照成片改造的原则，整合周边零星用地。以保护整治改造的，应由各区政府组织编制保护整治规划方案，指导原土地使用者或土地储备机构按规划实施。对需保留的工业遗产和优秀历史工业建筑要按改造规划修缮整治后妥善保留。

该时期全市“三旧”改造工作全面推进，同时将“三旧”改造与功能区建设相结合，先后启动汉正街中央服务区、二七沿江商务区、武昌滨江商务区、四新会展商务区等重点功能区建设，完善了相关城市功能，优化了城市空间结构，为建设国家中心城市创造了良好了开端。

第二节
“三旧”改造的主要成效

“三旧”改造贯穿到城市转型发展过程中，特别是在借助市场力量，引入社会资本后，武汉市“三旧”改造总体成效显著，居民生活质量得到较大改善，基础设施和城市综合服务水平提高明显，现代服务业格局和重点功能区体系基本建立，为促进城市面貌改善、实现经济跨越式增长提供了强力支撑。

一、大幅提升了城市形象和品质

“十二五”期间，全市中心城区即完成旧城旧厂类征收拆迁约 1655 万 m^2，共计 14.6 万户；完成城中村拆迁约 3565 万 m^2，累计 65 个村。在按挂牌方式改造的 84 个城中村中，腾退了道路、绿化等规划控制用地约 29km^2。

通过规模化实施“三旧”改造，改变了过去脏、乱、差的城中村和棚户区环境，该类区域的城市面貌发生了脱胎换骨的变化，居民生活质量明显提高。2017 年全市人均住房面积增加至 35.8m^2/ 人，打造了武汉天地、楚河汉街、月湖文化艺术中心、武汉中心等一批城市新地标，城市形象和品质有了大幅提升。

通过规模化实施“三旧”改造，完善了城市基础设施和公共设施。有效推进了武汉大道、园博园、张公堤城市森林公园、沙湖公园等重大工程项目的建设；解决了汉阳锅顶山垃圾焚烧场周边居民的搬迁安置等一系列重大问题；新建了辛亥革命博物馆、市民之家、国际博览中心、汉秀剧场、欢乐谷等大型公共设施；完善了社区级文教卫体等民生保障设施，丰富了广大市民的文化生活。

1. 永清片武汉天地旧城改造

永清片区是武汉老城区，曾是原汉口日租界，历史文化资源丰富。2005 年 4 月，香港瑞安集团取得永清片区 61hm^2 的住宅、商服用地，并于 2006 年启动建设了“武汉天地”项目，目标是打造成为集住宅、办公、零售、餐饮、娱乐、酒店等多功能为一体的市中心综合发展项目。在最先启动的商业街区规划设计中，武汉天地将历史租界的保护开发与现代都市建设相结合，一方面通过“腾笼换鸟”的方式对原建筑功能进行置换，将居住用地调整为商业用地，并充分挖掘历史文化可能衍生出的旅游、休闲、文化、娱乐等商业价值；另一方面对片区内 60 多棵百年梧桐树予以保留，保留和修缮了片区内的历史建筑及自然资源，对保存完好的 7 栋历史建筑采取“整旧如旧”的方式，完善配套设施，对质量较好但特色尚不鲜明的 2 栋历史建筑，采取“局部改造”的方式，加大开窗面积，提高对外展示面。2007 年 10 月武汉天地商业街试营业，迅速成为武汉小资聚集地；同年武汉天地住宅一期开盘，在以后十多年的地产开发中，武汉天地项目的住宅成为武汉豪宅的代名词（图 11-3）。

图 11-3 改造后的武汉天地实景照片

2. 楚河汉街旧城改造（“三旧”改造与现代商业街区的结合）

2016 年，武汉市启动“大东湖生态水网”的首个工程——“东沙湖连通工程”，涉及武昌区余家湖村、姚家岭村等城中村的改造工作。该项目通过湖泊综合治理、水系连通、城市滨水建设三大内容，将其打造为大东湖地区人文、生态、时尚、现代的城市景观水系和城市文化展示带。

“楚河汉街”是东沙湖连通工程的主要空间发展轴和实施建设的区域。“楚河”即东沙湖连通渠，水面平均宽度 40m，总长约 1.7km，是兼具生态和景观功能的城市水系。“汉街”即商业步行街，全长约 1.5km，以文化艺术、休闲娱乐、零售餐饮等时尚类消费功能为主，整个街区建筑风貌采取折中主义风格，结合室外剧院、广场等文化展示平台，体现“楚文化”和“汉味”地方文化特征。“水街”即北岸的景观缓冲带，全长约 1.5km，与南岸“汉街”形成动静相宜的对景。该项目融合了商业、办公、酒店、住宅、文化艺术设施等多种业态，全面提升了该地区的城市活力和吸引力。同时，红灯笼“汉秀”剧场、编钟形态的电影文化乐园、楚河上风格各异的四座跨河桥成为了引爆城市文化的亮点项目和提升区域环境品质的标志性建筑（图 11-4）。

3. 武汉大道（“三旧”改造与城市重大交通工程的结合）

武汉大道南起洪山路，北至天河机场，全长 43.9km，是横跨武汉市汉口、武昌长江两岸的重要交通走廊，作为连接天河机场与湖北省委、省政府的门户通道，为更好地展现大武汉现代、文明、高效的都市形象，建设国内一流的城市交通景观带，2010 年武汉市编制完成《武汉大道沿线综合规划》。

图 11-4 建成后的楚河汉街实景照片

图 11-5 武汉大道全线鸟瞰实景照片

图 11-6 徐东大街段——
展现时尚武汉精致繁华的都市生活

图 11-7 金桥大道段——
营造新武汉人居和谐的郊野风情

图 11-8 东湖路段——
尽显魅力武汉水天一色的景湖风光

该规划以城市设计为指引，交通规划和城中村改造为重点，建筑立面整治和城市夜景亮化为实施抓手，通过大力改善该地区的交通条件，调整沿线用地功能布局，高水平实施周边环境综合整治，将其打造成为集郊野风光、森林廊道、都市景观、楚风湖韵特色景观于一体的立体绿色“画廊”，被市民称为“武汉最美的大道”。规划中，对沿线洪山区徐东村、东亭村、武昌区姚家岭村、团结村、三角路村等 20 个，总面积约 154.97hm^2 的城中村进行了改造，腾退城市交通用地 13.51hm^2、绿地 35.10hm^2、公共设施用地 29.33hm^2（图 11-5～图 11-8）。

二、助推了城市产业转型发展

通过土地有形市场盘活存量工业用地。由土地储备机构收储拟搬迁的工业用地后，按照规划开展必要的基础设施和公共设施建设；对规划为经营性用途的，通过有形市场出让土地，实现工业用地的转型升级。据报道，截至 2004 年，武汉市土地中心累计投入 42 亿元，腾退了 280 余家企业共计 687hm^2 土地，安置职工 4.5 万人。武汉重型机械厂（改造后为复地社区）、武汉锅炉厂（改造后为百瑞景和 403 国际艺术中心）、武昌车辆厂、裕大华棉纺厂（现位于武昌滨江商务区）、江岸车辆厂（现位于汉口二七滨江商务区）等企业均通过土地储备或交易显化其土地资产，为易地建设筹集了资金，也加快了武汉市外围新城区大型产业板块的形成，如武钢搬迁促进了阳逻经济开发区钢铁深加工的形成；武锅、武重、长动以及江车、武车的搬迁为东湖高新、大桥新区培育了机械制造业。

工业外迁过程中，主城区内腾挪出了大量居住、商服用地，使城市中心区实现了功能重塑，城市职能发生跨越式变化，由以生产职能为主向综合化、服务化转变。工业搬迁后，将部分或整体用地改造成为大型住宅和商业服务区，优化了用地结构、完善了城市功能、提高了城市品质。特别是原来港口码头和传统工业密集的两江四岸地区，通过置换改造为居住、休闲、绿化景观带，很大程度上改善了城市环境和城市形象。

同时，在工业外迁过程中，武汉市从战略储备的高度，按照“一区一园”的设想，实施“退二优二”发展都市工业。武汉市先后在 7 个中心城区启动了江岸堤角、汉阳黄金口、武昌白沙洲等 7 个都市工业园的建设，总范围面积约 50km^2。由市土地储备中心支付土

图 11-9 中心城区工业搬迁分布图

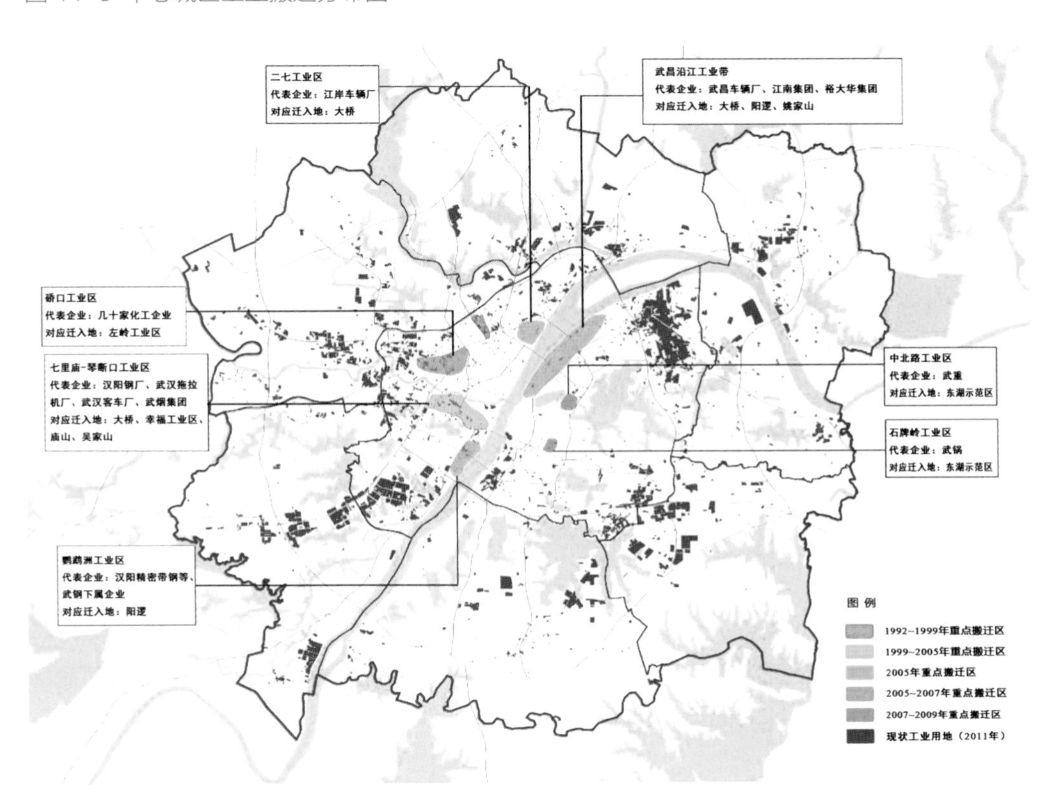

地补偿款帮助老企业完成改制，安置职工；整理后的厂区配以优惠政策，腾笼换鸟，统一招商。这种模式不仅缓解了中小型民营企业融资困境，节约了企业土地成本，而且实现了企业的集聚发展。据统计，武汉市 7 个市级都市工业园区从 2003 年到 2010 年，累积实现工业总产值 2516.47 亿元，贡献税收 126.93 亿元。工业总产值平均年增长率达 30%，平均税收贡献增长率达 40%，年吸纳就业人口 9.9 万人，为中心城区保持经济活力，解决下岗职工再就业和新增劳动力就业作出了很大贡献（图 11-9）。

1. 武重——复地东湖国际

复地东湖国际项目位于武昌区中北路东侧，地处东湖、沙湖之间，项目面积 52.79hm^2，原是武汉重型机械厂（简称“武重”）厂区用地。武重是我国“一五”时期 156 项重点项目之一，1953 年建厂，是中国重型机床工业的事业开创者。进入 21 世纪，由于武汉市城市功能转型和企业升级改造的需要，“武”字头企业搬迁被写入了武汉市

图 11-10 改造后建成的复地东湖国际实景照片

“十一五”规划。2006 年 6 月，武重决议通过转让厂区土地筹集搬迁资金。作为东湖最后一块住宅用地，2007 年 1 月 31 日，上海豫园商城房地产发展有限公司以 35.02 亿元的价格竞得该地块。豫园集团联手上海复地投资公司，将其开发为大型居住社区，在开发过程中，保留了原厂区 40m 宽约 500m 长的主林荫道、原动力车间的煤气炉烟囱、部分铁路专用线等历史遗存，并配套建设了中小学，将该地段建成了武昌地区环境与配套成熟、完善的标识性社区（图 11-10）。

2. 汉阳造文化创意产业园

汉阳龟山北路以北曾是 20 世纪 50 年代的工业老厂房集中地，分别有武汉 824 工

图 11-11/12 改造后的汉阳造文化创意产业园实景照片

厂、汉阳特种汽车制造厂、武汉第二印染厂和武汉国棉一厂，也是晚清汉阳兵工厂、汉阳铁厂旧址。伴随着企业改制和外迁，大量厂房被闲置下来。鉴于该地区独特的工业遗址和环境，市土地储备中心在该地区进行了重点收储，并保留了原有的工业风貌。从 2006 年以来，一批美术、雕塑、摄影工作者，纷纷自发前来租借工业车间和厂房，办起画室、动漫设计、文化酒吧、DIY 手工、婚纱摄影基地等，使龟山北路初步形成文化创意产业的雏形。2009 年始，区政府引入投资商进行整体规划运作，将其逐步打造成集文化艺术、商业休闲和创意设计为一体的汉阳造文化创意产业园（图 11-11、图 11-12）。

三、实现了城乡统筹规划管理

自 2004 年启动的城中村改造是武汉市推进新型城镇化进程的重要举措，对消除主城区城乡二元化矛盾、带动落后地区发展、优化主城区用地结构、实现城乡统筹规划管理作出了重大贡献。

目前完成改造的"城中村"已基本完成村集体经济改制、村民户口改登工作，村委会转化为新社区居委会，村民都参加了城镇社会养老保险，转为了城市居民，享受与城市居民有关的优抚、社会救助等政策。新建村民社区的建设标准与商品房居住区品质完全一致，昔日的城市"死角"变成了今日的城市"靓点"，村民生活环境得到了明显改善，生活水平大幅提高。

各村改造通过规划集并产业用地和股份制企业改制，大力推动产业升级，淘汰低端产业，开创新型业态，激活发展后劲。目前，各村产业得到了长足发展，资产总额成倍增

图 11-13 墨水湖南岸改造后实景照片

长，村民变股民，人均收入显著提高，如航侧村、新荣村、罗家墩村通过改造发展，其集体资产总额超过改造前 4～7 倍。

改造规划从全局性角度出发，优先保障城市绿化、教育、医疗、体育、交通和市政等公益性设施用地，保证了各项城市规划功能在用地空间上的落实，重塑了区域城市景观。二环线内城中村工作共腾退绿化、教育、医疗、体育、交通、市政等规划控制用地面积约 16.8km^2。近两年全市新建成的公共绿地中，约 70% 来自于城中村改造后腾退的绿化控制用地。

以汉阳区红卫村、丰收村、渔业村三个“城中村”改造为例。红卫村、丰收村、渔业村三村位于汉阳区墨水湖南岸，紧邻四新国博新区，处于墨水湖与江城大道交会的重要节点区域，三村总用地面积为 304.66hm^2，住宅总建筑量为 83.44 万 m^2，总人口 6799 人，总户数 2499 户。2008 年，汉阳区正式启动三村改造。按照整体规划、集中布局的原则，规划还建用地 24.57hm^2，还建住宅平均容积率约 2.48；开发用地 38.79hm^2；产业用地 28.33hm^2；控制绿化、交通市政基础设施等用地约 53.57hm^2，公益性公共服务设施用地约 5.37hm^2，剩余约 9.15hm^2 用地交由政府储备。近十年来，除部分产业用地外，三村改造基本实施完毕，极大地改善了村民生活环境，完善了该区域城市功能，塑造了墨水湖南岸景观形象，形成了极具活力的新社区（图 11-13）。

表 11-1 1996 ~ 2018 年主城区各圈层居住、公共设施和工业用地情况表
（单位：hm^2）

圈层	类型	1996 年	2004 年	2011 年	2018 年	1996 ~2011 年	2011 ~2018 年
一环内	居住用地	1072	1310	1320	1214	248	-106
	公共设施用地	463	624	514	715	51	201
	工业用地	333	171	83	55	-250	-28
一、二环之间	居住用地	2061	3178	3213	3098	1152	-115
	公共设施用地	1350	1483	1411	1749	61	338
	工业用地	1219	758	354	230	-865	-124
二、三环之间	居住用地	2079	6617	7797	8266	5718	469
	公共设施用地	2071	3316	3551	4494	1480	943
	工业用地	2110	2906	2954	2073	844	-881
合计	居住用地	5212	11105	12330	12578	7118	248
	公共设施用地	3884	5423	5476	6958	1592	1482
	工业用地	3662	3835	3391	2358	-271	-1033

过去 40 年“三旧”改造与城市更新在取得显著成效的同时，也由于对市场化开发的规范化引导不足或对城市风貌保护意识不强等原因造成了一些遗憾。

在 1990 年代武汉市土地有偿使用制度建立的探索期，土地批租以毛地出让为主，毛地批租后动拆迁由开发商具体负责，虽然毛地出让方式解决了当时城市旧城改造中前期房屋拆迁安置、公共基础设施建设需要大量资金投入的问题，但带来的缺陷也很明显。动拆迁补偿资金与开发商的融资能力和盈利水平相挂钩，商业化的操作在实践中容易因为补偿不平衡或不到位导致动拆迁矛盾，或由于开发商不能按期完成土地拆迁带来土地二级市场囤积现象；亦或是以拆迁为由，要求政府提高容积率，影响了城市建设的品质。

1990 年代，武汉市控制性详细规划的编制还处在起步阶段，而原有的详细规划已难以适应分散的地块开发，旧城开发处于相对盲目状态，对旧城原有肌理和风貌的保护、城市形态的塑造认识不足，也造成了一些难以弥补的缺憾。现如今，大家看到的汉正街、江汉路以及武昌旧城的小街坊里竖起的“擎天柱”，大部分是在 1990 年代批租的土地上建设起来的。

城市核心地带旧改更多为住宅开发占据。从 1996～2011 年主城区各圈层用地结构对比情况来看，二环内工业用地净减少 1115hm^2，同期居住用地净增长 1400hm^2，公共设施用地仅增长 112hm^2，2011～2018 年以后，武汉市旧城改造加大了对城市核心地段的住宅用地开发的管控，一环内和一、二环之间的公共设施用地开始增长。但在 2011 年以前，武汉市大规模的工业用地外迁过程中，大量的工业用地置换为住宅用地开发，且占据城市最为优越的临江地带，为后期武汉市塑造高品质的集金融、商务和文化为一体的滨水城市形象留下了难以弥补的遗憾（表 11-1）。

在旧改、城中村改造以及用于资金平衡的土地打包项目中，为使有限的经营性土地出让收益能够平衡项目整体的征地拆迁成本或基础设施建设缺口，加快储备土地的变现能力，当出现储备土地的规划要求与市场需求不吻合时，有时通过调整规划用途或提高容积率来满足市场需求。如汉口沿江大道、永清、武昌中北路、中南路等商业金融发展潜力较大地段均以居住用地供应。此外，当征地拆迁成本超出预期，土地收益减少，项目资金难以平衡时，土地储备主体往往寻求调整规划设计条件，通过提高住宅或商业建筑面积来达到资金平衡，造成了过高强度的土地开发，使得城市景观品质和宜居性下降。

第三节
存量时代下的城市更新策略

至 2016 年，武汉市“三旧”改造任务仍然艰巨，中心城区剩余旧城约 27km^2，建筑规模约 3649 万 m^2；旧厂约 16km^2，建筑规模约 921 万 m^2。此外，中心城区还有 49 个旧村需实施改造，建筑规模约 2210 万 m^2，加上之前已实施改造（挂牌统征）的城中村待拆除建筑面积约 1044 万 m^2，中心城区剩余“三旧”改造规模合计约 7824 万 m^2。

武汉作为成长中的“国家中心城市”，面临着推进经济动力转型和建设发展转型、实现城市功能完善和品质提升的重任。在当前土地资源供需矛盾日益突出的背景下，加强城市更新是挖掘存量土地潜力、拓展发展空间、优化空间资源配置的主要途径，是实现城市发展总体目标的重要保障（图 11-14）。

一、助力产业创新和现代服务业升级

依托各区现有工业园区逐步打造汉口科技产业园、江汉科技创业园、古田创意产业园、汉钢创意产业园、青山“钢谷”、武汉创意天地、白沙创意研发区等七大战略性创新园区。结合工业园升级，打造若干产业特色鲜明、综合配套完备、生态环境优美、生活便利宜居的

图 11-14 中心城区旧城、旧厂、旧村分布图

“创谷”，为小微企业创新创业创造条件。依托高校及科研院所周边“三旧”用地改造，打造创业街区、创业生态园区、环高校创新产业带等。逐步完善创新园区、“创谷”和其他创业区域的综合配套，制定优惠政策，吸引“城市合伙人”集聚，激发创新、创业活力。

整体推进城市重点功能区建设，完善现代高端服务业格局。各建设融资平台和实施主体要依据规划，充分依托各区力量，科学组织、筹措资金，有序推进重点功能区核心区的土地出让和建设工作，完成武汉中央商务区、二七沿江商务区、汉正街中央服务区等七个重点功能区以及汉江湾、归元寺、华中金融城等功能区的“三旧”改造，完成其中约 852 万 m^2 房屋的征收工作。

二、突出城市功能和品质提升

积极配合城建跨越工程实施“三旧”改造。完成城建重点工程特别是 13 条轨道线周边的房屋征收工作。按照“地铁城市”站城一体化的发展思路，加快启动站点周边土地开发，形成以轨道带动产业升级和土地升值的新经济模式（图 11-15）。推进中心城区“三环十三射”快速干线、重要交通枢纽、公交场站、湖泊截污治理工程、公共停车场、“微

图 11-15 “三旧”改造与城市重点功能区结合图

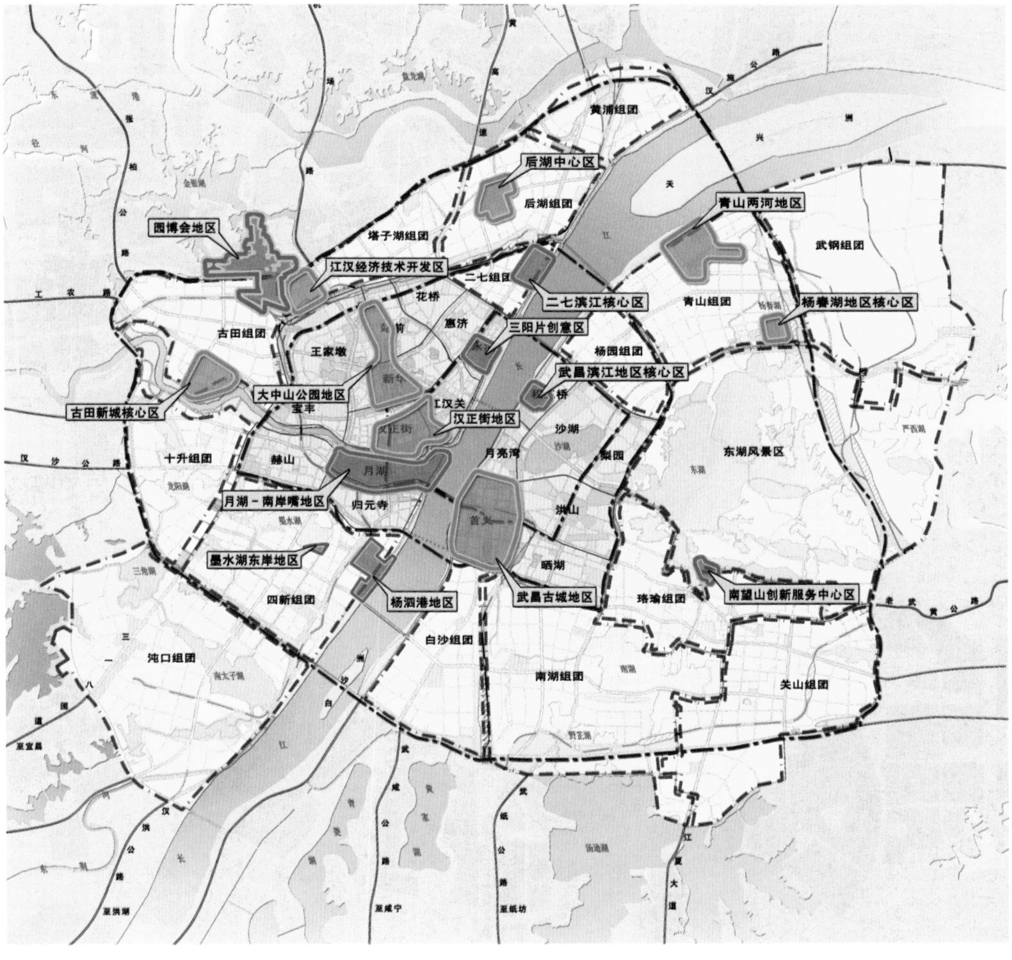

循环”道路、综合管廊、绿道以及其他重要市政类设施范围内的房屋征收，基础设施建设与区域征收改造全面衔接。

锁定主城区发展边界，彰显滨江滨湖生态特色。加快推进三环线、府河、青菱湖、汤逊湖、后官湖等周边绿中村和景中村的统征改造，形成三环线隔离带和六大绿楔，固化主城区发展边界。落实湖泊“三线一路”保护规划，推进墨水湖、北湖、府河、巡司河等湖泊河渠“三旧”改造，打通绿道，建设公园，恢复生态功能，实现“生态修复”。同时，加快老城区绿化用地的腾退和建设，缩短公园绿地服务半径，增加人均绿地面积。通过“三旧”改造新建公园、绿地 24km^2，达到“500m 见绿，1000m 见园，2000m 见水”的国家生态园林城市建设标准。

结合历史街区和工业遗产保护和再利用，提升城市文化实力。重点完成昙华林二期、“八七”会址片、江汉路及中山大道片、青岛路片、青山“红房子”等五片街区的保护性更新工作。通过拆除局部后期违建物、功能置换、保护性修缮、环境整治等“微改造”方式，整体保护历史建筑元素，赋予其新的使用功能。加强工业遗产的保护和利用，以琴台龟北区域为核心，沿汉江两岸等地区重点推进一棉、汉钢、铜材厂等工业遗产的再利用，在现有政策上尝试创新，充分调动市场资金，采取“微改造”方式整治更新、引进文创产业，提升武汉城市文化实力。

三、确保民生保障能力再上新台阶

全面完成民生类“棚改”和“危改”。按照“精准改造”的思路，集中消除房屋低矮、建筑安全隐患大、房屋结构破损、环境脏乱、配套设施落后的棚户区。探索政府购买棚改服务方式，积极推行 PPP，将棚改征地拆迁、建设、筹集安置住房、货币化安置、公益性基础设施建设等方面工作交由具备条件的社会力量承担。同时，在还建安置方式上加大货币补偿安置比重，并将棚改危改的住房需求与消化住房库存有机结合，推行团购商品房进行安置，既满足被征收家庭住房需求，又消化房地产市场存量。

大力开展老旧社区更新整治。对“旧城”中建筑结构相对较好，但立面陈旧、配套设施缺乏的老旧社区，通过加装电梯、整治维修立面和楼道结构等方式，完善生活配套设施和绿化环境。对规模较大、硬件条件较好、具备物业条件的老旧住宅区，及时组建业主委员会，实行市场化物业服务；对规模较小、硬件条件较差的老旧住宅区，强调社会治理和公众参与，由街道办事处、社区居委会组织开展居民自治，提供清扫保洁、秩序维护、设施设备运行等基本服务。各区要对老旧社区整治资金及后续管理资金进行补贴，逐步解决社区陈旧、配套不全及开发建设的历史遗留问题。

继续推进剩余“城中村”改造。改造模式以统征储备和综合整治为主，依靠国开行、农发行长期低息贷款推动整体改造。其中：对景中村和绿中村，逐步建立、健全生态补偿机制，采取综合整治结合统征储备方式进行改造，发展生态农业和旅游产业，并确保各村建筑规模只减不增；对其他城中村的改造，以统征储备方式为主进行改造，局部进行综合整治，拆迁整治范围具体结合实际情况和改造规划方案确定。同时，完成“十二五”期间的城中村剩余拆迁改造工作。